水利工程管理精细化 系列丛书

大型泵站
运行管理标准化

DAXING BENGZHAN YUNXING GUANLI BIAOZHUNHUA

江苏省骆运水利工程管理处◎编

河海大学出版社
HOHAI UNIVERSITY PRESS
·南京·

图书在版编目(CIP)数据

大型泵站运行管理标准化 / 江苏省骆运水利工程管理处编. -- 南京 : 河海大学出版社, 2021.12
(水利工程管理精细化系列丛书)
ISBN 978-7-5630-7348-1

Ⅰ. ①大… Ⅱ. ①江… Ⅲ. ①泵站一运行一管理一标准化 Ⅳ. ①TV675—65

中国版本图书馆 CIP 数据核字(2021)第 270170 号

书　　名 **大型泵站运行管理标准化**
书　　号 ISBN 978-7-5630-7348-1
责任编辑 曾雪梅
特约校对 王显荣
封面设计 徐娟娟
出版发行 河海大学出版社
地　　址 南京市西康路 1 号(邮编:210098)
网　　址 http://www.hhup.cm
电　　话 (025)83737852(总编室)
　　　　　(025)83722833(营销部)
经　　销 江苏省新华发行集团有限公司
排　　版 南京布克文化发展有限公司
印　　刷 苏州市古得堡数码印刷有限公司
开　　本 787 毫米×1092 毫米　1/16
印　　张 21.5
字　　数 550 千字
版　　次 2021 年 12 月第 1 版
印　　次 2021 年 12 月第 1 次印刷
定　　价 188.00 元

《大型泵站运行管理标准化》

编写委员会

主　　任　周元斌

副 主 任　郑　源　周济人

主　　编　张合朋　张先彦　刘　斌

副 主 编　力　刚　王业宇　蒋　涛　周　军

编　　委　吉庆伟　马玉祥　韩前才　潘卫锋　刘兆正
黄　毅　戴宜高　赵水汩　张前进　蒋　雯
冯　杰　赵文军　邵　翀　王　卫　施　翔
吕鸿燕　钱　杭　吕晓波　李　凯　徐立建
朱佳佳　张　璇

江苏省骆运水利工程管理处简介

江苏省骆运水利工程管理处是 1985 年 8 月由江苏省骆马湖控制工程管理处与江苏省第三抗旱排涝队合并组建而成，隶属江苏省水利厅，坐落于风景优美的宿迁市区古黄河畔，主要管理泗阳站、泗阳二站、刘老涧站、皂河站、沙集站等五座大型泵站和泗阳闸、黄墩湖滞洪闸、皂河闸、刘老涧节制闸、刘老涧新闸、沙集闸、六塘河闸、洋河滩闸、房亭河地涵、新邳洪河闸等十座大、中型涵闸；承担 2.1 km 邳洪河大堤的管理维护。共有大型抽水机组 16 台套，是南水北调第四、五、六梯级站，总装机容量 45 400 kW，抽水流量 565 m^3/s；所属十座涵闸与嶂山闸、宿迁闸等共同构成骆马湖、中运河防洪体系；拥有一支国家级防汛机动抢险队，配备流动柴油机泵 124 台套，潜水电泵 229 台套及一大批防汛抢险设备。

江苏省骆运水利工程管理处还承担着江苏省沂沭泗地区联防指挥部办公室和江苏省骆马湖管理与保护联席会议办公室的日常工作，受江苏省水利厅委托行使骆马湖、微山湖（江苏境内）的湖泊管理与保护职能；自 2008 年 7 月开始，受江苏省水源有限责任公司委托，承担南水北调泗阳站（部分）、刘老涧二站、皂河二站、睢宁二站等大型泵站的管理工作。所属工程在防洪、排涝、灌溉、供水、发电、航运、改善生态环境及保障人民生命财产安全和促进经济社会发展等方面发挥了重大作用。

前言

PREFACE

工程安全运行、效益充分发挥是大型泵站运行管理的基本要求，做好泵站运行管理标准化工作，是确保泵站工程安全高效运行的重要保障。

大型泵站运行管理标准化就是严格依据有关法律、法规、部门规章和技术标准，规范管理行为和理念，科学合理地抓好大型泵站运行的组织管理、制度管理、工程技术管理、设备运行管理、安全管理、信息管理等工作，提升泵站运行管理现代化水平。

编者结合江苏省骆运水利工程管理处数十年的大型泵站运行管理实践经验，编写了《大型泵站运行管理标准化》一书，作为全处大型泵站运行管理指导手册，也可以作为其他大型泵站运行管理参考书籍。

本书的编写得到了河海大学郑源教授、扬州大学周济人教授的大力支持和帮助，在此表示感谢！

本书仅针对我处大型泵站工程运行管理实际，未能完全涵盖其他泵站，加之编写人员水平有限，难免存在不足之处，欢迎各位同行和读者批评指正。

目 录

CONTENTS

第 1 章
综　述

1.1　大型泵站工程概述

水是生命之源，也是人类最宝贵的资源。为了对自然界的水进行有效的控制和合理的调配，达到兴利除害的目的而修建的各项工程统称为水利工程。较常见的水利工程有防洪工程、农田水利工程、水力发电工程、航道及港口工程、给排水工程及综合利用的水利工程等。水利工程中采用的各种建筑物称为水工建筑物。在水域的适当地点，为了一种或多种目标而集中布置若干个水工建筑物各自发挥不同作用并协调工作构成的有机综合体称为水利枢纽。常见的水利枢纽有以下三种。

(1) 蓄水枢纽。为了满足防洪、灌溉、发电等各种要求，常需在河流上修建拦河坝以形成水库抬高水位调节径流。这种以拦河坝为主体的水利枢纽称蓄水枢纽（或水库枢纽）。蓄水枢纽除拦河坝外，还包括泄水建筑物和取水建筑物。这三种建筑物是任何一个蓄水枢纽均不可缺少的。除上述三种建筑物外，根据开发目标的不同，还可能有专门建筑物，如水电站、通航船闸等。

(2) 取水枢纽。为了从河流、湖泊等水源取水，以满足灌溉及其他用水部门的需要，而在渠首河段附近修建的建筑物综合体称取水枢纽。取水枢纽主要包括进水闸、壅水坝(或拦河闸)、防沙及冲沙设施等，综合利用的取水枢纽，还可能有电站、船闸、鱼道、筏道等专门建筑物。

(3) 泵站枢纽。为了将低处水抽送到高处，以达到灌溉、排涝、航运、发电等目的而兴建的以泵站为主体的水工建筑物综合体称为泵站枢纽，见图 1-1。组成这种枢纽的建筑物类型，因枢纽任务和工作条件不同而各有差别，但多以泵站及水闸为主体。

图 1-1　泵站枢纽

泵站工程是运用泵站机组及过流设施传递和转换能量，实现水体输送，达到兴利避害目标的水利工程。它是提水灌溉（供水）、提水排涝、翻水调水工程的主体工程，主要由泵房、进出水建筑物以及变配电设备、主机泵及辅助设备等组成。

水利水电工程的等别应按照《水利水电工程等级划分及洪水标准》(SL 252—2017)要求，根据工程规模、效益和在经济社会中的重要性，按表 1-1 确定。

表 1-1　水利水电工程分等指标

工程等别	工程规模	水库总库容($10^8 m^3$)	防洪			治涝	灌溉	供水		发电
			保护人口(10^4 人)	保护农田面积(10^4 亩)	保护区当量经济规模(10^4 人)	治涝面积(10^4 亩①)	灌溉面积(10^4 亩)	供水对象重要性	年引水量($10^8 m^3$)	发电装机容量(MW)
Ⅰ	大(1)型	≥10	≥150	≥500	≥300	≥200	≥150	特别重要	≥10	≥1 200
Ⅱ	大(2)型	<10，≥1.0	<150，≥50	<500，≥100	<300，≥100	<200，≥60	<150，≥50	重要	<10，≥3	<1 200，≥300
Ⅲ	中型	<1.0，≥0.1	<50，≥20	<100，≥30	<100，≥40	<60，≥15	<50，≥5	比较重要	<3，≥1	<300，≥50
Ⅳ	小(1)型	<0.1，≥0.01	<20，≥5	<30，≥5	<40，≥10	<15，≥3	<5，≥0.5	一般	<1，≥0.3	<50，≥10
Ⅴ	小(2)型	<0.01，≥0.001	<5	<5	<10	<3	<0.5		<0.3	<10

注：(1) 水库总库容指水库最高水位以下的静库容；治涝面积指设计治涝面积；灌溉面积指设计灌溉面积；年引水量指供水工程渠首设计年均引（取）水量。
(2) 保护区当量经济规模指标仅限于城市保护区；防洪、供水中多项指标满足 1 项即可。
(3) 按照供水对象的重要性确定工程等别时，该工程应为供水对象的主要水源。

治涝、排水工程中的泵站永久性水工建筑物级别应按照《水利水电工程等级划分及洪水标准》(SL252—2017)要求，根据设计流量及装机功率，按表 1-2 确定。

表 1-2　治涝、排水工程中的泵站永久性水工建筑物级别

设计流量(m^3/s)	装机功率(MW)	主要建筑物	次要建筑物
≥200	≥30	1	3
<200，≥50	<30，≥10	2	3
<50，≥10	<10，≥1	3	4
<10，≥2	<1，≥0.1	4	5
<2	<0.1	5	5

注：(1) 设计流量指建筑物所在断面的设计流量。

① 1 亩=1/15 公顷

(2) 装机功率指泵站包括备用机组在内的单站装机功率。
(3) 当泵站按照分级指标分属两个不同级别时，按其中高者确定。
(4) 由连续多级泵站串联组成的泵站系统，其级别可按系统总装机功率确定。

供水工程中的泵站永久性水工建筑物级别应按照《水利水电工程等级划分及洪水标准》(SL252—2017)要求，根据设计流量及装机功率，按表1-3确定。

表1-3　供水工程中的泵站永久性水工建筑物级别

设计流量(m^3/s)	装机功率(MW)	主要建筑物	次要建筑物
≥50	≥30	1	3
<50,≥10	<30,≥10	2	3
<10,≥3	<10,≥1	3	4
<3,≥1	<1,≥0.1	4	5
<1	<0.1	5	5

注：(1) 设计流量指建筑物所在断面的设计流量。
(2) 装机功率指泵站包括备用机组在内的单站装机功率。
(3) 当泵站按照分级指标分属两个不同级别时，按其中高者确定。
(4) 由连续多级泵站串联组成的泵站系统，其级别可按系统总装机功率确定。

1.1.1　泵站设备

大中型泵站主要设备包括主机组、输配电设备、继电保护装置、监控系统、油气水系统、断流设施等设备。

1.1.2　泵站的主要建筑物

泵站建筑物，一般有取水口、引水渠、进水池、泵房、出水管道、出水池，还有相配套的节制闸、变电站、清污设施、管理设施等。

1.2　大型泵站运行管理标准化

大型泵站运行管理标准化主要包括以下内容。

(1) 明确管理责任主体，健全管理机构，落实人员、经费。

(2) 执行管理技术标准和管理规定；制订并完善工程管理细则、规章制度和操作规程。

(3) 根据控制运用方案、用水计划和调度指令，做好运行管理工作。

(4) 开展工程检查、观测，及时分析研究，掌握工程状态；定期开展设施设备评定级工作。

(5) 处理工程存在的问题，消除缺陷和隐患。

(6) 做好安全生产工作，开展安全检查、安全鉴定等，编制并落实应急预案。

(7) 实现工程、设备标志标牌管理标准化。

(8) 做好信息管理工作。

第 2 章

组织管理

2.1 管理体系

2.1.1 管理体制

泵站管理体制是规定泵站管理单位性质（如是事业单位还是企业，单位级别等）、单位名称、管理权限、管理利益、内设机构、管理层级、人员编制、经费来源等的制度。

泵站工程建成后，须成立相应的管理单位或机构来承担泵站管理工作。由于泵站的投资渠道不同，其管理机构的设置也各有不同。按资产的性质来分，泵站可分为国有和集体所有，目前我国大、中型泵站基本上由国有单位来管理，小型泵站基本上由集体管理；按其公益性或经营性来分，泵站管理单位又分为事业性质和企业（公司）性质。不管泵站工程是国有还是集体所有，单位性质是事业还是企业，其管理模式均可采用自行管理、委托管理和协助管理三种模式之一。

2.1.2 运行机制

泵站工程运行机制的建立实际上是要在泵站管理体制的基础上，充分发挥泵站人力、物力等的效能，使其得到高效利用，以最小的运行管理成本创造最大的经济效益和社会效益。探索泵站工程运行机制的现代化要从效益机制、制度机制、竞争机制、市场机制 4 个方面来分析。

（1）效益机制是泵站工程运行机制现代化的基础。管理单位要按照水利产业政策的要求，明确不同类型工程的管理体制。通过定编定岗、减员增效、强化职能等手段，建立高效精干的水利工程管理队伍，不断提高泵站工程运行效率。

（2）制度机制是泵站工程运行机制现代化的灵魂。泵站工程管理的现代化要用制度作保障。制度机制是否行之有效要通过执行力来考核。执行力是泵站管理队伍对工程运行管理、维护与操作等工作实践任务执行效果好坏的体现，其强弱程度也直接影响水利工程现代化管理任务能否顺利实现。

（3）竞争机制是泵站工程运行机制现代化的实现手段。通过引入竞争机制，实行全员竞争上岗，做到能者上、平者让、庸者下，切实增强管理人员的危机感和紧迫感；在利益分配上要坚持工作看实绩、看成效、按绩计酬，拉开分配档次，向有突出贡献的人员和一线艰苦岗位倾斜；在人才的选拔使用上，要大胆提拔工作有为、群众公认的优秀人才，让他们在水利工程管理岗位上展示才华，发挥才智；对在科技创新、管理创新等方面做出突出成绩的人员，要从精神和物质上给予必要的鼓励与支持。

(4) 市场机制是泵站工程运行机制现代化的必由之路。管理单位要获得长远发展，就必须主动面向市场、走向市场，到市场经济的大潮中求生存、求发展，通过发展水利经济和多种经营，不断增强自身经济实力，为搞好工程的运行管理和维护提供保障，找到一条自我发展的出路。

2.1.3　管理经费

管理经费主要是指人员基本支出经费和维修养护经费。

2.1.3.1　经费渠道

根据泵站等水管单位定性和类别，采取合理的财政支付政策。

人员基本支出经费包括人员及公用经费，按同级财政部门核定的事业单位人员及公用经费标准核定。

纯公益性水管单位其编制内在职人员、退休人员及公用经费等基本支出全部纳入财政预算，由财政负担，实行全额拨付；准公益性单位收入不足的，不足部分由同级财政或上级主管部门补助；自收自支单位人员收入及公用经费自行安排。

维修养护经费包括泵站建筑物、机电设备、辅助设备等维修养护的经费。

纯公益性单位的维修养护经费可根据具体情况，在水利工程维修养护资金中列支（财政预算资金），工程更新改造费用纳入基本建设投资计划，由发展改革部门在非经营性资金中安排。准公益性单位的维修养护按照工程的功能或资产比例，采用工作量比例法划分公益部分维修养护经费。自收自支单位的维修养护可以参照公益性单位维修养护经费标准执行。

2.1.3.2　经费落实

泵站工程的维修养护经费根据水利部和财政部联合下发的《水利工程维修养护定额标准》、《江苏省水利工程维修预算定额》或地方政府相关标准测定。

《水利工程维修养护定额标准》规定了泵站工程维修养护定额标准项目和维修养护工作（工程）量。

(1) 泵站工程维修养护等级分为三级五等，具体划分标准按表 2-1 执行。

表 2-1　泵站工程维修养护等级划分表

级别	大型站	中型站			小型站
等级	一	二	三	四	五
装机容量 P(kW)	$P \geqslant 10\ 000$	$5\ 000 \leqslant P < 10\ 000$	$1\ 000 \leqslant P < 5\ 000$	$100 \leqslant P < 1\ 000$	$P < 100$

(2) 泵站工程维修养护定额标准

泵站工程维修养护定额标准项目包括机电设备维修养护、辅助设备维修养护、泵站建筑物维修养护、附属设施维修养护、物料动力消耗、其他设施设备维修养护。

① 机电设备维修养护：主机组、输变电系统、操作设备、配电设备和避雷设施维修养护。

② 辅助设备维修养护：油气水系统、断流设施、拦污栅、清污机等维修养护和起重设备维修养护。

③ 泵站建筑物维修养护：泵房、砌石护坡挡土墙、进出水池和进出渠维修养护。

④ 附属设施维修养护:管理房、水土保持设施、围墙护栏维修养护。

⑤ 物料动力消耗:泵站维修养护消耗的电力、汽油、柴油、机油和黄油等。

⑥ 其他设施设备维修养护:自备发电机组和自动控制设施维修养护等。

(3) 泵站工程维修养护项目工作（工程）量以各等别泵站工程平均装机容量（下限及上限）为计算基准,泵站工程计算基准见表 2-2,泵站工程维修养护项目工作（工程）量见表 2-3。

表 2-2 泵站工程计算基准表

级别	大型站	中型站			小型站
等级	一	二	三	四	五
装机容量 P(kW)	10 000	7 500	3 000	550	100

表 2-3 泵站工程维修养护项目工作（工程）量表

编号	项目	单位	大型站	中型站			小型站
			一	二	三	四	五
一	机电设备维修养护						
1	主机组维修养护	工日	1 854	1 390	556	134	36
2	输变电系统维修养护	工日	197	172	108	52	25
3	操作设备维修养护	工日	527	328	131	56	34
4	配电设备维修养护	工日	618	464	185	44	12
5	避雷设施维修养护	工日	22	19	11	7	2
6	配件更换	更换率					
二	辅助设备维修养护						
1	油气水系统维修养护	工日	798	581	240	100	58
2	拍门拦污栅等维修养护	工日	106	79	32	22	15
3	起重设备维修养护	工日	69	52	21	13	8
4	配件更换						
三	泵站建筑物维修养护						
1	泵房维修养护	m^2	1 560	1 260	960	224	72
2	砌石护坡挡土墙维修养护						
(1)	勾缝修补	m^2	336	296	220	158	80
(2)	损毁修复	m^3	25	22	17	12	6
3	进出水池清淤	m^3	8 100	7 500	6 000	1 500	300
4	进出渠维修养护	m^2	23 040	19 456	13 000	6 600	4 032
四	附属设施维修养护						
1	管理房维修养护	m^2	432	360	144	72	36

续表

编号	项目	单位	大型站	中型站			小型站
			一	二	三	四	五
2	站区绿化	m^2	1 620	1 350	720	270	225
3	围墙护栏维修养护	m	810	720	630	120	80
五	物料动力消耗						
1	电力消耗	kW・h	11 470	9 356	4 829	3 018	1 509
2	汽油消耗	kg	270	195	108	21	6
3	机油消耗	kg	180	120	72	21	6
4	黄油消耗	kg	216	150	96	24	7
六	检修闸维修养护	个	按实有数量计算				
七	自动控制设施维修养护	维修率	按自动控制设施资产的 5%计算				
八	自备发电机组维修养护	kW	按实有功率计算				
合计							

(4) 泵站工程维修养护项目工作(工程)量调整系数见表 2-4。

表 2-4　泵站工程维修养护项目工作(工程)量调整系数表

编号	影响因素	基准	调整对象	调整系数
1	装机容量	一至五等泵站计算基准装机容量分别为 10 000 kW、7 500 kW、3 000 kW、550 kW、100 kW	维修养护项目	按直线内插法计算，超过范围按直线外延法
2	严寒影响	非高寒地区	泵站建筑物	高寒地区系数增加 0.05
3	水泵类型	混流泵	主机组检修	轴流泵系数增加 0.1

2.2　管理机构设置及人员配备

2.2.1　机构设置与人员编制

2.2.1.1　机构设置

管理机构一般分为事业性质和企业性质。事业性质管理机构应按精简高效原则和机构编制审批规定设置。泵站管理单位一般应达到以下要求：

(1) 泵站管理应有明确的管理体制、管理机构和管理职责；

(2) 管理单位应健全泵站管理机构，合理设置岗位，人员配备满足管理需要；

(3) 管理机构设置和人员编制应经县级以上机构编制部门批准，非独立法人单位应经县级以上水行政主管部门批准。

按《江苏省泵站工程管理单位机构设置和人员编制标准(试行)》(省编办、省水利厅苏编

〔2000〕47 号文)规定:泵站内设机构的设置原则为一、二、三等泵站工程管理单位可设 2～4 个内设机构,四等及以下泵站工程管理单位设 1 个内设机构。泵站工程等级见表 2-5。

表 2-5　泵站工程等级

级别	大型		中型			小型
等级	一	二	三	四	五	六
装机容量 P(kW)	$P \geqslant 30\ 000$	$10\ 000 \leqslant P < 30\ 000$	$5\ 000 \leqslant P < 10\ 000$	$2\ 000 \leqslant P < 5\ 000$	$1\ 000 \leqslant P < 2\ 000$	$P < 1\ 000$

注:本表等级划分只适用于编制定员,统一管理多座泵站或多级泵站(人、财、物均统一管理)的总站的等级划分按装机容量合计数核定。

2.2.1.2　人员编制

(1) 编制定义

人员编制通常是指组织机构的设置及其人员数量的定额和职务的分配。由财政拨款的编制数额由各级人事部门制定,财政部门据此拨款。

(2) 编制原则

① 以管理目标为导向,强调岗位与组织和管理的有机衔接。以泵站的发展目标为导向,与提升工作效率相配合。

② 以现状为基础,强调岗位对未来的适应。一方面必须以岗位的现实状况为基础,充分考虑岗位价值发挥的基础条件;另一方面也要充分考虑内外部环境的变化、技术革新、工作方式转变等一系列变化对职位的影响和要求。

③ 以泵站管理为中心,强调人与泵站管理的有机融合。充分考虑任职者的职业素质与个人特点,体现职位对人的适应,处理好岗位与人之间的矛盾,实现人与职位的动态协调与有机融合。

④ 以分析为手段,强调对岗位价值链的系统思考。这不是对职责、任务、业绩标准、任职资格等要素的简单罗列,而是要在分析的基础上对岗位价值链上每个环节应发挥的作用系统思考,包括具体岗位对组织的贡献,与其他岗位之间的内在关系、在管理流程中的位置与角色,其内在各要素的互动与制约关系等。

(3) 编制方法

① 正向定编。即先确定泵站的定编人数,再分解为部门定编,然后落实各小组定编人员具体数量。

② 逆向定编。先进行小组人员定编,再进行部门人员汇总,最后得到泵站人员定编总数。

③ 综合定编。一般先确定生产人员定编数量,再确定管理人员及非生产人员与生产人员的比例,最后确定非生产人员及管理人员的定编数量。

2.2.2　大中型泵站工程管理单位岗位设置

2004 年 5 月,水利部、财政部颁布了《水利工程管理单位定岗标准(试点)》。该标准适用于将养护修理人员分离后的水库和大中型水闸、大中型灌区、大中型泵站及 1～4 级河道堤防工程管理单位公益性工程管理、运行、观测等的岗位设置和岗位定员。管理多个水库和大中型水闸、大中型灌区、大中型泵站及 1～4 级河道堤防工程的管理单位，其单位负责、行政管理、技术管理、财务与资产管理及水政监察等五类岗位定员总数，按单个工程上述五类岗位定员总数最大值为基数，乘以调整系数确定，调整系数为 1.0～1.3；运行、观测类岗位定员按各工程分别确定后相加。

2.2.2.1　泵站岗位类别及名称

大中型泵站工程管理单位的岗位类别及名称见表 2-6。

表 2-6　大中型泵站工程管理单位岗位类别及名称

序号	岗位类别	岗位名称
1	单位负责类	单位负责岗位
2		技术总负责岗位
3		财务与资产总负责岗位
4	行政管理类	行政事务负责与管理岗位
5		文秘与档案管理岗位
6		人事劳动教育管理岗位
7		安全生产管理岗位
8	技术管理类	工程技术管理负责岗位
9		灌溉排水调度管理岗位
10		机械设备管理岗位
11		电气设备及自动化系统管理岗位
12		水工建筑物管理岗位
13		水工资源管理岗位
14		计划与统计岗位
15	财务与资产管理类	财务与资产管理负责岗位
16		财务与资产管理岗位
17		物资管理岗位
18		会计与水费管理岗位
19		出纳岗位
20	水政监察类	水政监察岗位
21	运行类	泵站运行负责岗位
22		主机组及辅助设备运行岗位
23		电气设备运行岗位
24		高压变电系统运行岗位
25		水工建筑物作业岗位
26		闸门、启闭机及拦污清污设备运行岗位

续表

序号	岗位类别	岗位名称
27	运行类	监控系统运行岗位
28		通信设备运行岗位
29		水量计量岗位
30	观测类	水工建筑物安全监测岗位
31		机械、电气设备安全监测岗位
32		水质、泥沙监测岗位
33	辅助类	

2.2.2.2 大中型泵站工程管理单位岗位定员

大中型泵站工程管理单位岗位定员级别按表 2-7 的规定确定。

表 2-7 大中型泵站工程管理单位岗位定员级别

定员级别	装机容量 P(kW)
1	$P \geqslant 30\ 000$
2	$10\ 000 \leqslant P < 30\ 000$
3	$5\ 000 \leqslant P < 10\ 000$
4	$2\ 000 \leqslant P < 5\ 000$
5	$1\ 000 \leqslant P < 2\ 000$

注:统一管理多座或多级泵站的工程管理单位的定员级别划分按总装机容量核定。

2.2.2.3 泵站大中型机组规模划分

泵站大中型机组规模划分见表 2-8。

表 2-8 泵站大中型机组规模划分

机组规模			大型	中型
单机条件	轴流泵或混流泵机组	水泵叶轮直径(mm)	≥1 540	1 000～1 540
		单机容量(kW)	≥800	500～800
	离心泵机组	水泵进口直径(mm)	≥800	500～800
		单机容量(kW)	≥600	280～600

注:当水泵机组的叶轮(进口)直径和单机容量与规定的条件不一致时,取高值确定机组类型。

2.2.2.4 岗位定员

(1) 大中型泵站工程管理单位岗位定员总和计算公式为

$$Z = G + S + F$$

式中:Z—岗位定员总和(人);

G—单位负责、行政管理、技术管理、财务与资产管理及水政监察类岗位定员数之和（人）；

S—运行、观测类岗位定员数之和（人）；

F—辅助类定员（人）。

（2）单位负责、行政管理、技术管理、财务与资产管理及水政监察类岗位定员数之和计算公式为

$$G=\sum_{i=1}^{20}G_i$$

式中：G_i—单位负责、行政管理、技术管理、财务与资产管理及水政监察类各岗位定员（人），按表 2-9 的规定确定。

表 2-9　单位负责、行政管理、技术管理、财务与资产管理及水政监察类各岗位定员　　单位：人

<table>
<tr><th rowspan="2">岗位类别</th><th rowspan="2">岗位名称</th><th rowspan="2">G_i</th><th colspan="5">定员级别</th></tr>
<tr><th>1</th><th>2</th><th>3</th><th>4</th><th>5</th></tr>
<tr><td rowspan="3">单位负责类</td><td>单位负责岗位</td><td>G_1</td><td rowspan="3">3～4</td><td rowspan="3">2～3</td><td rowspan="3">1～2</td><td rowspan="3">1</td><td rowspan="3">1</td></tr>
<tr><td>技术总负责岗位</td><td>G_2</td></tr>
<tr><td>财务与资产总负责岗位</td><td>G_3</td></tr>
<tr><td rowspan="4">行政管理类</td><td>行政事务负责与管理岗位</td><td>G_4</td><td rowspan="2">4～6</td><td rowspan="2">2～4</td><td rowspan="4">2～3</td><td rowspan="4">1～2</td><td rowspan="4">1</td></tr>
<tr><td>文秘与档案管理岗位</td><td>G_5</td></tr>
<tr><td>人事劳动教育管理岗位</td><td>G_6</td><td rowspan="2">2～3</td><td rowspan="2">1～2</td></tr>
<tr><td>安全生产管理岗位</td><td>G_7</td></tr>
<tr><td rowspan="7">技术管理类</td><td>工程技术管理负责岗位</td><td>G_8</td><td rowspan="2">3～5</td><td rowspan="2">2～3</td><td rowspan="7">3～5</td><td rowspan="7">2～3</td><td rowspan="7">1～2</td></tr>
<tr><td>灌溉排水调度管理岗位</td><td>G_9</td></tr>
<tr><td>机械设备管理岗位</td><td>G_{10}</td><td rowspan="3">3～7</td><td rowspan="3">2～3</td></tr>
<tr><td>电气设备及自动化系统管理岗位</td><td>G_{11}</td></tr>
<tr><td>水工建筑物管理岗位</td><td>G_{12}</td></tr>
<tr><td>水工资源管理岗位</td><td>G_{13}</td><td rowspan="2">2～3</td><td rowspan="2">1～2</td></tr>
<tr><td>计划与统计岗位</td><td>G_{14}</td></tr>
<tr><td rowspan="5">财务与资产管理类</td><td>财务与资产管理负责岗位</td><td>G_{15}</td><td rowspan="5">6～7</td><td rowspan="5">5～6</td><td rowspan="5">4～5</td><td rowspan="5">2～4</td><td rowspan="5">2</td></tr>
<tr><td>财务与资产管理岗位</td><td>G_{16}</td></tr>
<tr><td>物资管理岗位</td><td>G_{17}</td></tr>
<tr><td>会计与水费管理岗位</td><td>G_{18}</td></tr>
<tr><td>出纳岗位</td><td>G_{19}</td></tr>
<tr><td>水政监察类</td><td>水政监察岗位</td><td>G_{20}</td><td>3</td><td>2～3</td><td>1～2</td><td colspan="2">其他岗位人员兼</td></tr>
</table>

注：总装机容量超过 10 万 kW 的泵站工程管理单位，每增加 10 万 kW，技术管理类定员可在上限基础上增加 1～3 人。总装机容量小于 1 000 kW，机组条件达到大、中型的泵站工程管理单位，其单位负责、行政管理、技术管理、财务与资产管理和水政监察类按 5 级泵站定员。

(3) 3、4、5级泵站工程管理单位的单位负责、行政管理、技术管理、财务与资产管理、水政监察类岗位按类定员，其中4、5级泵站的水政监察类业务由经授权的其他类人员兼管。

(4) 运行、观测类岗位定员数之和计算为

$$S=\sum_{i=1}^{12} S_i$$

式中：S_i—运行、观测类各岗位定员(人)。

(5) 多座或多级泵站工程管理单位，运行类定员按独立站的级别分别计算后累加，并按一日三班制定员；其中年均运行时间超过2 500 h的泵站，按一日四班制定员。观测类按一日一班制定员。对多座或多级泵站泵房间距大于4 km的(含间距不足4 km的1、2级泵站群)，观测类定员按独立泵站的级别分别计算后累加。

(6) 运行、观测类岗位人员定员时，对装设中型水泵机组的4、5级泵站，规定以运行类定员为主，兼管其他岗位人员的工作(必须定员的岗位除外)；装设离心泵机组的1、2、3级泵站，能兼管的也应兼管其他岗位人员的工作。

(7) 总装机容量达到中型及以上的多座或多级泵站，其独立泵站装机容量小于5级、单机组规模小于中型的泵站，其运行、观测类各岗位按5级泵站定员，但每个班定员数最多不得超过2人。

(8) 泵站运行负责岗位定员 S_1，按表2-10的规定确定。

表2-10　泵站运行负责岗位定员　　单位：人

定员级别	1	2	3	4	5
每班定员	2～3		1～2	他岗人员兼	

(9) 主机组及辅助设备运行岗位定员 S_2 根据独立泵站机组规模条件，按表2-11的规定确定。

表2-11　主机组及辅助设备机组运行岗位定员　　单位：人

机组		大型	中型
每班定员	2台机组及以下	2	1
	3台机组及以下	$2+\frac{N-2}{4}$	$1+\frac{N-2}{6}$

注：表中 N 为机组台数，N 大于18均按18计算。

(10) 电气设备运行岗位定员 S_3 按表2-12的规定确定。

表2-12　电气设备运行岗位定员　　单位：人

定员级别	1	2	3	4	5
每班定员	2～3		2	1	

注：4、5级泵站的电气设备运行人员与机组运行人员配合值班。

（11）高压变电系统运行岗位定员 S_4 按表 2-13 的规定确定。

表 2-13　高压变电系统运行岗位定员

单位：人

定员级别	1	2	3	4	5
每班定员	2		1	泵房运行人员兼	

注：不承担变电业务的泵站，此岗位不定员。泵房运行人员是指机组、电气设备、高压变电系统、进出水建筑物、闸门、启闭机、监控系统、通信设备、水量计量等运行人员（下同）。

（12）水工建筑物作业岗位定员 S_5 按以下规定确定：1、2 级泵站每站设 1～2 人，一班制；3、4、5 级泵站的此项作业由泵房运行人员兼管。

（13）闸门、启闭机及拦污清污设备运行岗位定员 S_6 按表 2-14 的规定确定。

表 2-14　闸门、启闭机及拦污清污设备运行岗位定员

单位：人

定员级别	1	2	3	4	5
每班定员	2		1	泵房运行人员兼	

（14）监控系统运行岗位定员 S_7 按表 2-15 的规定确定。

表 2-15　监控系统运行岗位定员

单位：人

定员级别	1	2	3	4	5
每班定员	2		1	泵房运行人员兼	
每班定员	2		1	泵房运行人员兼	

注：无监控系统的泵站，此岗位不定员。

（15）通信设备运行岗位定员 S_8 按表 2-16 的规定确定。

表 2-16　通信设备运行岗位定员

单位：人

定员级别	1	2	3	4	5
每班定员	2～3		泵房运行人员兼		

注：1. 多座或多级泵站，此岗位运行定员不累加，但每增加一台交换机，增加 2 名值班人员。
2. 无独立通信系统的泵站，此岗位不定员。

（16）水量计量岗位定员 S_9 按表 2-17 的规定确定。

表 2-17　水量计量岗位定员

单位：人

定员级别	1	2	3	4	5
每班定员	1		泵房运行人员兼		

注：不计量水量和已实现供水计量自动化的泵站，此岗位不定员。

(17) 水工建筑物安全监测岗位定员 S_{10} 按表 2-18 的规定确定。

表 2-18 水工建筑物安全监测岗位定员

单位:人

定员级别	1	2	3	4	5
每班定员	1～2		1	泵房运行人员兼	

(18) 机械、电气设备安全监测岗位定员 S_{11} 按表 2-19 的规定确定。

表 2-19 机械、电气设备安全监测岗位定员

单位:人

定员级别	1	2	3	4	5
每班定员	1			泵房运行人员兼	

(19) 水质、泥沙监测岗位定员 S_{12} 按表 2-20 的规定确定。

表 2-20 水质、泥沙监测岗位定员

单位:人

定员级别	1	2	3	4	5
每班定员	1～2		1	泵房运行人员兼	

注:不需水质、泥沙监测的泵站,此岗位不定员。

(20) 辅助类岗位定员 F 的计算为

$$F = q(G + S)$$

式中:q—辅助类岗位定员比例系数,取 0.06～0.10。

水利部、财政部颁布的《水利工程管理单位定岗标准(试点)》是管理单位设岗的上限标准。管理单位要依照管养分离和精简高效的总原则,根据实际科学确定管理体制和管理模式,合理设岗定编。

2.3 主要岗位资格及能力要求

2.3.1 一般要求

根据水利部《泵站技术管理规程》(GB/T 30948—2014)和江苏省水利厅《泵站运行规程》(DB32/T 1360—2009)规定,泵站运行管理单位技术岗位应达到以下要求。

(1) 泵站运行管理人员应按规定经培训和考核,持证上岗。泵站运行人员培训和考核应按照《泵站运行工国家职业技能标准》的要求进行。

(2) 泵站宜按"四值三班"轮换制配备人员。每个运行班宜设值班长 1 名,配备不少于 2 名值班员。

(3) 泵站运行期间应设总值班,负责泵站的运行调度,掌握泵站设备运行状况,发生事故时领导泵站运行值班人员进行事故处理。总值班宜由站(所)负责人或技术负责人担任。

(4) 泵站技术人员负责检查、指导各运行班的安全运行工作,负责运行资料收集、分析、

整理，指导运行维修和故障抢修工作。

（5）值班长应熟悉泵站机电设备技术性能，熟练掌握设备操作规程和程序，具有事故应急处理能力，并具有 3 年以上泵站运行管理的经验。

（6）值班长负责当班期间安全运行工作，排除值班期间内发生的故障，接受总值班的开停机命令，与上一级变电所联络停送电，检查值班员对安全和运行规程的执行情况。

（7）值班员负责职责范围内的巡视检查、设备操作、值班记录工作，并根据值班长的安排进行检修工作。

（8）值班员在当班时间内应严格遵守各项规章制度，不应擅自离开工作岗位，不应做与值班无关的事，不应擅自将非运行值班人员带入值班现场，不应酒后上班。着装应整洁，思想集中，并做好现场安全和环境管理工作。

2.3.2　单位负责人

2.3.2.1　资格要求

（1）具有大专及以上学历。

（2）取得工程师及以上资格，具有 10 年及以上大中型水利工程管理经验。

（3）遵纪守法，思想政治素质好，热爱水利事业，有事业心和责任感。

2.3.2.2　能力要求

（1）具有管理、组织、协调、决策和语言文字能力。

（2）熟悉法律法规、泵站工程运行管理相关技术、规章制度等。

（3）具备主持单位全面工作的能力。

（4）具备落实安全生产工作、组织制定各项安全制度和应急预案的能力。

（5）具备组织开展职工安全生产教育、技术培训的能力。

（6）具备制定本单位的工作计划并组织实施的能力。

2.3.3　技术负责人

2.3.3.1　资格要求

（1）水利、机械、电气、自动化等相关专业，具有大专及以上学历。

（2）取得工程师及以上资格，具有 5 年及以上大中型泵站工程管理经验。

（3）遵纪守法，思想政治素质好，热爱水利事业，有事业心和责任感。

2.3.3.2　能力要求

（1）具有一定的管理、组织、协调、技术决策和语言文字能力。

（2）熟悉泵站工程运行管理相关技术、规章制度等。

（3）具备落实安全生产工作、组织制定各项安全制度和应急预案的能力。

（4）具备组织指导工程运行、维修养护、观测检查、设备试验、故障排除、应急处置的能力。

（5）具备制定并落实工程维修、养护等工作计划的能力。

（6）具备组织开展职工安全生产教育、技术培训的能力。

2.3.4 站长

2.3.4.1 资格要求

(1) 水利、机械、电气、自动化等相关专业，具有大专及以上学历。

(2) 取得工程师或泵站运行技师及以上资格，具有 5 年及以上大中型泵站工程管理经验。

(3) 遵纪守法，思想政治素质好，热爱水利事业，有事业心和责任感。

2.3.4.2 能力要求

(1) 具有一定的组织、协调、技术决策和语言文字能力。

(2) 熟悉泵站工程运行管理相关技术、规章制度等。

(3) 具备落实安全生产工作的能力。

(4) 具备组织落实工程运行、维修养护、检查观测、设备试验、故障排除、应急处置的能力。

(5) 具备制定并落实工程维修、养护等工作计划的能力。

(6) 具备组织开展职工安全生产教育、技术培训的能力。

2.3.5 安全员

2.3.5.1 资格要求

(1) 具有大专及以上学历。

(2) 取得安全员任职资格，具有 5 年大中型水利工程管理经验。

(3) 遵纪守法，热爱水利事业，有较强的责任心。

2.3.5.2 能力要求

(1) 具有一定的组织、协调和语言文字能力。

(2) 熟悉国家有关安全生产的法律法规及单位的安全管理制度。

(3) 熟悉泵站运行、检修及安全规程和相关制度。

(4) 具备安全检查、监督等工作能力。

(5) 具备整理、汇总、上报安全方面资料的能力。

2.3.6 机电工程师

2.3.6.1 资格要求

(1) 机械、电气等相关专业，具有大专及以上学历。

(2) 取得工程师及以上资格，具有 5 年大中型泵站工程管理经验。

(3) 遵纪守法，思想政治素质好，热爱水利事业，有事业心和责任感。

2.3.6.2 能力要求

(1) 具有一定的组织、协调和语言文字能力。

(2) 熟悉泵站机电设备原理等方面专业知识。

(3) 熟悉运行、安全规程和相关制度。

(4) 具备编制设备维修养护计划、方案能力。

2.3.7　自动化工程师

2.3.7.1　资格要求

（1）自动化、计算机等相关专业，具有大专及以上学历。

（2）取得工程师及以上资格，具有 5 年大中型泵站工程自动化设备管理经验。

（3）遵纪守法，思想政治素质好，热爱水利事业，有事业心和责任感。

2.3.7.2　能力要求

（1）具有一定的组织、协调和语言文字能力。

（2）熟悉自动化系统原理及网络安全等方面专业知识。

（3）熟悉泵站运行、安全规程和相关制度。

（4）具备自动化系统、通信设备等技术管理工作能力。

（5）了解泵站自动化发展趋势及相关前沿技术。

2.3.8　水工工程师

2.3.8.1　资格要求

（1）水利、水工等相关专业，具有大专及以上学历。

（2）取得工程师及以上资格，具有 5 年大中型水利工程管理经验。

（3）遵纪守法，思想政治素质好，热爱水利事业，有事业心和责任感。

2.3.8.2　能力要求

（1）具有一定的组织、协调和语言文字能力。

（2）熟悉水工建筑设计、施工及工程观测等方面专业知识。

（3）熟悉水利工程运行、安全规程和相关制度。

（4）具备水工建筑物检查、维修、观测等技术能力。

（5）具备编制工程实施方案能力。

（6）具备工程施工技术管理工作能力。

2.3.9　运行班长

2.3.9.1　资格要求

（1）水利、机电、机械、电气、自动化等相关专业，具有中专及以上学历。

（2）取得助理工程师或泵站运行中级工及以上资格，具有 3 年大中型泵站工程运行经验。

（3）遵纪守法，热爱水利事业，有较强的责任心。

2.3.9.2　能力要求

（1）具有一定的组织、协调和语言文字能力。

（2）熟悉泵站工程运行管理相关技术、规章制度等。

（3）能够熟练掌握安全操作规程。

（4）具备泵站运行操作监护、应急处置的能力。

2.3.10 检修班长

2.3.10.1 资格要求

（1）水利、机械、电气、自动化等相关专业，具有中专及以上学历。

（2）取得助理工程师或泵站运行中级工及以上资格，具有 3 年大中型泵站工程设备检修经验。

（3）遵纪守法，热爱水利事业，有较强的责任心。

2.3.10.2 能力要求

（1）具有一定的组织、协调和语言文字能力。

（2）熟悉泵站工程运行管理相关技术、规章制度等。

（3）掌握设备检修规程规范。

（4）具备设备检修、故障排除、应急处置和安全监护的能力。

2.3.11 运行值班员

2.3.11.1 资格要求

（1）水利、机械、电气、自动化等相关专业，具有中专及以上学历。

（2）取得泵站运行工相应资格。

（3）遵纪守法，热爱水利事业，有较强的责任心。

2.3.11.2 能力要求

（1）熟悉机电设备基本专业知识及设备技术要求。

（2）掌握安全操作规程和运行规程。

（3）具备泵站运行操作、巡视和应急处置的能力。

2.3.12 检修值班员

2.3.12.1 资格要求

（1）水利、机械、电气、自动化等相关专业，具有中专及以上学历。

（2）取得泵站运行工相应资格。

（3）遵纪守法，热爱水利事业，有较强的责任心。

2.3.12.2 能力要求

（1）熟悉机电设备技术要求，具有设备检修基本技能。

（2）掌握安全、检修、操作和运行规程。

（3）具有泵站运行巡视和应急处置的能力。

第3章 制度管理

管理单位应该及时识别、获取适用的法律法规，结合工程实际，及时修订泵站各项规章制度。本章节主要从岗位责任制、运行管理类规章制度和安全类规章制度等几个方面介绍相关制度内容，管理单位宜参照制定本单位的相关制度。

3.1 岗位职责

3.1.1 单位负责人

(1) 主持本单位全面工作，严格遵守国家的法律、法规，落实上级各项工作部署。

(2) 贯彻民主集中制原则，坚持集体领导，重大问题须召集会议决定。

(3) 负责制定单位年度计划，保证工程管理、安全生产、精神文明等目标的实现。

(4) 负责单位安全生产工作。

(5) 负责职工思想政治教育和业务技能培训。

(6) 负责做好安全保卫、环境管理等工作。

(7) 负责抓好领导班子和职工队伍建设。

(8) 完成领导交办的其他工作。

3.1.2 技术负责人

(1) 在单位负责人的领导下，负责本工程的技术管理工作。熟悉工程基本情况、设备技术性能，具有组织、指导设备运行、检修及故障排除、事故应急处理的能力。

(2) 负责本工程运行规程、制度、预案的修订和完善，组织编制年度维修养护计划，编写故障及事故分析报告、技术小结和年度工作总结。

(3) 负责设备运行、检修的技术指导工作。提供有关技术资料、设备检修的技术标准，解决运行、检修中出现的技术问题；掌握了解设备运行、检修情况，做好质量检查和验收工作。

(4) 负责审查运行、检修、改造、试验、事故、检查、观测等技术资料，指导建立、健全技术档案。

(5) 负责运行、检修人员的技术培训和考核工作。

(6) 负责安全生产工作，落实安全措施。

(7) 完成领导交办的其他工作。

3.1.3 站长

(1) 协助单位负责人和技术负责人抓好工程的安全运行。

(2) 负责组织、指导设备运行、检修及故障排除、事故应急处理。

(3) 负责组织编制工程管理规章制度、规程、预案等。

(4) 负责编制工程维修养护计划并组织实施。

(5) 负责组织开展工程检查、工程观测、电气试验等工作。

(6) 负责运行、检修人员的技术培训和考核工作。

(7) 检查督促各项规章制度的执行。

(8) 完成领导交办的其他工作。

3.1.4 运行班长

(1) 负责落实本班的运行管理工作。

(2) 接受总值班的开停机命令，执行操作票和工作票制度，有权在紧急情况下停止设备运行或采取其他应急措施。

(3) 负责当班期间安全运行工作，检查值班员对安全、运行规程的执行情况。及时发现、排除值班期间发生的故障。发生事故时负责领导全班进行事故处理，并应及时向站长报告。

(4) 按时认真检查、填写运行资料，当班期间内发生的设备操作、设备检修、故障处理等应详细记录。

(5) 带领全班人员严格遵守劳动纪律，做好交接班、清洁卫生等工作。

(6) 完成领导交办的其他工作。

3.1.5 检修班长

(1) 负责落实泵站设备的检修工作。

(2) 认真执行工作票制度，检查检修人员对安全、检修规程的执行情况。

(3) 严格按设备检修的技术标准、工艺要求及进度进行检修，保证设备的检修质量。检修中出现技术问题，应主动与技术人员配合，提出解决方法。检修结束后协助做好试运行工作。

(4) 及时认真检查、填写维修记录等资料。

(5) 加强工具的保管和使用，检修现场的工具及零配件应按规定摆放，做到安全、文明生产。

(6) 完成领导交办的其他工作。

3.1.6 机电工程师

(1) 认真贯彻执行运行、安全和操作规程及机械、电气设备的各种管理制度。

(2) 负责编制设施设备的安装、拆除、使用的安全技术措施和所有机电设备的操作规程。

(3) 负责本单位机电设备的技术管理工作，及时检查、处理故障设备。

(4) 负责审查设备的运行、检修等记录。

(5) 负责掌握本单位所有设备的性能状态，及时编制维修养护计划。

(6) 完成领导交办的其他工作。

3.1.7　自动化工程师

(1) 完善健全本单位自动化控制系统，负责做好自动化设备的管理工作。

(2) 负责单位自动化系统安全运行，制定自动化系统运行管理细则。

(3) 负责对工程运行过程中的自动化系统问题提出解决方案，及时进行故障抢修工作。

(4) 负责单位自动化系统改造和实施工作，以及部分自动化系统设计工作。

(5) 负责编制自动化系统维修养护计划。

(6) 完成领导交办的其他工作。

3.1.8　安全员

(1) 严格执行国家安全有关法律法规，贯彻消防和安全生产管理规定。

(2) 落实安全施工措施，加强施工现场巡回检查，确保进入施工现场的人员及物料安全。

(3) 按照有关规定，行使监督检查职权，制止违章指挥、违章作业等情况。

(4) 组织安全生产会议和安全技术交底，审查施工组织设计和安全技术措施。

(5) 整理、汇总、上报安全方面的有关资料。

(6) 完成领导交办的其他工作。

3.1.9　水工工程师

(1) 负责落实本单位水工建筑物的观测、检查、维护工作。

(2) 组织实施本单位的工程概预算编制及工程施工中的技术指导工作。

(3) 监督落实本单位工程资料的归档整理和微机录入工作。

(4) 落实好抗旱、排涝期间工程巡查工作。

(5) 完成领导安排的其他工作。

3.1.10　运行值班员

(1) 协助值班长做好工程设备安全运行工作。

(2) 认真做好巡回检查，对异常情况及缺陷，及时处理、汇报并做好记录。

(3) 根据值班长命令填写操作票，进行操作或监护。

(4) 认真做好各项运行记录填写工作。

(5) 严格遵守劳动纪律，做好交接班、清洁卫生等工作。

(6) 负责当值期间工器具、图纸、防护用品等物品的管理，确保完好。

(7) 完成值班长交办的其他工作。

3.1.11　检修值班员

(1) 检修员检修前应认真执行工作票制度，落实各项安全措施。

(2) 按照设备检修的技术标准、工艺要求，完成检修任务。

(3) 检修员应做好检修技术记录，检修技术资料应完整齐全。

(4) 检修员应做到文明生产，现场应及时清扫干净。

(5) 对检修事故和设备异常情况，认真分析其原因，制定相应措施。

(6) 完成检修班长交办的其他工作。

3.1.12 水文工程师

(1) 负责落实本单位水文的观测及检查工作。

(2) 组织实施本单位的水文资料的底稿整编、归档工作。

(3) 具体负责本单位水文资料的摘录、计算，水尺的校验，流量的检测，水情的拍报等工作。

(4) 落实好抗旱、排涝期间水文值班和水情观测工作。

(5) 负责水文自动测报系统的管理工作，要求系统运行正常、数据准确、安全措施到位。

(6) 及时、准确执行调度指令，水情拍报无假报、错报、漏报、迟报。

(7) 完成领导安排的其他工作。

3.1.13 档案管理员

(1) 做好档案整理、编目、统计、排列和检索工具编制等工作。

(2) 要熟悉所藏档案资料的情况，做好档案的收进和移出工作，严格履行交接手续。

(3) 做好档案资料的利用统计工作，若发现档案资料丢失和缺损，及时向有关领导汇报并查明原因。

(4) 协助做好汛前、汛后检查、观测及资料整编入档工作，对所有报告、报表及运行、检修、观测水情等资料进行搜集整理，并登记入册。

(5) 对设施、设备的设计、竣工资料、图纸等进行分类整理，档案装具和案卷排放整齐、科学有序。

(6) 借用图纸资料要有借阅手续，对外原则上不予借阅，经单位负责人同意，办理借阅手续后方可借阅。

(7) 完成领导安排的其他工作。

3.2 规章制度

3.2.1 运行管理类

运行管理类制度一般包括运行值班制度、交接班制度、巡视检查制度、设备定期试验与轮换制度、工作票制度、操作票制度、工程检查制度、设备管理制度等，管理单位应依据国家的法律法规、行业规范的要求，结合单位工程实际，制定单位的各项运行管理制度。

3.2.1.1 运行值班制度

(1) 值班人员应严格执行各项规章制度，不迟到，不早退，不得擅离职守，如遇特殊情况须离开岗位，必须征得本班班长的同意，方可离开。

(2) 值班人员应集中思想，认真值班，不干与值班工作无关的事，不负责接待参观，不准睡觉，更不准酒后上班。

(3) 值班人员衣着整齐，不准穿背心、裙子、短裤、睡衣、高跟鞋和拖鞋等值班。

(4) 值班人员应服从上级调度指令，若不能执行应及时向发令人汇报。

(5) 值班人员应按规定认真巡查设备，确保设备运行安全。设备发生异常现象时，应及时处理。

(6) 运行记录应按时填写，并要求记录清楚、正确、详细。

(7) 值班室、控制室、厂房内等工作场所严禁吸烟，并做好清洁工作，保持现场整洁。

3.2.1.2　交接班制度

(1) 在交班前 30 分钟由值班长召集交班人员，总结本班安全运行情况、维修工作情况、交班内容，检查运行记录应无遗漏、运行工具应完整齐全。

(2) 接班人员在接班前先开班前会，提前 15 分钟进入现场进行交接班，查看运行日志及专用记录，全面了解设备的运行情况和检修情况，查看备用设备情况，检查检修安全措施情况。交班人员必须在交班完毕后集体离开工作岗位。

(3) 在交接班时交班人员必须详细介绍运行情况，值班长除了自己进行交接班外，尚须负责检查班内其他人员交接班的情况。

(4) 在交接班中如发现设备有故障，交接班人员应相互协作予以排除。在接班人员同意后才能交班。

(5) 在处理事故或进行重要操作时不可进行交接班，待完成后再进行交接。

3.2.1.3　巡视检查制度

(1) 运行人员值班期间，应按规定的巡视路线和项目对运行设备、备用设备进行认真的巡视检查。

(2) 每班值班期间对全部设备巡视检查应不少于 4 次，且每次不低于 2 小时，遇有下列情况应增加巡视次数：

① 恶劣气候；

② 设备过负荷或负荷有显著增加时；

③ 设备缺陷近期有发展时；

④ 新设备或经过检修、改造或长期停用后的设备重新投入运行时；

⑤ 事故跳闸和运行设备有可疑迹象时。

(3) 高压电气设备巡视检查应由经过安全规程学习并经考试合格的人员进行，其他人员不得单独巡视检查。

(4) 巡视检查高压电气设备时，不得进行其他工作，不得移开或越过遮栏。在不设警戒线的地方，应保持足够的安全距离。

(5) 雷雨天气，需要巡视室外高压设备时，应穿绝缘靴，并不得靠近避雷器和避雷针。

(6) 高压设备发生接地时，室内不得接近故障点 4 m 以内，室外不得接近故障点 8 m 以内。进入上述范围内的人员必须穿绝缘靴，接近设备的外壳和架构时，应戴绝缘手套。

(7) 在巡视检查中发现设备缺陷或异常运行情况，应及时处理并详细记录在运行日志上。重大缺陷或严重情况须向上级汇报。

3.2.1.4　设备定期试验与轮换制度

(1) 设备的定期试验与轮换目的是及时发现隐患、消除缺陷，保证设备始终处于完好状态。

（2）泵站机电设备定期试验与轮换根据设备运行情况确定，其数据及轮换的结果，值班负责人应详细填入值班记录中并签字。

（3）试验与轮换应严格按规定执行工作票、操作票等制度，一人操作，一人监护。特殊试验及主机泵的轮换，需经技术负责人同意后进行。

（4）设备试验与轮换过程中运行工况应稳定，并做好各方面的联系和配合工作，确保试验数据的准确和操作过程中的安全。

（5）试验中发现问题及时处理，不应无故拖延，并做好异常情况记录。

（6）因故不能试验与轮换的设备，应记录原因，等具备条件时补做。

（7）试验与轮换后的设备要具备备用条件。

（8）机组大修、小修和设备改造前、后的试验工作应按规程规定进行。

（9）各种试验与轮换工作的进行不得违反安全规定，应确保人身和设备的安全。

3.2.1.5 工作票制度

（1）为保证安全工作条件和设备的安全运行，检修人员在进行检修和安装时，下列情况必须执行工作票制度：

① 直流系统带电检修；

② 低压设备带电处理事故；

③ 靠近带电设备转动部分的检修和安装工作；

④ 带电试验和测量工作。

（2）第一种（或第二种）工作票的签发人，应由单位负责人或技术负责人或经单位批准的人员担任，其他人员无权签发工作票。

（3）检修结束后，检修负责人将工作票退回注销，停止运行的检修设备在工作票未注销以前不得投入运行。

3.2.1.6 操作票制度

（1）为避免由于操作错误而产生的人身及设备事故，下列操作必须执行操作票制度：

① 开、停主机；

② 投入或切出站（所）用变压器；

③ 投入或切出主变压器；

④ 投入或切出高压电源；

⑤ 高压母线带电情况下断路器试合闸。

（2）操作票由当班的站长或单位负责人签发。

（3）操作票须有两人执行，一人监护，一人操作，监护人应由对设备情况熟悉的人担任。

（4）操作闸刀时，操作人应戴绝缘手套，户外操作需穿绝缘鞋，监护人应监督操作人按安全规程要求实施操作。

（5）进行每一项操作时，监护人要按操作票内容高声唱票，操作人要核对设备名称及编号，手指被操作设备并高声复诵，监护人确认后，操作人方能操作。操作完毕后，由监护人在该项的相应栏内画上“√”记号，表示该项已操作，然后进行下一项操作。

（6）操作时，监护人要按操作票条款逐项唱票，监护操作，不能跳项、漏项，不能更换操作次序。

(7) 操作中产生疑问时，不应擅自更改操作票，应立即向值班长或站长报告，确认无误后再进行操作。

(8) 执行操作票时，操作人、监护人应在操作票上签字；执行完毕后，监护人应向发令人汇报操作时间及情况，并填写操作票有关内容。

(9) 操作票应按编号顺序使用。作废的操作票应注明“作废”字样。已操作的操作票应注明“已操作”字样。操作票保存一年。

3.2.1.7 工程检查制度

(1) 工程检查分为日常检查、定期检查和专项检查。

(2) 日常检查包括日常巡查、经常检查。

① 日常巡查应按运行期和非运行期确定巡查周期及内容。非运行期每天 1 次，日常巡查可结合经常检查进行；运行期间按照运行巡视检查要求每 2 小时 1 次；当超设计标准运行或遭受不利因素影响时，应加强巡视。巡查路线应专门设定，主要包括泵站管理范围内的建筑物、设备、设施、工程环境等重点部位。

② 工程投入使用 5 年内，经常性检查每周不应少于 2 次，以后每周 1 次。经常检查主要对建筑物各部位、主机泵、高低压电气设备、辅机设备、金属结构、自动化监测设备、管理设施及管理范围内的河道、堤防和水流形态等进行检查。

(3) 定期检查包括汛前检查、汛后检查(或送水期前后)、水下检查和试验检测等。

(4) 专项检查主要是在发生地震、风暴潮、台风或其他自然灾害，泵站超过设计标准运行，或发生重大工程事故后进行的特别检查。

(5) 工程检查应填写记录，及时整理检查资料。定期检查和专项检查应编写检查报告并按规定上报。

3.2.1.8 工程观测制度

(1) 工程观测一般项目应包括垂直位移、测压管水位、引河河床变形、混凝土建筑物裂缝、伸缩缝、水位、流量等。根据工程需要，必要时可增加其他专业性观测项目，包括水平位移、绕渗、混凝土碳化深度、水流形态、水质、泥沙、冰凌等。

(2) 管理单位应根据工程的结构布局、地基土质、已有的观测设施、观测手段和工程控制运用中存在的主要问题等提出观测项目的初步意见，报上级主管部门审批。管理单位应按批准的项目和规程要求执行，不应擅自变更，如确需变更，应报上级主管部门批准后执行。

(3) 观测工作应保持系统性和连续性，按照规定的项目、测次和时间进行现场观测；观测工作应做到“四随”(随观测、随记录、随计算、随校核)、“四无”(无缺测、无漏测、无不符合精度、无违时)、“四固定”(人员固定、设备固定、测次固定、时间固定)。

(4) 观测人员应遵守规程规定，确保观测成果真实、准确和符合精度要求，观测资料应按规定签署姓名。

(5) 观测工作结束后，应及时对观测资料进行整理和计算，并对观测成果进行初步分析；如发现有异常现象，应立即进行复测，查明原因，采取必要措施，并及时向上级主管部门报告。

(6) 泵站管理单位应加强对观测设施和各种观测仪器、设备的检查和保养，防止人为损坏；并应结合各单位具体情况，积极研究改进测量技术和监测手段，推广应用新技术，提高观测精度和资料整编水平。

(7) 每年初应对上一年度观测资料进行整编，并将整编成果报上级主管部门审查，对审查合格的资料整编成果装订成册，归入技术档案。

3.2.1.9 计算机监控系统管理制度

(1) 由专业管理人员定期对计算机监控系统、局域网进行维护管理。

(2) 对于不同岗位职责的运行人员和管理人员，应分别规定其安全等级操作权限。

(3) 定期做好计算机监控系统的接地电阻测试和防雷保护检查。

(4) 定期对传感器、可编程序控制器、指示仪表、保护设备、通信系统、计算机及网络等系统硬件进行检查维护和清洁除尘。

(5) 按规定时间定期对传感器、指示仪表、保护设备等进行率定和精度校验，对不符合要求的设备进行检修、校正或更换。

(6) 定期对保护设备进行灵敏度检查、调整。

(7) 制定计算机控制操作规程并严格执行。

(8) 加强对计算机和网络的安全管理，经常进行系统杀毒、打补丁，配备必要的防火墙。

(9) 定期对系统软件和数据库进行备份，对技术文档妥善保管。

(10) 有管理权限的人员对软件进行修改或设置时，修改或设置前后的软件应分别进行备份，并做好修改记录。

(11) 对运行中出现的问题做好详细记录，及时联系并协助开发人员解决和维护。

(12) 自动监控系统发生故障或显示告警信息时，应查明原因，并及时排除。

(13) 未经无病毒确认的软件不得在监控系统和监控局域网中使用。计算机监控系统和监控局域网内的计算机不得移作他用和安装未经专业计算机管理员同意的软件。

3.1.2.10 设备管理制度

(1) 阅读设备使用说明书，掌握设备使用方法，编写设备操作规程；根据设备特点及运行情况，编写反事故应急预案，并组织运行人员学习及现场演练。

(2) 所有机电设备均应有制造厂铭牌，建档挂卡，并要求字迹清晰可辨。同类设备应按顺序编号，并应将序号固定在明显位置，与设备配套的辅助设备应有相应标志或编号，以指明其所属系统。旋转机械上应标示转向箭头，指示旋转方向。滑动轴承或需要显示油位的应有油面指示计(或液位监视器)。

(3) 设备责任人应将发现设备缺陷的内容、程度、类别及消除措施，存在问题、时间等分别详细记录。

(4) 加强日常管理，设备表面每日保洁一次，有条件的设备内部每周保洁一次，发现问题立即处理，杜绝跑、冒、滴、漏、锈、污、熔现象。

(5) 对设备每年进行全面的汛前、汛后检查和保养，按规定定期校验。并进行经常性检查，对发现的问题，提出处理意见并及时向上级部门进行汇报。

3.2.1.11 设备缺陷管理制度

(1) 管理单位应详细登记发现设备缺陷的内容、程度、类别、时间及消除措施。

(2) 运行人员对设备进行定期巡查、维护，应注意检查设备状况，对于发现的缺陷，应及时消除，事后在班组进行相应的记录；对不能及时消除的缺陷，应采取必要措施，防止其发展与扩大，并及时记录和汇报班长。

(3) 发现重大缺陷时，运行人员应立即报告管理单位领导，管理单位应立即组织维修人员到现场处理缺陷，并及时在设备缺陷记录本中记录。

(4) 事故性缺陷、重大缺陷除立即向上级主管部门汇报外，事故性缺陷应尽快处理，重大缺陷要限期处理，一般性缺陷可结合定期检修或在合适时机修复处理。

(5) 所有的缺陷登记应对发现人员、时间，维修人员、消除缺陷的时间，消缺过程中发现的问题和处理办法以及遗留的设备问题如实认真填写，以便查询和管理。

(6) 各运行班长应随时了解掌握设备缺陷情况，并将本班新发现的缺陷、消除的缺陷以及现存的较大缺陷情况作为交接班的重要内容交接清楚。

(7) 维修人员消除缺陷后，运行人员应及时进行设备试运转工作，在验证设备缺陷确已消除后将设备投入运行。

3.2.1.12　设备检修制度

(1) 搞好工程设备的检修工作，是保证设备安全可靠运行的重要措施和手段，必须认真贯彻执行。

(2) 应根据泵站设备管理规范要求和设备自身的技术要求，对工程设备进行有计划的周期性检修，从而有效地保证设备的安全持续运行，排除隐患，预防事故的发生。

(3) 应科学地建立健全设备运行、检修档案；定期对设备的运行状况进行分析。

(4) 设备检修的时间应尽量安排在非运行季节进行。

(5) 当设备运行过程中，发生突发性故障时，应对设备进行临时性应急检修，确保设备的安全持续运行。

(6) 在处理突发性故障时，应注意保护故障现场，记录有关现象和数据，以便于分析原因，总结经验。

(7) 设备检修工作应坚决执行“两票三制”；确保检修工作安全，防止引发其他人身和设备事故。

(8) 机组运行时，检修工作由检修班进行，非运行季节，安排专人负责。

3.2.1.13　设备评定级制度

(1) 严格按照有关规程要求，定期对机电设备、建筑物工程进行全面评级，并将评级结果报上级。

(2) 每年进行一次评定级，可结合定期检查进行。

(3) 由相关专业的管理人员组成泵站工程等级评定小组，定期开展工程评定级工作。

(4) 评级工作按照评级单元、单项设备、单位工程逐级评定。

(5) 评级应根据每年汛前及汛后检查情况、汛期运行情况及维修检修记录、观测资料、缺陷记载等情况进行。

(6) 机电设备评级范围应包括主水泵、主电机、主变压器、站(所)用变压器、主要电气设备、辅助设备、计算机监控系统等设备。

(7) 泵站工程的评级标准应参照相关规范要求进行。

(8) 单位工程被评为三类的应限期整改，并向上级申请安全鉴定。

3.2.1.14　养护管理制度

(1) 按照有关规程规范要求，定期对工程进行养护修理，消除工程缺陷和隐患，确保工程安全完整。

（2）根据工程运用实际情况和汛后检查发现的问题，按季度制定养护计划，做好养护、运行的统筹安排。

（3）按规范要求认真开展河道，堤防，土、石、砼建筑物等水工建筑物的经常性巡视检查，对发现的缺陷和问题应及时进行局部修补。

（4）认真编制养护方案、预算、决算，按照养护方案实施，做好项目竣工验收，及时完善养护施工管理卡等工程资料。完工后及时编制养护总结报告，报发包人审核。

（5）确需外包的工程项目按照发包人及有关规定，选择具有施工资质和能力的修理施工队伍，签订合同，加强项目管理。

（6）工程养护经费实行“专款专用”。

（7）优先采用新技术、新材料、新方法开展工程养护，提高养护的质量。

3.2.1.15 技术档案管理制度

（1）技术资料应分类、装订成册，按规定编号，存放在专用的资料柜内；资料柜应置于通风干燥处，并做好防潮、防腐蚀、防霉、防虫和防污染工作，同时应有防火、防盗等设施。

（2）工程基本资料永久保存，规程规范可保存现行的，其他资料应长期保存。

（3）已过保管期的资料档案，必须经过主管部门领导、有关技术人员和本单位领导、档案管理员共同审查鉴定，确认可销毁的，造册签字，指定专人销毁。

（4）技术档案应专人管理，人员变动时应按目录移交资料，并在清单上签字，同时得到单位领导同意。

3.2.1.16 学习制度

（1）每个职工应自觉学习政治理论与业务技术。

（2）学习不得迟到、早退、无故缺席。学习要有记录，全年学习不得少于规定的学时。

（3）遵守学习纪律，认真阅读文件材料，讨论时积极发言，敢于发表自己的意见，注意提高学习效果。

（4）业务学习一般以自学为主，并积极参加单位举办的各种培训班。单位应定期组织学习有关管理办法、各项规章制度、操作规程及有关管理技术等业务知识，每年汛前应至少组织一次反事故预案的学习和演练。

（5）通过认真学习政治理论与业务技术，不断提高政治思想觉悟与业务技术水平。

（6）由单位统一组织的政治、业务学习，不得无故拒学，无故拒学者按规定进行处罚。

3.2.1.17 培训制度

（1）管理单位应每年对各级管理人员进行教育培训，职工年培训率不低于100%，教育培训时间满足规定学时要求。

（2）首次上岗的运行管理人员应实行岗前教育培训，具备与岗位工作相适应的专业知识和业务技能，泵站运行岗位和特种作业人员应按照有关规定进行培训并持证上岗。

（3）新员工上岗前应接受三级安全教育培训。教育培训时间满足规定学时要求。

（4）特种作业人员接受规定的安全作业培训，并取得特种作业操作资格证书后上岗作业；特种作业人员离岗6个月以上重新上岗，应经实际操作考核合格后上岗工作。

3.2.1.18　考勤制度

（1）运行或者非运行期间，运行、管理人员均应严格遵守劳动纪律，按时上下班，并做好交接班，不得迟到、早退、无故旷工，有事必须请假，请假人员应按单位规定办理请假手续。

（2）工作时间应集中精力工作，努力提高工作效率。

（3）考勤有专人负责记录，考勤报表要每天认真填写，并于次月初及时上报单位有关部门。

（4）考勤制度是保证工作时间，提高工作效率的重要保障，每个职工必须严格执行，认真遵守，不得违反，如有违反，轻者批评教育，重者将按照有关规定处理。

3.2.1.19　奖惩制度

（1）严格执行单位职工劳动考核管理办法和奖惩规定，以促进和调动职工做好工程管理、经营管理工作的积极性。

（2）在运行、检修工作中认真负责，发现或排除机电设备隐患的班组或个人，给予表扬；在紧急时刻排除机电设备等方面的非正常故障和各种突发险情，避免重大经济损失或人身伤亡事故的发生，给予表彰和奖励。

（3）在关键时刻，为保证国家集体财产和人民群众生命安全，见义勇为；为维护治安，敢于同犯罪分子做斗争的，给予表扬和奖励。

（4）在综合经营活动中，献计献策、想方设法联系业务的，视效益情况给予一定的奖励。

（5）职工无正当理由，不服从工作安排，扣发当日出勤津贴、水利岗位津贴；情节严重的，单位负责人有权责令其停工，扣发停工期内的工资、津贴及奖金。

（6）在规定的节假日内，或因工作需要经单位负责人批准加班工作的，在不影响工作的情况下，可实行调休，或抵销其他假期。

（7）对于不遵守岗位责任制、违反操作规程造成责任事故者，根据情节轻重，按单位劳动考核管理办法有关条文执行。

3.2.1.20　环境卫生制度

（1）值班人员对本岗位下列设备、设施和用具负有管理责任：

① 设备、材料和配备的消防用具，安全用具和其他用具等；

② 各种装置、设施和用具等；

③ 各种记录簿、记录表（纸）等；

④ 卫生用具及运行维护材料备件等。

（2）岗位的设备、工具、材料等应登记造册，逐班清点移交，不得遗失、损失，保证完备整洁，外借时应登记，并按时追回。

（3）值班人员要经常保持厂房、场地设备的整洁卫生。

（4）值班人员在当值时应对所管辖的设备、地面、门窗、桌椅等进行清理，做好交班前的卫生工作。

（5）应定期对控制室各配电盘、继电保护设备做一次清洁维护，但工作时必须按安全规程规定进行。

（6）检修现场的工具及零配件应按规定摆放。工作完毕后，检修人员应将检修场地、设备打扫干净，做到安全、文明生产。

3.2.2 安全管理类

根据水利部《水利安全生产标准化通用规范》(SL/T 789—2019)要求，安全生产和职业健康规章制度包括但不限于下列内容：

① 目标管理；
② 安全生产和职业健康责任制；
③ 安全生产投入；
④ 安全生产信息化；
⑤ 文件、记录和档案管理；
⑥ 新技术、新工艺、新设备设施、新材料管理；
⑦ 教育培训；
⑧ 班组安全活动；
⑨ 特种作业人员管理；
⑩ 设备设施管理；
⑪ 作业活动管理；
⑫ 危险物品管理；
⑬ 安全警示标志管理；
⑭ 用电安全管理；
⑮ 消防安全管理；
⑯ 交通安全管理；
⑰ 相关方管理；
⑱ 防洪度汛安全管理；
⑲ 职业健康管理；
⑳ 劳动防护用品(具)管理；
㉑ 安全预测预警；
㉒ 安全风险管理、隐患排查治理；
㉓ 变更管理；
㉔ 重大危险源辨识与管理；
㉕ 应急管理；
㉖ 事故管理；
㉗ 安全生产报告；
㉘ 绩效评定管理。

本节主要叙述泵站管理相关的部分安全生产制度，泵站管理单位宜参照制定本单位的相关安全制度。

3.2.2.1 安全生产工作制度

(1) 严格执行安全生产法律法规，认真执行“安全第一、预防为主、综合治理”的方针。

(2) 应成立安全领导小组，建立安全生产组织网络，设置专职或兼职安全员，签订安全生产责任状，逐级落实安全责任。

(3) 安全领导小组每月活动一次，学习有关安全文件，制定安全月度计划，总结安全工作，每月开展一次安全检查。

(4) 应定期组织安全技术培训，学习有关安全生产的规章制度，对新职工认真进行“三级教育”。

(5) 应组织落实安全定期检查、专项检查和节假日检查等工作。

(6) 规范特种设备和特种作业人员的管理，做到设备定期检测合格，人员持证上岗。

(7) 按照安全管理要求落实好各类安全措施，确保安全设施完好，及时消除安全隐患。

(8) 安全生产活动记录齐全，安全生产台账规范填写。

3.2.2.2 安全目标管理制度

(1) 管理单位应根据安全生产实际制定安全生产总目标和年度目标。

(2) 应逐级签订安全生产目标责任状，逐级落实安全责任。

(3) 应对安全生产目标执行情况进行监督。

(4) 安全生产领导小组定期对部门安全生产目标实施情况进行检查和评估。

(5) 安全生产领导小组每年应对部门安全生产目标完成情况进行考核。

3.2.2.3 重大危险源辨识与管理制度

(1) 管理单位应按照国家相关标准对本单位的装置、设施或场所进行危险源辨识，对确认的危险源应进行风险评价，确定等级，制定管理措施和应急预案，并定期演练。

(2) 对重大危险源进行登记建档，并按规定进行备案。

(3) 对重大危险源采取措施进行监控，包括技术措施(设计、建设、运行、维护、检查、检验等)和组织措施(职责明确、人员培训、防护器具配置、作业要求等)。

(4) 管理单位应指定专人负责重大危险源的管理，管理人员应具有相应的专业知识。

(5) 管理单位应对重大危险源进行定期评价，实行动态管理。

3.2.2.4 事故处理制度

(1) 事故发生后应立即采取措施，限制事故发展、扩大，消除事故对人身和其他设备的威胁，确保正在运行的机电设备安全运行。

(2) 事故发生后，值班人员应尽快向站长报告。如遇重大人身伤亡、设备事故，还应迅速向上级分管领导汇报。

(3) 处理事故时，运行人员必须坚守工作岗位，集中注意力保持设备的继续运行，只有当发现对人身安全、设备安全有明显和直接的危险情况时，方可停止其他设备运行。

(4) 值班人员处理事故时，必须沉着、冷静，措施正确、迅速。凡是不参加处理事故的人员，禁止进入事故现场。

(5) 发生重大事故的现场应加强保护，任何人不得擅自移动或取走现场物件。因抢救人员、国家财产和防止事故扩大而移动现场部分物件，应做出标志。清理事故现场要经事故调查组同意方可进行。对可能涉及追究事故责任人刑事责任的事故，清理现场还应征得有关司法部门的同意。

(6) 管理单位应认真做好事故调查、分析、处理工作，并做出事故报告，内容包括：发生事故的单位、时间、地点、伤亡情况及事故原因分析等。

(7) 发生责任事故后，管理单位应按照“四不放过”的原则，认真调查处理并吸取教训，防止类似事故重复发生。

(8) 事故发生后，管理单位隐瞒不报、谎报、拖延报告，或者以任何方式阻碍、干涉事故调查，以及拒绝提供有关情况和资料的，按照有关规定，应给予责任人行政处分，情节严重的，追究刑事责任。

(9) 对及时发现重大隐患，积极排除故障和险情，保卫国家和人民生命财产安全，避免事故发生和扩大作出贡献的，应给予表彰和奖励；对不遵守岗位职责、违反操作规程及有关安全制度所发生的各种人为责任事故，应给予责任人批评教育和处罚。

3.2.2.5 事故调查与报告制度

(1) 发生重大设备事故、重伤、死亡、重大死亡事故，应立即逐级报告，管理单位向上级主管部门报告，主管部门在24小时以内应向省级水利行业主管部门和当地安全生产监督管理部门报告。事故报告内容包括：发生事故的单位、时间、地点、伤亡情况和事故发生原因的初步分析等。

(2) 发生事故的单位应当保护事故现场，任何人不得擅自移动和取走现场物件。因抢救人员、国家财产和防止事故扩大而移动现场部分物件，必须做出标志。清理事故现场要经事故调查组同意方可进行。对可能涉及追究事故责任人刑事责任的事故，清理现场还应征得有关司法部门的同意。

(3) 发生重大设备事故、重伤、死亡、重大死亡事故后隐瞒不报，迟迟不报，故意破坏现场，或者以不正当理由，拒绝接受调查，以及拒绝提供有关情况和资料的，按照有关规定，给予行政处分，情节严重的，追究刑事责任。

(4) 事故调查组在查明事故情况后，伤亡事故处理工作应当在90天内结案，特殊情况不得超过180天。如果对事故分析和事故责任人的处理不能取得一致意见时，安全生产监督管理部门有权提出结论性意见。仍不能达成一致意见，应报上一级安全生产监督管理部门会同有关部门处理。伤亡事故结案后，应当公开宣布处理结果。

3.2.2.6 特种作业人员管理制度

(1) 从事特种设备作业的管理人员和操作人员必须按照《特种设备作业人员监督管理办法》和《特种设备作业人员作业种类与项目》，经考核合格取得《特种设备作业人员证》，方可从事相应工作。

(2) 特种作业操作证应按规定进行复审。

(3) 管理单位应加强特种作业人员的管理，按国家、行业、地方的有关要求，做好特种作业人员的申报、培训、考核、复检的组织工作和日常的管理检查工作。

(4) 管理单位应建立特种作业人员档案，并实行动态管理。

(5) 管理单位应编制特种作业的技术操作规程、安全操作规程、特种设备维护保养规程和相应的应急救援预案。

(6) 具有连续性或需要倒班的特种作业应编制交接班制度。

(7) 管理单位应加强对特种作业人员进行继续教育、岗位培训的力度，做到时间保证、费用落实，使特种作业人员通过学习培训能及时掌握先进安全生产的新知识、新技术和新方法。

(8) 管理单位应向特种作业人员提供安全防护用具和安全防护服装，并书面告知危险岗位的操作规程和违章操作的危害。

(9) 特种作业人员必须持证上岗，同时遵守安全生产的有关强制性标准、规章制度和操作规程，正确使用安全防护用具、机械设备等。

(10) 特种作业人员有权对作业现场的条件、危害作业人员生命及健康安全的作业程序和作业方式中存在的安全问题提出建议、检举，有权拒绝违章指挥和强令冒险作业。

(11) 特种作业人员在作业中发生危及人身安全的紧急情况时，有权立即停止作业或采取必要的应急措施后撤离危险区等。

(12) 特种作业人员有下列情形之一的，不得上岗工作：

① 未按规定进行复审或复审不合格的；

② 违章操作造成严重后果或违章操作记录达3次以上的；

③ 弄虚作假骗取特种作业操作证的；

④ 经确认健康状况已不适宜继续从事所规定的特种作业的。

(13) 离开特种作业岗位6个月以上的特种作业人员，应当重新进行实际操作考核，经确认合格后方可上岗作业。

(14) 特种作业操作证不得伪造、涂改、转借或转让。

3.2.2.7　特种设备管理制度

(1) 管理单位应建立压力容器、安全阀、起重设备等特种设备管理记录。

(2) 特种设备操作人员必须持证上岗，证件定期验证。

(3) 特种设备应按照相关规定定期进行安全技术检验，取得合格证后才可投入运行。

(4) 管理单位应编制特种设备的操作规程，严格按照操作规程进行操作。

(5) 特种设备发生故障时应及时检修，消除隐患，防止事故发生。

(6) 日常加强特种设备的检查维护，并设置警告标志标牌。

3.2.2.8　危险物品管理制度

(1) 危险品是指具有易燃、易爆、有毒、腐蚀、放射性等性质的固体、液体、气体。

(2) 管理人员要认真学习保管业务，掌握保管方法和危险品燃烧的灭火知识及其他应急知识。

(3) 危险品的采购必须经过单位负责人的审批。

(4) 危险品领取应严格核对出入库手续，并做好记录，有精确计量和记载。

(5) 危险品的使用须提前提出计划，注明用途并经单位负责人签字后，方可领取使用。

(6) 使用后如有剩余，应立即退返到仓库中，妥善做好废物的处理工作，严禁乱扔。

(7) 危险品的存放应有单独的房间，通风、防雷。

(8) 加强危险品的定期检查。

(9) 做好危险品的保卫、保护工作。

3.2.2.9　消防设施管理制度

(1) 消防设施按规范合理设置，设卡登记管理。

(2) 消防设施要有分布示意图，并进行悬挂明示。

(3) 消防设施专人管理，定点放置，不得移作他用。

(4) 每年委托有资质的单位对消防设施进行检测维护，取得年检报告。

(5) 消防设施应定期检查和维护，保证使用可靠，对使用过的灭火器及不符合要求的消防器材应及时更换。火灾自动报警系统应定期检查试验，确保正常使用。

(6) 定期开展消防培训演练，每个职工应正确掌握消防器具使用方法。

(7) 保持消防通道畅通，便于消防器材随时投入使用。

3.2.2.10 检修安全管理制度

(1) 管理单位工作人员进入现场检修、安装和试验时必须执行工作票制度，认真填写工作票；口头命令的工作，值班员应将发令人、工作负责人及工作任务详细记入值班记录中。

(2) 工作票签发人、工作负责人、工作许可人应严格履行安全职责。

(3) 检修工作开始前，工作票内的安全措施应准确无误，工作许可人检查核实，确认安全后，工作负责人才能带领工作班人员进行检修工作。

(4) 检修工作人员应服从管理，在工作票签发的范围内工作，不得随意逗留在其他带电场所，以免发生设备和人身事故。

(5) 检修现场根据需要备有灭火器、安全网等必要的安全器具，进入施工现场必须佩戴安全帽，高空作业、上下交叉作业时须佩戴安全带和安全帽。

(6) 检修设备及工器具应符合安全使用要求，检修人员应严格执行安全规程和操作规程。

(7) 在发生人身触电事故时，为了解救触电人，可以不经许可，立即断开有关设备的电源，但事后应报告上级。

(8) 遇有电气设备着火时，应立即将有关设备的电源切断，然后进行灭火。对带电设备应使用干式灭火器，不应使用泡沫灭火器灭火。对注油设备可使用泡沫灭火器或干沙等灭火。

3.2.2.11 安全保卫制度

(1) 值班管理人员必须坚守岗位，值班期间不准擅自离岗，不得酒后上岗，发现异常情况要及时妥善处理，并向上级部门报告。

(2) 工作人员在下班前，要关好所有电源开关，锁好门窗，严禁闲杂人员入内，确保泵站内部安全。

(3) 节假日休息期间，落实好值班人员。值班人员要增强责任心，发现可疑人员和安全隐患要及时制止并向上级部门报告。

(4) 认真做好防盗、防火、防破坏、防治安事故工作。

(5) 大雨天气加大巡查力度，重点检查排水沟、电缆沟、落水管、门窗渗漏情况，防止对设备造成损坏。

(6) 大风天气加强对室外路灯、灯箱、广告牌、落水管、门窗、架空线等处的检查，防止因固定不牢被吹落造成事故，防止异物飘到架空线上造成短路。

(7) 大雪天气应及时清扫人行道，防止行人滑倒。

(8) 外来人员参观泵站工程，应遵守有关制度，服从值班人员的指挥，参观人员应在安全区内，未经批准不允许对泵站工程进行任何摄影和录像。

3.2.2.12 安全防火制度

(1) 经常组织全站职工开展消防培训活动，正确使用消防器具。消防器材专人管理，按点放置，定期保养，不得移作他用。消防器具使用后立即清理，及时恢复。

(2) 易燃易爆物品应设专人保管，存放易燃易爆物品的仓库要按其特性采取避光、隔离、限量、分散、分类等相应措施存贮，电气照明采用防爆装置，杜绝一切火种，库内存放一定数量的灭火器材。

(3) 检修场所严格控制使用易燃易爆物品，需要多少领多少，使用后剩余的立即返还仓库。使用易燃易爆物品的场所严禁一切火种，并准备好足够的灭火器材。

(4) 用汽油清洗机件时，应距配电室、重要设施和使用明火操作的地方有足够距离，现场要通风良好，以降低汽油蒸汽的浓度；汽油容器应是不能打出火花的制品；清洗现场严禁吸烟和使用明火。

(5) 冬季气候干燥常伴有大风，应特别注意做好防火工作。

3.2.2.13　安全技术教育与考核制度

(1) 管理单位应经常对职工进行政治思想、职业道德、劳动纪律、安全法规、法律意识、敬业精神、事故案例等方面的安全教育。

(2) 管理单位应每年对各级管理人员进行教育培训，职工年培训率不低于 100%，教育培训时间满足规定学时要求。

(3) 职工技能培训主要由单位制定计划并统一组织，管理单位应积极组织职工参加。

(4) 对新上岗、转岗职工开展好“三级教育”培训，并经考试合格方可上岗。

(5) 对电工、焊接与金属切割操作工、压力容器操作工等从事特种作业的人员应按照国家有关要求组织专业性安全技术培训，经考试合格，取得特种作业操作证方可上岗工作，并定期参加复审。

(6) 严格安全技术学习考核制度。不合格者不准上岗。对在各项业务技能考试中取得优异成绩者给予表彰和奖励。

(7) 管理单位应做好职工安全技术教育培训记录。

3.2.2.14　安全用具管理制度

(1) 安全用具包括绝缘靴、绝缘手套、安全帽、安全带、安全网、安全绳等。

(2) 安全用具应在专用地点存放，妥善保管，并做好用具数量统计、编号等工作。

(3) 安全用具应按照有关规范要求，由有资质的单位定期检测、检验，检测合格后方可使用，同时要在安全用具上粘贴检测合格的标签。

(4) 严格执行安全用具使用登记和借用制度，使用后及时归还，并保证安全用具的完好。

(5) 管理单位应及时更换不合格、损坏和落后淘汰的安全用具，选用安全性能更高的安全用具，保证劳动使用时的安全。

(6) 管理人员应加强用具的验收和保管，不合格用具拒绝入库，严禁使用失效的防护器材。

(7) 防毒面具等使用后应清洗，至少两个月检查一次，滤毒罐要称量检查，面具进行气密性试验。

(8) 防护器具不准超出防护范围借用。

第4章 工程技术管理

泵站应在设计工况下运行，泵站管理单位应定期对泵站工程水工建筑物、机电设备进行全面检查，机电设备应定期检修，检修质量应符合要求，机电设备应按规定进行必要的试验。检查情况记录、检修资料及试验资料应完整保存。安全生产工具、消防设施等应定期检查，并试验合格。本章节主要对泵站工程、设备运行技术要求进行分类阐述。

4.1 技术标准

4.1.1 水工建筑物管理要求

水工建筑物管理标准主要包括泵房、进出水池及引河、堤防及其他建筑物、观测设施及水文设施管理等标准，水工建筑物管理主要技术要求如下。

(1) 建筑物表面保持清洁，公路桥、工作桥和工作便桥桥面应定期清扫，保持桥面排水孔排水畅通。排水沟杂物应及时清理，保持排水畅通。

(2) 泵站的进、出水流道应定期进行检查维护，过流壁面应光滑平整，定期清除附着在壁面的水生物和沉积物。发现缺陷，及时处理。

(3) 钢筋混凝土管道应无裂缝、渗漏，表面混凝土无剥落、钢筋无外露，伸缩缝处沉陷应正常，无渗漏水；金属管道内外部分及钢支承构件应无锈蚀，并定期防护；管道支承、镇墩及其基础应无不均匀沉陷、位移或裂缝等现象。

(4) 泵站建筑物和引水河道应保持完好，及时检查和维护。建筑物屋顶无渗漏，天沟及落水斗、落水管排水畅通；外露的金属结构一般每5年油漆一次，遭受腐蚀性气体侵蚀和漆层容易剥落的地方应及时处理。

(5) 泵房建筑物产生不均匀沉陷影响建筑物稳定时，应及时采取补救措施；在观测检查中发现的泵房建筑物裂缝、渗漏、表面混凝土剥落，钢筋外露，钢支承构件锈蚀现象应及时处理。

(6) 进、出水池及引河泥沙淤积影响水流流态、增大水流阻力时，应及时进行清淤。

(7) 泵站进、出水池及引河的边坡上或坡顶上的冲积物和堆积物应及时清除。

(8) 所有土工建筑物，特别是泵站进、出水池及引河边坡和护堤，应防止牲畜、鼠蚁类等动物的破坏，在检查中如发现有上述破坏现象，应及时进行处理修复。

泵站管理单位应按照相关规定，根据自身工程实际，制定水工建筑物运行管理标准，确保工程运行时的安全稳定。

4.1.2 水工测量技术要求

管理单位应按照观测标准和所管工程设计观测要求，结合工程运用中发现的主要问题，开展观测工作，保持观测工作的系统性和连续性。

4.1.2.1　大型泵站观测工作基本要求

(1) 按照规定的项目、测次和时间，在现场进行观测，做到“四随”(随观测、随记录、随计算、随校核)、“四无”(无缺测、无漏测、无不符合精度、无违时)、“四固定”(人员固定、设备固定、测次固定、时间固定)，提高观测精度和效率。

(2) 手簿记录和计算必须在观测现场进行，外业原始记录内容必须真实、准确，字迹应力求清晰端正，不得潦草模糊，严禁擦去或涂改。原始记录手簿每册页码应予连续编号，记录中间不得留下空页，严禁缺页、插页。

(3) 每次观测结束后，应及时对记录资料进行计算和整理，并对观测成果进行初步分析，如发现观测精度不符合要求，应重测。如发现异常情况，应即复测，查明原因并报上级主管部门，同时加强观测，必要时采取应急工程措施。

(4) 在对观测资料初步整理、核实无误后，应将观测报表于规定时间报送上级主管部门。管理单位应于次年根据上级主管部门审查意见，将工程观测资料修改整理归档。

(5) 泵站工程管理人员应加强对观测设施的维护，防止人为损坏。工程施工期间，必须采取妥善防护措施，如确需拆除或覆盖现有观测设施，应在原观测设施附近重新埋设新观测设施，并加以考证。

4.1.2.2　大型泵站观测项目及具体要求

1) 垂直位移观测

(1) 一般规定

① 在进行垂直位移观测时须同时记录上下游水位、工程运行情况及气温要素等。

② 垂直位移量以向下为正，向上为负。

③ 大型泵站垂直位移观测的时间次数应符合下列规定：

工程完工后 5 年内，应每季度观测一次；以后每年汛前、汛后各观测一次；

发生超过设计水位标准或其他影响建筑物安全的情况时，必须随时增加观测次数。

(2) 观测线路设计

① 垂直位移观测按设计好的线路图进行观测。

② 垂直位移线路图中标明工作基点、垂直位移标点、测站和转点位置以及观测视线和前进的方向，观测视线对转点和中视点应有明显区分。

(3) 观测标点布设

① 工作基点以 BM_n 表示，n 为同一工程工作基点编号。

② 垂直位移标点编号，按照自上游到下游，从左到右的顺时针方向进行，由部位和标点编号两部分组成。

③ 因客观需要埋设新点后，应对新标点进行考证，计算新旧标点高程差值，填写考证表，并加以说明，以保证新旧标点的连续性；增设新标点时，可在施工结束后对埋设标点进行考证，并以同一块底板附近标点的位移量作为新标点位移量以此推算出该点的始测高程。

(4) 观测要求与方法

① 大型泵站采用一、二等水准测量作业，i 角应不大于 15″。

② 垂直位移观测线路采用环线线路测量。垂直位移观测应自工作基点引测各垂直位

移标点高程，不应从垂直位移标点再引测其他标点高程，严禁从中间点引测其他测点高程。

③ 大型泵站垂直位移的观测仪器、观测模式、精度、标尺、观测等级、闭合差应满足表 4-1、表 4-2 要求。

表 4-1 大型泵站垂直位移的观测仪器、观测模式、精度、标尺

水准等级	仪器类型	观测顺序	视线长度(m)	前后视距差(m)	累计视距差(m)	视线高度(下丝高度，m)
一	电子水准仪	aBFFB	≤30	≤0.5	≤1.5	≥0.5
二		aBFFB	≤50	≤1.0	≤3.0	≥0.3

表 4-2 大型泵站垂直位移观测等级与闭合差限差

建筑物类别	水准基点-工作基点			工作基点-垂直位移点	
	水准等级	闭合差限差(mm)		水准等级	闭合差限差(mm)
		1 km 外	1 km 内		
大型工程	一	$2\sqrt{K}$	$0.3\sqrt{N}$	二	$0.5\sqrt{N}$

注：N 为测站数，K 为单程公里数，不足 1 km 按 1 km 计。

④ 仪器须每年由专业鉴定计量单位鉴定一次，仪器受过震动、摔跌等可能损坏或影响仪器精度的，应随时检验鉴定，每次观测前应对仪器 i 角进行检验，长途搬运后应立即对仪器进行检验，即使仪器检验、校正后，每次观测前仍应进行 i 角检验。

2）水平位移观测

(1）一般规定

① 水平位移的工作基点在工程投入运用后 5 年内，应每年利用校核基点校测一次，如没有变化，以后可每 5 年校测一次。工作基点的水平位移量应小于 4 mm。

② 水平位移观测在工程投入使用后 3 年内，应每月一次，正常运行期每年应不少于 2 次；当水位超过运用以来值、遇有水位骤降或水库放空等特殊情况时，应增加测次。

③ 水平位移量以向下游为正，向上游为负，向左岸为正，向右岸为负。

(2）观测设施的布设

① 观测基点埋设在泵站底板以外稳定的区域内，基点及测点周围设有可靠的保护装置。

② 工作基点应布置在不受任何破坏而又便于观测的坚实的土基上，并在观测标点的延长线上。

③ 观测标点可布置在泵站底板上。

(3）观测方法与要求

① 根据实际情况可以采用视准线法、交汇法、小角度法等。

② 用视准线法观测水平位移时，采用 1 秒级全站仪进行测量，用测回法且不少于 4 个测回，4 测回的测点水平坐标误差均应小于 2 mm，并取其平均值。

3）扬压力观测

(1）一般规定

① 新建泵站工程投入使用后，每月观测 15～30 次；运用 3 个月后，每月观测 4～6 次；运

用 5 年以上，且工程垂直位移和地基渗透压力分布均无异常情况下，每月观测 2～3 次。每月月底对当月资料进行汇总。

② 在读取测压管内投入式水位计读数时，同步观测上、下游水位等相关数据。

③ 测压管管口高程在运行期每年校测一次，观测方法和精度要求符合三等水准测量的规定。

(2) 观测设施的布置和维护

① 泵站工程测压管一般布置在底板、翼墙。

② 测压管维护工作主要包括测压管进水管段灵敏度试验、测压管内淤积观测与冲洗、测压管堵塞清理等。测压管灵敏度试验与测压管内淤积检查每 5 年应进行一次，一般选择在水位稳定期。

(3) 观测方法与要求

① 根据实际情况可以使用电测水位计、电脑自动读取投入式水位计数值等方法进行。

② 最常用的电测水位计法：观测时，将测头徐徐放入管内，待指示器反应后，将吊索稍许上提，到指示器不起反应时，再慢慢上下数次，趁指示器开始反应的瞬间，捏住与管口相平处的吊索，量读管口至管中水面间的距离。测压管水位高程等于测压管管口高程减管口至管中水面间的距离，再减测头入水所引起的水位壅高量。

4) 河道测量

(1) 一般规定

① 大型泵站河道测量包括河道过水断面、大断面及水下地形观测。

② 观测时间和测次应符合以下要求：建筑物引河过水断面在工程投入使用后 5 年内，每年汛前、汛后各观测一次，以后可在每年汛前或汛后观测一次，存在冲刷或淤积严重且未处理等情况，应增加测次；大断面和水下地形每 5 年观测一次；大断面标准改变后应及时观测；断面桩桩顶高程考证按四等水准测量要求每 5 年观测一次。如发现断面桩缺损，应及时补设并进行桩顶高程考证。

③ 河道地形测量，水上部分采用常规测量仪器(DS3 光学仪器或 DNAO3 电子水准仪)进行观测；水下部分可采用过河索法、GPS 配合测深仪法或无人测量船。

(2) 观测设施的布置

① 断面位置应在两岸设置固定观测断面桩，两岸桩连线即为断面施测方向线。河道断面线应与河道中心线垂直相交。

② 断面两侧必须埋设永久性固定桩，每侧宜各设两个，分别设在设计最高水位和正常水位以上，以防止冲毁。断面桩要求用 15 cm×15 cm×80 cm 的钢筋混凝土预制桩，桩顶设置钢制标点，埋入地面以下部分应不小于 50 cm，并用混凝土固定。

4.1.3　设备运行技术要求

4.1.3.1　一般规定

(1) 泵站管理单位应加强设备管理，保证设备完好，做好随时投入运行的准备。

(2) 泵站所有机电设备名称、编号、铭牌应齐全，并固定在明显位置。旋转机械应标示出旋转方向。油、气、水管道、闸阀等应按规定涂刷明显的颜色标志。

(3) 泵站电气设备每年应进行一次电气预防性试验，不合格的设备严禁投入运行。

(4) 机电设备运行过程中发生故障，应查明原因及时处理。

(5) 不应在运行中的控制柜、保护柜上或附近进行钻孔等振动较大的工作，必要时应采取措施或停用部分设备。

(6) 应根据设备制造厂的规定和实际运行经验，确定主变压器、站用变压器、主电机等设备的报警和跳闸温度值，当发生温度报警时应立即查明原因。

(7) 根据泵站设备的特性、效率、运行条件及上下游水位、流量等不同组合，制定泵站经济运行方式，运行人员应按经济运行方式保持设备的经济运行。

4.1.3.2 主电机运行要求

(1) 主电机过电流允许运行时间要求

电动机的运行电压和电流应在下列规定范围内。

① 电动机的运行电压应在额定电压的 95%～110%范围内。

② 电动机的电流不应超过铭牌规定的额定电流，一旦发生超负荷运行，应立即查明原因，并及时采取相应措施。超负荷运行时，其过电流允许运行时间应按表 4-3 的规定取值。

③ 电动机运行时其三相电流不平衡之差与额定电流之比不得超过 10%。

④ 同步电动机运行时其励磁电流不宜超过额定值。

表 4-3　电动机过电流与允许运行时间关系表

过电流(%)	10	15	20	25	30	40	50
允许运行时间(min)	60	15	6	5	4	3	2

(2) 主电机定子线圈温升极限值要求

电动机定子线圈的温升不应超过制造厂规定的允许温升限值。制造厂未作规定，允许温升限值可按表 4-4 规定执行。

表 4-4　电动机定子线圈的温升限值　　单位：℃

项目	电动机功率(kW)	绝缘等级								
		B 级			F 级			H 级		
		温度计值	电阻法值	检温计值	温度计值	电阻法值	检温计值	温度计值	电阻法值	检温计值
1	≥5 000		80	80		100	100		125	125
2	<5 000	70	80	80	85	100	100	105	125	125

(3) 主电机运行时油缸油温及轴承的报警温度、允许最高温度要求

① 上、下油缸内油的温度正常应在 15℃以上，但不应超过 60℃，在 15℃以下可暂不送冷却水。

② 电动机轴承的报警温度、允许最高温度不应超过制造厂的规定值；制造厂未作规定的，可按表 4-5 的规定执行。

表 4-5　电动机轴承的报警温度、允许最高温度

单位：℃

轴承类型	报警温度	允许最高温度
巴氏合金轴承	55	70
滚动轴承	70	95
弹性金属塑料轴承	50	65

(4) 振动标准

电动机的允许振幅不应超过表 4-6 的规定。

表 4-6　电动机运行的允许振幅值

单位：mm

项目		额定转速(r/min)							
		$n \leqslant 100$	$100 < n \leqslant 250$	$250 < n \leqslant 375$	$375 < n \leqslant 500$	$500 < n \leqslant 750$	$750 < n \leqslant 1\ 000$	$1\ 000 < n \leqslant 1\ 500$	$1\ 500 < n \leqslant 3\ 000$
立式机组	带推力轴承支架的垂直振动	0.14	0.12	0.10	0.08	0.07			
	带导轴承支架的水平振动	0.18	0.16	0.14	0.12	0.10			
	定子铁芯部分机座的水平振动	0.06	0.05	0.04	0.03	0.02			
卧式机组各部轴承振动		0.20	0.18	0.16	0.14	0.12	0.10	0.08	0.06

(5) 主机组运行时中性点不接地系统电源接地故障处理要求

主机组运行时，发现 10 kV(6 kV)中性点不接地系统电源有一相接地时，除及时向总值班汇报外，应立即检查接地原因，运行时间不应超过 2 h。

(6) 同步电机碳刷与滑环运行技术要求

① 碳刷与滑环接触良好，碳刷长度适中，磨损量不超过 1/3，压力保持在 0.15～0.25 MPa，滑环表面光滑，无麻点、蚀坑等现象。

② 碳刷与滑环的接触面积应大于单个碳刷截面面积的 75%，碳刷与刷握配合合适，碳刷伸缩灵活，无裂纹、缺损等现象。

③ 刷握、刷架、滑环应保持清洁，刷握、刷架无积垢，滑环表面光洁，无油迹、积尘等。

④ 在同一台电机上，原则上应该使用同一种型号、同一制造厂生产的碳刷。

⑤ 更换新碳刷时，宜一次全部更换。新旧混用，可能会出现电流分布不均匀的现象。

⑥ 用红外测温仪测量碳刷和滑环的温度。

⑦ 滑环表面无变色、过热及磨损不均现象，滑环表面温度不大于 120℃。

⑧ 刷握和刷架上积垢较多时，应停机处理。

⑨ 滑环与电刷发生火花，可参照表 4-7 排查原因并及时处理。

表 4-7 滑环与电刷发生火花的主要原因和消除方法

主要原因	消除方法
电刷牌号不符合规定	检查电刷牌号，更换成制造厂指定的或经过试验适用的电刷
电刷过度磨损	更换新电刷
电刷压力不均匀	调整弹簧压力(正常压力为 0.15～0.25 MPa)
滑环和电刷表面不清洁或表面烧毛	用帆布浸少许酒精擦抹； 在研磨工具上，覆以细玻璃砂纸(00 号)研磨

(7) PT100 铂热敏电阻温度与电阻值对照表

热电阻是把温度变化转换为电阻值变化的一次元件，通常需要把电阻信号通过引线传递到计算机控制装置或者其他一次仪表上。PT100 铂热敏电阻是一种铂电阻，它的阻值跟温度的变化成正比。PT 之后的 100 表示其电阻在 0℃时为 100 Ω，在 100℃时为 138.5 Ω(详见表 4-8)。在医疗、电机、工业、温度计算、阻值计算等领域的高精温度设备中，应用范围非常广泛。在泵站设备中，主要用于测量环境、设备的温度，如同步电动机的轴承温度、定子温度、油缸油温等。

热电阻的引线主要有三种方式：二线制，适用于测量精度较低的场合；三线制，在工业过程控制中最常用；四线制，主要用于高精度的温度检测。水利工程中一般都采用三线制接法。采用三线制是为了消除连接导线电阻引起的测量误差。

表 4-8 PT100 铂热敏电阻温度与电阻值参照表

温度(℃)	0	1	2	3	4	5	6	7	8	9
	电阻值(Ω)									
−30	88.22	87.83	87.43	87.04	86.64	86.25	85.85	85.46	85.06	84.67
−20	92.16	91.77	91.37	90.98	90.59	90.19	89.80	89.40	89.01	88.62
−10	96.09	95.69	95.30	94.91	94.52	94.12	93.73	93.34	92.95	92.55
0	100	99.61	99.22	98.83	98.44	98.04	97.65	97.26	96.87	96.48
0	100	100.39	100.78	101.17	101.56	101.95	102.34	102.73	103.12	103.51
10	103.90	104.29	104.68	105.07	105.46	105.85	106.24	106.63	107.02	107.40
20	107.79	108.18	108.57	108.96	109.35	109.73	110.12	110.51	110.90	111.29
30	111.67	112.06	112.45	112.83	113.22	113.61	114.00	114.38	114.77	115.15
40	115.54	115.93	116.31	116.70	117.08	117.47	117.86	118.24	118.63	119.01
50	119.40	119.78	120.17	120.55	120.94	121.32	121.71	122.09	122.47	122.86
60	123.24	123.63	124.01	124.39	124.78	125.16	125.54	125.93	126.31	126.69
70	127.08	127.46	127.84	128.22	128.61	128.99	129.37	129.75	130.13	130.52
80	130.90	131.28	131.66	132.04	132.42	132.80	133.18	133.57	133.95	134.33
90	137.71	135.09	135.47	135.85	136.23	136.61	136.99	137.73	137.75	138.13
100	138.51	138.88	139.26	139.64	140.02	140.40	140.78	141.16	141.54	141.91

续表

温度(℃)	0	1	2	3	4	5	6	7	8	9
	电阻值(Ω)									
110	142.29	142.67	143.05	143.43	143.80	144.18	144.56	144.94	145.31	145.69
120	146.07	146.44	146.82	147.20	147.57	147.95	148.33	148.70	149.08	149.46
130	149.83	150.21	150.58	150.96	151.33	151.71	152.08	152.46	152.83	153.21
140	153.58	153.96	154.33	154.71	155.08	155.46	155.83	156.20	156.58	156.95
150	157.33	157.70	158.07	158.45	158.82	159.19	159.56	159.94	160.31	160.68

4.1.3.3　主水泵运行要求

(1) 采用水润滑轴承的水泵运行时应检查填料函的温度，在运行时应有少量水流出，温度不大于 50℃，如温度较高，可将填料压盖放松。

(2) 采用稀油润滑轴承的水泵在运行时，应检查水泵水导油位指示，对比运行前后油位变化情况，出现异常应查明原因，轴承温度 55℃报警，运行温度不超过 70℃。

(3) 全调节水泵叶片调节机构应灵活可靠，无卡阻、抖动现象，温度、声响正常，液压调节机构受油器密封良好，无渗油、甩油现象；机械调节机构齿轮啮合良好，润滑正常，调节时无异常响声。

(4) 液压调节机构受油器开机运行前需进行手动排气。应打开叶调机构处渗漏油管支管(有玻璃视窗)上的放气阀进行排气，手动调节叶片角度从最大角度至最小角度往复几次，排出管路中空气，使受油器金属密封套间隙内充油润滑，不产生机构发热烧损现象。

(5) 叶片角度指示准确，叶片角度指示值与水泵叶片实际角度应保持一致。

(6) 润滑和冷却用水的水质、水压、水温均应符合要求。

(7) 水泵联轴器连接牢固，螺栓锁片无变形、脱落，泵盖内无杂物、积水。

(8) 检修人孔密封良好，人孔盖周围无窨潮、锈斑。

(9) 保持水泵周围环境干燥、清洁，水泵积水坑应保持排水畅通，无杂物、积水。

(10) 水泵的汽蚀和振动应在允许范围内，注意监听泵内有无异常声响，如有异物进入进水流道影响运行，应立即停机检查处理。

(11) 采用虹吸式出水流道的泵站，如进水池水位较低，应抽真空启动。如启动异常，应停机检查原因。

4.1.3.4　齿轮箱运行要求

(1) 齿轮箱的油色、油位、油质满足要求，油质应定期检验。

(2) 负荷运行时，冷却系统应工作正常。齿轮油温升不应超过 35℃，轴承温升不应超过 45℃。

(3) 应按生产厂家规定要求定期更换指定牌号的润滑油。

4.1.3.5　主变压器运行要求

(1) 变压器超负荷运行允许持续时间标准

变压器不宜在过负荷的情况下运行。事故过负荷情况下，运行时间应符合制造厂规定的允许持续时间；制造厂未作规定的，对于自然冷却和风机冷却的油浸式电力变压器，可按表 4-9 的规定执行。

表 4-9　自然冷却和风机冷却油浸式变压器事故过负荷允许持续时间表　　单位：min

事故过负荷与额定负荷之比	1.3	1.6	1.75	2.0	2.4	3.0
过负荷允许的持续时间	120	30	15	7.5	3.5	1.5

(2) 油浸风冷自然循环变压器风扇停止工作时，允许带负载运行时间要求

油浸风冷自然循环变压器风扇停止工作时，允许的负载和运行时间，应按制造厂的规定执行。如制造厂无规定，油浸风冷自然循环变压器可参见表 4-10 的规定运行。油浸风冷自然循环变压器当冷却系统故障风扇停止后，顶层油温不超过 65℃时，允许带额定负载运行。

表 4-10　油浸风冷自然循环变压器风扇停止工作时允许运行时间

空气温度(℃)	−10	0	+10	+20	+30	+40
允许运行时间(h)	35	15	8	4	2	1

(3) 油浸式变压器顶层油温的允许值要求

油浸式变压器顶层油温的允许值应符合制造厂的规定，制造厂无规定时，应符合表 4-11 中的规定值。当冷却介质温度较低时，顶层油温也相应降低。自然循环冷却变压器的顶层油温一般不超过 85℃。

变压器出厂时，温度表 3 个辅助开关量接点通常设置如下。K1：55℃，一般作为启动变压器散热片冷却风扇的开关量接点使用；K2：70℃，一般作为计算机监控系统中温度报警信号开关量接点使用；K3：80℃，一般作为主变温度跳闸保护开出量接点使用。管理单位可以根据设备具体情况进行设置。

表 4-11　油浸式变压器顶层油温一般限值　　单位：℃

冷却方式	冷却介质最高温度	最高顶层油温
自然循环自冷、风冷	40	95

(4) 变压器瓦斯保护动作处理要求

变压器在运行中，如遇轻瓦斯保护动作，应立即查明动作原因；如遇重瓦斯保护动作跳闸，在查明原因消除故障前，不应将变压器投入运行；如遇继电保护动作跳闸，应立即查明原因，一般要开展变压器取气油化验、直流电阻检测、耐压试验等工作，进行故障分析处理。

(5) 主变中性点接地开关分合要求

在 110 kV 及以上中性点有效接地系统中，投运或停运变压器的操作前，中性点隔离刀闸应先合上接地。投入后按系统需要决定中性点隔离刀闸是否分开。

(6) 变压器分接开关操作要求

变压器分接开关分为有载、无载调节两种。

① 变压器有载分接开关的操作，应逐级调压，同时监视分接位置及电压、电流的变化，并做好记录。

② 长期不调和有长期不用的分接位置的有载分接开关，至少应在每年预防性试验时，

在最高和最低分接间操作几个循环。

③ 无载调压变压器调压应在停电后进行。在变换分接时，应作多次转动。在确认变换分接正确并锁紧后，测量绕组的直流电阻，应合格。分接变换情况应作记录。

(7) 绝缘油运行要求

① 油枕内和充油套管内油色、油位、油压应正常，无渗漏油现象，油温不超过厂家规定，上层油温一般不超过 85℃。

② 瓦斯继电器两侧盖板应打开，内部应充满油，连接阀门应打开。

③ 呼吸器内硅胶颜色应正常，呼吸器油位应满足要求。

④ 变压器大修后或事故检修和换油、加油后，应静止 24 h 或无气泡后，才能投入运行。

⑤ 用油的牌号和质量应符合设计和国家相关标准的要求，油质应每年至少检验 1 次，油化验要求见 4.1.4.7 绝缘油和 SF_6 气体试验中变压器油试验部分，不符合标准要求的应进行处理或更换。

(8) 变压器贮油池要求

大型油浸式变压器下部应设有储油池，面积要稍大于变压器所占平面，并铺设鹅卵石层，主要目的就是吸收变压器漏油。

《3～110 kV 高压配电装置设计规范》(GB50060—2008)中有如下规定。

总油量超过 100 kg 的屋内油浸电力变压器，应安装在单独的变压器间内，并应设置灭火设施。

屋内单台电气设备的油量在 100 kg 以上时，应设置贮油或挡油设施。挡油设施的容积应按容纳 20%油量设计，并应有将事故油排至安全处的设施；当不能满足上述要求时，应设置能容纳 100%油量的贮油设施。排油管的内径不应小于 150 mm，管口应加装铁栅滤网。

屋外单台电气设备的油量在 1 000 kg 以上时，应设置贮油或挡油设施。当设置有容纳 20%油量的贮油或挡油设施时，应设置将油排至安全处的设施，且不应引起污染危害。当不能满足上述要求时，应设置能容纳 100%油量的贮油或挡油设施。贮油或挡油设施应大于设备外廓每边各 1 000 mm，四周应高出地面 100 mm。

贮油设施内应铺设卵石层，卵石层厚度不应小于 250 mm，卵石直径为 50～80 mm。当设置有带油水分离措施的总事故贮油池时，贮油池容量宜按最大一个油箱容量的 60%确定。

4.1.3.6　站用干式变压器运行要求

(1) 干式变压器的温升要求

干式变压器的温升限值应按制造厂规定执行，如制造厂无规定应按表 4-12 规定执行。

表 4-12　干式变压器各部位允许最高温升值　　单位：℃

变压器部位	绝缘等级	允许最高温升值	测量方法
绕　组	E	75	电阻法
	B	80	
	F	100	
铁芯表面及结构零件表面	最大不应超过接触绝缘材料的允许最高温升		温度计法

（2）干式变压器的运行要求

① 干式变压器在停运期间，应防止绝缘受潮，如因气候原因导致绝缘下降，须对线圈进行干燥处理。

② 变压器投入运行前应对绝缘电阻、接地线、冷却装置等进行检查。

③ 变压器运行时，中性线最大允许电流不应超过额定电流的 25%，否则应重新分配负荷。

④ 变压器发生保护动作跳闸，应查明原因并消除故障，然后方可投入运行。

⑤ 变压器发生火灾时，首先应断开电源，停用冷却装置，并迅速使用干粉灭火器灭火。

（3）站用变压器运行时中性线电流要求

变压器运行时中性线最大允许电流应按制造厂规定执行，如制造厂无规定，站用变压器运行时中性线最大允许电流，接线组别 Y/yn0 和 Y/zn11 分别不应超过额定电流的 25% 和 40%，超过规定值时应重新分配负荷。

4.1.3.7 高压母线运行要求

（1）运行前检查连接螺栓应无松动，瓷瓶应清洁、无裂纹及放电痕迹。

（2）母线表面应光洁平整，无裂纹和扭曲等现象。

（3）支柱绝缘子底座、套管的法兰、保护网（罩）等应清洁、完好。

（4）母排连接处应贴有示温片，温度不应超过 70℃。

4.1.3.8 GIS 组合开关运行要求

（1）GIS 室内应安装空气含氧量或 SF_6 气体浓度自动检测报警装置。GIS 室内空气中氧气应大于 18% 或 SF_6 气体的浓度不应超过 1 000 μL/L（或 6 g/m³）。

（2）GIS 室内应装有足够的通风排气装置，排风口设置在室内底部；运行人员经常出入的 GIS 室，每班通风时间不少于 15 min；对不经常出入的 GIS 室，应定期检查通风设施。

（3）正常情况下 GIS 开关可远方操作或就地操作，一般应远方操作。远方操作失灵时可采取就地操作，操作人员应戴绝缘手套，穿绝缘靴。

（4）GIS 开关、隔离刀闸及接地刀闸的操作均设有机械闭锁和电气闭锁装置，电气闭锁回路在运行中应切至“联锁”位置，不应将电气闭锁回路切至“解锁”位置。当电气闭锁回路存在某种缺陷无法进行操作时，应汇报值班长组织人员检查处理。

（5）GIS 每年应进行 1 次定期检查，检查内容主要有：操动机构检查维护，传动机构磨损检查和添加润滑油，断路器的机械特性及动作电压试验，各种压力表校验，漏气及漏油的处理，控制系统检查及绝缘测量，外壳的清扫和油漆。

（6）GIS 运行期间的巡视检查应由 2 人进行，每班 1 次，断路器、避雷器的指示动作次数、液压弹簧操动机构油泵启动次数、SF_6 气体压力表的指示值、环境温度值等巡查情况应详细记录。

（7）GIS 组合开关非运行期间的巡视检查，每月 3～5 次，并应记录巡查情况、SF_6 气体压力表的指示值及环境温度。巡查内容包括：①SF_6 气体压力表的指示值应正常；②无异常气味；③加热器应按规定要求投入或切除。

（8）GIS 组合开关 SF_6 气体的密度、压力应符合制造厂的规定。

（9）GIS 组合开关 SF_6 气体的密度、压力下降，达到闭锁报警值时，应挂牌禁止操作 GIS

组合开关,切出负荷,向上一级电力调度申请越级分闸,停止泵站高压供电线路、主变压器运行。

4.1.3.9　高低压开关柜运行要求

(1) 高低压开关柜运行要求

高低压开关柜内一次设备的运行按有关规定执行,并应满足以下要求。

① 高低压开关柜应密封良好,接地符合要求;隔板固定可靠,开启灵活。

② 高压开关柜"五防"联锁齐全可靠。

③ 触头应接触良好,无过热、熔接现象。

④ 二次连接插件应接触良好;辅助开关的位置正确,接触紧密可靠;压板位置正确,接触良好。

⑤ 继电器外壳无破损、整定值无变动、线圈和接点无过热、无过度抖动。

⑥ 仪表外壳无破损,密封良好,仪表引线无松动、脱落,指示正常。

⑦ 二次系统的控制开关、熔断器等应在正确的工作位置并接触良好。

⑧ 设备单元编号齐全。

⑨ 操作电源工作正常,母线电压值应在规定范围内。

⑩ 导线与端子排连接良好,标号无脱落。

⑪ 柜内照明应齐全完好。

(2) 高压断路器操作要求

① 分、合高压断路器应通过远方控制方式进行操作,长期停运的高压断路器在正式执行操作前应通过远方控制方式进行试操作 2～3 次。

② 当远控失效,现场进行手动操作时,应做好安全防护措施,操作人应戴绝缘手套,穿绝缘靴。

③ 高压断路器手动操作过程中严禁慢合、慢分。

④ 高压断路器发生故障跳闸后,重点应检查有无异味、异物、放电痕迹。

⑤ 当发现 SF_6 气体压力降至闭锁压力时,或真空断路器出现真空损坏等现象时,应立即断开操作电源,悬挂警示牌,采取减负荷措施,并由上一级断开负荷后,再退出故障断路器。

⑥ 室外 SF_6 开关设备发生严重漏气时,值班人员应从上风向接近设备;SF_6 开关设备安装在室内时,在进入室内前必须先强迫通风,待开关室内含氧量和 SF_6 气体浓度符合标准后才可进入。

(3) 开关柜五防要求

① 防止误分、合断路器。

② 防止带负荷分、合隔离开关。

③ 防止带电合接地开关。

④ 防止带接地线送电。

⑤ 防止误入带电间隔。

4.1.3.10　电力电容器运行要求

(1) 过电压倍数及运行持续时间要求

电力电容器允许在额定电压±5%波动范围内长期运行。电力电容器过电压倍数及运行时间应按表 4-13 规定执行，尽量避免在低于额定电压下运行。

表 4-13　电力电容器过电压倍数及运行持续时间

过电压倍数(U_g/U_n)	持续时间	说明
1.05	连续	
1.10	每 24 h 中 8 h	
1.15	每 24 h 中 30 min	系统电压调整与波动
1.20	5 min	轻荷载时电压升高
1.30	1 min	

（2）新电力电容器投入注意事项

新安装电力电容器组投运前，除各项试验合格并按一般巡视项目检查外，还应检查放电回路，保护回路、通风装置应完好。电容器应编号，在上部三分之一处贴 45～50℃示温片；在额定电压下合闸冲击 3 次，每次合闸间隔时间 5 min，将电容器残留电压放完时方可进行下次合闸。

（3）电容器运行要求

① 电力电容器允许在不超过额定电流的 30%运况下长期运行。三相不平衡电流不应超过±5%。

② 电力电容器运行室温度不允许超过 40℃，外壳温度不允许超过 50℃。

③ 电力电容器组应正常投入运行，并且有可靠的放电装置，高压电容器断电后在 5s 内应将剩余电压降到 50 V 以下。

④ 安装于室内的电容器应有良好的通风，进入电容器室应先开启通风装置。

⑤ 装设自动投切装置的电容器组，应有防止保护跳闸时误投入电容器装置的闭锁回路，并应设置操作解除控制开关。

⑥ 熔断器熔丝的额定电流应按不小于电容器额定电流的 1.43 倍选择。

⑦ 投切电容器组时应满足下列要求：

a. 分组电容器投切时，不应发生谐振（应尽量在轻荷载时切出），对采用混装电抗器的电容器组应先投电抗值大的，后投电抗值小的，切时与之相反；

b. 投切一组电容器引起母线电压变动不宜超过 2.5%。

（4）电力电容器投入、切出操作要求

① 电容器组投入操作时应先投入其他负载，再投入电容器组；切出操作与投入时相反。

② 电容器组重新投入运行，应在其退出 5 min 后进行。

③ 电容器组跳闸切出后，未查明原因不得强行试投。

4.1.3.11　互感器运行要求

（1）电流互感器二次侧禁止开路，不应长期过负荷运行。

（2）电压互感器二次侧禁止短路，不应超过其最大容量运行。

（3）不应使用隔离开关停用故障的电压互感器。

（4）互感器二次侧及铁芯应可靠接地。

（5）电压互感器二次主回路中熔丝的额定电流应为最大负荷电流的 1.5 倍，同时还应使表计回路熔丝的熔断时间小于保护装置的动作时间；二次开口三角的出线上及中性线上不能装设熔断器。

(6) 35 kV 及以下电压互感器二次回路一般装设熔断器，110 kV 及以上电压互感器二次回路一般装设快速空气开关。

这是因为电压互感器二次回路短路时，距离保护将因电压降低而动作，且动作速度较快。而熔断器的熔断时间较长，断线闭锁装置需等熔断器熔断后才能动作，故不能可靠地起闭锁作用。改用空气开关后，当二次短路时，能快速跳开，使断线闭锁装置迅速动作，将保护闭锁。即在空气开关动作的同时，闭锁装置动作切断距离保护的直流电源，防止距离保护误动作。

4.1.3.12 防雷装置和接地装置运行要求

(1) 每年雷雨季节前进行一次检查及试验。

(2) 每天应检查运行中氧化锌避雷器的泄漏电流大小，雷雨后应检查记录避雷器的动作情况。

(3) 避雷针本体焊接部分无断裂、锈蚀，接地线连接紧密牢固，焊点没有脱落。

(4) 避雷器瓷套管清洁、无破损、无放电痕迹，法兰边无裂纹。

4.1.3.13 变频器运行要求

(1) 禁止用高压兆欧表测量变频器的输出绝缘，在测量电动机绝缘时，应使变频器和电动机脱开，避免损坏变频器的功率单元。

(2) 在设备运转的状态下非专业人员应禁止打开变频器柜柜门，防止触电，停电 15 min 后方可打开柜门。

(3) 两次启动同一高压变频器的时间间隔应在 30 min 以上。

(4) 停用 3 个月及以上的高压变频器，每月检查与维护至少 1 次。主要内容及要求如下：

① 设备环境应无灰尘、水滴，无腐蚀性气体，湿度不超过 80%，温度应在 0～40℃之间；

② 设备内部应放置干燥材料；

③ 雨季湿度较大时宜每周检查 1 次设备环境湿度，湿度超过 80%时应进行除湿；

④ 每 3 个月(湿度超过 80%时每 1 个月)进行 1 次通电检查；

⑤ 变频器停机后恢复运行，如果环境潮湿，应先打开各控制电源，使变频器风冷或水冷 1 h，驱除变频器内部潮气，然后再投入运行。

4.1.3.14 励磁系统运行要求

目前大型同步电动机通常采用微机控制励磁装置，本节以 WKLF-101(102)型微机控制同步电动机励磁装置为例进行介绍。

(1) 励磁变压器停运期间，应防止受潮。

(2) 工作电源、操作电源等应正常可靠。

(3) 设备第一次开机或设备大修更改过电压、电流互感器接线时，必须进行功率参数测量正确性认证，确认电压小母线选线正确。

(4) 在运行前，手动检测投励、灭磁回路应正常。

(5) 根据实际运行情况，可以选择“手动”模式或“自动”模式，一般选择“自动”模式的

“恒功率因数”方式运行。

(6) 与计算机监控系统通信应正常。

(7) 与主机高压开关柜联动可靠。

(8) 运行中励磁电流、励磁电压异常时，应查明原因予以排除。如不能恢复正常，应停机检修。

(9) 表计指示正常，信号显示与实际工况相符。

(10) 励磁回路发生一点接地时，应立即查明原因予以消除。

(11) 各电磁部件无异声，各接点、导线及元器件无过热现象。

(12) 通风、散热、冷却系统工作正常。

(13) 励磁变压器线圈、铁芯温升不超过规定值；声音正常，表面无积污。

(14) 励磁装置的保护接地线截面积不得小于 16 mm^2，接地电阻应小于 4 Ω。

(15) 运行注意事项：

① 装置发生故障，但并未跳闸，表计指示也无异常时，应分析故障现象及原因，得出结论后再行处理，以免扩大故障，导致不必要停机；

② 为了防止已记录的故障信息消失，无论装置是否跳闸，只要不发生短路着火或其他紧急现象，都不要立即切断装置工作电源；

③ 故障发生后，应详细记录故障现象，再作分析处理。

4.1.3.15 自动化监控系统运行要求

1) 计算机监控系统

计算机监控系统及测振摆系统运行要求

(1) 根据各泵站的具体情况，制定监控系统运行管理制度。

(2) 泵站监控系统维护应有专人负责，每月应检查一次系统的运行情况。

(3) 对于履行不同岗位职责的运行人员，应分别规定其安全等级操作权限。

(4) 监控系统投入运行前应进行检查并应符合下列要求：

① 不间断电源装置逆变正常、可靠，运行时应置逆变状态，并能在交流电源停电时，供给监控系统装置允许停电时间的电能；

② 监控系统及其网络通信系统运行正常；

③ 现地控制单元运行正常；

④ 各自动化元件，包括执行元件、信号器、传感器等工作可靠；

⑤ 自动控制正确、可靠；

⑥ 音响、显示报警信号系统正常，无告警显示。

(5) 运行期间每天测试一次音响、显示报警系统确认其正常。

(6) 监控系统运行发生故障时应查明原因，及时排除。

(7) 未经无病毒确认的软件不应在系统中使用。监控系统的计算机不应移作他用和安装未经站(所)领导或技术负责人同意的软件。

(8) 监控系统的计算机不应设置为共享。

(9) 监控系统可通过专用局域网与本地其他监控系统互联。监控系统与办公自动化系统或其他信息系统之间采用网络方式互联时，应采用经国家有关部门认证的专用可靠的安全隔离设施，取得安全等级保护认证。

(10) 监控系统应及时升级防病毒软件和安装系统漏洞修补程序。

(11) 监控系统软件应进行备份并做好记录，以便故障时及时修复监控系统。

(12) 在自动控制系统故障时应能切换至手动运行。

(13) 历史数据应定期转录并存档。

(14) 监控系统装置电源应为不间断电源，非运行期间可不停电。

(15) 后备式不间断电源与在线互动式不间断电源存在转换时间，切换时间要满足运行要求。

(16) 不间断电源定期切换试验应在机组停运后进行，试验前应做好防止计算机丢失储存信息的措施。

(17) 监控系统在开机不成功时应自动返回到停机状态，并自动报警。

(18) 测振摆系统现地测控设备与监控系统上位机通信正常，数据一致。

(19) 测振摆系统现地传感器运行正常。

(20) 测振摆系统现地测控设备测量数据显示正常，符合实际情况。根据《水利水电工程水泵基本技术条件》(SL/T 806—2020)规定，水泵轴和轴承座的振动值不超过表 4-14 的规定。

表 4-14　水泵轴和轴承座的振动值

泵组类型		主轴振动位移峰-峰值 $S_{p\text{-}p}$(μm)			轴承座(支架)振动速度均方根值 V_{rms}(mm/s)		
		水导轴承	电动机驱动端轴承	电动机非驱动端轴承	水导轴承	电动机驱动端轴承	电动机非驱动端轴承
立式水泵泵组(上部轴承支架固定在基坑基础上的立式泵组)	限制值 1(A/B 分区界限)	200	170	180	0.2	0.6	0.6
	限制值 2(B/C 分区界限)	300	270	280	0.3	1.0	1.0
立式水泵泵组(上部轴承支架安装在电动机定子机座上的立式泵组)	限制值 1(A/B 分区界限)	200	170	180	0.2	0.6	1.6
	限制值 2(B/C 分区界限)	300	270	280	0.3	1.0	2.5
卧式水泵泵组	限制值 1(A/B 分区界限)	310	120	100	—	1.6	1.6
	限制值 2(B/C 分区界限)	490	180	150	—	2.5	2.5

注：限制值 1 为新安装机组相应部位摆度标准，限制值 2 为可以安全运行机组相应部位摆度标准。

2) 视频监视系统

视频监视系统运行要求：

(1) 硬盘录像主机、分配器、大屏、摄像机等设备运行正常，表面清洁，散热风扇、加热器等设施完好，工作正常；

(2) 硬盘录像软件运行正常;

(3) 视频主机及视频软件运行正常,图像监视、录像、回放等功能正常;

(4) 视频摄像机信号传输通畅,电源电压符合工作要求;

(5) 可调视频摄像机摄像头转动可靠,不要将摄像头调到死角位置。

3) 继电保护装置

◆ 继电保护装置运行要求

(1) 在任何情况下,电气设备不应无保护运行。

(2) 继电保护装置的配置和定值计算应由泵站设计部门负责,泵站主管技术部门做好整定和校验。

(3) 继电保护装置的正常维护、定期检查和整定应由继电保护专业人员负责,并建立完善的岗位责任制。

(4) 泵站运行值班人员负责继电保护装置的运行监视,出现异常时,值班人员应立即向总值班汇报,继电保护专职人员应及时到场进行处理。

(5) 继电保护动作后,值班人员应立即向总值班汇报,做好详细记录,并通知泵站主管技术人员及时到场进行分析处理。

(6) 泵站投运前应检查继电保护的类型、定值与泵站的运行方式相一致。

(7) 继电保护和自动装置中的继电器应进行定期试验,校验后均应加封印或设置密码保护。

(8) 微机继电保护装置室内最大相对湿度不应超过 75%,应防止灰尘的侵入。微机继电保护装置室内环境温度应在 5~30℃范围内,否则应安装空调设施降温。

(9) 应定期对微机继电保护装置进行采样值检查和时钟校对,检查周期不应超过一个月。

(10) 只有在下列情况下可在工作时停用不停电设备的继电保护:

① 有两种以上主保护装置;

② 有专用主保护在运行时,可允许其后备保护短时停用;

③ 变压器的瓦斯和差动保护可允许短时停用一套。

◆ 继电保护装置保护设置要求

(1) 泵站的电力设备和馈电线路均应装设主保护和后备保护。

(2) 机电保护装置应满足可靠性、选择性、灵敏性和快速性的要求。保护装置动作的时限级差,可取 0.5~0.7 s;当采用微机保护装置时,可取 0.3~0.4 s。

(3) 保护装置的灵敏系数应根据最不利的运行方式和故障类型进行计算确定。保护装置的灵敏系数 K_m 不应低于表 4-15 中的规定值。

表 4-15　保护装置的灵敏系数

保护类型	组成元件	灵敏系数	备注
变压器、电动机纵联差动保护	差电流元件	2	
变压器、电动机线路电流速断保护	电流元件	2	
电流保护或电压保护	电流元件和电压元件	1.3~1.5	当为后备保护时可为 1.2
后备保护	电流电压元件	1.5	按相邻保护区末端短路计算
零序电流保护	电流元件	1.5	

(4) 同步电动机应设置以下保护。

① 额定容量为 2 000 kW 及以上的电动机，应采用纵联差动保护；额定容量为 2 000 kW 以下，应采用两相式电流速断保护。

② 低电压保护。

③ 单相接地保护。

④ 过负荷保护。

⑤ 失步与失励保护。

⑥ 温度保护，轴承温度或定子温度过高时保护应动作。

4.1.3.16　直流装置运行要求

(1) 直流装置应由专职人员负责，根据制造厂规定要求及使用情况定期进行维护保养。

(2) 蓄电池应采用浮充电方式运行，并经常处满充状态。

(3) 蓄电池不能按浮充电方式运行时，可采用充电-放电方式运行，并根据放电和使用情况，确定充电时间。

(4) 蓄电池每 1～3 月，或充电装置故障使蓄电池较深放电后，按制造厂规定要求进行一次均衡充电。

(5) 蓄电池每年按制造厂规定要求进行容量核对性充放电。在放电过程中，应严密监视电池电压，当单体电池电压达规定下限时，应停止放电。若放充三次蓄电池组均达不到额定容量的 80%，可判此组蓄电池使用年限已至，应进行更换。

(6) 蓄电池容量核对充放电时，放电后应及时进行容量恢复充电，禁止在深放电后长时间不充电，特殊情况下不应超过 24 h。

(7) 蓄电池充电时应防止过充、欠充及温度过高现象的发生。

(8) 蓄电池运行环境温度应在 10～30℃，并保持良好的通风和照明，当环境温度长时间过高时，应采取降温措施。

(9) 控制母线电压保持在 220 V(110 V)，变动不应超过±2%。

(10) 每月应对蓄电池、充电装置至少进行一次详细检查，除上述每班巡视检查内容外，应进行每只蓄电池电压的测量，过低或为零，应查明原因，进行恢复处理或更换。检查结果应记在蓄电池运行、维护记录中。

(11) 应使用性能良好具有自动控制和监测功能的充电装置，并使充电装置始终处在正常状态下运行；浮充电压、均衡充电电压整定应按制造厂规定执行，不应随意修改；温度补偿功能不应随意停用。

(12) 免维护密封蓄电池除无须加电解液、蒸馏水外，维护、检查应按制造厂家规定执行。

(13) 当发生直流系统接地时，应立即用绝缘监察装置判明接地极，并汇报总值班征得同意后，进行拉路寻找，尽快查出故障点予以消除。

(14) 拉路寻找应遵循先拉不重要的回路，后拉重要电源回路的原则，在试拉控制、保护电源回路时，应征得总值班或站(所)领导、技术负责人同意，并做好有关安全措施和事故预想，试拉动作应迅速，拉开时间不应超过 2 s。

(15) 在试拉直流熔丝时，应先拉正极，后拉负极，合上时顺序相反。

(16) 寻找直流接地时,不应用蓄电池未接地的一极接地的方法来查找接地点。

4.1.3.17 电缆运行要求

1) 电缆运行要求

(1) 电缆不应过负荷运行。

(2) 对电缆线路及电缆线段应定期巡视,巡视周期为:

① 敷设在地下、隧道中以及沿桥梁架设的电缆,电缆沟、隧道、电缆井、电缆架及电缆线段,至少每三个月一次;

② 电缆竖井内的电缆,至少每半年一次;

③ 直接敷于河床上的电缆,可每年检查一次,条件允许时应派遣潜水员检查电缆情况,条件不允许时,可测量河床的变化情况;

④ 对挖掘暴露的电缆,按工程情况,加强巡视。

2) 电缆检查要求

(1) 直埋电缆

① 电缆线路附近地面应无挖掘痕迹;

② 电缆线路标示桩应完好无损;

③ 电缆沿线不应堆放重物、腐蚀性物品及布置临时建筑;

④ 室外露出地面上的电缆的保护钢管或角钢不应锈蚀和位移;

⑤ 引入室内的电缆穿墙套管应封堵严密。

(2) 沟道内电缆

① 沟道盖板应完整无缺;

② 沟道内电缆支架牢固,无锈蚀;

③ 沟道内应无积水,电缆标示牌应完整、无脱落。

(3) 电缆头

① 接地线应牢固,无断股、脱落现象;

② 大雾天气,应监视终端头绝缘套管无放电现象;

③ 负荷较重时,应检查引线连接处无过热、熔化等现象。

3) 电缆长期允许工作温度标准

电缆导体长期允许工作温度不应超过表 4-16 的规定值(制造厂有规定的按制造厂规定)。

表 4-16 电缆导体长期允许工作温度

单位:℃

电缆种类	额定电压(kV)				电缆种类	额定电压(kV)				
	3 及以下	6	10	20～35		3 及以下	6	10	20～35	110～330
天然橡皮绝缘	65	65			黏性纸绝缘	80	65	60	50	
聚氯乙烯绝缘	65	65			聚乙烯绝缘		70	70		
交联聚乙烯绝缘	90	90	90	80	充油纸绝缘				75	75

4.1.3.18 油系统运行要求

在泵站中,油对各类设备正常运行起到绝缘、润滑、冷却和能量传递等作用。《泵站设计规范》(GB/T 50265—2010)中规定，泵站应根据需要设置机组润滑、叶片调节、闸门启闭等用油的透平油供油系统和变压器、油断路器用油的绝缘油供油系统，本节主要介绍透平油供油系统。

(1) 润滑冷却油系统

运行要求如下。

① 油色、油位、油压、油温等满足运行要求。

② 油路畅通，密封良好，无渗漏，阀件密封严密。

③ 稀油站运行时应检查油泵、电动机的振动、响声等运行情况。

④ 稀油站运行时，供油泵的自动控制应满足运行需要，对备用油泵应进行定期切换运行。

⑤ 稀油站运行时，滤油器压差超过厂家规定时，应切换滤油器，需对超压回路滤油器滤芯进行清理。

⑥ 稀油站控制柜仪表数据准确，系统无报警。

⑦ 稀油站运行时，油冷却器冷却水压力、流量满足要求，冷却器压差超过厂家规定时，要更换或清洗滤芯。

⑧ 稀油站油质、压力表、压力传感器等应每年至少检验 1 次，不符合标准要求的应进行处理或更换。

(2) 压力油系统

运行要求如下。

① 油色、油位、油压、油温等满足运行要求，油质应定期检查。

② 油路畅通，密封良好，无渗漏，阀件密封严密，在所有阀门全部关闭的情况下，压力罐 8 h 内压力下降值不应大于 0.15 MPa。

③ 运行时应检查油泵、电动机的振动、响声等运行情况。

④ 运行时，供油泵的自动控制应满足运行需要，对备用油泵应进行定期切换运行。

⑤ 运行时，滤油器长期使用，造成压差超过厂家规定时，应切换滤油器。

⑥ 控制柜参数显示无异常，无故障报警信息，如有故障信息应立即查明原因，并排除。

⑦ 油压装置的控制模式和油泵的工作模式，应根据运行实际情况正确选择，如油泵有变频工作模式，变频器工作应正常，保证系统压力满足要求。

⑧ 油压装置的冷却器和冷却泵根据油温情况选择是否投入，冷却器投入工作时，冷却水回水口示流器显示应正常。

⑨ 液压站如有呼吸器，还应检查呼吸器的硅胶颜色、油位是否满足要求。

⑩ 液压站滤油器滤芯应每年更换 1 次。

⑪ 安全、自动控制装置(含压力表、压力传感器)应每年检验 1 次，动作应可靠，控制设定值应符合运行要求。安全阀延期校验需满足相关规范规定要求。皮囊式蓄能器应每年检查 1 次皮囊有无泄损。

⑫ 用油的牌号和质量应符合设计和国家相关标准的要求，油质应每年至少检验 1 次，不符合标准要求的应进行处理或更换。

(3) 其他用油

其他设备用油，如辅助轴承、起重机械等使用的机械油，空气压缩机等使用的压缩机油，滚动轴承等使用的润滑油脂，要求密封良好，无渗漏，满足运行要求，油的型号和质量应符合国家相关标准和使用要求，油质定期检查，不符合要求的应进行更换。

4.1.3.19 气系统运行要求

(1) 运行时应检查电动机温度、振动、响声等运行情况。

(2) 运行时，对备用设备应进行巡视检查，并定期切换运行。

(3) 空压机的自动启动与停止及运行排量应满足运行需要；空气滤清器滤芯等满足运行时间要求。

(4) 定期清除储气罐内的积水和杂质。

(5) 气管路上的阀件密封严密，储气罐 8 h 内压力下降值不应大于 0.15 MPa。

(6) 储气罐及安全附件应由专业机构检验，合格后才能使用。

(7) 水环式真空泵运行时供水应正常，水温和供水压力应符合设备技术要求。

(8) 真空泵密封装置应密封可靠，冷却水管路应畅通。

(9) 真空泵排气过滤器、进出气口以及管路畅通。

(10) 真空度调节阀应调整至合适的开度。

(11) 真空泵运行时气水分离筒内发现有水注入声或水位指示器水位上升时应立即停机。

(12) 空气围带密封是机组停运时主轴密封的一种方式，在投入工作时，向空气围带充入 0.2～0.6 MPa 的空气，使空气围带橡皮膨胀，抱紧主轴，防止水进入；当机组运行时，需将空气围带里的压缩气体排出，让空气围带与主轴之间保持 1.5～2 mm 的间隙。

(13) 安全装置、压力继电器和仪表等应每年检验 1 次，动作可靠，控制设定值应符合安全运行要求。

4.1.3.20 水系统运行要求

(1) 供水系统

① 技术供水的水质、水温、水量、水压等满足运行要求。

② 供水泵及配套电动机的振动、响声等应无异常现象，并定期切换备用供水泵运行。

③ 技术供水的滤水器工作正常，供水管路畅通，闸阀、示流装置良好。

④ 管路排气阀应动作灵敏，安全可靠。

⑤ 冷水机组运行中应无异常声响，无异常振动，制冷效果满足运行要求。

⑥ 冷水机组控制柜电源正常，供水泵运行指示正确，显示屏无故障报警，如有故障报警代码，应立刻查明原因，必要时停机处理。

⑦ 冷水机组设定温度在满足电机冷却要求的同时应与环境温度相适宜，不应与环境温度相差过大，防止在供水管路上形成冷凝水。

⑧ 冷水机组开机运行前应将供水管路中充满水，冬季不运行期间，应将管路中水排空或做好防冻措施。

⑨ 自动装置及压力传感器(含压力表)等应每年检验 1 次，动作可靠，控制设定值应符合安全运行要求。

(2) 排水系统

① 排水水量、水压等满足运行要求。

② 排水泵及配套电动机的振动、响声等应无异常现象，并定期切换备用排水泵运行。

③ 排水管路畅通，闸阀、示流装置良好。

④ 管路排气阀应动作灵敏，安全可靠。

⑤ 集水井和排水廊道无淤积，水位报警装置完好，自动排水装置动作可靠。

4.1.3.21 风冷系统运行要求

(1) 风机及配套电机的外部防护罩、风扇完好无变形。

(2) 运行时，风机及配套电机声音、振动正常。

(3) 风道畅通、完好，无破损。

(4) 联动试验动作可靠，满足运行要求。

4.1.3.22 断流装置运行要求

泵站的断流方式一般有快速门断流（分为卷扬式快速门断流和液压快速门断流）、真空破坏阀断流、拍门断流。

(1) 断流装置一般规定

① 断流装置开启、关闭灵活，联动正常，辅助应急措施可靠。

② 断流装置停机拒动时应立即采取应急措施，主机组飞逸转速不应超过额定转速的 1.5 倍，停机后机组不应长时间惰转。

③ 闸门止水漏水量要求：橡胶漏水量不得超过 0.2 L/(s · m)；止水表面平面度不超过 2 mm，金属止水标准相同。

(2) 快速闸门装置运行要求

① 减速装置、限位装置、制动装置等应完好、动作可靠，启闭设备符合运行要求。

② 闸门启闭良好、无卡阻。

③ 在主机组启动前应全面检查快速闸门的控制系统，确认快速闸门能按规定的程序启闭。

④ 运行中，闸门应保持在全开状态，液压闸门 48 h 之内下滑量不超过 20 cm。

⑤ 双吊点启闭机的同步系统，应保证闸门在启闭过程中运行速度、位移一致，且保持平稳、不卡阻，位置偏移值不超过设计规定。

⑥ 主机组停机时，闸门动作应快速可靠，若联动失灵，应手动关闭闸门，必要时采取紧急措施关闭闸门。

(3) 真空破坏阀运行要求

① 调整阀盖弹簧压力，保证在关闭状态下密封良好、无漏气。

② 调整真空破坏阀延迟关闭时间，进行排气，满足机组启动要求。

③ 吸气口附近无影响吸气的杂物。

④ 真空破坏阀与主机高压开关联动动作可靠。

⑤ 控制设备运行可靠。

⑥ 停机后应联动打开真空破坏阀，若联动失灵，应手动打开真空破坏阀，必要时采取紧急措施断流。

(4) 拍门运行要求

① 开停机时，拍门启闭正常。

② 门体无严重变形，止水良好。

③ 拍门附近无淤积、杂物。

④ 铰轴和铰座固定可靠、配合良好、转动灵活，无严重磨损、锈蚀。

⑤ 拍门液压机构或其他控制装置工作正常。

(5) 蝶阀断流运行要求

安装高扬程离心泵、采用蝶阀断流的泵站，泵阀应联动运行。重锤式蝶阀液压系统，各液压阀整定值应保持不变，并应定期检查和校正阀门快、慢关角度和时间。运行时应定期检查密封渗漏油及油泵启停情况。蝶阀重锤举起时，禁止人员从下方通过。

(6) 卷扬式启闭机运行要求

① 启闭机无渗油，零部件无缺失，外观及罩壳完好。

② 启闭机的连接件紧固，无松动现象，弹性联轴节内弹性圈无老化、破损现象。

③ 启闭机卷筒及轴应定位准确、转动灵活，无裂纹或明显损伤。

④ 滑动轴承的轴瓦、轴颈光洁平滑，无划痕或拉毛现象，轴与轴瓦配合间隙符合规定。滚动轴承的滚子及其配件无卡阻、无损伤、无锈蚀、无疲劳破坏及过度磨损现象。

⑤ 齿轮减速箱密封严密，齿根及轴无裂纹，齿轮无过度磨损及疲劳剥落现象；齿轮啮合良好，转动灵活，接触点应在齿面中部，分布均匀对称；开式齿轮应保持清洁，表面润滑良好，无损坏及锈蚀。

⑥ 限位开关设定准确，动作可靠，闸门开度仪、荷载限制器显示准确。

⑦ 制动装置应动作灵活、制动可靠，制动轮及闸瓦表面无油污，间隙符合要求；制动轮无裂纹、砂眼等缺陷；弹簧无过度变形。

⑧ 钢丝绳不应有扭结、压扁、弯折、笼状畸变、断股、波浪形，钢丝、绳股、绳芯不应有挤出、损坏，并保持钢丝绳润滑。钢丝绳在卷筒上排列整齐、固定牢固，预绕圈数符合要求，压板、螺栓齐全。

⑨ 在闭门状态钢丝绳松紧适度，滑轮组转动灵活，滑轮内钢丝绳无脱槽、卡槽现象。

⑩ 机械传动装置的转动部位注油种类及油位油质符合规定，注油设备完好，油路畅通，油封密封良好，无漏油现象。

⑪ 电气控制设备动作可靠灵敏。电机等有可靠明接地，接地电阻符合规定要求。电磁铁线圈及电机绝缘电阻不小于 0.5 MΩ。

(7) 液压启闭机运行要求

① 油泵电机底脚及管道连接牢固可靠，油箱、管道、阀门无损坏、无渗油，管卡无破损、缺失；电机等有可靠明接地，接地电阻符合要求。

② 油位、油质符合要求，油位、温度显示清晰准确，过滤器、吸湿剂能正常使用。

③ 各类阀门动作可靠，泄荷阀、溢流阀压力整定符合运行要求。

④ 启闭机活塞环、油封无断裂变形、过度磨损及失去弹性等现象，油缸内壁无锈蚀、无拉毛和划痕等。

⑤ 限位开关设定准确，动作可靠，压力仪表、闸门开度仪显示准确。

⑥ 启闭机构动作时无异常声响。启闭机运行噪声不应超过 85 dB。

⑦ 电气控制设备动作可靠灵敏。电机等有可靠明接地，接地电阻符合规定要求。电机绝缘电阻不小于 0.5 MΩ。

⑧ 工作油应定期化验、过滤，安全、控制装置及指示仪表应定期检验。

⑨ 长期停用的启闭机应每月检查与维护 1 次，活塞杆无锈蚀现象，表面清洁，有条件的应启闭 1 次。

4.1.3.23　清污机及拦污栅运行要求

（1）拦污栅无严重锈蚀、变形和栅条缺失。

（2）清污机及传输装置工作正常。

（3）定期清除拦污栅前的污物，并按环保的要求进行处理。

（4）拦污栅栅前栅后水位差小于规定值。

（5）回转式清污机运行时应定期检查主链条连接片紧固情况、主链条松紧等情况；及时打捞水草，防止堆积，水草较少时也要不定期转动齿耙，防止水下异物卡住齿耙。

（6）根据气候状况投入相应的除冰设施。

4.1.3.24　起重设备运行要求

为了便于水泵、电机等设备的安装和检修，泵站内一般安装有手动单梁悬挂式行车、桥式行车或电动葫芦。

起重机应由质量技术监督部门定期检验，操作人员持证上岗，使用应遵守下列要求。

（1）起重机起吊时严格遵守操作规程，应专人指挥，严禁超载。

（2）停用 6 个月及以上的起重机使用前应进行全面检查，限位开关、制动器和各种电气设备、安全保护装置等应完好。

（3）起吊前和吊物吊离支承面时应检查吊绳捆绑情况。

（4）起重机的升降、启动、停止应缓慢，禁止在运行中突然改变方向。当大、小车运行接近终点时，应用最慢速度，禁止用限位器作为停止运行的手段。

（5）起重机正在吊物时，应严禁一切人员在吊物下方停留或行走。

（6）起吊物不应长期悬挂在空中，吊钩挂有重物时操作人员不得离开操作台。

（7）工作中突然断电时，应将所有的起重机控制器手柄置于“零”位，在重新工作前应检查起重机动作是否正常。

（8）工作后，应将吊钩升起，小车停靠在司机室一端，并将起重机停放到指定位置，门式起重机应用夹轮钳锁紧轨道。

（9）门式起重机行走时，两侧驱动轮应保持同步，发现偏移应及时停止作业，调整好后方可继续使用。

（10）门式起重机路基和轨道应符合出厂规定，运行轨道接地电阻值不应大于 4 Ω。

（11）电动葫芦使用前应检查设备的机械部分和电气部分，钢丝绳、吊钩、限位器等应完好，电气部分应无漏电，接地装置应良好。

（12）电动葫芦应设缓冲器，轨道两端应设挡板。

（13）电动葫芦严禁超载起吊。作业中，发生异味、高温等异常情况，应立即停机检查。

（14）电动葫芦调整制动下滑量时，应保证额定荷载下，制动下滑量 $S \leqslant V/100$（V 为负载下一分钟内稳定起升的距离）。

（15）现场应明示操作规程和“十不吊”内容。

（16）严格执行“十不吊”的制度：

① 指挥信号不明或乱指挥不吊；
② 超过额定起重量时不吊；
③ 吊具使用不合理或物件捆挂不牢不吊；
④ 吊物上有人或有其他浮放物品不吊；
⑤ 抱闸或其他制动安全装置失灵不吊；
⑥ 行车吊挂重物直接进行加工时不吊；
⑦ 歪拉斜挂不吊；
⑧ 具有爆炸性物件不吊；
⑨ 埋在地下物件不拔吊；
⑩ 带棱角块口物件未垫好不吊。

4.1.3.25 输水压力管道运行要求

(1) 密封良好，无渗漏。
(2) 已进行防腐处理，无锈蚀。
(3) 稳定性良好，支撑装置正常。
(4) 防冻设施完好。
(5) 应定期对压力管道及伸缩器(节)的变形、锈蚀、位移和渗漏等情况进行检查和处理。
(6) 管道排气阀完好，工作正常。
(7) 管道断流设施完好，满足运行要求。

4.1.3.26 消防系统运行要求

(1) 消防供水系统及火灾自动报警、喷淋系统工作正常。
(2) 消防安全出口、疏散通道畅通，防火门、防火卷帘等完好、开关灵活。
(3) 消防安全标志、疏散指示标志、应急照明完好。
(4) 灭火器配置、摆放、压力符合要求。
(5) 防排烟系统工作可靠，风量风压符合要求。
(6) 每年应委托有资质的单位对消防设施进行检测维护，年检合格。

4.1.4 电气试验项目、周期及标准

4.1.4.1 高压电动机试验

(1) 主要试验项目
① 定子绕组的绝缘电阻和吸收比；
② 定子绕组的直流电阻；
③ 定子绕组的直流耐压试验和泄漏电流试验；
④ 定子绕组的交流耐压试验；
⑤ 转子绕组的直流电阻；
⑥ 转子绕组的绝缘电阻；
⑦ 电动机转子绕组的交流耐压试验；
⑧ 可变电阻器、启动电阻器、灭磁电阻器的绝缘电阻；

⑨ 检查定子绕组极性及其连接的正确性。

（2）试验标准及周期

① 测量绕组的绝缘电阻和吸收比，应符合下列规定。

a. 额定电压为 3 kV 以下，常温下绝缘电阻值不应低于 0.5 MΩ；额定电压为 3 kV 及以上，折算至运行温度时的绝缘电阻值，定子绕组不应低于 1 MΩ/kV，转子绕组不应低于 0.5 MΩ/kV。

绝缘电阻可按照规定进行温度换算：

$$R_2 = R_1(T + t_2)/(T + t_1)$$

式中：R_1、R_2—分别为温度在 t_1、t_2 时的电阻值；

T—计算用常数，铜导线取 235，铝导线取 225。

b. 3 kV 及以上的电动机应测量吸收比。吸收比一般不应低于 1.2，中性点可拆开的应分相测量。对沥青浸胶及烘卷云母绝缘不应小于 1.3；对环氧粉云母绝缘不应小于 1.6。对吸收比不符合要求的，应增加测量极化指数。极化指数一般不应小于 1.5。

② 测量绕组的直流电阻，应符合下述规定。

额定电压 3 kV 以上或额定容量 100 kW 以上的电动机各相绕组直流电阻值间差别不应超过其最小值的 2%，中性点未引出的电动机可测量线间直流电阻，其相互差别不应超过其最小值的 1%。

③ 定子绕组直流耐压试验和泄漏电流测量，应符合下述规定。

额定电压 3 kV 以上及额定容量 1 000 kW 以上、中性点连线已引出的定子绕组应分相进行直流耐压试验。在规定的试验电压下，各相泄漏电流的差值不应大于最小值的 100%；当最大泄漏电流在 20 μA 以下时，各相间应无明显差别。泄漏电流不应随时间延长而增大。中性点连线未引出的不进行此项试验。

④ 定子绕组交接试验交流耐压的要求。

交流耐压试验前应进行绝缘电阻测量，当其绝缘电阻折算至运行温度后（环氧粉云母绝缘的电动机在常温下）每千伏不低于 1 MΩ 时，可不经干燥投入运行。大容量电动机交流耐压试验，当工频交流耐压试验设备不能满足要求时，可采用谐振耐压装置代替。定子绕组交流耐压试验标准见表 4-17。

表 4-17　电动机定子绕组交流耐压试验电压

电动机额定电压(kV)	3	6	10
试验电压(kV)	5	9	16

⑤ 绕线式电动机的转子绕组交流耐压的试验电压，应符合表 4-18 的规定。

表 4-18　绕线式电动机转子绕组交流耐压试验电压

试验电压(V)	$1.5U_k + 750$

注：U_k为转子静止时，在定子绕组上施加额定电压，转子绕组开路时测得的电压。

⑥ 同步电动机转子绕组交接试验交流耐压试验电压值为额定励磁电压的 7.5 倍，且不应低于 1 200 V，但不应高于出厂试验电压值的 75%。

⑦ 可变电阻器、启动电阻器、灭磁电阻器的绝缘电阻，当与回路一起测量时，绝缘电阻值不应低于 0.5 MΩ。

⑧ 测量可变电阻器、启动电阻器、灭磁电阻器的直流电阻值，与产品出厂数值比较，其差值不应超过 10%；可调的电阻器在调节过程中应接触良好，无开路现象，电阻值的变化应有规律性。

⑨ 检查定子绕组的极性及其连接是否正确。中性点未引出者可不检查。

交流电动机定期试验项目、周期见表 4-19。

表 4-19 交流电动机定期试验项目和周期

序号	项目	试验周期	说明
1	定子绕组的绝缘电阻、吸收比	①1 年②大修时③必要时	1. 500 kW 及以上的电动机，应测量吸收比(或极化指数)； 2. 3 kV 以下的电动机使用 1 000 V 兆欧表；3 kV 及以上者使用 2 500 V 兆欧表 3. 有条件时，应分相测量
2	定子绕组的直流电阻测量	①1 年②大修时③必要时	3 kV 及以上或 100 kW 及以上电动机适用
3	定子绕组的泄漏电流和直流耐压试验	①大修时②更换绕组后③1～2 年④必要时	1. 全部更换绕组时试验电压为 $3U_e$；大修、局部更换绕组、定期预防性试验时试验电压为 $2.5U_e$ 2. 泄漏电流相间差别一般不大于最小值的 100%，泄漏电流为 20 μA 以下者不作规定 3. 500 kW 以下的电动机自行规定
4	定子绕组的交流耐压试验	①大修后②更换绕组后③必要时	1. 大修时不更换或局部更换定子绕组后试验电压为 $1.5U_e$ 2. 全部更换定子绕组后试验电压为 $(2U_e+1\ 000)$V，但不低于 1 500 V 3. 低压和 100 kW 以下的电动机，交流耐压试验可用 2 500 V 兆欧表代替
5	转子绕组的绝缘电阻测量	①1 年②大修时③必要时	试验电压为 500 V 或 1 000 V
6	转子绕组的直流电阻测量	①1 年②大修时③必要时	
7	转子绕组的交流耐压试验	①大修后②更换绕组后③必要时	可用 2 500 V 兆欧表代替

(3) 绝缘老化试验

一般累计运行时间在 20 年以上及在运行或预防性试验中发生绝缘击穿时，应进行绝缘老化试验。新设备投产后第一次大修时，即可对定子绕组绝缘做非破坏性试验，以便进行对比分析。

绕组的绝缘材料可以分为两类：第一类为沥青云母和烘卷云母；第二类为环氧粉云母。

① 沥青云母和烘卷云母的电机定子绕组绝缘老化试验

A. 进行绝缘老化试验时，应对电机的过负荷及超温运行时间、历次事故原因及处理情况、历次检修中发现的问题以及试验情况进行综合分析，对绝缘运行状况作出综合评定。

B. 当电机定子绕组绝缘老化程度达到如下各项状况时，应考虑处理或更换绕组。采用的方式包括局部绝缘处理、局部绝缘更换及全部线棒更换等。

a. 累计运行时间超过 20 年，制造工艺不良者，可以适当提前。

b. 运行中或预防性试验中，多次发生绝缘击穿事故。

c. 外观和解剖检查时，发现绝缘存在严重分层发空、固化不良、失去整体性、局部放电严重及股间绝缘破坏等老化现象。

d. 试验结果与历次试验结果相比，出现异常情况并超出规定的。

C. 试验时，应首先做整相绕组绝缘试验，一般可在停机后热状态下进行。若运行或试验中出现绝缘击穿，同时整相绕组试验不合格的，应做单根线棒的抽样试验，抽样部位以上层线棒为主，并考虑不同电位下运行的线棒。电机定子绕组沥青云母和烘卷云母绝缘老化项目和标准见表 4-20。

表 4-20　电机定子绕组沥青云母和烘卷云母绝缘老化试验项目和要求

<table>
<tr><th>序号</th><th>项目</th><th colspan="3">要求</th><th>说明</th></tr>
<tr><td rowspan="8">1</td><td rowspan="8">整相绕组（或分支）及单根线棒的 $\tan\delta$ 增量（$\Delta\tan\delta$）</td><td colspan="3">1）整相绕组（或分支）的 $\Delta\tan\delta$ 值不大于下列值</td><td rowspan="8">1）在绝缘不受潮的状态下进行试验
2）槽外测量单根线棒 $\tan\delta$ 时，线棒两端应加屏蔽环
3）可在环境温度下试验</td></tr>
<tr><td colspan="2">定子电压等级(kV)</td><td>$\Delta\tan\delta$(%)</td></tr>
<tr><td colspan="2">6</td><td>6.5</td></tr>
<tr><td colspan="2">10</td><td>6.5</td></tr>
<tr><td colspan="3">$\Delta\tan\delta$(%)值指额定电压下和起始游离电压下 $\tan\delta$(%)之差值。对于 6 kV 及 10 kV 电压等级，起始游离电压分别取 3 kV 和 4 kV
2）定子电压为 6 kV 和 10 kV 的单根线棒在两个不同电压下的 $\Delta\tan\delta$(%)值不大于下列值</td></tr>
<tr><td>$1.5U_n$ 和 $0.5U_n$</td><td>相邻 $0.2U_n$ 电压间隔</td><td>$0.8U_n$ 和 $0.2U_n$</td></tr>
<tr><td>11</td><td>2.5</td><td>3.5</td></tr>
<tr><td colspan="3">凡现场条件具备者，最高试验电压可选择 $1.5U_n$；否则也可选择 $(0.8\sim1.0)U_n$。相邻 $0.2U_n$ 电压间隔值，即指 $1.0U_n$ 和 $0.8U_n$、$0.8U_n$ 和 $0.6U_n$、$0.6U_n$ 和 $0.4U_n$、$0.4U_n$ 和 $0.2U_n$</td></tr>
</table>

续表

<table>
<tr><th>序号</th><th>项目</th><th colspan="3">要求</th><th>说明</th></tr>
<tr><td rowspan="5">2</td><td rowspan="5">整相绕组(或分支)及单根线棒的第二电流增加率 ΔI(%)</td><td colspan="3">1) 整相绕组(或分支)P_{i2}在额定电压U_n以内明显出现者(电流增加倾向倍数m_2>1.6),属于有老化特征。绝缘良好者,P_{i2}不出现或在U_n以上不明显出现
2) 单根线棒实测或由P_{i2}预测的平均击穿电压,不小于(2.5～3)U_n
3) 整相绕组电流增加率不大于下列值</td><td rowspan="5">1) 在绝缘不受潮的状态下进行试验
2) 作出电流电压特性曲线图
3) 电流增加率
$$\Delta I=\frac{I-I_0}{I_0}\times 100\%$$
式中,I为在U_n下的实际电容电流;
I_0为在U_n下$I=f(U)$曲线中按线性关系求得的电容电流
4) 电流增加倾向倍数
$$m_2=\tan\theta_2/\tan\theta_0$$
式中,$\tan\theta_2$为$I=f(U)$特性曲线出现P_{i2}点之斜率;
$\tan\theta_0$为$I=f(U)$特性曲线中出现P_{i1}点以下之斜率</td></tr>
<tr><td>定子电压等级(kV)</td><td>6</td><td>10</td></tr>
<tr><td>试验电压(kV)</td><td>6</td><td>10</td></tr>
<tr><td>额定电压下电流增加率(%)</td><td>8.5</td><td>12</td></tr>
<tr><td colspan="3"></td></tr>
<tr><td rowspan="7">3</td><td rowspan="7">整相绕组(或分支)及单根线棒之局部放电量</td><td colspan="3">1) 整相绕组(或分支)之局部放电量不大于下列值</td><td rowspan="7"></td></tr>
<tr><td>定子电压等级(kV)</td><td>6</td><td>10</td></tr>
<tr><td>最高试验电压(kV)</td><td>6</td><td>10</td></tr>
<tr><td>局部放电试验电压(kV)</td><td>4</td><td>6</td></tr>
<tr><td>最大放电量(C)</td><td>1.5×10^{-8}</td><td>1.5×10^{-8}</td></tr>
<tr><td colspan="3">2) 单根线棒参照整相绕组要求执行</td></tr>
<tr><td colspan="3"></td></tr>
<tr><td>4</td><td>整相绕组(或分支)交、直流耐压试验</td><td colspan="3">应符合表4-19中序号3、4有关规定</td><td></td></tr>
</table>

② 环氧粉云母的电机定子绕组绝缘的老化试验项目和标准

电机定子绕组环氧粉云母绝缘老化试验项目和标准见表4-21。

表 4-21 电机定子绕组环氧粉云母绝缘老化试验项目和标准

<table>
<tr><th>序号</th><th>项目</th><th>标准</th><th>说明</th></tr>
<tr><td>1</td><td>测量整相绕组(或分支)及单根线棒的 $\tan\delta$ 值</td><td>
1. 整相绕组(或分支)的 $\Delta\tan\delta$ 值和 $\tan\delta_n$ 值不大于下列值
<table>
<tr><td>定子电压等级(kV)</td><td>$\Delta\tan\delta$(%)</td><td>$\tan\delta_n$(%)</td></tr>
<tr><td>6~10</td><td>6</td><td>7</td></tr>
</table>
注:$\Delta\tan\delta$ 值是指额定电压 U_n 下的 $\tan\delta$ 和起始游离电压下的 $\tan\delta_0$ 的差值
2. 单根线棒的 $\Delta\tan\delta$ 值和 $\tan\delta_n$ 值不大于下列值
<table>
<tr><td rowspan="2">定子电压等级(kV)</td><td colspan="2">$\Delta\tan\delta$(%)</td><td>$\tan\delta_n$(%)</td></tr>
<tr><td>相邻 $0.2U_n$ 电压间隔下的最大差值</td><td>$0.8U_n$ 和 $0.2U_n$ 电压下的差值</td><td>在 U_n 电压下</td></tr>
<tr><td>6~10</td><td>2</td><td>3</td><td>5</td></tr>
</table>
注:相邻 $0.2U_n$ 电压间隔下的最大差值,即 $1.0U_n$ 和 $0.8U_n$、$0.8U_n$ 和 $0.6U_n$、$0.6U_n$ 和 $0.4U_n$ 及 $0.4U_n$ 和 $0.2U_n$ 下最大的 $\tan\delta$ 的差值
</td><td>1. 绝缘在不受潮状态下进行试验
2. 槽外测量单个线棒 $\tan\delta$ 值时,线棒两端应加屏蔽环,可在环境温度下试验
3. 整组绕组的 $\Delta\tan\delta$ 值达到 3%~4%时,应加强监视
4. 电晕严重的机组(包括无防晕处理的机组),$\Delta\tan\delta$ 和 $\Delta\tan\delta_n$ 等值有时会超出表中正常值,应注意不要和正常老化机组混淆</td></tr>
<tr><td>2</td><td>测量整相绕组(或分支)及单根线棒的电容增加率</td><td>
1. 整相绕组(或分支)的电容增加率不大于下列值
<table>
<tr><td>定子电压等级(kV)</td><td>电容增加率(%)</td></tr>
<tr><td>6~10</td><td>8</td></tr>
</table>
2. 单根线棒的电容增加率不大于下列值
<table>
<tr><td>定子电压等级(kV)</td><td>电容增加率(%)</td></tr>
<tr><td>6~10</td><td>10</td></tr>
</table>
</td><td>1. 绝缘在不受潮状态下进行测量
2. 电容增加率用下式计算:
$\Delta C=\frac{C_n-C_0}{C_0}\times 100\%$
式中,C_n 为额定电压下的电容量;
C_0 为起始游离电压下的电容值</td></tr>
<tr><td>3</td><td>测量整相绕组(或分支)及单根线棒的局部放电量</td><td>
整相绕组和单根线棒的局部放电量不大于或等于下列值
<table>
<tr><td>定子电压等级(kV)</td><td>在试验电压下的最大局部放电量(C)</td></tr>
<tr><td>6~10</td><td>1×10^{-8}</td></tr>
</table>
</td><td>1. 定子绕组端部表面脏污或受潮时,会出现局部放电量偏高现象
2. 局部放电量高达 $(3\sim4)\times10^{-8}$C 时,应引起高度重视并注意历年变化</td></tr>
</table>

4.1.4.2 变压器试验

(1) 主要项目

① 绝缘油试验;

② 测量绕组连同套管的直流电阻;

③ 检查分接开关的电压比；
④ 检查变压器的三相接线组别和单相变压器引出线的极性；
⑤ 测量与铁芯绝缘的各紧固件(连接片可拆开的)及铁芯(有外引接地线的)绝缘电阻；
⑥ 有载调压切换装置的检查和试验；
⑦ 测量绕组连同套管的绝缘电阻、吸收比或极化指数；
⑧ 测量绕组连同套管的介质损耗角正切值 $\tan\delta$；
⑨ 测量绕组连同套管的直流泄漏电流；
⑩ 绕组连同套管的交流耐压试验；
⑪ 绕组连同套管的局部放电试验；
⑫ 额定电压下的冲击合闸试验；
⑬ 相位检查。
(2) 标准及周期
① 绝缘油的试验类别及标准应符合表 4-22 规定。

表 4-22 变压器油的试验项目和要求

序号	项目	周期	要求		说明
			投入运行前	运行中	
1	外观	1) 投运前 2) 运行中取油样时进行	透明、无杂质或悬浮物		将油样注入试管中冷却至 5℃，在光线充足的地方观察
2	水溶性酸 pH 值	1) 投运前或大修后 2) 3 年	≥5.4	≥4.2	按 GB/T 7598—2008 进行试验
3	酸值 (mgKOH/g)	1) 投运前或大修后 2) 3 年	≤0.03	≤0.1	按 GB/T 264—1983 进行试验
4	闪点(闭口) (℃)	1) 投运前或大修后 2) 500 kV，必要时	≥140(10 号、25 号油) ≥135(45 号油)	1) 不应比投入运行前要求值低 5℃ 2) 不应比上次测定值低 5℃	按 GB/T 261—2008 进行试验
5	水分 (mg/L)	1) 投运前或大修后 2) 110 kV,1 年；220～500 kV，半年	66～110 kV，≤20 220 kV，≤15 330～500 kV，≤10	66～110 kV，≤35 220 kV，≤25 330～500 kV，≤15	对运行中设备测量时应注意温度的影响，尽量在顶层油温高于 50℃时采样，按 GB/T 7600—2014 或 GB/T 7601—2008 进行试验
6	击穿电压 (kV)	1) 投运前或大修后 2) 3 年	15 kV 以下，≥30 15～35 kV，≥35 66～220 kV，≥40 330 kV，≥50 500 kV，≥60	15 kV 以下，≥25 15～35 kV，≥30 66～220 kV，≥35 330 kV，≥45 500 kV，≥50	按 GB/T 507—2002 进行试验

续表

序号	项目	周期	要求		说　　明
			投入运行前	运行中	
7	界面张力(25℃)(mN/m)	1）投运前或大修后 2）500 kV,3 年 3）220 kV 及以下,必要时	≥35	≥19	按 GB/T 6541—1986 进行试验
8	$\tan\delta$(90℃)(%)	1）投运前或大修后 2）3 年	330 kV 及以下,≤1 500 kV,≤0.7	300 kV 及以下,≤4 500 kV,≤2	按 GB/T 5654—2007 进行试验
9	体积电阻率(90℃)(Ω·m)	1）投运前或大修后 2）500 kV,3 年 3）220 kV 及以下,必要时	$\geqslant 6\times10^{10}$	500 kV,$\geqslant 1\times10^{10}$ 330 kV 及以下,$\geqslant 3\times10^{9}$	按 DL/T 421—2009 或 GB/T 5654—2007 进行试验
10	油中含气量(体积分数)(%)	1）500 kV 投运前或大修后 2）运行中 500 kV,1 年 3）220 kV,必要时	300～500 kV,≤1	一般不大于 3	按 DL/T 423—2009 进行试验
11	油泥与沉淀物(质量分数)(%)	必要时	<0.02(以下可忽略不计)		按 GB/T 511—2010 试验,若只测定油泥含量,试验最后采用乙醇-甲苯混合溶剂(1∶4)将油泥洗于恒重容器中,称重
12	油中溶解气体色谱分析	变压器、电抗器、互感器、套管、电力电缆			取样、试验和判断方法分别按 GB/T 7597—2007、GB/T 17623—2017 和 GB/T 7252—2001 的规定进行

② 变压器遇到交接、大修、小修、变更分接头位置、故障检查等情况时,必须测量变压器绕组的直流电阻。主要包含以下检查内容：

a. 检查绕组内部导线和引线的焊接质量；

b. 检查分接开关各个位置接触是否良好；

c. 检查绕组或引出线有无折断处；

d. 检查并联支路的正确性,是否存在由几条并联导线绕成的绕组发生一处或几处断线的情况；

e. 检查层、匝间有无短路的现象。

③ 测量绕组连同套管的直流电阻,应符合下列规定。

a. 测量应在各分接头的所有位置上进行。

b. 容量 1 600 kVA 及以下三相变压器，各相测得值的相互差值应小于平均值的 4%，线间测得值的相互差值应小于平均值的 2%；对于 1 600 kVA 以上三相变压器，各相测得值的相互差值应小于平均值的 2%；线间测得值的相互差值应小于平均值的 1%。

c. 变压器的直流电阻，与同温下产品出厂实测数值比较，相应变化不应大于 2%；不同温度下电阻值按照以下公式换算：

$$R_2 = R_1(T + t_2)/(T + t_1);$$

式中，R_1、R_2 分别为温度在 t_1、t_2 时的电阻值；

T 为计算用常数，铜导线取 235，铝导线取 225。

④ 检查所有分接头的电压比，与制造厂铭牌数据相比应无明显差别，且应符合电压比的规律：

a. 电压等级在 35 kV 以下，电压比小于 3 的变压器电压比允许偏差不超过±1%；

b. 其他变压器额定分接下电压比允许偏差不超过±0.5%；

c. 其他分接的电压比应在变压器阻抗电压值(%)的 1/10 以内，但不得超过±1%。

⑤ 检查变压器的三相接线组别和单相变压器引出线的极性，必须与设计要求及铭牌上的标记相符。

⑥ 测量铁芯的绝缘电阻应符合下列规定：

a. 铁芯必须为一点接地；对变压器上有专用的铁芯接地线引出套管时，应测量其对外壳的绝缘电阻；

b. 采用 2 500 V 兆欧表测量，持续时间为 1 min，应无闪络、击穿现象；

c. 铁芯绝缘电阻与上次测量无明显差别。

⑦ 有载调压切换装置的检查和试验，应符合下列规定：

a. 变压器带电前应进行有载调压切换装置切换过程试验，检查切换开关切换触头的全部动作顺序，测量过渡电阻阻值和切换时间，由于变压器结构及接线原因无法测量的，可不进行该项试验；

b. 在变压器未带电时，手动操作不少于 2 个循环，电动操作不少于 5 个循环；

c. 循环操作后，在每个分接位置测量绕组连同套管直流电阻和电压比；

d. 在变压器带电条件下进行有载调压开关电动操作，动作应正常；操作过程中，各侧电压应在系统电压允许范围内。

⑧ 测量绕组连同套管的绝缘电阻、吸收比或极化指数，应符合下列规定：

a. 绝缘电阻值不低于产品出厂试验值的 70%；

b. 本次测得的绝缘电阻值与上次测得的数值换算到同一温度下相比较，本次数值比上次数值降低值不得超过 30%；

c. 吸收比应为 1.3 及以上，R_{60s}大于 3 000 MΩ 时，吸收比可不作要求；

d. 测量温度以上层油温为准；

e. 变压器电压等级为 220 kV 及以上且容量为 120 MVA 及以上时，宜用 5 000 V 兆欧表测量极化指数，测得值与历次值相比应无明显差别，在常温下不小于 1.3；当 R_{600s}大于 10 000 MΩ 时，极化指数可不作考核要求。

⑨ 测量绕组连同套管的介质损耗角正切值 $\tan\delta$，应符合下列规定：

A. 当变压器电压等级为 35 kV 及以上时，应测量介质损耗角正切值 $\tan\delta$；当电容型套管末屏对地绝缘电阻小于 1 000 MΩ 时，应测量末屏对地的介质损耗因数，其值不大于 2%。电容型套管的电容值与出厂值或上一次试验值的差别超出±5%时，应查明原因。

B. 电力变压器 $\tan\delta$ 值应满足以下要求。

a. 20℃时 $\tan\delta$ 不大于下列数值：

330～500 kV，0.6%；

66～220 kV，0.8%；

35 kV 及以下，1.5%。

b. $\tan\delta$ 值与历年数值比较不应有显著变化(一般不大于 30%)。

⑩ 测量绕组连同套管的直流泄漏电流，应符合下列规定。

a. 当变压器电压等级为 35 kV 及以上，且容量在 8 000 kVA 及以上时，应测量直流泄漏电流。

b. 试验电压标准应符合表 4-23 规定。

表 4-23 测量绕组连同套管的直流泄漏电流试验电压标准

额定电压	3 kV	6～10 kV	35 kV	110～220 kV
试验电压	5 kV	10 kV	20 kV	40 kV

当施加试验电压达 1 min 时，读取泄漏电流，泄漏电流值与上次测量结果相比应无明显变化。

⑪ 绕组连同套管的交流耐压试验，试验电压应符合表 4-24 规定。

表 4-24 电力变压器交流耐压试验电压

系统电压(kV)	设备最高电压(kV)	油浸变压器(kV)	干式变压器(kV)
6	7.2	20	17
10	12	28	24
20	24	44	43
35	40.5	68	60
110	126	160	/
220	252	316	/

表 4-24 中，变压器试验电压是根据现行国家标准《电力变压器 第 3 部分：绝缘水平、绝缘试验和外绝缘空气间隙》(GB 1094.3—2003)规定的出厂试验电压乘以 0.8 确定的。

干式变压器出厂试验电压是根据现行国家标准《干式电力变压器》(GB 6450—1986)规定的出厂试验电压乘以 0.8 确定的。

交流耐压试验可以采用外施工频电压试验的方法，也可采用感应电压试验的方法。

⑫ 绕组连同套管的局部放电测量。

电压等级 220 kV 及以上，在新安装时，须进行现场局部放电试验。对于电压等级为 110 kV 的变压器，当对绝缘有怀疑时，应进行局部放电试验。

局部放电试验方法及判断方法，均按现行国家标准《电力变压器 第3部分：绝缘水平、绝缘试验和外绝缘空气间隙》(GB 1094.3—2003)中的有关规定进行。

⑬ 在额定电压下对变压器的冲击合闸试验。

应进行5次，每次间隔时间宜为5 min，变压器无异常现象；冲击合闸宜在变压器高压侧进行；对中性点接地的电力系统，试验时变压器中性点必须接地。无电流差动保护的干式变可冲击3次。

⑭ 检查变压器的相位，必须与电网相位一致。

变压器定期试验项目和周期见表4-25。

表4-25 变压器定期试验项目和周期

序号	试验项目	试验周期	说明
1	绕组的直流电阻测量	①1年②大修时③必要时④运行时变动分接开关位置后(无载调压变压器)	
2	绕组的绝缘电阻、吸收比或极化指数	①1年②大修后③必要时	
3	绕组的 tan δ	①1年②大修后③必要时	仅对35 kV及以上变压器进行
4	电容型套管的 tan δ 和电容值	①1年②大修后③必要时	
5	绕组的泄漏电流	①1年②大修后③必要时	仅对35 kV及以上、1.6 MVA及以上变压器进行
6	铁芯(有外引接地线的)绝缘电阻	①1年②大修后③必要时	
7	测温装置及其二次回路试验	①1年②必要时	测量绝缘电阻采用2 500 V兆欧表
8	有载调压装置的试验和检查	①1年或按制造厂要求②必要时③大修后	
9	气体继电器及其二次回路试验	①1年②必要时	测量绝缘电阻采用2 500 V兆欧表
10	交流耐压试验	①3年②必要时③大修后(35 kV及以下)	
11	油浸式电抗器试验	1年②大修后③必要时	
12	干式变压器		
12.1	绕组直流电阻	①1年②必要时	
12.2	绕组绝缘电阻、吸收比或极化指数	①1年②必要时	
12.3	交流耐压试验	①3年②必要时	
12.4	测温装置及其二次回路试验	①1年②必要时	

4.1.4.3　高压断路器及开关柜试验

（1）断路器试验项目及标准

① 测量绝缘电阻。

② 测量每相导电回路的电阻（或整个主回路）。

本项目主要检查断路器或隔离开关的动、静触头的接触电阻的大小，一般用 100 A 及以上回路电阻测试仪进行。

③ 交流耐压试验。

断路器的交流耐压试验在分、合闸状态下分别进行，试验电压值按 DL/T 593—2016 规定值施加，见表 4-26。真空断路器的断口耐压一般采用厂家值的 80%。

表 4-26　断路器交流耐压试验电压值

额定电压（kV）	3.6	7.2	12	（24）	40.5	72.5
相对地	25	32	42	65	95	155
相间	25	32	42	65	95	155
断口	25	32	42	65	95	155

GIS 的交流耐压试验一般采用串联变频谐振装置，加压前应确认绝缘良好、各气室的微水合格、外部断开、电压互感器和氧化锌避雷器断开连接、CT 的二次侧短接接地，试验参照《气体绝缘金属封闭开关设备现场交接试验规程》的要求进行。

④ 测量断路器机械特性。主要测量主触头的分、合闸时间，分、合闸同期性，合闸时触头的弹跳时间。一般采用开关参数测试仪进行。

⑤ 测量分、合闸线圈及合闸接触器线圈的绝缘电阻和直流电阻。

⑥ 测量操作机构合闸接触器和分、合闸电磁铁最低动作电压。

操动机构分、合闸电磁铁或合闸接触器最低动作电压应在操作电压额定值的 30%～65%；合闸电磁铁线圈通电流时的端电压为操作电压额定值的 80%（关合峰值电流等于或大于 50 kA 时为 85%）时，应可靠动作；进口设备按制造厂规定。

⑦ 测量断路器内 SF_6 气体的含水量。断路器气室的微水量一般要求小于 150 mg/L。

⑧ SF_6 气体密封性试验。用检漏仪定性或定量检测。

⑨ 多油断路器测量介质损失 $\tan\delta$。

⑩ 40 kV 以上少油断路器的直流泄漏电流试验。

（2）断路器导电回路电阻标准

常见断路器每相导电回路电阻标准（参考值）见表 4-27。

表 4-27　常见断路器每相导电回路电阻标准（参考值）

断路器型号	电阻值（μΩ）	断路器型号	电阻值（μΩ）
SN-10，SN1-10	＜95	DW8-35	250
SN2-10	95	DW3-110G	1 600～1 800
SN2-10G	75	DW3-220	1 200

续表

断路器型号	电阻值(μΩ)	断路器型号	电阻值(μΩ)
SN3-10	26	DW6-35	<450
SN10-10Ⅱ,SN10-10Ⅱc	≤60	ZN-10	≤150
SN10-10Ⅲ	≤17	ZN4-10/1000-16	100
SN10-35,SN10-35C	≤75	QF-63	≤400(每相)
SW2-35,SW2-35C	<70	QF-110	≤400(每相)
SW3-35(额定电流 600 A)	550	CN2-10(额定电流 600 A)	250
SW3-110	160	CN2-10(额定电流 1 000 A)	120
SW3-110G	180	LW-220	≤250
SW4-220	600	ZN4-10K/11000-16	100
SW6-110	180	KW1-110	150
SW6-220(额定电流 1 200 A)	450	KW1-220	400
SW6-330,SW6-330I	≤600	KW2-220	170
SW7-220	≤190	KW3-110	45
DW1-35	550	KW3-220	110
DW2-110	800	KW4-110A	60
DW2-220	1 520	KW4-220,KW4-220A	130
DW3-110	1 100~1 300	KW3-35	200

(3) 高压开关柜试验项目及标准

① 绝缘电阻的测量

测量辅助回路和控制回路绝缘电阻。采用 1 000 V 兆欧表进行,测得的绝缘电阻不应低于 2 MΩ。

测量高压开关柜的绝缘电阻。测量时采用 2 500 V 兆欧表进行,测得绝缘电阻应符合制造厂的规定。

② 交流耐压试验

辅助回路和控制回路的交流耐压试验,试验电压为 2 kV。

高压开关柜的交流耐压试验,试验电压值可分别按照断路器和隔离开关两类设备的标准进行。

试验电压施加方式:合闸时各相对地及相间;合闸时各相断口;相间、相对地及断口的试验电压值相同。

③ 检查电压抽取装置

a. 高压带电显示装置显示正常,符合制造厂规定。

b. 传感器进行交流耐压试验,按制造厂规定进行。

c. 显示器端子和引线交流耐压为 2 kV(历时 1 min)。

④ 高压开关柜的"五防"性能检查

"五防":防止误分、合断路器;防止带负荷分、合隔离开关;防止带电合接地开关;防止带接地线送电;防止误入带电间隔,"五防"性能检查即对其机构设置完好情况进行检查。

4.1.4.4　互感器试验

（1）电流互感器试验

电流互感器的试验项目、周期和要求见表 4-28。

表 4-28　电流互感器的试验项目、周期和要求

<table>
<tr><th>序号</th><th>项目</th><th>周期</th><th>要求</th><th>说明</th></tr>
<tr><td>1</td><td>绕组及末屏的绝缘电阻</td><td>1）投运前
2）1～3 年
3）大修后
4）必要时</td><td>1）绕组绝缘电阻与初始值及历次数据比较，不应有显著变化
2）电容型电流互感器末屏对地绝缘电阻一般不低于 1 000 MΩ</td><td>采用 2 500 V 兆欧表</td></tr>
<tr><td>2</td><td>tan δ 及电容量</td><td>1）投运前
2）1～3 年
3）大修后
4）必要时</td><td>1）主绝缘 tan δ(%)不应大于下表中的数值，且与历年数据比较，不应有显著变化
<table>
<tr><th colspan="2">电压等级(kV)</th><th>20～35</th><th>66～110</th><th>220</th><th>330～500</th></tr>
<tr><td rowspan="3">大修后</td><td>油纸电容型</td><td>—</td><td>1.0</td><td>0.7</td><td>0.6</td></tr>
<tr><td>充油型</td><td>3.0</td><td>2.0</td><td>—</td><td>—</td></tr>
<tr><td>胶纸电容型</td><td>2.5</td><td>2.0</td><td>—</td><td>—</td></tr>
<tr><td rowspan="3">运行中</td><td>油纸电容型</td><td>—</td><td>1.0</td><td>0.8</td><td>0.7</td></tr>
<tr><td>充油型</td><td>3.5</td><td>2.5</td><td>—</td><td>—</td></tr>
<tr><td>胶纸电容型</td><td>3.0</td><td>2.5</td><td>—</td><td>—</td></tr>
</table>
2）电容型电流互感器主绝缘电容量与初始值或出厂值差别超出±5%范围时应查明原因
3）当电容型电流互感器末屏对地绝缘电阻小于 1 000 MΩ时，应测量末屏对地 tan δ，其值不大于 2%</td><td>1）主绝缘 tan δ 试验电压为 10 kV，末屏对地 tan δ 试验电压为 2 kV
2）油纸电容型 tan δ 一般不进行温度换算，当 tan δ 值与出厂值或上一次试验值比较有明显增长时，应综合分析 tan δ 与温度、电压的关系，当 tan δ 随温度明显变化或试验电压由 10 kV 升到 $U_m/\sqrt{3}$ 时，tan δ 增量超过±0.3%，不应继续运行
3）固体绝缘互感器可不进行 tan δ 测量</td></tr>
<tr><td>3</td><td>油中溶解气体色谱分析</td><td>1）投运前
2）1～3 年（66 kV 及以上）
3）大修后
4）必要时</td><td>油中溶解气体组分含量（体积分数）超过下列任一值时应引起注意
总烃　100×10^{-6}
H_2　150×10^{-6}
C_2H_2　2×10^{-6}　（110 kV 及以下）
　　1×10^{-6}　（220～500 kV）</td><td>1）新投运互感器的油中不应含有 C_2H_2
2）全密封互感器按制造厂要求（如果有）进行</td></tr>
<tr><td>4</td><td>交流耐压试验</td><td>1）1～3 年（20 kV 及以下）
2）大修后
3）必要时</td><td>1）一次绕组按出厂值的 85%进行。出厂值不明的按下列电压进行试验
<table>
<tr><td>电压等级(kV)</td><td>3</td><td>6</td><td>10</td><td>15</td><td>20</td><td>35</td><td>66</td></tr>
<tr><td>试验电压(kV)</td><td>15</td><td>21</td><td>30</td><td>38</td><td>47</td><td>72</td><td>120</td></tr>
</table>
2）二次绕组之间及末屏对地为 2 kV
3）全部更换绕组绝缘后，应按出厂值进行</td><td></td></tr>
<tr><td>5</td><td>局部放电测量</td><td>1）1～3 年（20～35 kV 固体绝缘互感器）
2）大修后
3）必要时</td><td>1）固体绝缘互感器在电压为 $1.1U_m/\sqrt{3}$时，放电量不大于 100 pC，在电压为 $1.1U_m$时（必要时），放电量不大于 500 pC
2）110 kV 及以上油浸式互感器在电压为 $1.1U_m/\sqrt{3}$时，放电量不大于 20 pC</td><td>试验按 GB/T 5583—1985 进行</td></tr>
</table>

续表

序号	项目	周期	要求	说明
6	极性检查	1) 大修后 2) 必要时	与铭牌标志相符	
7	各分接头的变比检查	1) 大修后 2) 必要时	与铭牌标志相符	更换绕组后应测量比值差和相位差
8	校核励磁特性曲线	必要时	与同类型互感器特性曲线或制造厂提供的特性曲线相比较,应无明显差别	继电保护有要求时进行
9	密封检查	1) 大修后 2) 必要时	应无渗漏油现象	试验方法按制造厂规定
10	一次绕组直流电阻测量	1) 大修后 2) 必要时	与初始值或出厂值比较,应无明显差别	
11	绝缘油击穿电压	1) 大修后 2) 必要时	(见绝缘油试验部分)	

(2) 电压互感器试验

电磁式电压互感器的试验项目、周期和要求见表 4-29。

表 4-29　电磁式电压互感器的试验项目、周期和要求

<table>
<tr><th>序号</th><th>项目</th><th>周期</th><th colspan="7">要求</th><th>说明</th></tr>
<tr><td>1</td><td>绝缘电阻</td><td>1) 1～3 年
2) 大修后
3) 必要时</td><td colspan="7">自行规定</td><td>一次绕组用 2 500 V 兆欧表,二次绕组用 1 000 V 或 2 500 V 兆欧表</td></tr>
<tr><td rowspan="7">2</td><td rowspan="7">tan δ (20 kV 及以上)</td><td rowspan="7">1) 绕组绝缘:
a) 1～3 年
b) 大修后
c) 必要时
2) 66～220 kV 串级式电压互感器支架:
a) 投运前
b) 大修后
c) 必要时</td><td colspan="7">1) 绕组绝缘 tan δ(%)不应大于下表中数值</td><td rowspan="7">串级式电压互感器的 tan δ 试验方法建议采用末端屏蔽法,其他试验方法与要求自行规定</td></tr>
<tr><td colspan="2">温度(℃)</td><td>5</td><td>10</td><td>20</td><td>30</td><td>40</td></tr>
<tr><td rowspan="2">35 kV 及以下</td><td>大修后</td><td>1.5</td><td>2.5</td><td>3.0</td><td>5.0</td><td>7.0</td></tr>
<tr><td>运行中</td><td>2.0</td><td>2.5</td><td>3.5</td><td>5.5</td><td>8.0</td></tr>
<tr><td rowspan="2">35 kV 以上</td><td>大修后</td><td>1.0</td><td>1.5</td><td>2.0</td><td>3.5</td><td>5.0</td></tr>
<tr><td>运行中</td><td>1.5</td><td>2.0</td><td>2.5</td><td>4.0</td><td>5.5</td></tr>
<tr><td colspan="7">2) 支架绝缘 tan δ 一般不大于 6%</td></tr>
</table>

续表

<table>
<tr><th>序号</th><th>项目</th><th>周期</th><th>要求</th><th>说明</th></tr>
<tr><td>3</td><td>油中溶解气体的色谱分析</td><td>1) 投运前
2) 1～3 年(66 kV 及以上)
3) 大修后
4) 必要时</td><td>油中溶解气体组分含量(体积分数)超过下列任一值时应引起注意
总烃　100×10^{-6}
H_2　150×10^{-6}
C_2H　22×10^{-6}</td><td>1) 新投运互感器的油中不应含有 C_2H_2
2) 全密封互感器按制造厂要求(如果有)进行</td></tr>
<tr><td>4</td><td>交流耐压试验</td><td>1) 3 年(20 kV 及以下)
2) 大修后
3) 必要时</td><td>1) 一次绕组按出厂值的 85%进行,出厂值不明的,按下列电压进行试验
<table>
<tr><td>电压等级(kV)</td><td>3</td><td>6</td><td>10</td><td>15</td><td>20</td><td>35</td><td>66</td></tr>
<tr><td>试验电压(kV)</td><td>15</td><td>21</td><td>30</td><td>38</td><td>47</td><td>72</td><td>120</td></tr>
</table>
2) 二次绕组之间及末屏对地为 2 kV
3) 全部更换绕组绝缘后按出厂值进行</td><td>1) 串级式或分级绝缘式的互感器用倍频感应耐压试验
2) 进行倍频感应耐压试验时应考虑互感器的容升电压
3) 倍频耐压试验前后,应检查有否绝缘损伤</td></tr>
<tr><td>5</td><td>局部放电测量</td><td>1) 投运前
2) 1～3 年(20～35 kV 固体绝缘互感器)
3) 大修后
4) 必要时</td><td>1) 固体绝缘相对地电压互感器在电压为 $1.1U_m/\sqrt{3}$时,放电量不大于 100 pC;在电压为 $1.1U_m$ 时(必要时),放电量不大于 500 pC。固体绝缘相对相电压互感器,在电压为 $1.1U_m$ 时,放电量不大于 100 pC
2) 110 kV 及以上油浸式电压互感器在电压为 $1.1U_m/\sqrt{3}$ 时,放电量不大于 20 pC</td><td>1) 试验按 GB/T 5583—1985 进行
2) 出厂时有试验报告者投运前可不进行试验或只进行抽查试验</td></tr>
<tr><td>6</td><td>空载电流测量</td><td>1) 大修后
2) 必要时</td><td>1) 在额定电压下,空载电流与出厂数值比较无明显差别
2) 在下列试验电压下,空载电流不应大于最大允许电流
中性点非有效接地系统　$1.9U_n/\sqrt{3}$
中性点接地系统　$1.5U_n/\sqrt{3}$</td><td></td></tr>
<tr><td>7</td><td>密封检查</td><td>1) 大修后
2) 必要时</td><td>应无渗漏油现象</td><td>试验方法按制造厂规定</td></tr>
<tr><td>8</td><td>铁芯夹紧螺栓(可接触到的)绝缘电阻</td><td>大修时</td><td>自行规定</td><td>采用 2 500 V 兆欧表</td></tr>
<tr><td>9</td><td>连接组别和极性</td><td>1) 更换绕组后
2) 接线变动后</td><td>与铭牌和端子标志相符</td><td></td></tr>
</table>

续表

序号	项目	周期	要求	说明
10	电压比	1）更换绕组后 2）接线变动后	与铭牌标志相符	更换绕组后应测量比值差和相位差
11	绝缘油击穿电压	1）大修后 2）必要时	见绝缘油部分	

电容式电压互感器的试验项目、周期和要求见表 4-30。

表 4-30 电容式电压互感器的试验项目、周期和要求

序号	项目	周期	要求	说明
1	电压比	1）大修后 2）必要时	与铭牌标志相符	
2	中间变压器的绝缘电阻	1）大修后 2）必要时	自行规定	采用 2 500 V 兆欧表
3	中间变压器的 $\tan\delta$	1）大修后 2）必要时	与初始值相比不应有显著变化	

4.1.4.5 电力电缆试验

（1）试验标准及周期

橡塑绝缘电力电缆线路的试验项目、周期和要求见表 4-31。

表 4-31 橡塑绝缘电力电缆线路的试验项目、周期和要求

序号	项目	周期	要求	说明
1	电缆主绝缘绝缘电阻	1）重要电缆：1 年 2）一般电缆： a）3.6/6 kV 及以上，3 年 b）3.6/6 kV 以下，5 年	自行规定	0.6/1 kV 电缆用 1 000 V 兆欧表；0.6/1 kV 以上电缆用 2 500 V 兆欧表（6/6 kV 及以上电缆也可用 5 000 V 兆欧表）
2	电缆外护套绝缘电阻	1）重要电缆：1 年 2）一般电缆： a）3.6/6 kV 及以上 3 年 b）3.6/6 kV 以下 5 年	每千米绝缘电阻值不应低于 0.5 MΩ	采用 500 V 兆欧表。当每千米的绝缘电阻低于 0.5 MΩ 时应判断外护套是否进水 本项试验只适用于三芯电缆的外护套，单芯电缆外护套试验按本表第 6 项
3	电缆内衬层绝缘电阻	1）重要电缆：1 年 2）一般电缆： a）3.6/6 kV 及以上，3 年 b）3.6/6 kV 以下，5 年	每千米绝缘电阻值不应低于 0.5 MΩ	采用 500 V 兆欧表。当每千米的绝缘电阻低于 0.5 MΩ 时应判断内衬层是否进水

续表

序号	项目	周期	要求	说明
4	铜屏蔽层电阻和导体电阻比	1）投运前 2）重作终端或接头后 3）内衬层破损进水后	对照投运前测量数据自行规定	
5	电缆主绝缘直流耐压试验	新作终端或接头后	1）试验电压值按表 4-32 规定，加压时间 5 min，不击穿 2）耐压 5 min 时的泄漏电流不应大于耐压 1 min 时的泄漏电流	
6	交叉互联系统	2～3 年		

电力电缆交流耐压试验标准见表 4-32。

表 4-32　电力电缆交流耐压试验标准

20～300 Hz 谐振耐压试验			
试验性质	电压等级	试验电压	时间
预防性试验	35 kV 及以下	$1.6U_0$	5 min
	110 kV	$1.36U_0$	5 min
	220 kV	$1.12U_0$	5 min
交接试验	35 kV 及以下	$2.0U_0$	60 min
	110 kV	$2.0U_0$	60 min
	127/220 kV 及以上	$1.7U_0$	60 min

（2）说明

对电缆的主绝缘进行耐压试验或测量绝缘电阻时，应分别在每一相上进行。对一相进行试验或测量时，其他两相导体、金属屏蔽或金属套和铠装层应一起接地。

新敷设的电缆线路投入运行 3～12 个月，一般应进行 1 次耐压试验，以后再按正常周期试验。

耐压试验后，导体放电必须通过 80 kΩ/kV 的限流电阻反复几次放电直至无火花后，才允许直接接地放电。对额定电压为 0.6/1 kV 的电缆线路可用 1 000 V 或 2 500 V 兆欧表测量导体对地绝缘电阻代替直流耐压试验。

电缆线路在停电后投运之前，必须确认电缆的绝缘状况良好。凡停电超过一星期但不满一个月的电缆线路，应用兆欧表测量该电缆导体对地绝缘电阻，如有疑问时，必须用低于常规耐压试验电压值进行耐压试验，加压时间 1 min；停电超过一个月但不满一年的电缆线路，必须按规定试验电压值的 50％进行耐压试验，加压时间 1 min；停电超过一年的电缆线路必须作常规的耐压试验。

4.1.4.6 电容器试验

(1) 主要试验项目

① 测量极对壳的绝缘电阻；

② 测量电容值；

③ 测量电容器的并联电阻；

④ 电容器的渗漏油检查。

(2) 试验标准及周期

电容器的试验项目、周期和要求见表 4-33。

表 4-33 高压并联电容器、串联电容器和交流滤波电容器的试验项目、周期和要求

序号	项目	周期	要求	说明
1	极对壳绝缘电阻	1) 投运后 1 年内 2) 1～5 年	不低于 2 000 MΩ	1) 串联电容器用 1 000 V 兆欧表，其他用 2 500 V 兆欧表 2) 单套管电容器不测
2	电容值	1) 投运后 1 年内 2) 1～5 年	1) 电容值偏差不超出额定值的－5%～＋10%范围 2) 电容值不应小于出厂值的 95%	用电桥法或电流电压法测量
3	并联电阻值测量	1) 投运后 1 年内 2) 1～5 年	电阻值与出厂值的偏差应在±10%范围内	用自放电法测量
4	渗漏油检查	6 个月	漏油时停止使用	观察法

4.1.4.7 绝缘油和 SF_6 气体试验

(1) 试验项目及标准

变压器油的试验项目和要求见表 4-34。

表 4-34 变压器油的试验项目和要求

序号	项目	要求		说明
		投入运行前的油	运行油	
1	外观	透明、无杂质或悬浮物		将油样注入试管中冷却至 5℃，在光线充足的地方观察
2	水溶性酸 pH 值	≥5.4	≥4.2	按 GB/T 7598—2008 进行试验
3	酸值 mgKOH/g	≤0.03	≤0.1	按 GB 264—1983 进行试验
4	闪点(闭口)(℃)	≥140(10 号、25 号油) ≥135(45 号油)	1) 不应比左栏要求低 5℃ 2) 不应比上次测定值低 5℃	按 GB/T 261—2008 进行试验

续表

序号	项目	要求		说明
		投入运行前的油	运行油	
5	水分(mg/L)	66～110 kV,≤20 220 kV,≤15 330～500 kV,≤10	66～110 kV,≤35 220 kV ,≤25 330～500 kV,≤15	对运行中设备测量时应注意温度的影响,尽量在顶层油温高于 50℃时采样,按 GB/T 7600—2014 或 GB/T 7601—2008 进行试验
6	击穿电压(kV)	15 kV 以下,≥30 15～35 kV,≥35 66～220 kV,≥40 330 kV,≥50 500 kV,≥60	15 kV 以下,≥25 15～35 kV,≥30 66～220 kV,≥35 330 kV,≥45 500 kV,≥50	按 GB/T 507—2002 进行试验
7	界面张力(25℃)(mN/m)	≥35	≥19	按 GB/T 6541—1986 进行试验
8	tan δ(90℃)(%)	330 kV 及以下,≤1 500 kV, ≤0.7	300 kV 及以下,≤4 500 kV,≤2	按 GB/T 5654—2007 进行试验
9	体积电阻率(90℃)(Ω·m)	$\geq 6\times10^{10}$	500 kV,$\geq 1\times10^{10}$ 330 kV 及以下,$\geq 3\times10^{9}$	按 DL/T 421—2009 或 GB/T 5654—2007 进行试验
10	油中含气量(体积分数)(%)	330～500 kV, ≤1	一般不大于 3	按 DL/T 423—2009 进行试验
11	油泥与沉淀物(质量分数)(%)		一般不大于 0.02	按 GB/T 511—2010 试验,若只测定油泥含量,试验最后采用乙醇-甲苯混合溶剂(1∶4)将油泥洗于恒重容器中,称重
12	油中溶解气体色谱分析	变压器、电抗器、互感器、电力电缆等		取样、试验和判断方法分别按 GB/T 7597—2007、GB/T 17623—2017 和 GB/T 7252—2001 的规定进行

注:1. 对全密封式设备如互感器,不易取样或补充油,应根据具体情况决定是否采样;
2. 有载调压开关用的变压器油的试验项目、周期和要求按制造厂规定。

运行中 SF_6 气体的试验项目、周期和要求见表 4-35。

表 4-35　运行中 SF_6 气体的试验项目、周期和要求

序号	项目	周期	要求	说明
1	湿度(20℃体积分数)(uL/L)	1) 1～3 年(35 kV 以上) 2) 大修后 3) 必要时	1) 断路器灭弧室气室 大修后不大于 150 运行中不大于 300 2) 其他气室 大修后不大于 250 运行中不大于 500	1) 按 GB/T 12022—2014、《六氟化硫气体湿度测定法(电解法)》(DL/T 915—2015)和《六氟化硫电气设备中绝缘气体湿度测量方法》(DL/T 506—2018)进行 2) 新装及大修后 1 年内复测 1 次,如湿度符合要求,则正常运行中 1～3 年 1 次

续表

序号	项目	周期	要求	说明
2	密度(标准状态下)(kg/m^3)	必要时	6.16	按《六氟化硫气体密度测定法》(DL/T 917—2005)进行
3	毒性	必要时	无毒	按《六氟化硫气体毒性生物试验方法》(DL/T 921—2005)进行
4	酸度($\mu g/g$)	1) 大修后 2) 必要时	≤0.3	按《六氟化硫气体酸度测定法》(DL/T 916—2005)或用检测管进行测量
5	四氟化碳(质量分数)(%)	1) 大修后 2) 必要时	1) 大修后≤0.05 2) 运行中≤0.1	按《六氟化硫气体中空气、四氟化硫的气相色谱测定法》(DL/T 920—2005)进行
6	空气的质量分数(%)	1) 大修后 2) 必要时	1) 大修后≤0.05 2) 运行中≤0.2	
7	可水解氟化物($\mu g/g$)	1) 大修后 2) 必要时	≤1.0	按《六氟化硫气体中可水解氟化物含量测定法》(DL/T 918—2005)进行
8	矿物油($\mu g/g$)	1) 大修后 2) 必要时	≤10	按《六氟化硫气体中矿物油含量测定法(红外光谱分析法)》(DL/T 919—2005)进行

(2) 说明

① 运行中变压器油的试验项目和要求见表 4-34。在表 4-34 中的试验项目中:

a. 300 kV 和 500 kV 变压器、电抗器油,试验周期为 1 年的项目有第 1、2、3、5、6、7、8、9、10 项;

b. 66~220 kV 变压器、电抗器和 1 000 kVA 及以上变压器油,试验周期为 1 年的项目有第 1、2、3、6 项,必要时试验的项目有第 5、8、9 项;

c. 35 kV 及以下变压器油试验周期为 3 年的项目有第 6 项;

d. 新变压器、电抗器投运前、大修后应进行的油试验项目有第 1、2、3、4、5、6、7、8、9 项(对330 kV、500 kV 的设备增加第 10 项);

e. 互感器、套管油的试验,结合油中溶解气体色谱分析试验进行。

设备和运行条件的不同,会导致油质老化速度不同,当主要设备用油的 pH 值接近 4.4 或颜色骤然变深,其他指标接近允许值或不合格时,应缩短试验周期,增加试验项目,必要时采取处理措施。

② 运行中 SF_6气体的试验项目、周期和要求见表 4-35。

SF_6气体在充入电气设备 24 h 后,方可进行试验。

补气和气体混合使用参照如下规定:

a. 所补气体必须符合新气质量标准,补气时应注意接头及管路的干燥;

b. 符合新气质量标准的气体均可混合使用。

4.1.4.8　避雷器试验

（1）阀式避雷器试验

阀式避雷器的试验项目、周期和要求见表 4-36。

表 4-36　阀式避雷器的试验项目、周期和要求

<table>
<tr><th>序号</th><th>项目</th><th>周期</th><th colspan="7">要求</th><th>说明</th></tr>
<tr><td>1</td><td>绝缘电阻</td><td>1）发电厂、变电所避雷器，每年雷雨季前
2）线路上避雷器，1～3 年
3）大修后
4）必要时</td><td colspan="7">1）FZ（PBC、LD）、FCZ 和 FCD 型避雷器的绝缘电阻自行规定，但与前一次或同类型的测量数据进行比较，不应有显著变化
2）FS 型避雷器绝缘电阻应不低于 2 500 MΩ</td><td>1）采用 2 500 V 及以上兆欧表
2）FZ、FCZ 和 FCD 型主要检查并联电阻通断和接触情况</td></tr>
<tr><td rowspan="4">2</td><td rowspan="4">电导电流及串联组合元件的非线性因数差值</td><td rowspan="4">1）每年雷雨季前
2）大修后
3）必要时</td><td colspan="7">1）FZ、FCZ、FCD 型避雷器的电导电流参考值见制造厂规定值，还应与历年数据比较，不应有显著变化
2）同一相内串联组合元件的非线性因数差值，不应大于 0.05；电导电流相差值（%）不应大于 30%
3）试验电压如下</td><td rowspan="4">1）整流回路中应加滤波电容器，其电容值一般为 0.01～0.1 μF，并应在高压侧测量电流
2）由两个及以上元件组成的避雷器应对每个元件进行试验
3）非线性因数差值及电导电流相差值计算见规程内容
4）可用带电测量方法进行测量，如对测量结果有疑问时，应根据停电测量的结果作出判断
5）如 FZ 型避雷器的非线性因数差值大于 0.05，但电导电流合格，允许作换节处理，换节后的非线性因数差值不应大于 0.05
6）运行中 PBC 型避雷器的电导电流一般应在 300～400 μA 范围内</td></tr>
<tr><td>元件额定电压（kV）</td><td>3</td><td>6</td><td>10</td><td>15</td><td>20</td><td>30</td></tr>
<tr><td>试验电压 U_1（kV）</td><td>—</td><td>—</td><td>—</td><td>8</td><td>10</td><td>12</td></tr>
<tr><td>试验电压 U_2（kV）</td><td>4</td><td>6</td><td>10</td><td>16</td><td>20</td><td>24</td></tr>
<tr><td rowspan="4">3</td><td rowspan="4">工频放电电压</td><td rowspan="4">1）1～3 年
2）大修后
3）必要时</td><td colspan="7">1）FS 型避雷器的工频放电电压在下列范围内</td><td rowspan="4">带有非线性并联电阻的阀型避雷器只在解体大修后进行</td></tr>
<tr><td colspan="2">额定电压（kV）</td><td colspan="2">3</td><td colspan="2">6</td><td>10</td></tr>
<tr><td rowspan="2">放电电压（kV）</td><td>大修后</td><td colspan="2">9～11</td><td colspan="2">16～19</td><td>26～31</td></tr>
<tr><td>运行中</td><td colspan="2">8～12</td><td colspan="2">15～21</td><td>23～33</td></tr>
<tr><td>4</td><td>底座绝缘电阻</td><td>1）发电厂、变电所避雷器，每年雷雨季前
2）线路上避雷器，1～3 年
3）大修后
4）必要时</td><td colspan="7">自行规定</td><td>采用 2 500 V 及以上的兆欧表</td></tr>
</table>

续表

序号	项目	周期	要求	说明
5	检查放电计数器的动作情况	1) 发电厂、变电所内避雷器，每年雷雨季前 2) 线路上避雷器，1～3 年 3) 大修后 4) 必要时	测试 3～5 次，均应正常动作	
6	检查密封情况	1) 大修后 2) 必要时	避雷器内腔抽真空至(300～400)×133 Pa 后，在 5 min 内其内部气压的增加不应超过 100 Pa	

(2) 金属氧化物避雷器试验

金属氧化物避雷器的试验项目、周期和要求见表 4-37。

表 4-37　金属氧化物避雷器的试验项目、周期和要求

序号	项目	周期	要求	说明
1	绝缘电阻	1) 发电厂、变电所避雷器，每年雷雨季前 2) 必要时	1) 35 kV 以上，不低于 2 500 MΩ 2) 35 kV 及以下，不低于 1 000 MΩ	采用 2 500 V 及以上兆欧表
2	直流 1mA 电压(U_{1mA})及 0.75U_{1mA} 下的泄漏电流	1) 发电厂、变电所避雷器，每年雷雨季前 2) 必要时	1) 不得低于 GB 11032—2016 规定值 2) U_{1mA}实测值与初始值或制造厂规定值比较，变化不应大于±5% 3) 0.75U_{1mA}下的泄漏电流不应大于 50 μA	1) 要记录试验时的环境温度和相对湿度 2) 测量电流的导线应使用屏蔽线 3) 初始值指交接试验或投产试验时的测量值
3	运行电压下的交流泄漏电流	1) 新投运 110 kV 及以上者，投运 3 个月后测量 1 次；以后每半年 1 次；运行 1 年后，每年雷雨季前 1 次 2) 必要时	测量运行电压下的全电流、阻性电流或功率损耗，测量值与初始值比较，有明显变化时应加强监测，当阻性电流增加 1 倍时，应停电检查	应记录测量时的环境温度、相对湿度和运行电压。测量宜在瓷套表面干燥时进行。应注意相间干扰的影响
4	工频参考电流下的工频参考电压	必要时	应符合 GB 11032—2016 或制造厂规定	1) 测量环境温度 20±15℃ 2) 测量应每节单独进行，整相避雷器有一节不合格，应更换该节避雷器(或整相更换)，使该相避雷器为合格

续表

序号	项目	周期	要求	说明
5	底座绝缘电阻	1）发电厂、变电所避雷器，每年雷雨季前 2）必要时	自行规定	采用 2 500 V 及以上兆欧表
6	检查放电计数器动作情况	1）发电厂、变电所避雷器，每年雷雨季前 2）必要时	测试 3～5 次，均应正常动作	

4.1.4.9　接地装置试验

（1）项目及周期

接地装置定期试验项目和周期见表 4-38。

表 4-38　接地装置定期试验项目和周期

序号	试验项目	周期
1	有效接地系统的电力设备的接地电阻	①1 年②必要时
2	非有效接地系统的电力设备的接地电阻	①1 年②必要时
3	利用大地作导体的电力设备的接地电阻	1 年
4	1 kV 以下电力设备的接地电阻	1 年
5	独立微波站的接地电阻	1 年
6	独立的燃油易爆气体储罐及其管道的接地电阻	1 年
7	露天配电装置避雷针的集中接地装置的接地电阻	1 年
8	独立避雷针（线）的接地电阻	1 年
9	与架空线直接连接的旋转电机进线段上排气式和阀式避雷器的接地电阻	1 年
10	有架空地线的线路杆塔的接地电阻	1 年
11	无架空地线的线路杆塔的接地电阻	1 年

（2）说明

① 交流工作接地，接地电阻不应大于 4 Ω；

② 安全工作接地，接地电阻不应大于 4 Ω；

③ 防雷保护地的接地电阻不应大于 10 Ω；

④ 对于屏蔽系统，如果采用联合接地，接地电阻不应大于 1 Ω。

4.1.4.10　安全工器具试验

（1）电容型验电器试验

电容型验电器的试验项目、周期和要求见表 4-39。

表 4-39　电容型验电器的试验项目、周期和要求

<table>
<tr><th>序号</th><th>项目</th><th>周期</th><th colspan="4">要求</th><th>说明</th></tr>
<tr><td>1</td><td>启动电压试验</td><td>1 年</td><td colspan="4">启动电压值不高于额定电压的 45%，不低于额定电压的 10%</td><td>试验时接触电极应与试验电极相接触</td></tr>
<tr><td rowspan="9">2</td><td rowspan="9">工频耐压试验</td><td rowspan="9">1 年</td><td rowspan="2">额定电压(kV)</td><td rowspan="2">试验长度(m)</td><td colspan="2">工频耐压(kV)</td><td rowspan="9"></td></tr>
<tr><td>1 min</td><td>5 min</td></tr>
<tr><td>10</td><td>0.7</td><td>45</td><td>/</td></tr>
<tr><td>35</td><td>0.9</td><td>95</td><td>/</td></tr>
<tr><td>63</td><td>1.0</td><td>175</td><td>/</td></tr>
<tr><td>110</td><td>1.3</td><td>220</td><td>/</td></tr>
<tr><td>220</td><td>2.1</td><td>440</td><td>/</td></tr>
<tr><td>330</td><td>3.2</td><td>/</td><td>380</td></tr>
<tr><td>500</td><td>4.1</td><td>/</td><td>580</td></tr>
</table>

(2) 携带型短路接地线试验

携带型短路接地线的试验项目、周期和要求见表 4-40。

表 4-40　携带型短路接地线的试验项目、周期和要求

<table>
<tr><th>序号</th><th>项 目</th><th>周期</th><th colspan="3">要求</th><th>说明</th></tr>
<tr><td>1</td><td>成组直流电阻试验</td><td>5 年</td><td colspan="3">在各接线鼻之间测量直流电阻，对于 25 mm²、35 mm²、50 mm²、70 mm²、95 mm²、120 mm² 的各种截面，平均每米的电阻值应分别小于 0.79 mΩ、0.56 mΩ、0.40 mΩ、0.28 mΩ、0.21 mΩ、0.16 mΩ</td><td>同一批次抽测，不少于 2 条，接线鼻与软导线压接的应做该试验</td></tr>
<tr><td rowspan="9">2</td><td rowspan="9">操作棒的工频耐压试验</td><td rowspan="9">5 年</td><td rowspan="2">额定电压(kV)</td><td colspan="2">工频耐压(kV)</td><td rowspan="9">试验电压加在护环与紧固头之间</td></tr>
<tr><td>1 min</td><td>5 min</td></tr>
<tr><td>10</td><td>45</td><td>/</td></tr>
<tr><td>35</td><td>95</td><td>/</td></tr>
<tr><td>63</td><td>175</td><td>/</td></tr>
<tr><td>110</td><td>220</td><td>/</td></tr>
<tr><td>220</td><td>440</td><td>/</td></tr>
<tr><td>330</td><td>/</td><td>380</td></tr>
<tr><td>500</td><td>/</td><td>580</td></tr>
</table>

(3) 绝缘杆、绝缘罩试验

绝缘杆的试验项目、周期和要求见表 4-41。

表 4-41　绝缘杆的试验项目、周期和要求

序号	项 目	周期	要求				说明
			额定电压(kV)	试验长度(m)	工频耐压 kV		
					1 min	5 min	
1	工频耐压试验	1 年	10	0.7	45	/	
			35	0.9	95	/	
			63	1.0	175	/	
			110	1.3	220	/	
			220	2.1	440	/	
			330	3.2	/	380	
			500	4.1	/	580	

绝缘罩的试验项目、周期和要求见表 4-42。

表 4-42　绝缘罩的试验项目、周期和要求

序号	项 目	周期	要求			说明
1	工频耐压试验	1 年	额定电压(kV)	工频耐压(kV)	时间(min)	
			6～10	30	1	
			35	80	1	

(4) 绝缘隔板、绝缘胶垫试验

绝缘隔板、绝缘胶垫的试验项目、周期和要求分别见表 4-43 和表 4-44。

表 4-43　绝缘隔板的试验项目、周期和要求

序号	项目	周期	要求			说明
1	表面工频耐压试验	1 年	额定电压(kV)	工频耐压(kV)	持续时间(min)	电极间距离 300 mm
			6～35	60	1	
2	工频耐压试验	1 年	额定电压(kV)	工频耐压(kV)	持续时间(min)	
			6～10	30	1	
			35	80	1	

表 4-44　绝缘胶垫的试验项目、周期和要求

序号	项目	周期	要求			说明
1	工频耐压试验	1 年	电压等级	工频耐压(kV)	持续时间(min)	使用于带电设备区域
			高压	15	1	
			低压	3.5	1	

(5) 绝缘手套、绝缘靴试验

绝缘手套、绝缘靴的试验项目、周期和要求分别见表 4-45 和表 4-46。

表 4-45 绝缘手套的试验项目、周期和要求

序号	项目	周期	要求				说明
1	工频耐压试验	半年	电压等级	工频耐压(kV)	持续时间(min)	泄漏电流(mA)	
			高压	8	1	≤9	
			低压	2.5	1	≤2.5	

表 4-46 绝缘靴的试验项目、周期和要求

序号	项目	周期	要求			说明
1	工频耐压试验	半年	工频耐压(kV)	持续时间(min)	泄漏电流(mA)	
			15	1	≤6	

(6) 核相器试验

核相器的试验项目、周期和要求见表 4-47。

表 4-47 核相器的试验项目、周期和要求

序号	项 目	周期	要求				说明
1	连接导线绝缘强度试验	必要时	额定电压(kV)	工频耐压(kV)	持续时间(min)		浸在电阻率小于 100 Ω·m 水中
			10	8	5		
			35	28	5		
2	绝缘部分工频耐压试验	1 年	额定电压(kV)	试验长度(m)	工频耐压(kV)	持续时间(min)	
			10	0.7	45	1	
			35	0.9	95	1	
3	电阻管泄漏电流试验	半年	额定电压(kV)	工频耐压(kV)	持续时间(min)	泄漏电流(mA)	
			10	10	1	≤2	
			35	35	1	≤2	
4	动作电压试验	1 年	最低动作电压应达 0.25 倍额定电压				

4.1.4.11 微机保护装置校验

管理单位可以参考《江苏省泵站技术管理办法》进行微机保护装置校验，微机装置定期校验项目见表 4-48，周期见表 4-49 和表 4-50 。

表 4-48　保护装置校验项目

项目名称	检验项目	备注
电磁型保护的检验项目	1）外观检查 2）回路的绝缘检查（仅对停电元件） 3）各逻辑回路以及有配合关系的回路之间的工作性能的检验 4）定值测定、时间元件及延时元件工作时间的测定 5）各输出回路工作性能的检验 6）校验各信号回路正常 7）保护装置的整组试验及整组动作时间的测定	
微机保护的检验项目	1）外观检查 2）交、直流回路的绝缘检查（仅对停电元件） 3）上电检查（时钟、保护、校验码等程序正确性及控制策略表逻辑、功能的检查） 4）逆变电源检验 5）抗干扰措施的实施情况 6）数据采集回路的正确性、准确性测定 7）各开出、开入回路工作性能的检验 8）检验各信号回路正常 9）外部通信通道及回路检查，命令传输正确性和可靠性检查 10）保护功能测试 11）通信口与上位机数据交换检测 12）装置定值参数整定检查 13）装置整组试验 14）远传信息及远方控制功能联合试验 15）校对定值、检查控制策略	

表 4-49　保护装置全部校验周期表

设备名称	全面检验周期	定义范围说明	备注
微机型保护装置	6	包括装置引入端子外的交、直流及操作回路以及涉及的辅助继电器、操动机构的辅助触点、直流控制回路的自动开关等	参照《继电保护和电网安全自动装置检验规程》（DL/T 995—2016）
非微机型保护装置	4	包括装置引入端子外的交、直流及操作回路以及涉及的辅助继电器、操动机构的辅助触点、直流控制回路的自动开关等	
保护专用光纤通道，复用光纤或微波连接通道	6	站端保护装置连接用光纤及光电转换装置	
保护用载波通道的加工设备（包含与通信复用、电网安全自动装置合用且由其他部门负责维护的设备）	6	涉及设备主要有：高频电缆、结合滤波器、差接网络、分频器	

表 4-50　保护装置部分校验周期表

设备名称	全面检验周期	定义范围说明	备注
微机型保护装置	2～4	包括装置引入端子外的交、直流及操作回路以及涉及的辅助继电器、操动机构的辅助触点、直流控制回路的自动开关等	参照《继电保护和电网安全自动装置检验规程》(DL/T 995—2016)
非微机型保护装置	1	包括装置引入端子外的交、直流及操作回路以及涉及的辅助继电器、操动机构的辅助触点、直流控制回路的自动开关等	
保护专用光纤通道，复用光纤或微波连接通道	2～4	光纤头擦拭、收信裕度测试等	
保护用载波通道的加工设备(包含与通信复用、电网安全自动装置合用且由其他部门负责维护的设备)	2～4	传输衰耗、收信裕度测试等	

注：(1) 新安装的保护装置投运后的一年内应进行第一次全部校验。
(2) 利用保护装置进行断路器跳、合闸试验宜与一次设备检修结合进行。

4.1.4.12　励磁装置校验

励磁装置定期校验项目及周期可以参照表 4-51 进行。

表 4-51　励磁装置定期校验项目及周期

设备名称	试验项目	试验周期	备　注
同步电动机微机励磁装置	1) 主电路检查与绝缘电阻测试	①1 年②必要时	1) 各功能时间参数包括投励时间、强励时间、全压时间、失控时间等 2) 启动电路电压参数包括低导通电压、高导通电压
	2) 控制回路检查及绝缘电阻测试	①1 年②必要时	
	3) 励磁变压器电气试验	①1 年②必要时	
	4) 无刷型励磁装置同轴交流励磁机电气试验	①1 年②必要时	
	5) 无刷型励磁装置同轴旋转整流模块性能及参数测试	①1 年②必要时	
	6) 主桥电路及启动电路晶闸管、二极管特性测试	必要时	
	7) 装置内电源部分电压测试	必要时	
	8) 总线结构装置各插件电压测试	必要时	
	9) 非总线结构装置各功能板电压测试	必要时	
	10) 装置电脑芯片固化参数检查	①1 年②必要时	
	11) 装置采样单元参数测试	①1 年②必要时	
	12) 装置各功能时间参数整定	①1 年②必要时	
	13) 装置各功能波形检查	①1 年②必要时	
	14) 启动电路电压参数整定	①1 年②必要时	
	15) 三相整流输出波形对称度检查	①1 年②必要时	
	16) 双微机系统切换过程无抖动检查	①1 年②必要时	
	17) 液晶显示参数精度检查调整	①1 年②必要时	
	18) 与后台监控机(上位机)通信检查	①1 年②必要时	
	19) 失步再整步单元整定	必要时	
	20) 控制电路各回路调试	①1 年②必要时	
	21) 信号及报警电路检查	①1 年②必要时	
	22) 整组联调	①1 年②必要时	

4.1.4.13　仪表校验

电气指示仪表校验项目及周期可以参照表 4-52 进行。

表 4-52　电气指示仪表的校验项目及周期

设备名称	试验项目	试验周期	备　注
交直流电流表、电压表	1) 外观检查 2) 可动部分的倾斜影响检验 3) 基本误差的测试 4) 升降变差的测定 5) 指示器不回零位的测定	①1 年②必要时 必要时 ①1 年②必要时 ①1 年②必要时 ①1 年②必要时	1) 控制盘和配电盘仪表的定期检验应与该仪表所连接的主要设备的大修日期一致，不应延期。但主要设备主要线路的仪表应每年检验 1 次，其他盘的仪表每 4 年至少检验 1 次 2) 对运行中设备的控制盘仪表的指示发生怀疑时，可用标准仪表在其工作点上用比较法进行校核 3) 可携式仪表(包括台表)的检验，每年至少 1 次 4) 万用表、钳形表每 4 年至少检验 1 次，兆欧表和接地电阻测定器每 2 年至少检验一次，但用于高压电路的钳形表和测量吸收比用的兆欧表每年至少检验 1 次 5) 电度表的定期检修和校验，应与该电度表所连接的主要设备的大修日期一致
三相有功、无功功率表	1) 外观检查 2) 可动部分的倾斜影响检验 3) 基本误差的测试 4) 升降变差的测定 5) 指示器不回零位的测定 6) 功率表的功率因数影响的检验 7) 功率表电压电路电阻的测定	①1 年②必要时 必要时 ①1 年②必要时 ①1 年②必要时 ①1 年②必要时 必要时 必要时	

4.1.4.14　试验相关注意事项

(1) 高压试验注意事项

① 高压试验应填写第一种工作票。

在一个电气连接部分同时有检修和试验时，可填写一张工作票，但在试验前应得到检修工作负责人的许可。

在同一电气连接部分，高压试验的工作票发出后，禁止再发出第二张工作票。

当加压部分与检修部分之间的断开点，按试验电压有足够的安全距离，并在另一侧有接地短路线时，可在断开点的一侧进行试验，另一侧可继续工作。但此时在断开点应挂有“止步，高压危险！”的标示牌，并设专人监护。

② 高压试验工作不得少于两人。试验负责人应由有经验的人员担任，开始试验前，试验负责人应对全体试验人员详细布置试验中的安全注意事项。

③ 因试验需要断开设备接头时，拆前应做好标记，接后应进行检查。

④ 试验装置的金属外壳应可靠接地；高压引线应尽量缩短，必要时用绝缘物支持牢固。

试验装置的电源开关，应使用明显断开的双极刀闸。为了防止误合刀闸，可在刀刃上加绝缘罩。

试验装置的低压回路中应有两个串联电源开关，并加装过载自动掉闸装置。

⑤ 试验现场应装设遮栏或围栏，向外悬挂“止步，高压危险！”的标示牌，并派人看守。被试设备两端不在同一地点时，另一端还应派人看守。

⑥ 加压前必须认真检查试验接线，表计倍率、量程，调压器零位及仪表的开始状态，均

正确无误，通知有关人员离开被试设备，并取得试验负责人许可，方可加压。加压过程中应有人监护并呼唱。

高压试验工作人员在全部加压过程中，应精力集中，不得与他人闲谈，随时警戒异常现象发生，操作人应站在绝缘垫上。

⑦ 变更接线或试验结束时，应首先断开试验电源，进行放电，并将升压设备的高压部分短路接地。

⑧ 未装地线的大电容被试设备，应先行放电再做试验。高压直流试验时，每告一段落或试验结束时，应将设备对地放电数次并短路接地。

⑨ 试验结束时，试验人员应拆除自装的接地短路线，对被试设备进行检查并清理现场。

⑩ 特殊的重要电气试验，应有详细的试验措施，并经单位主管生产的负责人批准。

(2) 使用携带型仪器测量注意事项

① 使用携带型仪器在高压回路上工作，需要高压设备停电或做安全措施的，应填用第一种工作票，并至少由两人进行。

② 除使用特殊仪器外，所有使用携带型仪器的测量工作，均应在电流互感器和电压互感器的低压侧进行。

③ 电流表、电流互感器及其他测量仪表的接线和拆卸，需要断开高压回路者，应将此回路所连接的设备和仪器全部停电后，始能进行。

④ 电压表、携带型电压互感器和其他高压测量仪器的接线和拆卸，无须断开高压回路者，可以带电工作。但应使用耐高压的绝缘导线，导线长度应尽可能缩短，不准有接头，并应连接牢固，以防接地和短路。必要时用绝缘物加以固定。

使用电压互感器进行工作时，先应将低压侧所有接线接好，然后用绝缘工具将电压互感器接到高压侧。工作时应戴手套和护目眼镜，站在绝缘垫上，并应有专人监护。

⑤ 连接电流回路的导线截面，应适合所测电流数值。连接电压回路的导线截面不得小于 1.5 mm^2。

⑥ 非金属外壳的仪器，应与地绝缘，金属外壳的仪器和变压器外壳应接地。

⑦ 所有测量用装置均应设遮栏和围栏，并悬挂“止步，高压危险”的标示牌。仪器的布置应使工作人员距带电部分不小于表 4-55 规定的安全距离。

(3) 使用钳形电流表测量注意事项

① 值班人员在高压回路上使用钳形电流表的测量工作，应由两人进行。非值班人员测量时，应填第二种工作票。

② 在高压回路上测量时，严禁用导线从钳形电流表另接表计测量。

③ 测量时若需拆除遮栏，应在拆除遮栏后立即进行。工作结束，应立即将遮栏恢复原位。

④ 使用钳形电流表时，应注意钳形电流表的电压等级。测量时戴绝缘手套，站在绝缘垫上，不得触及其他设备，以防短路或接地。

观测表计时，要特别注意保持头部与带电部分的安全距离。

⑤ 测量低压熔断器(保险)和水平排列低压母线电流时，测量前应将各相熔断器(保险)和母线用绝缘材料加以包护隔离，以免引起相间短路，同时应注意不得触及其他带电部分。

⑥ 在测量高压电缆各相电流时，电缆头线间距离应在 300 mm 以上，且绝缘良好，测量

方便，方可进行。当有一相接地时，严禁测量。

⑦ 钳形电流表应保存在干燥的室内，使用前要擦拭干净。

（4）使用绝缘电阻测试仪测量绝缘注意事项

① 使用绝缘电阻测试仪测量高压设备绝缘，应由两人担任。

② 测量用的导线，应使用绝缘导线，其端部应有绝缘套。

③ 测量绝缘时，必须将被测设备从各方面断开，验明无电压，确实证明设备无人工作后，方可进行。在测量中禁止他人接近设备。

在测量绝缘前后，必须将被试设备对地放电。测量线路绝缘时，应取得对方允许后方可进行。

④ 在有感应电压的线路上（同杆架设的双回线路或单回线路与另一线路有平行段）测量绝缘时，必须将另一回线路同时停电，方可进行。

雷电时，严禁测量线路绝缘。

⑤ 在带电设备附近测量绝缘电阻时，测量人员和绝缘电阻测试仪安放位置，必须选择适当，保持安全距离，以免绝缘电阻测试仪引线或引线支持物触碰带电部分。移动引线时，必须注意监护，防止工作人员触电。

4.1.5　工程与设备评定级

泵站工程与设备的等级评定就是对工程各类设备和建筑物的完整情况和技术状态进行综合评价。泵站管理单位应根据规定的评级周期开展评级工作，一般结合定期检查进行，通常在每年汛前完成。泵站管理单位应按照《泵站技术管理规程》(GB/T 30948—2014)对工程设备和建筑物进行评定级。江苏省泵站管理单位宜参照《江苏省泵站技术管理办法》进行评定级。

4.1.5.1　一般规定

（1）管理单位应定期对泵站机电设备、建筑物工程进行评级，工程评级结果上报主管部门。设备评级应符合下列要求：

① 新设备投运后，应及时进行评级；

② 设备发生重大故障、事故经修理投入运行的次年应进行评级；

③ 正在进行更新改造的工程，不进行设备评级。

（2）工程评级主要包括建筑物评级和设备评级，遇有从一类降为二类的，应及时采取检修、改造等措施恢复其原有等级，如不能恢复，应说明情况并报上级主管部门批准后降级使用。

（3）被评为三类工程的应及时整改，如无法恢复其原有等级，应向上级主管部门申请安全鉴定，并落实处置措施。

（4）管理单位应编写设备评定报告，报告主要包括下列内容：

① 工程概况；

② 评定范围；

③ 评定工作开展情况；

④ 评定结果；

⑤ 存在问题与措施；

⑥ 设备评级表。

4.1.5.2 机电设备评级

泵站管理单位应按照《泵站技术管理规程》(GB/T 30948—2014)对泵站机电设备评级。

(1) 每年应对泵站的各类设备和金属结构进行等级评定。

(2) 评级范围应包括主机组、电气设备、辅助设备、金属结构和计算机监控系统等设备。

(3) 泵站设备等级分四类，其中三类和四类设备为不完好设备。主要设备的等级评定应符合下列规定。

① 一类设备：主要参数满足设计要求，技术状态良好，能保证安全运行；

② 二类设备：主要参数基本满足设计要求，技术状态基本完好，某些部件有一般性缺陷，仍能安全运行；

③ 三类设备：主要参数达不到设计要求，技术状态较差，主要部件有严重缺陷，不能保证安全运行；

④ 四类设备：达不到三类设备标准以及主要部件符合报废或淘汰标准的设备。

(4) 泵站各类设备评级的具体标准可按照附录 B 的规定执行。

(5) 设备的报废，应按规定程序报批。

4.1.5.3 水工建筑物评级

(1) 评级范围应包括泵站建筑物部分、进出水流道、进出水池、上下游翼墙、附属建筑物和设备、上下游引河、护坡等部分。

(2) 每 1～2 年应对泵站的各类建筑物进行等级评定。

(3) 建筑物等级分四类，其中三类和四类建筑物为不完好建筑物。主要建筑物等级评定应符合下列规定。

① 一类建筑物：运用指标能达到设计标准，无影响正常运行的缺陷，按常规养护即可保证正常运行；

② 二类建筑物：运用指标基本达到设计标准，建筑物存在一定损坏，经维修后可达到正常运行；

③ 三类建筑物：运用指标达不到设计标准，建筑物存在严重损坏，经除险加固后才能达到正常运行。

④ 四类建筑物：运用指标无法达到设计标准，建筑物存在严重安全问题，需降低标准运用或报废重建。

(4) 泵站各类建筑物的具体评级标准可按附录 C 的规定执行。

4.1.6 其他

4.1.6.1 励磁系统调试要求

本节以 WKLF-101(102) 型微机控制同步电动机励磁装置为例，介绍励磁系统调试相关技术要求。励磁系统调试可以分为静态调试和联动调试两个部分。励磁系统静态调试可分为电阻测量和绝缘测试。联动调试可分为装置初次上电、联动试验两部分。

1）励磁装置的静态调试

解开励磁装置至电机转子接线(－X4 端子)，进行回路电阻和绝缘测试(用万用表和 500 V 摇表)，以确认在设备投电前没有短路或绝缘损坏。

(1) 电阻测量

参照表 4-53 对装置相关回路进行电阻测试，现场测量值与出厂测量值应基本相等，直流控制电源回路＋KM、－KM 测量电阻现场值和出厂值可能会有较大差异，但需确认没有短路，测试完毕恢复励磁装置至转子接线。

表 4-53　回路电阻测试时电阻测量记录表

<table>
<tr><th>回路类型</th><th colspan="2">回路号</th><th>测试端子</th><th>出厂阻值/现场阻值</th><th>备　注</th></tr>
<tr><td rowspan="2">直流回路</td><td colspan="2">＋KM，－KM</td><td>X5-5，X5-6</td><td>/</td><td rowspan="5">空气开关“断”位，调节器交、直流电源开关“合”位</td></tr>
<tr><td colspan="2">＋24V，COM</td><td>X12-22，X12-25</td><td>/</td></tr>
<tr><td rowspan="5">交流回路</td><td colspan="2">AC_L，AC_N</td><td>X12-2，X12-5</td><td>/</td></tr>
<tr><td rowspan="3">PT 回路</td><td>YMA，YMB</td><td>X5-9，X5-10</td><td>/</td></tr>
<tr><td>YMB，YMC</td><td>X5-10，X5-11</td><td>/</td></tr>
<tr><td>YMC，YMA</td><td>X5-11，X5-9</td><td>/</td><td></td></tr>
<tr><td colspan="2">CT 回路</td><td>X5-1，X5-3</td><td>/</td><td>应导通</td></tr>
<tr><td>主回路</td><td colspan="2">1#，2# 母线</td><td>X4-1，X4-2</td><td>/</td><td></td></tr>
</table>

(2) 绝缘测试

参照表 4-54 对励磁装置各回路对地及各回路之间进行绝缘测试，试验前应先将装置接地线接开(－X1:PE 连线)，测量 24 V 回路对地绝缘时，应将液晶触摸屏面板接地端子解开，测试完毕后恢复。测量结果应大于 2 MΩ，个别潮湿地区不得低于 0.5 MΩ。

表 4-54　绝缘测试时电阻测量记录表

<table>
<tr><th>回路类型</th><th>回路号</th><th>测试端子</th><th>对地绝缘(MΩ)
出厂值/现场值</th><th>回路间最小绝缘
出厂值/现场值</th><th>备　注</th></tr>
<tr><td rowspan="2">直流回路</td><td>＋KM，－KM</td><td>X5-5</td><td>/</td><td rowspan="6">/</td><td rowspan="6">空气开关合闸位，调节器交、直流电源开关合闸位</td></tr>
<tr><td>＋24V，COM</td><td>X5-13</td><td>/</td></tr>
<tr><td rowspan="3">交流回路</td><td>交流励磁电源回路</td><td>X1-1</td><td>/</td></tr>
<tr><td>PT 回路</td><td>X5-9</td><td>/</td></tr>
<tr><td>CT 回路</td><td>X5-1</td><td>/</td></tr>
<tr><td>主回路</td><td>1,2 母线</td><td>X4-1</td><td>/</td></tr>
</table>

2）励磁装置的联动调试

(1) 装置初次上电

① 确认柜后左侧端子排 X12 上给调节器供电的交、直流电源开关－QF2～－QF5 处于分断位。

② 给励磁装置送上交、直流电源，确认仪表板上交、直流电源指示灯点亮。测量交、直

流电源电压是否符合要求。

③ 合 X12 端子排上 A、B 两套调节器的“交流电源”开关及“直流电源”开关(共四个开关),确认 A、B 两套调节器正常上电复位后,分别按主、备机投入运行(复位期间调节器面板所有指示灯同时点亮约 2 s,之后运行灯闪烁,故障灯熄灭,其余指示灯依不同参数配置熄灭、点亮或闪烁,调节器为主机运行时主机运行灯闪烁,备机运行时备机运行灯闪烁);确认液晶触摸屏面板投入运行,液晶触摸屏上电复位结束后,显示主机调节器的操作显示主画面。

④ 确认液晶触摸屏面板主、备机调节器操作显示主画面中无故障显示。

⑤ 若④有故障显示,应根据显示故障信息排除故障,某些故障会导致励磁事故,在故障排除后励磁事故指示需使用“信号复归”按钮复归。

⑥ 实时时钟校准:进入液晶触摸屏面板的触摸屏设置界面,按当前准确时钟校准励磁调节器时钟。

⑦ 操作空气开关手柄或进入液晶触摸屏面板主机调节器操作显示扩展画面,点击“合空开”按钮合上空气开关,测量变压器的二次电压,其值应与设计值相符。

⑧ 按下“调试/工作”按钮或返回液晶触摸屏面板调节器操作显示主画面,点击“调试”按钮,将励磁工况设定为“调试”状态,按下“投励/灭磁” 按钮或点击触摸屏“投励”按钮投励,观察励磁电流、励磁电压表指示是否正常,核实电流、电压表指示值是否与液晶屏对应项目显示数值一致;确认液晶屏无故障显示。调试位手动投励时自动进行启动回路开通及关断实验,若无相关故障提示,则表明启动回路工作正常。

⑨ 观察励磁电流是否有摆动(稳定性),并操作“励磁调节”手柄或触摸屏增、减磁按钮,调整励磁电流设定值以考察调节器的跟随性能(快速性)。进入液晶触摸屏面板调节器配置画面中调节器参数配置界面,修改励磁电流调节器比例系数及积分系数,使得电流环具有合适的快速性及稳定性;修改完成后,将配置参数及副本保存至 EEPROM。对于 WKLF-102 型装置,需对备机调节器的相关参数做同样修改,并将配置参数及副本保存至 EEPROM。

⑩ 手动切换实验:若 A 套调节器为主机,进入液晶触摸屏面板 A 套操作显示扩展画面,点击“切换”按钮,B 套调节器转入主机运行(主机运行灯闪烁,备机运行灯熄灭),A 套调节器转入备机运行(备机运行灯闪烁,主机运行灯熄灭),切换过程中励磁输出应无抖;进入 B 套操作显示扩展画面,点击“切换”按钮则将主机切回至 A 套,切换过程中励磁输出同样应无抖。WKLF-101 型装置无此项试验。

⑪ 增、减磁实验:操作“励磁调节”手柄或进入液晶触摸屏面板主机调节器操作显示主画面,点击“增磁”“减磁”按钮,可增、减励磁电流,检查励磁手动调节范围及调整速率是否符合要求。(出厂值为 35%~120%)。

⑫ 灭磁试验:按下“投励/灭磁” 按钮或在液晶触摸屏面板主机调节器操作显示主画面上点击“灭磁”按钮,启动逆变灭磁,灭磁结束,可控硅主桥自动关断。

⑬ 分别进入液晶触摸屏面板 A、B 套调节器配置中电机与系统参数配置界面,核对配置参数,应与电机铭牌一致。

⑭ 送三相母线电压互感器,并检查电压小母线三相线电压幅值,并确认与液晶触摸屏面板显示数值一致(二者的倍率为电压互感器 PT 变比)。

⑮ 按下“调试/工作”按钮或在液晶触摸屏面板主机调节器操作显示主画面上点击“工

作"按钮，将励磁工况设置为工作，励磁工作灯点亮，在无励磁事故指示时，合闸允许继电器吸合。进入操作显示扩展画面，点击"手动"按钮将调节方式设置为"手动"。

⑯ 短接对外二次接线端子排 X5 的 13 及 16 号端子，模拟电机高压断路器合闸；励磁调节器零压计时投励环节启动，2 s 后投全压继电器吸合，4 s 后自动投入励磁（对应零压计时投励整定为 2 s），励磁电流表立即有指示而励磁电压表在投励后约 5 s 才有指示。解除短接线励磁装置联动灭磁。

⑰ 常规保护试验步骤如下。

a. 断开风机保险－FU5，故障指示灯点亮，液晶触摸屏面板显示冷却风机故障（调节器配置中风机监视设置为退出时无报警及故障显示）。

b. 按下快速熔断器－FU1～－FU3 熔断指示微动按钮，故障指示灯点亮，液晶触摸屏面板显示快速熔断器熔断，并提示励磁事故；在主断路器合闸时，跳闸继电器吸合 0.5 s，主断路器分闸时，则分断合闸允许继电器。

c. 在未投励状态下，手动分断空气开关，液晶触摸屏面板状态显示栏内空气开关一项显示为分闸。在电机运行（或模拟运行）且投励状态下分断空气开关则为励磁事故，将点亮故障指示灯，液晶触摸屏面板故障显示栏中显示空气开关跳闸，跳闸继电器吸合 0.5 s。

⑱ 串行通信试验：在有后台上位机通信要求的现场，完成后台组态并正确配置调节器串行通信参数后应能正常通信，在 RS485 模式设置为"测控"且励磁屏仪表板操作模式旋钮选择"远方"时应能实现对励磁的远程操作。

⑲ 事件记录器性能检验：上述所有操作在励磁调节器中都留有记录，进入液晶触摸屏面板的事件记录器界面均可查阅。

（2）联动试验

电机定子高压断路器置于试验位置，按下"调试/工作"按钮或在液晶触摸屏面板主机调节器操作显示主画面上点击"工作"按钮，将励磁工况设置为工作，励磁工作灯点亮，合闸允许继电器吸合。

① 合高压断路器，励磁装置 4 s 后自动投励（对应零压计时投励整定为 2s）。

② 跳开高压断路器，励磁装置联动灭磁。

③ 事故停机实验：合高压断路器，励磁自动投励后，手动分断空气开关，高压断路器应立即联动跳闸。

④ 核对励磁装置引至中控室的励磁事故及励磁故障信号。

⑤ 有远控、遥控要求的现场则进行以下试验。

a. 远控增减磁试验：合高压断路器，励磁自动投励后操作中控室增、减磁控制手柄应能调节励磁输出。

b. 遥测试验（非标准配置，只在用户有特殊要求时提供）：在有 4～20 mA 励磁电流及励磁电压变送输出要求的现场，需确认变送器的励磁电流、电压输出（折合计算值）与液晶触摸屏面板的显示值一致。

（3）试验过程记录

本装置励磁调节器配置有高性能内置录波器，在用户有要求时可记录所有与励磁相关的模拟量及 8 路接点量。由于录波器每次只能记录两路模拟量，在录波前需根据实际需要配置模拟量通道、录波时长（录波分辨率）及录波触发方式。

常规记录的暂态过程有：静态手动投励、手动灭磁、电机起动过程、带载正常运行双机切换(对于 WKLF-102 装置)、带载停机及在现场条件允许时的灭磁再同步试验等。

在试验录波完成后，应将录波器模拟量通道配置为励磁电流和定子电流，录波触发方式配置为只允许断路器分闸启动，以保证每次电机事故停机时准确记录事故现场。

3) 励磁装置现场第一次试机

装置静态试验无误后，将励磁工况置为“调试”，手动投励，调节励磁电流至 $0.9I_{fe}$(或正常运行经验值)，手动灭磁并确认励磁电流、电压表归零后将励磁工况置为“工作”；第一次开机或设备大修变更过电压、电流互感器接线时，应确认控制方式为“手动”方式，等待开机。

(1) 合高压断路器，启动电机，励磁装置自动捕捉滑差投全压及投励。此操作可配合录波器以记录电机启动的过程。

(2) 功率参数测量正确性认证。

设备第一次开机或设备大修变更过电压、电流互感器接线时必须进行此项试验。该试验必须在手动模式下进行。

电机启动结束待负载稳定(有功功率不变)后，进入液晶触摸屏面板主机调节器配置画面，点击“功率参数测量选线按钮”进入功率参数测量选线界面，观察六组有功功率和无功功率的显示数值。由于本装置对母线电压互感器(PT)和机端电流互感器(CT)的物理接线不作要求，随机连接的电流、电压信号的所有可能组合所计算出的功率参数只有六种，在这六种组合当中必然也只有唯一一种组合测得的功率参数正确。可遵循下述步骤选择出正确的接线组合。

a. 点击“增磁”或“减磁”按钮，调节励磁电流至接近额定值，在六组显示数据中排除有功功率或无功功率为负数的选择项，通常有三种。

b. 单步点击“增磁”或“减磁”按钮，适当调节励磁电流，观察剩余组合中的有功功率和无功功率的显示数值变化情况，选取不论增磁、减磁，有功功率不变，且增磁时无功功率增大、减磁时无功功率减小的那种组合，点击该组合的“选择”按钮即完成功率参数测量选线配置。

c. 操作配置参数及副本保存至 EEPROM。

d. 对于 WKLF-102 型装置，还需进入备机调节器功率参数测量选线配置界面，选择与主机相同的选线配置，并将配置参数及副本保存至 EEPROM。该操作对电机的负载率没有要求，在电机空载运行时(如联轴器脱开)有功功率接近零，也可以作为功率参数测量选线选择的判断依据。改变母线电压互感器(PT)和机端电流互感器(CT)的物理接线时，原选线配置即成为错误配置，因此一旦励磁调试完成，不能再改变 PT、CT 的物理接线；如必须改变，则应按上述步骤重新设置选线配置。

(3) 无功功率调节方式试验。

在(2)完成无误后，操作液晶触摸屏面板，选择调节方式为“恒无功”功率，并将控制方式设置为“自动”，恒无功功率调节器投入运行；观察励磁电流是否有摆动(稳定性)，操作“励磁调节”手柄或使用触摸屏增、减磁按钮，调整无功功率设定值以考察调节器的跟随性能(快速性)。进入操作液晶触摸屏面板主机调节器配置界面，适当调整无功功率调节器的比例系数、积分系数和微分系数，使无功功率调节器具有合适的快速性和稳定性。修改完成后，将配置参数及副本保存至 EEPROM。对于 WKLF-102 型装置需对备机调节器的相关参数做同样修改，并将配置参数及副本保存至 EEPROM。

(4) 功率因数调节方式试验。

在(3)完成无误后，按下“手动/自动”按钮或操作液晶触摸屏面板将控制方式设置为“手动”，选择调节方式为“恒 COSΦ”，然后将控制方式设置为“自动”，恒功率因数调节器投入运行；观察励磁电流是否有摆动(稳定性)，操作“励磁调节”手柄或使用触摸屏增、减磁按钮，调整功率因数设定值以考察调节器的跟随性能(快速性)。进入操作液晶触摸屏面板主机调节器配置界面，适当调整功率因数调节器的比例系数、积分系数和微分系数，使功率因数调节器具有合适的快速性和稳定性。修改完成后将配置参数及副本保存至 EEPROM。对于 WKLF-102 型装置，需对备机调节器的相关参数做同样修改，并将配置参数及副本保存至 EEPROM。

该项操作只能在电机有功功率大于 30%(功率因数调节器的有功闭锁定值，可修改)时进行。当有功功率小于 30%时，功率因数调节器的稳定性变差，为防止励磁波动，调节器将自动嵌套运行恒无功功率调节方式。

(5) 进入液晶触摸屏面板调节器操作显示扩展画面，电机实际启动时间加上 5 s(对于起动时间超过 20 s 的现场应适当加大余量)作为电机启动时间闭锁的定值，修改调节器配置中保护及限制器参数的相应项目参数配置，并将配置参数及副本保存至 EEPROM。主机参数修改完成后，需对备机调节器的相关参数做同样修改并将配置参数及副本保存至 EEPROM。

(6) 自动切换实验：断开主机调节器的交流(或直流)电源开关，应立即自动切换至备机调节器，切换过程励磁输出无抖；液晶触摸屏面板有交流(或直流)电源故障指示。WKLF-101 型装置无此项试验。

(7) 灭磁再整步试验(选做试验)。

a. 将负载率调至 50%，短接对外二次接线端子排 X5 的 15 及 19 号端子，模拟外部灭磁信号输入，励磁装置迅速灭磁并导致电机失步，再同步控制程序启动，将电机重新拉入同步。试验前应配置好录波器记录再整步全过程波形。

b. 将负载率调至正常工作时的负载率，重复 a。

c. 由于受电机牵入力矩及最大力矩倍数限制，再同步成功的负载率因电机而异，再同步不成功时，保护动作跳闸停机，以确保设备安全。

d. 在试验过程中，电机有可能遭受不同程度的电流和转矩冲击，对电机造成损伤；对大型机组通常不建议做该项试验。

(8) 功率因数调节器性能试验。

改变电机负载率，励磁电流随负载加重而增加，随负载减轻而减少，维持功率因数值不变。

(9) 带载停机试验。

手动跳闸停机，励磁装置联动灭磁并重新进入等待开机状态，配合使用录波器记录带载停机波形。

(10) 按用户要求设置调节器上电默认参数，用户不作要求时按标准配置设置，设置完成后将配置参数及副本保存至 EEPROM。对于 WKLF-102 型装置需对备机调节器的相关参数做同样修改并将配置参数及副本保存至 EEPROM。

(11) 切断调节器的交、直流电源，待调节器失电后恢复交、直流电源；调节器重新上电投入运行，调节器上电状态应与(10)项设置一致。

(12) 按正常开机流程重新启动电机，投入 48 h 考核运行。

4.1.6.2 电气设备安全距离要求

(1) 不论高压设备带电与否，值班人员不得单独移开或越过遮栏进行工作，若有必要移开遮栏时，必须有监护人在场，并与高压设备保持一定的安全距离。安全距离应符合表 4-55 的规定。

表 4-55 设备不停电时的安全距离

电压等级 (kV)	安全距离 (m)
≤10	0.7
≤35	1.0
≤110	1.5

(2) 高压设备发生接地时，室内不得接近故障点 4 m 以内，室外不得接近故障点 8 m 以内。进入上述范围人员必须穿绝缘靴，接触设备外壳和架构时，应戴绝缘手套。

(3) 10 kV、35 kV 配电装置的裸露导电部分在跨越人行过道或作业区时，若户外导电部分对地高度分别小于 2.7 m、2.9 m 或户内导电部分对地高度分别小于 2.5 m、2.6 m，该裸露导电部分两侧和底部应装设护网。

(4) 户外 10 kV 及以上高压配电装置场所的行车通道上，应根据表 4-56 保证行车安全距离。

表 4-56 车辆(包括装载物)外廓至无遮栏带电部分之间的安全距离

电压等级(kV)	安全距离(m)
10	0.95
35	1.15
110	1.75

(5) 巡视安全距离要求

① 单独巡视高压设备的人员必须取得资格证书并经批准。巡视高压设备时，不得进行其他工作，不得移开或越过遮栏。

② 雷雨天气，需要巡视室外高压设备时，应穿绝缘靴，与带电设备保持安全距离，不得靠近避雷器和避雷针。

(6) 喷灯火焰与带电部分安全距离要求

使用喷灯时，火焰与带电部分应保持一定距离：电压在 10 kV 及以下者，不应小于 1.5 m；电压在 10 kV 以上者，不应小于 3 m。不应在带电导线、带电设备、变压器、油开关附近点火。

4.1.6.3 电动机的干燥处理要求

电动机长期存放而不通电运行，如环境湿度较大，很易受潮而使绝缘强度降低，因此，在开机运行前，应选用合适的兆欧表测量电动机的各相绕组之间以及各相绕组与机壳之间的绝缘电阻。如果所测得的绝缘电阻低于规程要求,应对电动机进行干燥处理。

电动机的干燥处理方法有很多,如烘烤箱(炉)烘烤,红外线灯泡加热、除湿机干燥、通电内部加热等,常用通电内部加热干燥处理方法有以下两种。

(1) 铁损法

铁损法,就是利用在电动机定子铁芯或机壳上临时缠绕线圈,并通以交流电流,在铁芯机壳内产生交变磁通,并感应产生出涡流,从而使铁芯机壳温度升高,达到电动机干燥的目的。对于小型电动机,可把转子从定子内抽出,在定子上缠绕数匝线圈;对于大中型电动机,可直接在机壳上缠绕数匝线圈进行干燥处理。

(2) 铜损法

铜损法就是直接将交流电流或直流电流通入电机绕组,通过电动机绕组本身发热达到电动机干燥的目的。铜损法包括交流干燥法和直流干燥法两种。

① 交流干燥法

对于鼠笼式三相异步电动机,可在电动机定子绕组中通入较低的三相交流电流。例如,3～6 kV电动机可接入380 V三相电源,使电动机空载缓慢旋转;也可将电动机堵转,即使电动机处于短路运行状态,但应使定子电流不超过50%～70%的额定电流,每隔2 h应暂时切断电源,并将转子旋转180°,以防其轴长时间受热不均匀而弯曲,干燥一段时间后,松开转子,使其空载缓慢旋转,以散热除潮。然后,再将电动机堵转,如此反复干燥处理,使电动机绝缘强度满足规程的要求。

对于绕线式异步电动机,应通过电刷将转子三相绕组的三端短接后,再采用上述方法对电动机进行干燥处理。

② 直流干燥法

在电动机绕组中通入直流电流,这种方法适用于带有轴承和通风孔较大的电动机的干燥处理。可将电动机的定子(绕线式电动机还应包括转子)三相绕组串联或并联后,再通入直流电,但应注意不应使电流超过其额定电流。

对于严重受潮的电动机不宜采用直流干燥法,因为直流电对于严重受潮的绕组有一定的电解作用。

铜损法干燥6 kV同步电动机定转子(实例)

参照生产厂家的TL1600-20/2150型同步电机安装使用维护说明,对电机定转子进行烘干处理。

(1) 干燥方法:铜损法,用直流电通入定子线圈干燥。

① 依靠线圈铜损所产生的热来干燥,通入定子线圈的电流为额定电流的50%～80%,线圈的温度用埋在两个线圈间的测温元件测量或用电阻法测量,不得超过75℃,温度的调节靠调节电流大小来实现。转子亦可通入直流电干燥,可以将定、转子线圈串联,但在干燥的过程中应注意随时将转子在串联的回路中拆开(因为静止着的转子发热较快,拆开时可调节温度)。通入转子的电流,不应超过转子的额定励磁电流。

② 用此法干燥时,转子抽出或不抽出都可以,如不抽出,且转子通直流电干燥,则干燥时,不可转动转子,以免定子线圈里感应出电压。为了防止轴在久热下弯曲变形,应间断地作180°盘车,盘车时必须先切断转子电流。

③ 线圈过度潮湿的电机不能用此法干燥，因直流电会引起电解作用。在测量绝缘电阻时，应将电源切断，不然影响读数。

④ 线圈连接方法，依线圈的结构形式不同，可接成三种形式：

a. 在定子引出线根数可能时，最好是接成串联形式；

b. 只有在出线头是三个且为星形接法时，才联成并其中两个的形式；

c. 若定子接线方法为三角形接法时，可接成串其中两个的形式。

应用后两种连接法时，为了使各线圈加热均匀，应在一定时间内轮流更换接线头。

(2) 注意事项：

① 加热干燥应在清洁的空气中进行，干燥前以压缩空气将电机各部分吹干净。

② 过分潮湿的线圈，应避免用电流通入线圈中直接干燥，以免绝缘击穿，如果要用时，应先用热风法干燥，经过相当时间烘后，才可接入电源。

③ 烘时应多放些温度计，分布在电机各个部分，以便掌握各个部分的温度，防止局部过热现象。

④ 干燥时加热应缓慢地进行，以免线圈内部的水分骤然大量蒸发，而发生破坏绝缘的作用，如干燥温度不能接近最高温度时，可在稍低的温度下进行，只是时间稍长而已。

⑤ 干燥开始后，每隔 30 min 至少测量一次温度和绝缘电阻，当温度稳定以后，每隔 1～2 h 至少测量一次，并做好记录。

⑥ 电机在干燥的初期，由于绕组的发热，水分蒸发出来，绝缘电阻下降，之后又逐渐上升，上升的速度越来越慢，最后稳定在一定数值上，在恒定温度下，绝缘电阻值保持 3 h 以上不变时，干燥工作即可结束。

⑦ 在干燥后，当线圈冷却到 60℃时，测量定、转子线圈绝缘电阻。

4.1.6.4 电气设备倒闸操作顺序要求

电气设备倒闸操作必须根据值班调度员或值班负责人命令，采用监护操作，受令人复诵无误后执行。

(1) 送电合闸操作必须按照电源侧隔离开关(刀闸)—负荷侧隔离开关(刀闸)—断路器(开关)的顺序依次操作。

(2) 停电拉闸操作应按上述相反的顺序进行。

(3) 严禁带负荷拉合隔离开关。

4.1.6.5 设备绝缘电阻相关要求

1) 绝缘电阻测量方法

(1) 绝缘电阻测量操作要求：

① 测量高压设备绝缘时，操作人员不应少于 2 人；

② 确认被测设备已断电，并验明无电压且无人在设备上工作后方可进行；

③ 连接测量仪表与被测设备和测量仪表接地的导线，其端部应带有绝缘套；

④ 在测量结束后，被测设备对地进行充分放电。

(2) 绝缘电阻的测量方法

兆欧表有三个接线柱，上端两个较大的接线柱上分别标有“接地”(E)和“线路”(L)，在下方较小的一个接线柱上标有“保护环”(或“屏蔽”)(G)。

① 测量线路绝缘

将兆欧表的“接地”接线柱(即 E 接线柱)可靠地接地(一般接到某一接地体上),将“线路”接线柱(即 L 接线柱)接到被测物上,如图 4-1 所示。

连接好后,顺时针摇动兆欧表,转速逐渐加快,保持在约 120 r/min 后匀速摇动,当转速稳定,表的指针也稳定后,指针所指示的数值即为被测物的绝缘电阻值。

实际使用中,E、L 两个接线柱也可以任意连接,即 E 可以与被测物相连接,L 可以与接地体连接(即接地),但 G 接线柱绝不能接错。

② 测量电机绝缘

将兆欧表 L 接线柱接到电机某一相的绕组上,另两相绕组短接后接外壳(地),并与兆欧表 E 相连,如图 4-2 所示。实际测量中,一人用手握住“L”测试线的绝缘部分,另一人转动兆欧表摇把达 120 r/min,将“L”线与被测相绕组接触,待 1 min 后(读数稳定后),读取的绝缘电阻值,就是该相绕组相对于其他两相绕组和外壳(地)的绝缘。

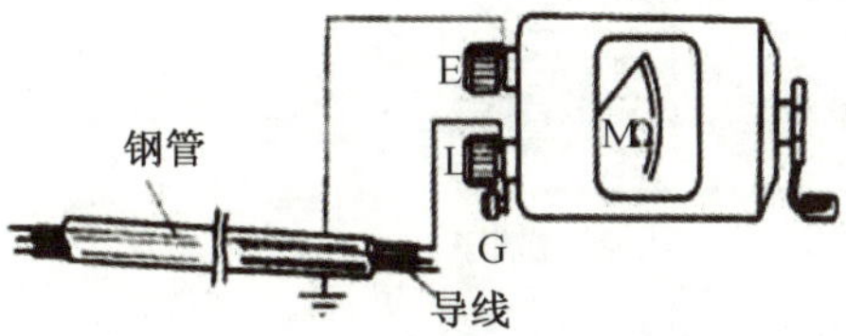

图 4-1 测量线路绝缘

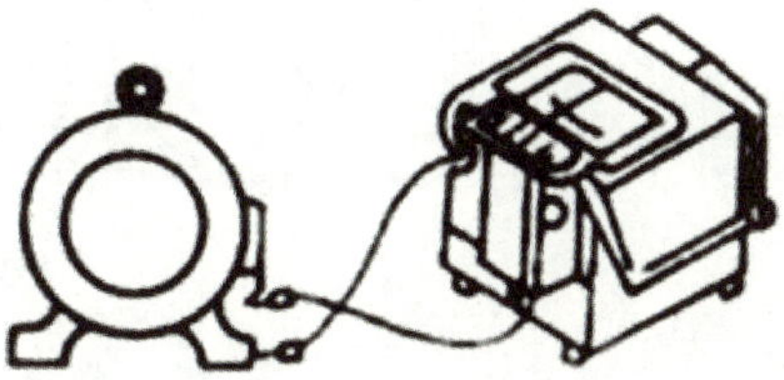

图 4-2 测量电机绝缘

吸收比:是电机相对地 60 s 和 15 s 时绝缘电阻的比值,即 R_{60}/R_{15},一般用 K 表示。吸收比通常可反映电机绝缘的受潮程度,电机的吸收比应大于等于 1.3。

极化指数:是电机相对地 10 min 时的绝缘电阻值与 1 min 时的绝缘电阻值之比。用字母 P 来表示。电机的极化指数要求大于等于 1.5。通常在吸收比不满足要求时测量电机的极化指数。

③ 测量电缆绝缘

a. 电缆停电后,先进行逐相放电,放电时间不得小于 1 min,电缆较长、电容量较大的不少于 2 min。

b. 用干燥、清洁的软布,擦净电缆线芯附近的污垢。

c. 按要求进行接线,应正确无误。如摇测相对地绝缘,将被测相的屏蔽层接于兆欧表的“G”端子上;将非被测相的两线芯、电缆金属外皮短接后接地,并接在兆欧表“E”端子上。如图 4-3 所示。

d. 一人用手握住“L”测试线的绝缘部分,另一人转动兆欧表摇把达 120 r/min,将“L”线与被测相线芯接触,待 1 min 后(读数稳定后),记录其绝缘电阻值。

e. 将“L”线撤离线芯,停止转动摇把,然后进行放电。

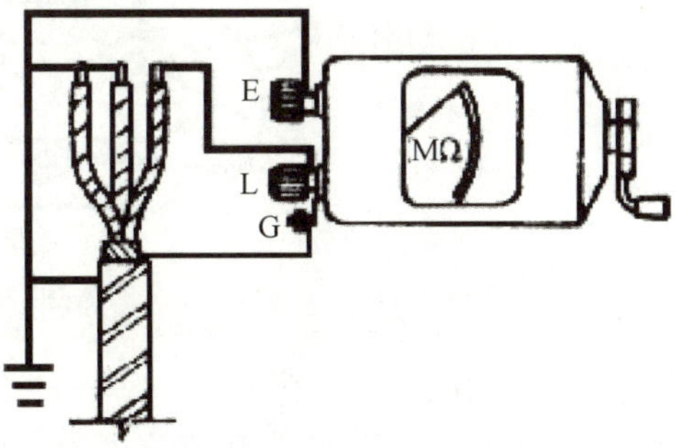

图 4-3 测量电缆绝缘

④ 测量变压器绝缘

A. 测量前的准备工作

a. 将待测变压器转检修状态。

b. 将高、低压绕组对地放电。

c. 拆除变压器一次侧和二次侧的连接导线。

d. 将高、低压瓷套管擦干净。

e. 检查兆欧表,应完好。

B. 摇测一次绕组对二次绕组及地(壳)的绝缘电阻(吸收比)的方法

a. 将一次侧绕组引出端用裸铜线短接,以备接兆欧表"L"端。

b. 将二次侧绕组引出端及地(壳)用裸铜线短接后,接在兆欧表"E"端;必要时,为减少表面泄漏影响测量值,可用裸铜线在一次侧瓷套管的瓷裙上缠绕几匝之后,再用绝缘导线接在兆欧表"G"端,如图 4-4 所示。

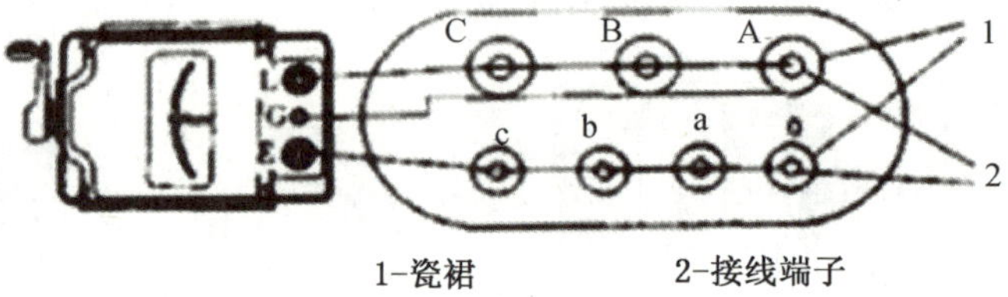

图 4-4 摇测高压绕组对低压绕组及外壳的接线

c. 将兆欧表摇至 120 r/min 后,将 L 端子接至一次绕组引线,稳定时的读数就是一次绕组对二次绕组及地(壳)的绝缘电阻。同时记录时间,分别读取 15 s 和 60 s 时的绝缘电阻,将 60 s 时的绝缘电阻值除以 15 s 时的绝缘电阻值所得的数值,就是一次绕组对二次绕组及地(壳)的吸收比,吸收比应不小于 1.3。若吸收比不合格,应加测极化指数(10 min 时绝缘电阻值/1 min 时绝缘电阻值,极化指数不小于 1.5)。

d. 测量完毕后将绕组放电,并拆除各短接线。

C. 摇测二次绕组对一次绕组及地(壳)的绝缘电阻的接线方法

将二次侧绕组引出端用裸铜线短接,以备接兆欧表"L"端;将一次侧绕组引出端及地(壳)用裸铜线短接后,接在兆欧表"E"端;必要时,为减少表面泄漏影响测量值,可用裸铜线在二次侧瓷套管的瓷裙上缠绕几匝之后,再用绝缘导线接在兆欧表"G"端,如图 4-5 所示。其他与摇测一次绕组对二次绕组及地(壳)的绝缘电阻(吸收比)的方法相同。

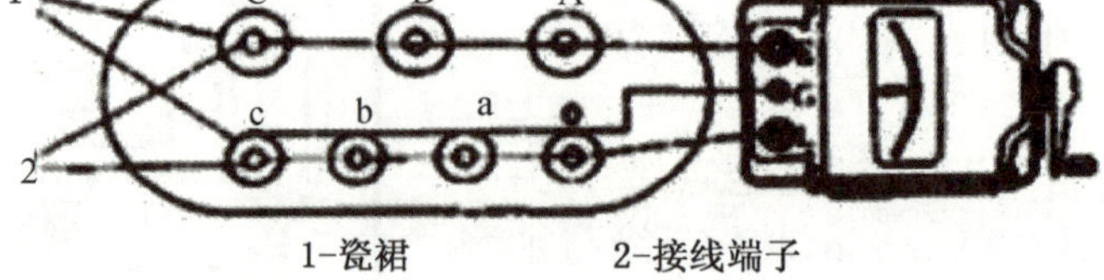

图 4-5 摇测低压绕组对高压绕组及外壳的接线

(3) 使用注意事项

① 使用前应作开路和短路试验。使 L、E 两接线柱处在断开状态,摇动兆欧表,指针应

指向“∞”；将 L 和 E 两个接线柱短接，慢慢地转动，指针应指向“0”。这两项都满足要求，说明兆欧表是好的。

② 测量电气设备的绝缘电阻时，必须先切断电源，将设备转为检修状态，然后将设备进行放电，以保证人身安全和测量准确。

③ 兆欧表测量时应放在水平位置，并用力按住兆欧表，防止在摇动中晃动，摇动的转速为 120 r/min。

④ 引接线应采用多股软线，且要有良好的绝缘性能，两根引线切忌绞在一起，以免造成测量数据的不准确。

⑤ 测试完毕合，应先把 L 线从设备上脱离，后停止摇动摇表，以防止电气设备向摇表反充电导致摇表损坏。

⑥ 在摇表的摇把未停止转动和被测物未放电前，严禁用手去触及被测物的测量部分或拆除导线，以防触电。

⑦ 测量完后应立即对被测物放电。

⑧ 必须由两人或两人以上来进行。

2）绝缘电阻标准

① 长期停用的变压器投运前，应用 2 500 V 或 5 000 V 兆欧表测量绝缘电阻，其值在同一温度下不应小于上次测得值的 70%；35 kV 及以上变压器应测量吸收比，在常温下吸收比应不小于 1.3，吸收比偏低时可测量极化指数，其测得值应不小于 1.5；绝缘电阻大于 10 000 MΩ 时，吸收比应不小于 1.1 或极化指数不小于 1.3。否则应进行干燥或相应处理，合格后方可投运。

② 电动机启动前应按制造厂家和泵站运行规程的规定，做好各项检查，并测量定子和转子回路的绝缘电阻值。测量电动机定子回路绝缘电阻，包括连接在电动机定子回路上不能用隔离开关断开的各种电气设备，采用 2 500 V 摇表测量绝缘电阻和吸收比，绝缘电阻应 $\geqslant N$（N 为电机额定电压，单位为 kV）兆欧；测量电动机转子回路绝缘电阻，采用 500 V 摇表测量绝缘电阻，绝缘电阻应 ≥0.5 MΩ。绝缘电阻测量，规定用 60 s 的绝缘电阻（R_{60}）。吸收比测量，规定用 60 s 与 15 s 绝缘电阻的比值（R_{60}/R_{15}）。测量绝缘电阻应同时测量周围的温度、湿度，若在温度、湿度相近试验条件下，绝缘电阻降至初次（交接或大修后）测量结果的 1/3～1/5 时，应查明原因，设法消除，在温度、湿度正常情况下，吸收比不宜小于 1.3。否则应进行干燥或处理，合格后方可投运。

4.1.6.6 设备接地技术要求

（1）作用

在电力系统中，为了保障人身、设备安全以及设备正常运行，将电力系统及其电气设备的某些部分与埋入大地的金属导体相连接，即为接地。

接地线和接地体总称接地装置。

接地线：电气设备与接地体连接的导线。

接地体：埋入地中并直接与大地接触的金属导体。分为自然接地体和人工接地体。

（2）分类

常用的接地方式按作用或功能分为工作接地、保护接地、重复接地、保护接零等。

① 工作接地

工作接地(又称系统接地),为使电路或设备达到运行要求的接地。工作接地的作用是保持系统电位的稳定性。

② 保护接地

保护接地,是为了防止电气设备的金属外壳、线路的金属管、电缆的金属保护层、安装电气设备的金属支架等这些不带电金属部分由于导体的绝缘损坏后可能带电,产生过大的对地电压危及人身等安全而设置的接地,如图 4-6 所示。

保护接地是中性点不接地低压系统的主要安全措施,在一般低压系统中,保护接地电阻应小于 4 Ω。

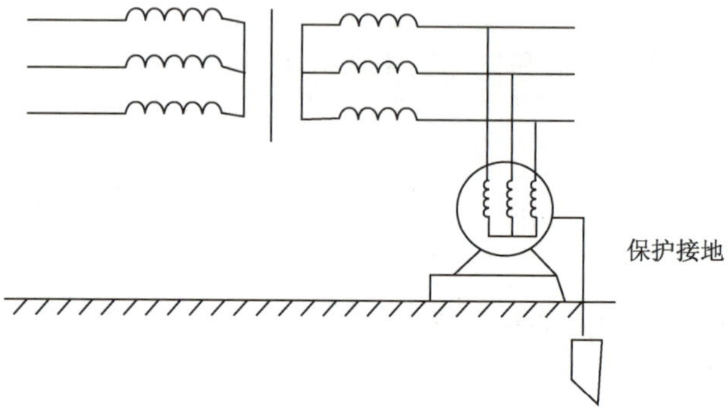

图 4-6 保护接地

③ 保护接零

保护接零又叫保护接中线,在三相四线制系统中,电源中线是接地的,将电气设备的金属外壳或构架用导线与电源零线(即中线)直接连接,如图 4-7 所示。

对三相三线制供电系统(中性点不接地系统)采用保护接地是可靠的。但是对三相四线制系统,采用保护接地十分不可靠。一旦外壳带电时,电流将通过保护接地的接地极、大地、电源的接地极而回到电源。因为接地极的电阻值基本相同,所以每个接地极电阻上的电压是相电压的一半,人体触及外壳时,就会触电。因此在三相四线制系统中的电气设备不推荐采用保护接地,最好采用保护接零。

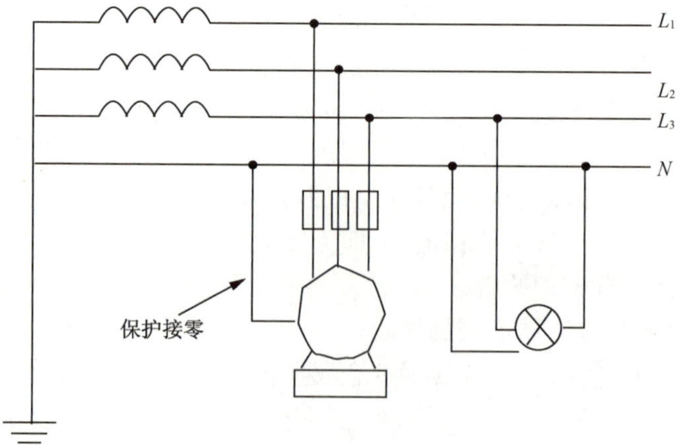

图 4-7 保护接零

对三相四线制，保护接零的基本作用是当某相带电部分碰连设备外壳时，通过设备外壳形成该相对零线的单相短路，短路电流促使线路上过电流保护装置迅速动作，把故障部分切除，消除触电危险。

（3）接地电阻阻值的规定

接地电阻包括接地体电阻、接地线电阻和土壤流散电阻三部分，其中主要是土壤流散电阻。接地电阻的数值等于接地装置对地电压与通过接地体流入地中电流的比值。

不同接地的接地电阻要求如下：

① 独立的防雷保护接地电阻应小于等于 10 Ω。

② 独立的安全保护接地电阻应小于等于 4 Ω。

③ 独立的交流工作接地电阻应小于等于 4 Ω。

④ 独立的直流工作接地电阻应小于等于 4 Ω。

⑤ 防静电接地电阻一般要求小于等于 100 Ω。

⑥ 共用接地体（联合接地）接地电阻应小于等于 1 Ω。

（4）设备接地标识要求

① 扁铁接地线标识在全长度或区间段及每个连接部位附近的表面，应涂以 15～100 mm 宽度相等的绿色和黄色相间的条纹标识，具体宽度可根据实际情况标识，推荐扁铁宽度与标识长度按 1∶4 比例进行标识，见图 4-8。

② 圆钢接地线标识按 1∶6 比例进行标识，见图 4-9。

③ 接地线连接螺栓处接地标识见图 4-10。

④ 接地刀在垂直连杆上涂以黑色油漆，见图 4-11。

⑤ 在接地线引向建筑物的入口处和在检修用临时接地点处，均应刷白色底漆并标以黑色记号，见图 4-12。

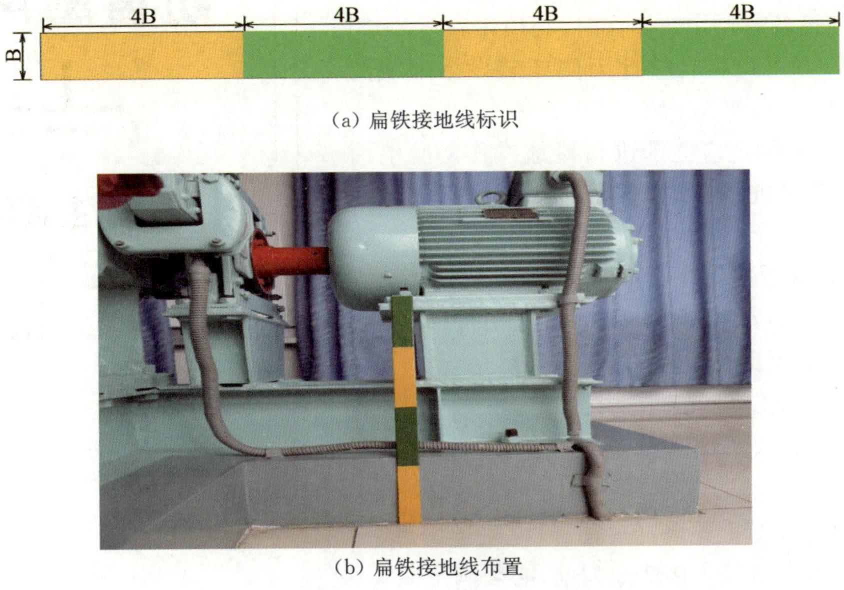

（a）扁铁接地线标识

（b）扁铁接地线布置

图 4-8　扁铁接地线标识（示例）

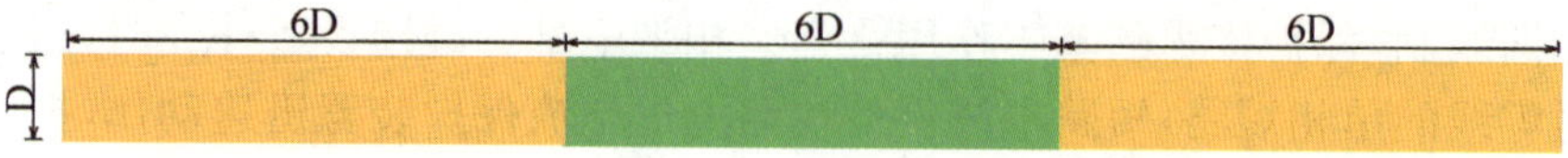

图 4-9　圆钢接地线标识(示例)

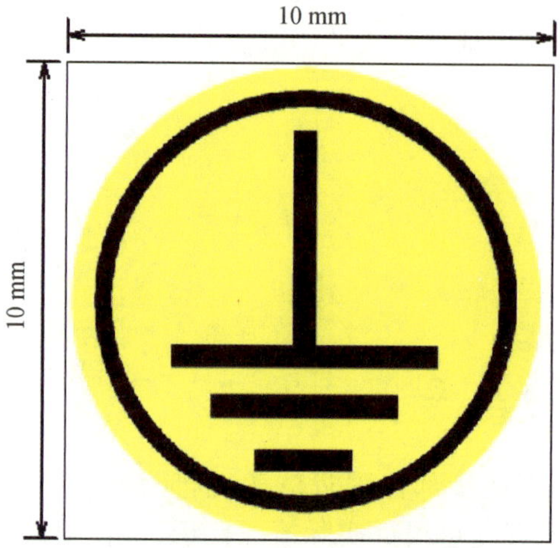

图 4-10　接地线连接螺栓处接地标识(示例)

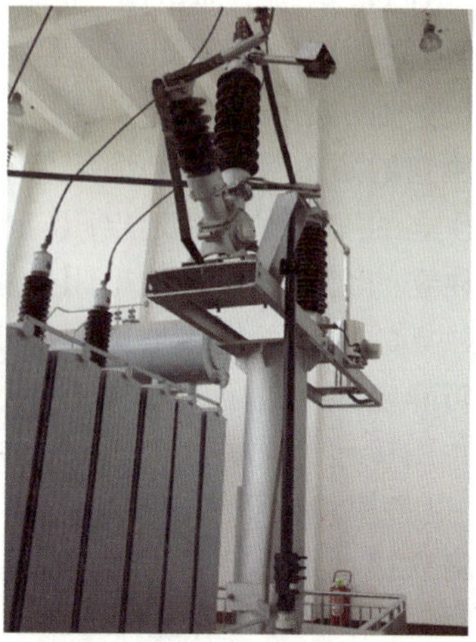

图 4-11　接地刀在垂直连杆标识(示例)

(5) 验电接地要求

① 在已停电的设备上验电前,除确认验电器完好、有效外,还应在相应电压等级的有电设备上检验报警是正确的,方能到需要接地的设备上验电。禁止使用电压等级不对应的验电器进行验电。

② 电气设备需要接地操作时,必须先验电,验明确无电压后,方可进行合接地刀闸或装设接地线的操作。

③ 验电完毕后,应立即进行接地操作。验电后因故中断未及时进行接地,若需继续操作必须重新验电。

④ 验电、装设接地线应有明确位置,装设接地线或合接地刀闸的位置必须与验电位置相符(接地线必须有编号,禁止重复编号)。

图 4-12　防雷测试点标识标准示意图

⑤ 装设接地线应先在专用接地桩上做好接地,再接导体端,拆除顺序相反。禁止用缠绕方法装设接地线。需要使用梯子时,禁止使用金属材料梯。

⑥ 在电容器组上验电,应待其放电完毕后再进行。

⑦ GIS 组合电气合接地地刀前,必须满足以下条件:

a. 相关隔离开关必须拉开;

b. 在二次上确认应接地设备无电压;

c. 线路接地前必须与调度核实该线路确已停电。

⑧ 对于不能进行线路验电的手车式断路器柜(固定密封开关柜)合线路地刀必须满足以下条件:

a. 设备停电前检查带电显示器有电;

b. 手车式断路器拉至试验/分离位置;

c. 带电显示器显示无电;

d. 与调度核实线路确已停电。

⑨ 不能直接验电的母线合接地刀闸前,必须核实连接在该母线上的全部隔离开关已拉开且锁闭,检查连接在该母线上的电压互感器的二次空气开关(熔断器)已全部断开。

4.1.6.7 接地线挂设和拆除要求

(1) 挂设接地线

① 按要求准备安全工器具,检查安全工器具是否损坏,试验周期合格标签应在有效期内。

② 工作之前必须检查接地线,检查软铜线是否断头,螺丝连接处有无松动,线钩的弹力是否正常。绞线松股或断股、护套严重破损、夹具断裂松动等均不得使用。

③ 须按不同电压等级选用对应规格的接地线,接地线的线径要与电气设备的电压等级相匹配。

④ 挂、拆接地线应有两人进行,一人监护,一人操作。

⑤ 挂、拆接地线操作人员必须戴绝缘手套,穿绝缘靴,以免受感应电压的伤害。

⑥ 检查确认即将转检修状态的设备的电源开关在断开位置。

⑦ 使用确认良好的验电器验明无电。

⑧ 挂接地线。挂设接地线时,应先接接地端,后接导线端,接地线应接触良好、连接可靠。

⑨ 挂设位置不应影响检修人员的工作。

⑩ 在检修设备的开关操作把手上悬挂"禁止合闸,有人工作"或"已接地"警示牌。

(2) 拆除接地线

① 现场检查确认无人员和遗留物。

② 拆除接地线。拆除接地线时,应先拆导线端,后拆接地端。

③ 取下检修设备操作把手上的警示牌。

④ 值班负责人进行现场检查,确认检修工作结束。

4.1.6.8 高压跌落式熔断器操作要求

高压跌落式熔断器的操作要求如下:

(1) 操作时由两人进行(一人监护,一人操作),但必须戴经试验合格的绝缘手套、穿绝缘靴、戴护目眼镜,使用电压等级相匹配的合格绝缘棒操作,以保证人身安全。

(2) 操作时不可用力过猛,以免损坏熔断器,且分、合必须到位。

(3) 在一般情况下,停电时应先拉开负荷侧的低压开关,再拉开电源侧的高压跌落式熔断器。送电时,操作顺序与停电时相反。尽量避免带负荷拉、合跌落式熔断器,因带负荷操作电弧较大，可能会引起事故。但是，对于容量为200 kVA及以下的配电变压器，允许其高压侧的熔断器分、合负荷电流。

(4) 高压跌落式熔断器三相的操作顺序如下。

①停电操作时应先拉中间相，后拉两边相。送电时则先合两边相，后合中间相。停电时先拉中相的原因，主要是考虑到操作第二个(边相)跌落式熔断器时电流较大，而此时中相已拉开，另两个跌落式熔断器相距较远，可防止电弧拉长造成相间短路。

②遇到大风时要按先拉中间相，再拉背风相，最后拉迎风相的顺序进行停电。送电时则先合迎风相，再合背风相，最后合中间相。这样可以防止风吹电弧造成短路。

(5) 尽量避免在下雨天或打雷时进行操作。

(6) 变压器出现故障的征兆(声音异常、喷油等)，不得进行操作。应用变压器电源线路的断路器将其断开。

(7) 用户外跌落式熔断器可以拉合小电流电路。

4.1.6.9 开关柜门接地要求

电气开关柜和控制柜的门板必须接地，接地连续性必须满足防止成套设备内部故障引起的后果的要求，是国家标准《低压成套开关设备和控制设备 第1部分：总则》(GB 7251.1—2013)强制性规定的。

(1) 接地连续性要求

成套设备所有的外露可导电部分应连接在一起，并连接至电源保护导体上，或通过接地导体与接地装置连接。这种连接可以用金属螺钉、焊接或用其他导体连接来实现，或通过一个独立的保护导体实现。注意：使用耐磨的表面材料的成套设备的金属部件如粉末喷涂的密封板作为保护接地连接时，需要除去或穿透涂层。

(2) 接地连续性适用的范围

① 当把成套设备的一部分取出时，如例行维护，成套设备其余部分的保护电路(接地连续性)不应中断。

② 在盖板、门、遮板和类似部件上面，如果没有安装超过特低电压限制(ELV)的电气装置，通常的金属螺钉连接和金属铰链连接则被认为足以能确保连续性。

如果在盖板、门、遮板等部件上装有电压值超过特低电压限制(ELV)的器件时，应采取附加措施，以保证接地连续性。这些部件应按照表4-57要求配备保护导体(PE)，此保护导体的截面积取决于器件的最大额定工作电流 I_e，或者，如果器件的额定工作电流小于或等于16 A，则采用特别设计的等效的电连接方式(如滑动接触、防腐蚀铰链)并进行验证。

器件的外露可导电部分不能用其固定措施与保护电路连接时，应采用符合表4-57规定的截面积的导体连接到成套设备的保护电路上。

(3) 接地铜导体截面选择

如果门板上没有安装电压超过特低电压的电气装置，如信号灯、仪表、控制装置等，则认为门板的铰链能够确保保护导体连续性；如果门板上安装了超过特低电压的电气装置，则在铰链处要采取附加措施以确保保护导体连续性，就要仔细看门板到底有没有接地，这是确保人身安全的保障措施之一。

表 4-57　铜保护导体的截面积要求

额定工作电流 I_e(A)	保护导体的最小截面积(mm^2)
$I_e \leqslant 20$	S
$20 < I_e \leqslant 25$	2.5
$25 < I_e \leqslant 32$	4
$32 < I_e \leqslant 63$	6
$63 < I_e$	10
S 为相导体的截面积(mm^2)	

4.1.6.10　绝缘垫铺设要求

(1) 厚度：电压 110 kV 应选 12 mm 厚绝缘垫；电压 35 kV 应选 10～12 mm 厚绝缘垫；电压 6～10 kV 应选 8 mm 厚绝缘垫；低压应选 5 mm 厚绝缘垫。

(2) 材料：绝缘橡皮，纵深宽度为 1 m。

(3) 颜色：通常有红色、绿色、黑色等，宜选黑色。

(4) 橡皮外围贴宽度为 50 mm 的黄色警示带[示例见图 4-96(b)]。

(5) 安装位置：开关柜正面和背面。

4.1.6.11　柜底防小动物措施要求

(1) 电缆进出线孔使用防火板封堵，缝隙处用防火橡皮泥封堵严实。

(2) 柜与柜之间封闭、柜内部各室之间、柜顶也须封闭(示例见图 4-13)。

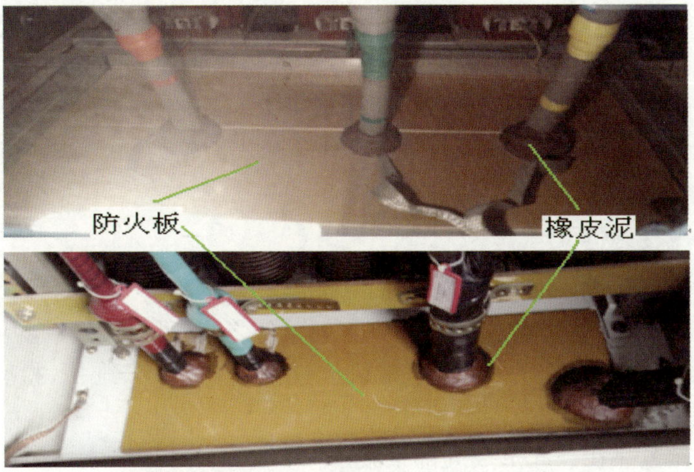

图 4-13　柜底封堵(示例)

4.1.6.12　电气设备运行室温、湿度要求

(1) 蓄电池

蓄电池运行环境温度应在 10～30℃，并保持良好的通风和照明，当环境温度长时间过高时，应采取降温措施。

(2) 微机保护装置

微机继电保护装置室内最大相对湿度不应超过 75%，应防止灰尘的侵入。微机继电保护装置室内环境温度应在 5～30℃范围内，超出允许范围应投运空调设施。

(3) 励磁控制柜

WKLF 系列励磁装置室内环境温度应在－5～45℃范围内，环境温度变化率不大于 5℃/h，相对湿度不超过 90%(20℃)，且不得出现凝露，超出允许范围应投运空调设施。

(4) 电力电容器

电力电容器运行室温度不允许超过 40℃，外壳温度不允许超过 50℃。

(5) 变频器

变频器运行时，设备环境应无灰尘、水滴，无腐蚀性气体，湿度不超过 80%，温度应在 0～40℃之间。

4.1.6.13 黄油杯加油要求

(1) 润滑的总体要求是：润滑油的品种应按启闭机的说明书要求，并参照有关规定选用。油量要充足，油质需合格，注油应及时。在换注新油时，应先清洗加油设施如油孔、油道、油槽、油杯。

(2) 加油前，应尽量清除有关部分的脏物、杂质和残留在上面的旧油，再洗净、擦干，清洗时最好用煤油，也可用柴油或汽油。

(3) 油孔加油时，可边开启运转边加油，这样便于充满整个接触润滑面。但在齿轮、滚轮、滑轮等转动危险处，不可在运转时加油。

(4) 加油结束时，应用油杯、螺丝等封好油孔，防止灰尘、杂质进入。

(5) 每年汛前定期检查油杯内油量、油质，定期将黄油杯注满。

4.1.6.14 减速器齿轮技术要求

(1) 减速器转动应为均匀的微弱的嗡嗡声，没有急剧的敲击声。齿轮点蚀面积和深度应分别在 30%和 10%范围内。减速器齿轮、开式齿轮磨损量分别不得超过齿厚的 10%和 20%。油位不得低于大齿轮最低齿的齿高，且不低于 10 mm，但亦不应高于两倍大齿轮齿高。

(2) 齿轮接触面积在齿长方向上应大于 75%(开式齿轮为 50%)；在齿高方向上应大于 45%(开式齿轮为 40%)。

4.1.6.15 钢丝绳技术要求

(1) 钢丝绳报废

钢丝绳断丝、变形、磨损等情况不得达到下列条件之一(见图 4-14)，否则应予报废：

① 钢丝绳断丝性质和数量达到《起重机　钢丝绳　保养、维护、检验和报废》(GB/T 5972—2016)规定要求；

② 钢丝绳断丝紧靠在一起形成局部聚集；

③ 整根绳股断裂；

④ 钢丝绳的纤维芯损坏或钢芯(或多层结构中的内部绳股)断裂而造成绳径显著减小；

⑤ 当外层钢丝磨损达到直径的 40%；

⑥ 即使未发现断丝，当钢丝绳直径相对于公称直径减小 7%或更多；

⑦ 钢丝绳表面出现深坑，钢丝绳相当松弛时或经内部检验确认有严重的内部腐蚀；

⑧ 钢丝绳失去正常形状而产生可见的异常变形，绳径局部变大或减小，扭结、弯折、压扁等；

⑨ 由于经受特殊热力作用而外表出现可识别的颜色；

⑩ 若钢丝绳在任何部位的一个节距内的断丝数，交绕大于总丝数的 10%，顺绕大于总

丝数的 5%。

所有的检查均应考虑以上各项因素并遵循各自的标准。然而，钢丝绳的损坏往往是由多种因素综合积累造成的，这就应由单位技术负责人判别并决定钢丝绳是报废还是继续使用。

对于钢丝绳的损坏，检查人员应弄清钢丝绳的损坏是否由机构上的缺陷所致，如果是这样，应建议在换新钢丝绳之前消除这种缺陷。

(a) 钢丝挤出

(b) 单层股钢丝绳芯挤出

(c) 绳股挤出/扭曲

(d) 局部压扁

(e) 扭结(正向)

(f) 扭结(逆向)

(g) 扭结

(h) 阻旋转钢丝绳内部的绳股突出

(i) 笼状畸变

图 4-14　钢丝绳必须报废的情况(示例)

(2) 钢丝绳更换

① 当旧钢丝绳已确定报废，必须更换新钢丝绳时(或钢丝绳需要从启闭机上拆卸下保养时)，通常采用以下方法。

a. 人工拉穿法：由很多人拉着一段长度合乎标准的钢丝绳放到起重机下面，然后把旧绳全部放下，再把新钢丝绳穿绕上去。这种方法很不好，不仅费时间又费人力，而且使钢丝绳在拖拉过程中沾满泥土，使得钢丝绳迅速磨损。

b. 专用卷筒法：这种方法较合理，在一套专门更换钢丝绳的卷筒上进行更换。其步骤是：首先把钢丝绳由轮子上卷放到专门更换钢丝绳用的卷筒上，按所需要的长度切断，断头处用铁丝缠好，以防松散(在卷放时要注意避免钢丝绳打结)。然后把吊钩下降到干净的地面上，并使滑轮垂直放置，再开动卷筒放下旧钢丝绳，直到不能再放为止。随后把卷筒一端钢丝绳压板松开，使钢丝绳一头落在地面上，将新钢丝绳头与旧钢丝绳头连接起来，并使接头处能顺利地通过滑轮槽，再开动卷筒使钢丝绳上升直到新钢丝绳升到卷筒上。拆开新旧钢丝绳的连接处，把新钢丝绳头暂时绑在小车架上，再把新钢丝绳的另一头也提升上来。最后开动卷筒把旧钢丝绳全部放置到地面上，双吊点钢丝绳应调整同步。将新钢丝绳两端头用压板重新固定好。开动卷筒把吊钩提升起来，这时更换钢丝绳的工作即告结束。

② 更换新钢丝绳应符合下列条件：

a. 钢丝绳宜采用镀锌钢丝绳，品种规格应符合 GB/T 8918—2006 的规定。条件允许的可采用不锈钢钢丝绳。

b. 钢丝绳出厂、运输、存放时应卷成盘形，表面涂油，两端扎紧并带有标签，注明订货号及规格，无标注的钢丝绳不得使用。

c. 钢丝绳长度不够时，禁止接长。(因为采取编织的方法接长，不仅影响钢丝绳的强度，而且影响使用性能)

d. 钢丝绳端部固定连接的安全标准应符合 GB 6067.1—2010 的有关规定。

e. 更换钢丝绳时，缠绕在卷筒上预绕圈数，应符合设计标准，无规定时应大于 4 圈，如压板螺栓设在卷筒翼缘侧面，又用鸡心铁挤压时，则应大于 2.5 圈。

f. 更换的钢丝绳规格应符合设计标准，并应有出厂质保资料。

g. 安装时钢丝绳多余部分一般采用火焰切割，在切割段采取保护措施，防止钢丝绳强度受到影响。

卷筒上缠绕多层钢丝绳时，钢丝绳应有顺序地逐层缠绕，不得挤叠。卷筒上钢丝绳绕圈的固定端，必须用压板螺栓压牢，并且应有防松装置。

(3) 钢丝绳头防护

◆ 绳头封头

① 钢丝绳绳头封头型式

钢丝绳绳头常用处理方式有：冲压封头、不锈钢丝绳锁具封头和蘸锡焊接处理。

冲压封头：需要一定冲压设备，选择合适的模具和钢带，按需冲压成型。优点：美观、快捷。缺点：成本高，量少的时候处理费时、费事，如开模具、配置规格钢带，配送冲压车间加工等。量少、非标、地域限制的状况难以选用。

不锈钢丝绳锁具封头：不锈钢丝绳的端口、头部，由不锈钢丝绳锁具来处理、封口。既处理了有张力易散开的问题、美化了钢丝绳头部，还按需提供对应的对接功能。

蘸锡焊接封头：有些场合，因为端口不需要太多处理，但是以防散开、或者不锈钢钢丝绳的钢丝形成毛刺，引起不必要的麻烦，需要对端口进行焊接处理。一般选用比较经济实用的蘸锡焊接处理。蘸锡焊接工艺，操作简单，成本低，受地域限制少。

② 钢丝绳不锈钢管封头要求

a. 首先采用不锈钢钢丝对钢丝绳绳头绑扎紧固；

b. 按照钢丝绳的型号选择尺寸合适的不锈钢管封头；

c. 不锈钢管封头一端应密封；

d. 根据规程要求留出钢丝绳绳头长度；

e. 不锈钢管封头内注入一定密封胶，将绳头套入不锈钢管封头内。

不锈钢管封头示意见图 4-15。

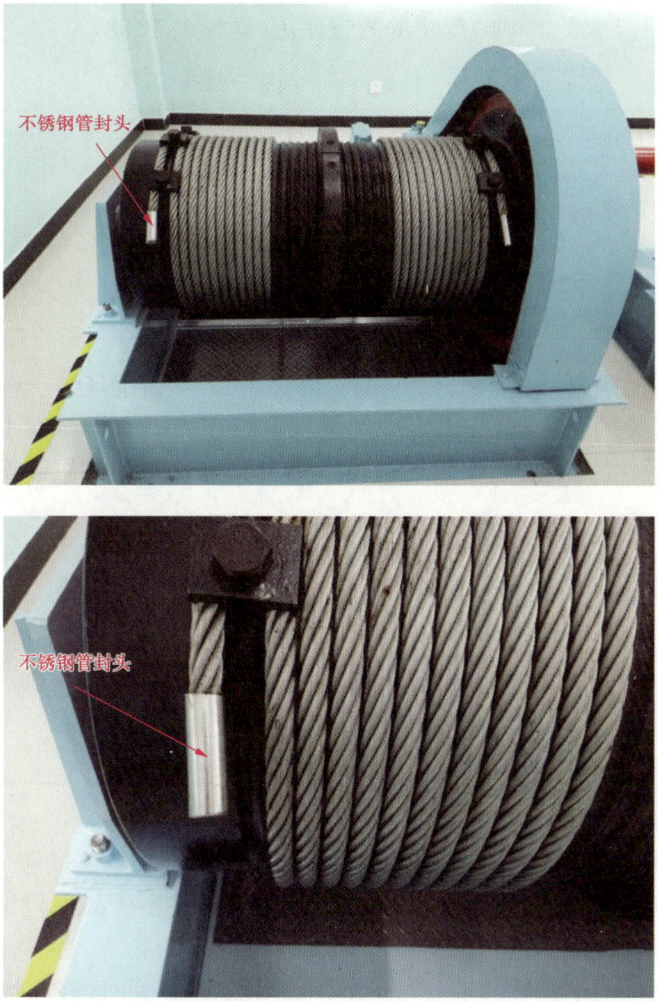

图 4-15　不锈钢管封头（示例）

◆ 钢丝绳夹

① 钢丝绳夹的布置：钢卡头正确布置方法应如图 4-16 所示把夹座扣在钢丝绳的工作

段上，U形螺栓扣在钢丝绳的尾段上，钢卡头不得在钢丝绳上交替布置。

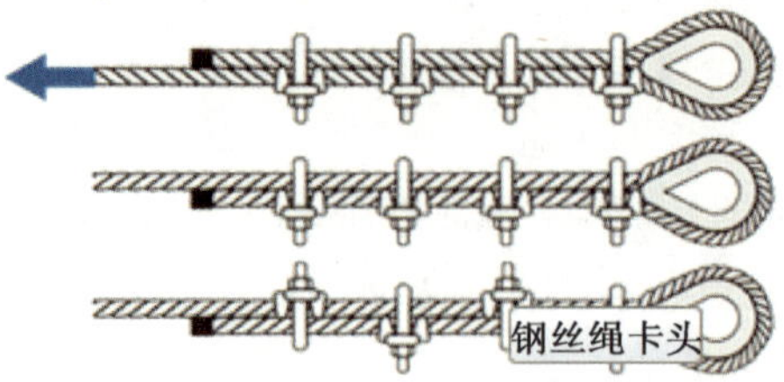

图 4-16　钢丝绳夹使用方法

② 为保护钢丝绳不受磨损，其顶端眼部需要使用钢丝绳套环。

③ 钢丝绳夹的数量：对于符合标准规定的适用场合，每一连接处所需钢卡头的最少数，应按《钢丝绳夹》(GB 5976—2006)规定的数量使用(详见表 4-58)。

表 4-58　钢丝绳最少绳夹个数及间距

绳夹规格(钢丝绳公称直径)d(mm)	钢丝绳夹的最少数量(组)
≤18	3
>18～26	4
>26～36	5
>36～44	6
>44～60	7

④ 钢丝绳夹间的距离：钢丝绳子夹间的距离等于6～7倍钢丝绳子直径。

⑤ 绳夹间固定处的强度：卡头固定处的强度取决于绳夹在钢丝绳上的正确布置，以及绳夹固定和夹紧的程度。不恰当的紧固螺母或钢卡头数量不足就可能使绳子端在承载时，一开始就产生滑动。

如果绳夹严格按建议数量、正确布置和夹紧，并且所有的绳夹将夹座置于钢丝绳的较长部分，而U形螺置于钢丝较短部分或尾段，那么固定处的强度为钢丝自身强度的80%。绳夹在实际使用中，受载一、二次以后就作检查，离套环最远处的绳夹不得首先单独紧固。离套环最近处的夹绳(第一个绳头)应尽可能靠近环，但仍需保证绳夹正确拧紧，不得损坏钢丝绳的外层钢丝。

4.1.6.16　吊装带技术要求

(1) 吊装带使用环境

① 聚酯(PES)材料吊装带，能抵抗大多数无机酸，但不耐碱；聚酰胺(PA)材料吊装带可以耐碱，但易受无机酸的侵蚀；聚丙烯(PP)材料吊装带几乎不受酸碱侵蚀，可在强化学腐蚀的环境使用。

② 带8级端配件的吊装带及带8级主链环的多肢吊装带不应在酸性环境中使用。

③ 聚酯与聚酰胺材料吊装带使用和贮存温度为－40～100℃，聚丙烯材料吊装带使用和贮存温度为－40～80℃，在上述温度范围内，吊装带结冰、受潮，允许采用限定的非直接加热的方法对吊装带进行烘干。

④ 吊装带不应贮存在受阳光直射或有紫外线辐射源的地方。

(2) 吊装带检查

① 吊装带首次使用前，应确保：

a. 吊装带的规格与使用要求一致；

b. 取得制造商提供的证书；

c. 吊装带上标识的名称和极限工作载荷与证书上的内容一致。

② 每次使用前，应检查吊装带是否有缺陷，并确保吊装带的名称和规格正确。不应使用没有标识或存在缺陷的吊装带；应将没有标识或存在缺陷的吊装带送交有资质的部门进行检测。

③ 吊装带使用期间，应经常检查吊装带是否有缺陷或损伤，包括被污垢掩盖的损伤。应对任何与吊装带相连的端配件和提升零件进行上述检查。如果有任何影响使用的状况发生，或所需标识已经丢失或不可辨识，应立即停止使用，送交有资质的部门进行检测。

④ 影响吊装带继续安全使用可能产生的缺陷或损伤如下。

a. 表面擦伤。严重擦伤或局部磨损，会造成承重减小。

b. 割口。横向或纵向的割口，织边的割口或损坏，针脚或环眼的割口。

c. 化学侵蚀。化学侵蚀会导致吊装带局部削弱或织带材料的软化，表现为表面纤维脱落或擦掉。

d. 热损伤或摩擦损伤。纤维材料外观非常光滑，极端情况下纤维材料可能会融合在一起。

e. 端配件损伤或变形。

(3) 吊装带选择和使用注意事项

① 选择和确定吊装带时，应根据方式系数和提升物品的性质选择所需要的极限工作荷载；物品的尺寸、形状、重量及使用方式、工作环境和物品的性质都会影响到吊装带的正确选择。

② 选择的吊装带必须有足够的强度和使用长度。使用一肢以上的吊装带提升物品时，每肢吊装带的规格都应完全相同。吊装带的材料不应受环境或物品的不利影响。

③ 端配件和提升装置应当与吊装带相匹配。

④ 使用时首先应确认吊装带所能承载的重量和长度，并采用正确的吊装方式及系数。

⑤ 当采用篮形吊装时应确保安全稳定，并注意载荷的重心位置，避免物体掉落。

⑥ 应正确选择吊点，提升前，应确定捆绑是否牢固，进行试吊。

⑦ 使用时吊装带不能处在打结、扭、绞的状态，不得拖拉吊装带，不允许长时间悬吊货物。

⑧ 在没有护垫保护的情况下，不得用吊装带去吊装有棱角及尖锐边缘的货物。

⑨ 不允许和腐蚀性的化学品(酸、碱等)接触。

⑩ 不允许超负荷使用吊装带，如同时使用几支，应尽可能将负荷均布在几支吊装带上。

⑪ 不允许将软环同任何可能对其造成损坏的装置连接起来，软环连接的吊挂装置应是平滑、无任何尖锐的边缘，其尺寸和形状不应撕开吊装带缝合处。

4.1.6.17 通道与围栏要求

《3～110 kV高压配电装置设计规范》(GB 50060—2008)中规定：

(1) 配电装置的布置，应便于设备的操作、搬运、检修和试验。

(2) 中型布置的屋外配电装置内的检修、维护用环形道路宽度不宜小于3 000 mm，成环有困难时，应具备回车条件。

(3) 屋外配电装置应设置巡视和操作道路。可利用地面电缆沟的布置作为巡视路线。

(4) 屋内配电装置采用金属封闭开关设备时，屋内各种通道的最小宽度(净距)，宜符合表 4-59 的规定。

表 4-59 配电装置室内各种通道的最小宽度(净距)

单位：mm

布置方式 \ 通道分类	维护通道	操作通道	
		固定式	移开式
设备单列布置时	800	1 500	单车长+1 200
设备双列布置时	1 000	2 000	双车长+900

注：① 通道宽度在建筑物的墙柱个别突出处，允许缩小 200 mm。
② 移开式开关柜不需进行就地检修时，其通道宽度可适当缩小。
③ 固定式开关柜靠墙布置时，柜背离墙距离宜取 50 mm。
④ 当采用 35 kV 开关柜时，柜后通道不宜小于 1 000 mm。

(5) 室内油浸变压器外廓与变压器室四周墙壁的最小净距应符合表 4-60 的规定。就地检修的室内油浸变压器，室内高度可按吊芯所需的最小高度再加 700 mm，宽度可按变压器两侧各加 800 mm 确定。

表 4-60 室内油浸变压器外廓与变压器室四壁的最小净距

单位：mm

变压器容量(kVA)	1 000 及以下	1 250 及以上
变压器与后壁、侧壁之间	600	800
变压器与门之间	800	1 000

(6) 设置于屋内的无外壳干式变压器，其外廓与四周墙壁的净距不应小于 600 mm，干式变压器之间的距离不应小于 1 000 mm，并应满足巡视维修的要求。

(7) 66～110 kV 屋外配电装置，其周围宜设置高度不低于 1 500 mm 的围栏，并应在围栏醒目地方设置警示牌。

(8) 配电装置中电气设备的栅状遮栏高度不应小于 1 200 mm，栅状遮拦最低栏杆至地面的净距不应大于 200 mm。

(9) 配电装置中电气设备的网状遮栏高度不应小于 1 700 mm，网状遮栏网孔不应大于 40 mm×40 mm，围栏门应装锁。

(10) 在安装有油断路器的屋内间隔内应设置遮栏，就地操作的油断路器及隔离开关，应在其操作机构处设置防护隔板，防护隔板的宽度应满足人员操作的范围要求，高度不应小于 1 900 mm。

(11) 屋外裸导体母线桥，当外物有可能落在母线上时，应根据具体情况采取防护措施。

4.1.6.18 泵站新型水冷却系统技术要求

泵站在抽水作业中，对主电动机及水泵轴承进行冷却处理是至关重要的，冷却效果的好坏，直接影响着抽水站的抽水作业以及抽水泵站电动机及水泵的效能发挥和使用寿命，而决定冷却效果的是冷却水温度的高低，因此设法降低冷却水温度是水泵冷却过程的关键。目前传统泵站的水冷却方式大多存在着冷却水杂质多、冷却器容易堵塞、管路复杂、系统消耗电量大和成本高等问题，冷却效果差且能耗高。

为了解决上述问题，目前泵站通常采用新型水冷却系统，采用循环清洁水、单管道、温度可任意设定、断续运行、远程控制等措施，该系统的开发应用大大提高了主机泵冷却系统的可行性和可靠性，提高了管理水平，降低了管理成本，取得了较好的经济和社会效益。

系统管道内冷却水采用封闭式强制循环，冷却水循环流动的动力来自管道增压泵，主电动机及水泵冷却器经热交换流出的热水由管道增压泵送至模块化风冷冷水空调，热水经过模块化风冷冷水空调的强降温再次由管道进入主机泵冷却器；安装在管道增压泵进水口的过滤器可以滤去管路冷却水中的杂质，杂质可以很方便地由人工操作取出；当管道由于某些原因而导致冷却水减少时，膨胀水箱内的水由补水管道进行自动补水；管道中的循环水由于气温变化或某些外界原因产生气体时，自动放气阀及时地将气体排出，排除了水泵气蚀和换热效果不佳等情况的发生；管路进出水管上安装的两个减震接头可最大限度地减少来自管道增压泵等传来的震动，有效地排除对模块化风冷冷水空调机组产生震动而带来损害。冬天主机组停机时，可打开排水阀放尽循环水以避免由于气温下降而冻坏管道等元件。其结构如图 4-17 所示。

常用的模块化风冷冷水空调机组由进口压缩机、水侧换热器、风侧换热器及自动控制元件等组成，压缩机为全封闭式，内置多种保护装置，保证机组长期安全可靠运行，换热部分为波纹亲水铝翅片串紫铜管结构，承压高、传热系数大、换热效率佳、结构紧凑，控制部分采用 PLC 微电脑可编程控制器，机组的运行情况或故障报警内容可由文字显示，动作灵敏可靠且自动化程度高，具有多种保护功能。模块化风冷冷水空调机组通常使用由 10 个控制器组成的一个模块化网络控制系统，模块化控制器同时控制两个压缩机和一个管道增压泵，各部分均采用 RS485 通信接口连接；该系统选用的运行模式为单冷型，温度控制对象为总出水温度控制。

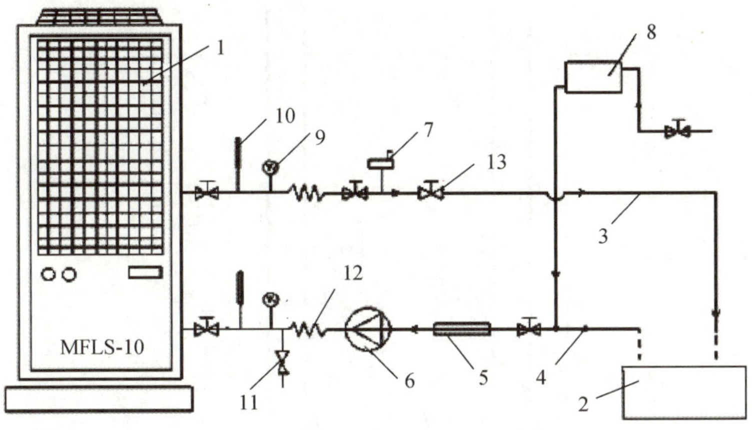

1. 风冷冷水空调机组　2. 主电动机及水泵冷却器　3. 出水管　4. 回水管　5 过滤器　6. 管道增压泵
7. 自动放气阀　8. 膨胀水箱　9. 压力表　10. 温度计　11. 排水阀　12. 减震接头　13. 闸阀

图 4-17　泵站新型水冷却系统结构示意图

4.1.6.19　U 型测压管技术要求

传统的用于观测水利工程建筑物扬压力的测压管为一根底部封死的渗水管，在使用过程中容易堵塞，堵塞后不容易清理和修复而导致报废，特别是部分工程在施工过程中保护不当，大量建筑垃圾进入测压管，导致许多测压管建成后就无法使用，不能正确读取水利工程的渗流状况及相关信息。特别是现在的水利工程测压管中大都装设水位(压力)变送器进行电测，传感器及引线从管口安装进入管道后，如果要对管内实际水位进行人工观测，或对电测变送器反映的水位进行校核时，必须先把变送器及其引线电缆抽出，人工测量后再把传感器及其引线电缆送入测压管，但很难把传感器送入到原来的淹没深度，造成测量前后电测水位计反映的水位有偏差。

新型的水利工程扬压力测压管可以有效避免堵塞，而且将测压管设计为 U 型结构，一侧用于装设电测传感器进行电测，另一侧用于校核或备用，提高了测量的可靠性和数据的准确性，同时利用聚四氟乙烯空气过滤膜透气不透水的特点，对 U 型连接管底部进行充气，有效避免了淤积物的固化。同时，该型测压管便于维护，当透水段堵塞时，从其中一个管口中注入压力水便可冲淤，恢复正常使用，从而延长使用寿命。

新型的水利工程扬压力测压管(见图 4-18)为 U 型管体。U 型管体包括两个垂直安装的透水管、两个连接在透水管上端并延伸至地面以上的导管和将两个透水管(也可以用一个)下端连接起来的 U 型连接管。U 型管体外侧套设有 U 型套管，U 型套管孔径大于 U 型管体孔径，U 型管体紧贴于 U 型套管内侧的管壁，且 U 型管体与 U 型套管外侧的管壁之间存有空腔；透水管上设有多个透水孔，透水孔设在 U 型管体的内侧；U 型套管上设有与透水孔相匹配的通孔；U 型连接管底端设有透气孔，透气孔外侧包覆有聚四氟乙烯空气过滤膜；U 型管体设有电测传感器，电测传感器上连接有电缆引线，并从 U 型管体的管口引出。

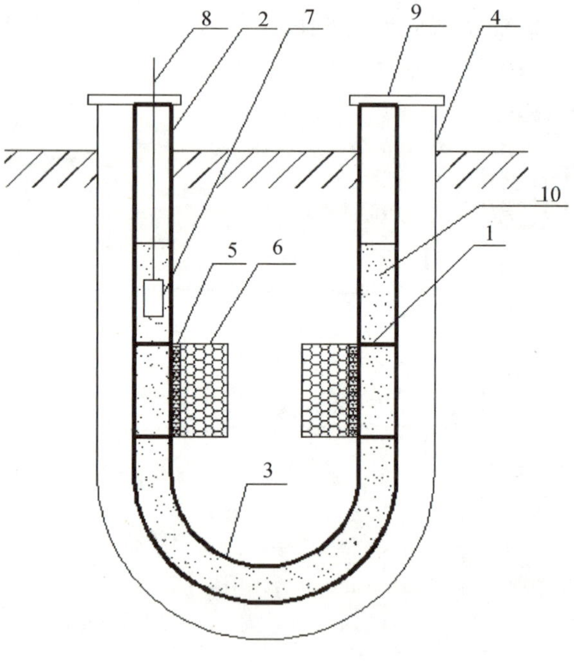

1. 透水管 2. 导管 3. U 型连接管 4. U 型套管 5. 无纺土工织物
6. 反滤料 7. 电测传感器 8. 电缆引线 9. 密封盖

图 4-18 新型水利工程扬压力测压管结构

4.1.6.20　大型闸站启闭机钢丝绳防尘装置技术要求

启闭机是指用于各类型闸门启闭的设备。钢丝绳作为连接启闭机和闸门的关键部件，对于充分发挥工程效益至关重要。钢丝绳在牵引时是垂直运动的，其在转动轮中运动常常会由于灰尘及杂物掉入槽内而发生故障甚至意外，需要工作人员频繁定期清洗，不仅需要花费大量的人力财力，而且频繁的清洗会大幅度缩短钢丝绳的寿命。

常用大型闸站启闭机钢丝绳防尘装置是防尘板。防尘板由固定框体、活动框体和第一折叠式防尘垫组成。固定框体内部设有可沿其左右方向滑动的活动框体，活动框体的左右两侧与固定框体之间设有第一折叠式防尘垫，活动框体内部设有可沿其前后方向滑动的夹板，夹板的前后两侧与活动框体之间设有第二折叠式防尘垫，夹板上设有供钢丝绳穿过的通孔（见图 4-19）。本装置的夹板左右两侧覆盖有第一折叠式防尘垫，其前后两侧覆盖有第二折叠式防尘垫，可有效避免灰尘及杂物落下，同时，夹板可在固定框内沿其前后左右方向自由移动，并不会影响钢丝绳的正常牵引工作，从而减少了钢丝绳的清洗次数，节约劳动力和成本，延长钢丝绳的使用寿命。

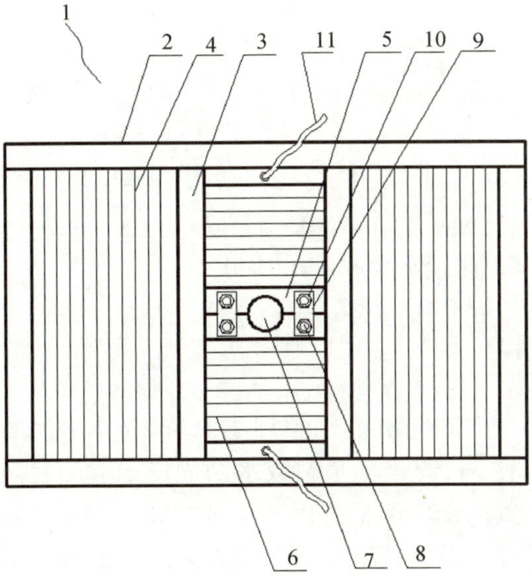

（a）俯视结构示意图

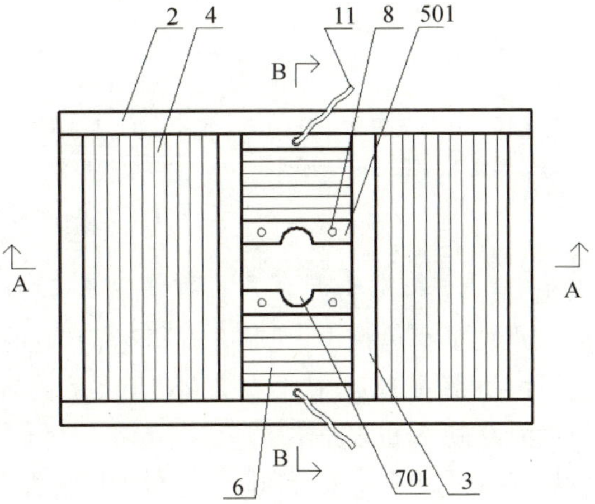

（b）打开状态的俯视结构示意图

（c）A-A 向剖视结构示意图

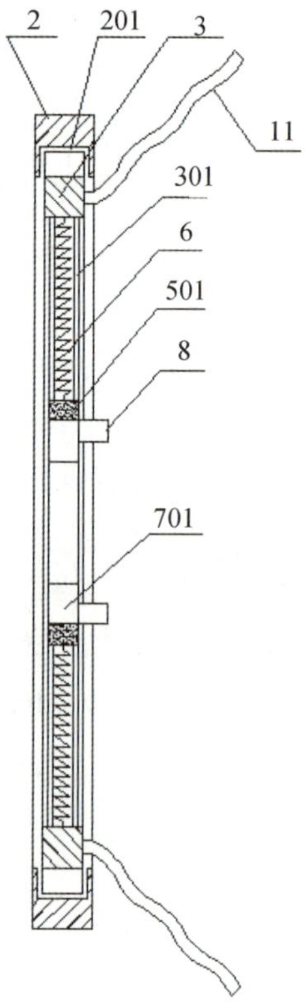

(d) B-B 向剖视结构示意图

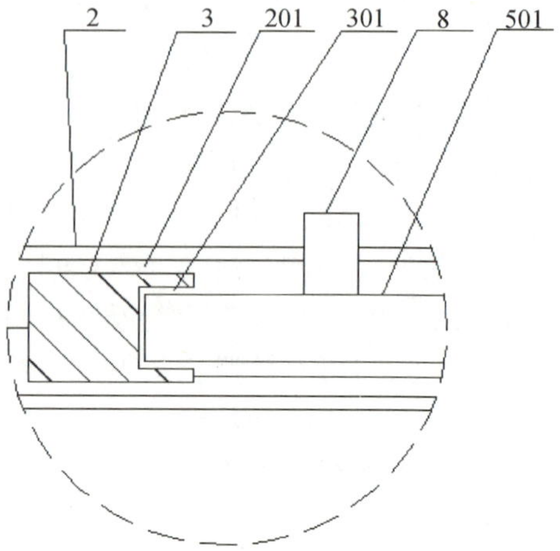

(e) C 处放大结构示意图

1. 防尘板 2. 固定框体 201. 第一滑槽 3. 活动框体 301. 第二滑槽 4. 第一折叠式防尘垫 5. 夹板 501. 板体 6. 第二折叠式防尘垫 7. 通孔 701. 半圆形孔 8. 支杆 9. 连接片 10. 螺母 11. 连接绳

图 4-19 大型闸站启闭机钢丝绳防尘装置

4.1.6.21 大型砼垂直立面防捕鱼装置技术要求

水利工程运行中，尤其在开机运行期间或者开闸放水期间，河道内水流较大，水利工程上下游垂直翼墙上，就会有大量渔民、垂钓者前来撒网、钓鱼。泵站或水闸周围虽设有围墙及拦河设施等，也阻止不了违禁捕鱼者。由于岸墙陡峭，水流湍急，渔民一旦落入水中，后果不堪设想，存在严重人身安全风险。另外渔民会丢弃一些生活垃圾，容易造成环境破坏。为此，工程管理人员日夜驱赶违禁捕鱼者，但仍防不胜防，因此，科学的防捕鱼措施是解决此类问题的关键。

大型砼垂直立面防捕鱼装置（图 4-20）通常安装在水利工程上下游翼墙混凝土建筑物垂直立面上，其特征在于：防捕鱼装置均匀排列固定在上下游翼墙混凝土建筑立面上。防捕鱼装置包括方形钢管、V 型圆管和刀片刺绳，方形钢管固定在上下游翼墙混凝土建筑物垂直立面上；V 型圆管焊接固定在方形钢管一端，V 型圆管由两根圆管构成，两根圆管内侧分别设有挂钩，两根圆管内侧挂钩处及两根圆管夹角处穿接三根不锈钢钢丝绳；刀片刺绳螺旋环绕固定在三根钢丝绳外侧。

两根圆管之间的夹角约为 90°。刀片刺绳上均匀排列有工字型刀片，刀片间的间距为 1～1.5 cm，刀片刺绳的材质为不锈钢钢板，具有防腐蚀防锈的作用。

通过在泵站上下游岸边混凝土建筑立面上安装防捕鱼装置，防捕鱼装置的 V 型圆管底部增设一根伸出的方形管，有效地将螺旋形刀片刺绳固定在大型砼立面并向河中伸去，本装置结构简单且造价低廉，可更有效地达到防捕鱼的目的，减少人员溺亡，保护环境，减少管理成本，提高工作效率。

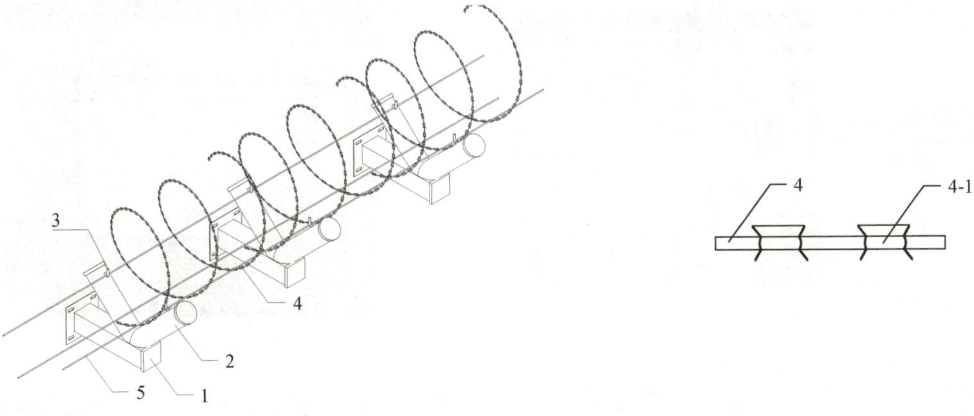

(a) 结构原理示意图　　(b) 刀片刺绳结构原理示意图

1. 方形钢管　2. V 型圆管　3. 挂钩　4. 刀片刺绳　4-1. 刀片　5. 钢丝绳

图 4-20　大型砼垂直立面防捕鱼装置

4.1.6.22　新型测温模块技术要求

目前主要的测温模块，大致分为有线有源（如 PT100 测温电阻）、无线有源（电池供电无线发射信号）、无线无源（感应供电无线发射信号）三种（图 4-21），安装方式有植入式、捆扎式和接触式。

管理单位可以根据被测量设备的具体情况，选择合理的测温模块。下面以励磁变压器为例，介绍如何选择励磁变压器的测温模块。有线有源模块需将测温装置放置在励磁变铁芯与线圈附近，测量值为铁芯和线圈周围环境温度，与变压器本体温度有偏差，另外接线较多、距离励磁变压器桩头较近，不适用于励磁变压器温度测量；无线无源模块应用于电缆、手车触头，通过感应电供电，不适用于励磁变压器温度测量；无线有源通过内置电池供电，无线信号传输，变压器本体上无须增加接线，通过比选，最终选定无线有源式为励磁变压器测温。

(a) 有线有源　　(b) 无线有源　　(c) 无线无源

图 4-21　测温模块类型

励磁变压器测温装置可以选择接触式无线测温传感器，配套显示主机。该测温传感器测量范围为－25～＋125℃，测量误差在±1℃以内，采用无线电波进行信号传输，可在高电压、大电流、强磁场的环境中稳定工作，测量精度高，工作稳定。内置蓄电池可提供无线测温设备工作5～6年，无须维护。该显示主机可以实时显示测温点温度，可以设置报警温度，在超出预置值时发出报警声音，记录报警事件（见图4-22）。

无线测温模块

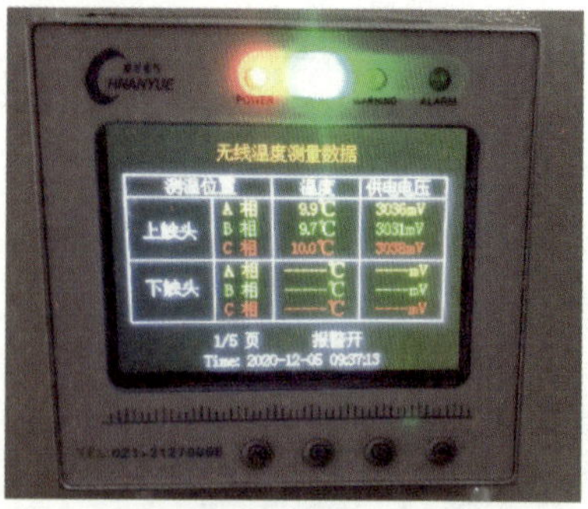

显示主机

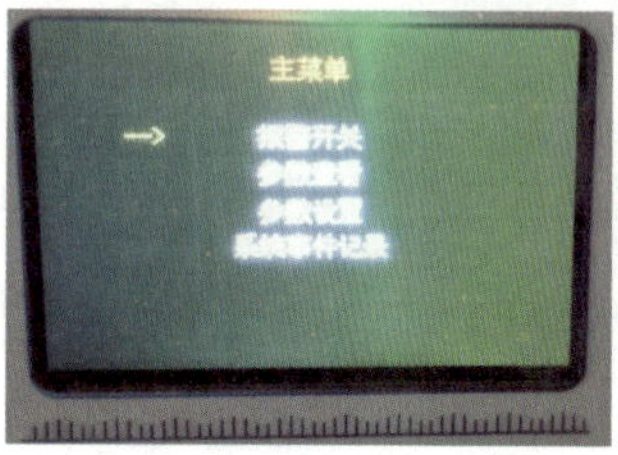

显示主机主界面

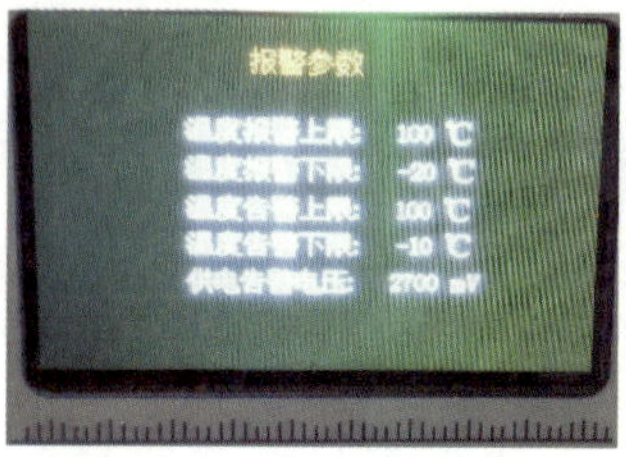

报警参数页面

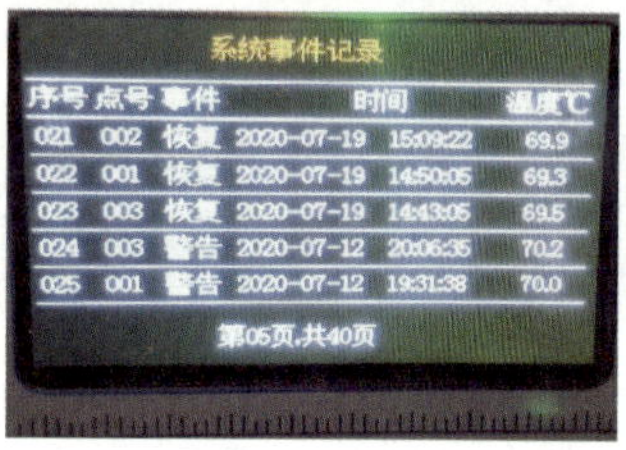

事件记录页面

图4-22　励磁变压器测温装置

4.1.6.23　螺栓防护要求

（1）按照螺栓的尺寸大小，定做匹配的护套。

（2）待螺栓除锈保养涂抹黄油后，插入护套内。

（3）螺栓螺帽禁止油漆。

螺栓防护示例见图4-23。

图4-23　螺栓防护（示例）

4.1.6.24　消防砂池技术要求

消防砂池常设置在充油设备附近，大小根据现场情况制定。砂池内放满黄砂，主要用于扑灭油类火灾。消防砂池附近还需要配置消防桶、消防铲等消防设施。

（1）消防砂箱配置要求

① 消防砂箱常配备于油料仓库、充油设备等场所，其原理是窒息灭火，因为油类不能用水灭火。消防砂可吸纳易燃液体，还可用于扑救 D 类金属火灾。

② 设计大小根据现场情况制定，消防砂池附近还需要配置消防桶、消防铲、灭火器以及消防水带等消防设施。

③ 每个消防砂箱还需要设置醒目的标识，标识上必须有“消防砂池”四个字。

④ 消防砂池的砂子应经过筛选，并保持消防砂的洁净，不允许与生活垃圾或其他物质混合。

⑤ 消防砂池应布置在保护现场易被发现的位置，不能被建筑物遮挡。

（2）消防砂注意事项

① 消防砂要保持干燥，因为有水分的话遇火后会飞溅，易伤人。

② 消防砂的储备量要充足。

③ 消防砂要用消防袋、桶、箱等器材装好，便于使用。

（3）常用尺寸

小型消防砂池的常用尺寸有两种，分别是 100 cm×50 cm×50 cm 和 200 cm×100 cm×100 cm。大型消防砂池根据设置要求制定。

消防砂池示例见图 4-24。

（1）室内式消防砂池

（2）户外式消防砂池

图 4-24　消防砂池（示例）

4.1.6.25　登高安全工具、常用电气绝缘工具试验要求

登高安全工具、常用电气绝缘工具试验标准详见表4-61和表4-62。

表4-61　登高安全工具试验标准表

序号	名　称		试验静拉力(kg)	试验周期	外表检查周期	试验时间(min)	备　注
1	安全带	大皮带	225	半年一次	每月一次	5	
1	安全带	小皮带	150	半年一次	每月一次	5	
2	安全绳		225	半年一次	每月一次	5	
3	升降板		225	半年一次	每月一次	5	
4	脚扣		100	半年一次	每月一次	5	
5	竹(木)梯			半年一次	每月一次	5	试验荷重180 kg

表4-62　常用电气绝缘工具试验标准表

序号	名称	电压等级(kV)	周期	交流耐压(kV)	时间(min)	泄漏电流(mA)	备注
1	绝缘棒	6～10	每年一次	44	5		
1	绝缘棒	35～110	每年一次	4倍相电压	5		
2	绝缘挡板	6～10	每年一次	30	5		
2	绝缘挡板	35	每年一次	80	5		
3	绝缘罩	35	每年一次	80	5		
4	绝缘夹钳	≤35	每年一次	3倍线电压	5		
4	绝缘夹钳	110	每年一次	260	5		
5	验电笔	6～10	每6个月一次	40			发光电压不高于额定电压的25%
5	验电笔	20～35	每6个月一次	105			发光电压不高于额定电压的25%
6	绝缘手套	高压	每6个月一次	8	1	≤9	
6	绝缘手套	低压	每6个月一次	2.5	1	≤2.5	
7	橡胶绝缘靴	高压	每6个月一次	15	1	≤7.5	
8	核相器电阻管	6	每6个月一次	6	1	1.7～2.4	
8	核相器电阻管	10	每6个月一次	10	1	1.4～1.7	
9	绝缘绳	高压	每6个月一次	105/0.5m	5		

4.1.6.26　触电急救要求

1) 触电事故类型

按照人体触及带电体的方式和电流通过人体的途径，触电可分为以下几种情况：

① 单相触电。单相触电是指人体某一部位触及一相带电体的触电事故。

② 两相触电。两相触电是指人体两处同时触及两相带电体的触电事故。

③ 跨步电压触电。由于高压线路断线落地或发生雷击时，在该点或受雷击设备的接地点附近大地的电位不同，若人在该点附近，在两脚间形成电位差，导致触电。

④ 接触电压触电。人手触及带电设备的外壳，在手与脚之间承受一个电位差，其超过人体允许安全电压时称接触电压触电。

⑤ 感应电压触电。当人触及带有感应电压的设备和线路时，造成的触电事故称为感应电压触电。

⑥ 剩余电荷触电。当人体触及带有剩余电荷的设备时，带有电荷的设备对人体放电所造成的触电事故称为剩余电荷触电。例如，在用摇表测量停电后的并联电容器、电力电缆、电力变压器及大容量电动机等设备时，因测量前没有对其充分放电，造成剩余电荷触电。

⑦ 雷击触电。指打雷时雷电流通过人体而造成的触电。

常见触电情况见图 4-25。

图 4-25　常见的触电情况

2) 触电急救处置

(1) 脱离电源

① 低压触电事故脱离电源方法

立即分开关，切断电源；如电源开关距离太远，用有绝缘把套的钳子或用木柄的斧子断开电源线；用干燥的木板等绝缘物插入接触者身下，以隔离流经人体的电流；用干燥的木板、木棍等绝缘物作为工具，拉开接触者或挑开电线使接触者脱离电源(详见图 4-26)。

(a) 拉开关

（b）挑开电源线

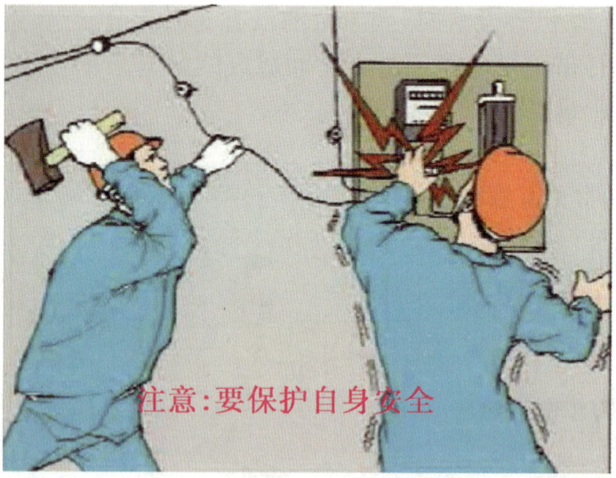

（c）在保证自身安全的前提下，切断电线

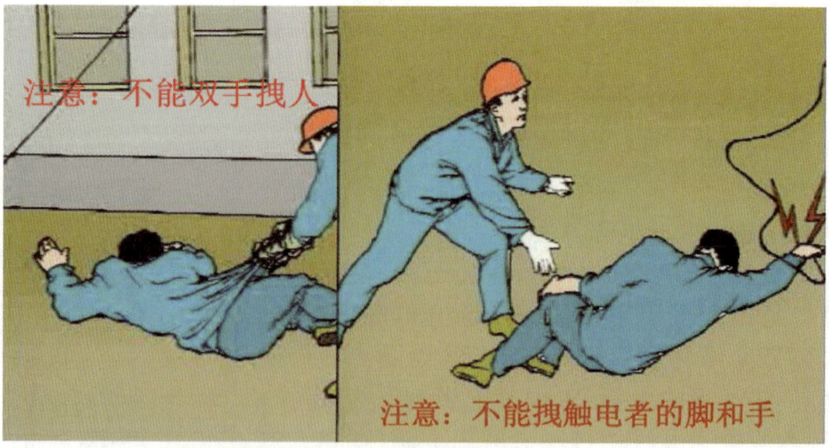

（d）拽开触电者

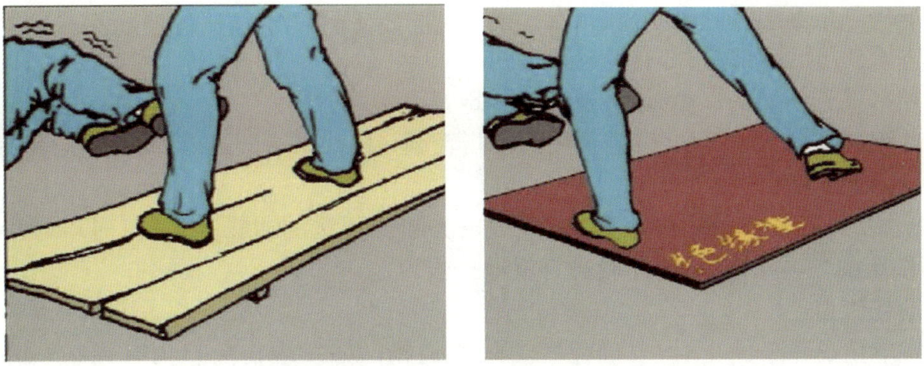

(f) 救援者站在干燥的木板或绝缘垫上

图 4-26　低压触电事故脱离电源方法

② 高压触电事故脱离电源方法

立即通知有关部门停电；戴上绝缘手套，穿上绝缘鞋，用相应电压等级的绝缘工具拉开开关；抛掷一端可靠接地的裸金属线使线路接地，迫使保护装置动作，断开电源(图 4-27)。

图 4-27　抛掷裸金属线使线路接地

(2) 为保障伤员的生命，减轻伤员的痛苦，现场人员在拨打报警或 120 电话后可以进行现场施救。

(3) 伤员脱离电源后的处理

① 触电伤员如神志清醒者，应使其就地平躺在潮湿地面，严密观察，暂时不要站立或走动。

② 触电伤员如神志不清者，应就地仰面平躺，且检查有否假牙(如有则取出假牙)，松开衣扣，确保气道通畅，并用 5 s 时间，呼叫伤员或轻拍其肩部，以判定伤员是否意识丧失。禁止摇动伤员头部呼叫伤员。

③ 需要抢救的伤员，应立即就地坚持正确抢救，并设法联系医疗部门接替救治。

④ 准确判定触电者呼吸、心跳情况：

a. 查看伤员的胸部、腹部有无起伏动作；

b. 用耳贴近伤员的口鼻处，听有无呼气声音；

c. 试测口鼻有无呼气的气流，再用两手指轻试一侧喉结旁凹陷处的颈动脉有无搏动。

（4）心肺复苏法

触电伤员呼吸和心跳均停止时，应立即按心肺复苏法的通畅气道、口对口（鼻）人工呼吸、胸外按压的三项基本措施，正确进行就地抢救。

① 通畅气道

a. 触电伤员呼吸停止时，要确保气道一直通畅。如发现伤员口内有异物（如痰、假牙等），可将其身体及头部同时侧转，迅速用一个手指或用两手指交叉从口角处插入，取出异物。操作中要避免将异物推到咽喉深部。

b. 通畅气道常采用仰头抬颏法。将触电者下颌骨向上抬起，头部推向后仰，使得舌根随之抬起，气道通畅。严禁用物品垫在伤员头下，抬高头部会加重气道阻塞，且使胸外按压时流向脑部的血流减少。

② 口对口（鼻）人工呼吸（图 4-28）

a. 在保持伤员气道通畅的同时，救护人员用放在伤员额上的手的手指捏住伤员鼻翼，救护人员深吸气后，与伤员口对口紧合，在不漏气的情况下，先连续大口吹气两次，每次 1～1.5 s。如两次吹气后试测颈动脉仍无搏动，可判断心跳已经停止，要立即同时进行胸外按压。

b. 除开始时大口吹气两次外，正常口对口（鼻）呼吸的吹气量不需过大，以免引起胃膨胀。吹气和放松时要注意伤员胸部应有起伏的呼吸动作。吹气时如有较大阻力，可能是头部后仰不够，应及时纠正。

c. 触电伤员如牙关紧闭，可口对鼻人工呼吸。口对鼻人工呼吸吹气时，要将伤员嘴唇紧闭，防止漏气。

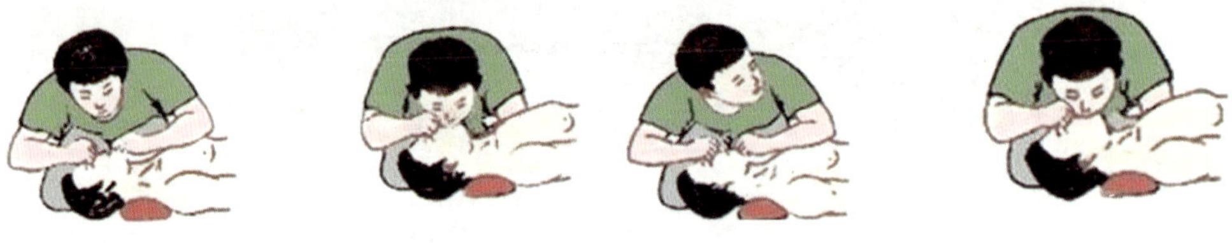

图 4-28 人工呼吸步骤

③ 胸外按压

胸外按压动作要领详见图 4-29。

A. 正确的按压位置是保证胸外按压效果的重要前提。确定正确按压位置的步骤：

a. 右手的食指和中指沿触电伤员的右侧肋弓下缘向上，找到肋骨和胸骨接合处的中点；

b. 两手指并齐，中指放在切迹中点（剑突底部），食指平放在胸骨下部；

c. 另一只手的掌根紧挨食指上缘，置于胸骨上，即为正确按压位置。

B. 正确的按压姿势是达到胸外按压效果的基本保证。正确的按压姿势：

a. 使触电伤员仰面躺在平硬的地方，救护人员立或跪在伤员一侧肩旁，救护人员的两肩位于伤员胸骨正上方，两臂伸直，肘关节固定不屈，两手掌根相叠，手指翘起，不接触伤员胸壁；

b. 以髋关节为支点，利用上身的重力，垂直将正常成人胸骨压陷 3～5 cm（儿童和瘦弱者酌减）；

c. 压至要求程度后，立即全部放松，但放松时救护人员的掌根不得离开胸壁。按压必须有效，有效的标志是按压过程中可以触及颈动脉搏动。

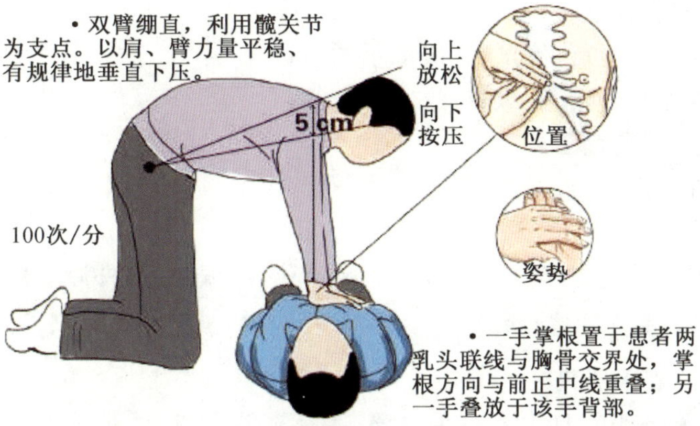

图 4-29　胸外按压动作要领

C. 操作频率：

a. 胸外按压要以均匀速度进行，每分钟 100 次左右，每次按压和放松的时间相等。

b. 胸外按压与口对口（鼻）人工呼吸同时进行，其节奏为：单人和双人抢救时，每按压 30 次后吹气 2 次（30∶2），反复进行。

（5）抢救过程中的再判定

① 按压吹气 1 min 后（相当于单人抢救时做了 2 个 30∶2 压吹循环），应用看、听、试方法在 5～7 s 时间内完成对伤员呼吸和心跳是否恢复的再判定。

② 若判定颈动脉已有搏动但无呼吸，则暂停胸外按压，而再进行 2 次口对口人工呼吸，接着每 5 s 吹气一次（即每分钟 12 次）。如脉搏和呼吸均未恢复，则继续坚持心肺复苏法抢救。

③ 在抢救过程中，要每隔数分钟再判定一次，每次判定时间均不得超过 5～7 s。在医务人员未接替抢救前，现场抢救人员不得放弃现场抢救。

3）触电救援现场应注意的事项

（1）救护人不可直接用手或其他金属及潮湿的构件作为救护工具，而必须使用适当的绝缘工具。救护人要用一只手操作，以防自己触电。

（2）防止触电者脱离电源后摔伤。特别是当触电者在高处的情况下，应考虑防摔措施。即使触电者在平地，也要注意触电者倒下的方向，注意防摔。

（3）如事故发生在夜间，应迅速解决临时照明，以利于抢救，并避免扩大事故。

（4）救助过程中要遵循“三不伤害”原则进行救助。

4.1.6.27 泵站运行备品、器具和技术资料的要求

泵站运行应具备必要的运行备品、器具和技术资料，主要包括：

(1) 运行维护所必需的备品，如碳刷、透平油(汽轮机油)、水泵填料等；

(2) 设备使用说明书和随机供应的产品图纸；

(3) 电气设备原理接线图；

(4) 设备安装、检查、交接试验的各种记录；

(5) 设备运行、检修、试验记录；

(6) 设备缺陷和事故记录；

(7) 主要设备维护、运行、修试、评级揭示图表；

(8) 安全工具，如安全帽、绝缘鞋、绝缘手套等；

(9) 消防器材及其布置图；

(10) 现场运行规程；

(11) 反事故预案；

(12) 运行巡视所需的工器具，如手电筒、噪声仪、测振仪、红外测温枪等。

4.1.6.28 泵站运行人员巡视工器具、安全防护用具的要求

(1) 运行人员巡视工器具

运行人员巡视配备工器具主要有手电筒、手持式测温仪、手持式有毒气体检测仪、手持式测振仪、噪声仪、佩戴式感应验电器等。

① 手电筒：充电式，轻便好用，数量不少于 2 个。

② 手持式测温仪：非接触式，测试精度与范围满足实际需求，要有备用品。

③ 手持式有毒气体检测仪：灵敏度与稳定度满足实际需求，要有自检测试验按钮，要有备用品，要定期试验检测。

④ 手持式测振仪：测试精度与范围满足实际要求。

⑤ 手持式噪声仪：测试精度与范围满足实际要求。

⑥ 佩戴式感应验电器：灵敏度与稳定度满足要求，电压等级和测试距离范围满足实际需求。

(2) 运行人员巡视安全防护用具

运行人员巡视应配备的安全防护用具主要有绝缘鞋、安全帽、绝缘手套、工作服、耳塞等。

① 绝缘鞋：电压等级主要有 20 kV、6 kV、5 kV。耐实验电压 15 kV 以下的电绝缘皮鞋和布面电绝缘鞋，应用在工频(50—60F)1 000 V 以下的作业环境中；5 kV 以上的试验电城市的电绝缘胶鞋，适用于工频 1 000 V 以上作业环境中。存放时间不大于 24 个月，自生产日期起计算，超过 24 个月的须进行预防性试验，试验合格才可以使用。预防性试验有效周期为 6 个月。

② 绝缘手套：电压等级主要有 10 kV、35 kV、110 kV。存放时间不大于 24 个月，自生产日期起计算，超过 24 个月的须进行预防性试验，试验合格才可以使用。预防性试验有效周期为 6 个月。

③ 安全帽：电业规定，一般是巡视人员戴蓝色安全帽，检修人员戴黄色安全帽，监管领导戴红色安全帽，外来人员戴白色安全帽。从产品制造完成之日计算，植物枝条编织帽使用

年限不超过 2 年；塑料帽、纸胶帽不超过 2.5 年；玻璃钢（维纶钢）橡胶帽不超过 3.5 年。试验周期 1 年。

④ 工作服：颜色要体现本行业的特点，款式采用便于工作的长袖缩袖缩腰款式，材质一般以纯棉质布料为主。

⑤ 耳塞：隔音，透气。

4.2　标志标牌

4.2.1　标志标牌设置规定

泵站管理单位应建立标志标牌管理体系，在设备、管道及建筑物等外表或局部范围采用涂色、挂牌等形式标注其功能、管号、介质名称或代号、流向箭头等信息的标识，并进行管理维护。

标志标牌的设计、制作等应遵循相关标准，其颜色、规格、材质、内容及安装等还应结合工程结构及设备的实际情况布置，便于检查识别，避免发生混淆和差错，使工程管理规范化、标准化。

泵站标志标牌主要有禁止类、警告类、提醒类、指示类及相关技术图表等，标志标牌应端正、醒目，易观察。

泵站技术图表主要有电气设备揭示表标牌、工程主要机械设备揭示表、电气主接线图、低压系统图、启闭机控制原理图、油系统图、气系统图、水系统图等，应在对应位置明示。

泵站主要机电设备明显位置应设置操作提示标牌。

泵站管理范围内应根据工程布置情况，设置明显的巡查路线、重点巡视部位及巡查内容标志标牌。

泵站主副厂房及开关室内应设置安全逃生路线布置图，地面或墙面设置安全出口指示标牌。

本节主要讲述泵站标志标牌设置的相关要求和主要标牌的示例，其他未提及的可参照《水闸泵站标志标牌规范》(DB32/T 3839—2020)执行。

4.2.1.1　基本要求

(1) 标志标牌颜色、规格、材质、内容等应严格遵循国家相关法律、法规、标准的要求。

(2) 标志标牌应根据工程管理实际需要进行设置。

(3) 标志标牌应清晰醒目、明确简洁、规范统一、美观耐用。

(4) 新(改、扩)建水闸、泵站工程标志标牌的设置(调整)应在工程投入使用前完成。已投入使用的水闸泵站工程标志标牌可继续保留，可在更换、报废时按《水闸泵站标志标牌规范》执行。

(5) 标志标牌的设置应综合考虑、布局合理，防止出现信息不足、位置不当或数量过多等现象。

(6) 现有的标志标牌缺失、数量不足、设置不符合要求的，应及时补充、完善或替换。

(7) 标志标牌设置条件、内容发生变化时，应及时更新。

(8) 管理单位应建立标志标牌管理台账，并纳入信息化系统进行管理，并及时更新完善。

4.2.1.2　字体

(1) 汉字应采用简体字。

(2) 汉字字体宜选用黑体、楷体、宋体、仿宋体等，如有特殊需求，可选用其他字体。

（3）英文应使用相当于汉字黑体的无衬线的等线字体。

（5）字体大小、间距、行距宜根据标志标牌的大小、内容多少确定。同一用途的标志标牌所用字体、间距、行距应统一。

4.2.1.3 规格

（1）常用的形状包括矩形（含正方形）、圆形、三角形、椭圆形和其他不规则形状。

（2）矩形标志标牌，竖款长宽比宜选用 2∶1、3∶2、5∶4 等，横款长宽比宜选用 4∶3、3∶2、5∶3、2∶1 等。

（3）标志标牌的规格、尺寸可视所要传递信息的视距要求、设置的位置和环境进行调整，但同一单位、同一枢纽群中同一种标志的标牌规格、尺寸宜统一。

4.2.1.4 颜色

（1）安全色是传递安全信息含义的颜色，包括红、蓝、黄、绿四种颜色。红色传递禁止、停止、危险或提示消防设备、设施的信息。蓝色传递必须遵守规定的指令性信息。黄色传递注意、警告的信息。绿色传递安全的提示性信息。

（2）标志标牌要素中的符号和文字与其背景应有足够的对比度，否则宜采用推荐颜色的补色。

4.2.1.5 内容

（1）标志标牌内容宜包括标志、文字、表格、图案等。

（2）标志标牌内容由管理单位参照本章节自行拟定。

（3）对外展示、宣传工程形象的水闸泵站标志标牌设计风格宜统一，可在标牌左上方设置水利行业或自行设计的标志，右下方设置管理单位名称。

4.2.1.6 分类

（1）标志标牌可按照功能、使用环境等进行分类。

（2）按功能，可分为导视类、公告类、名称编号类、安全类等。

（3）按使用环境，可分为室内、户外和特殊标志标牌。

4.2.1.7 标志标牌设置要求

管理单位如有电子信息化平台展示的，可不再设实物标志标牌。管理单位应根据精细化管理、安全生产标准化、风景区创建等工作需求增加相应标牌。

标志标牌设置的位置应参照表 4-63 执行。

表 4-63　标志标牌设置要求表

序号	位　置	标志标牌
一	管理区	
1	道路、公路桥、工作桥	工程路网导视标牌，工程区域内建筑物导视标牌，交通标志标牌（限载、限宽、限高、限速、限行、禁停等），安全类标志牌（注意安全、禁止翻越）
2	管理区入口	管理单位名称标牌，工程区域总平面布置图标牌，管理范围和保护范围公告牌

续表

序号	位 置	标志标牌
3	建筑物	工程建设永久性责任标牌，建(构)筑物名称标牌
4	管理范围界线	管理线桩(牌)，管理区域分界牌
5	上下游河道、堤防、岸墙、翼墙	安全警戒区公告牌，水法规告示标牌，里程桩，百米桩，安全类标志牌(禁止游泳、禁止捕鱼、禁止垂钓、禁止驶入、禁止停泊、当心落水)
6	工程观测设施	工作基点、观测标点、观测点标牌，断面桩
7	门厅入口	工程简介标牌，工程管理标牌，工程平面图、立面图、剖面图标牌，参观须知标牌，安全风险公告牌，消防设施布置图
8	楼梯口	建筑物内楼层导视标牌，疏散平面图，安全类标志牌(当心跌落)
9	办公室	房间名称标牌，关键岗位责任标牌
10	食堂	房间名称标牌，管理制度标牌，安全类标志牌(当心火灾、当心爆炸)
11	宿舍	房间名称标牌，管理制度标牌，消防设施布置图
12	消防设施	消防标志标牌，管理制度标牌，编号标牌，安全警戒线
二	泵站工程区	
1	中央控制室	房间名称标牌，巡视检查路线图标牌，管理制度标牌(交接班制度、巡回检查制度、设备轮换制度、计算机监控系统管理制度)，值班人员明示牌，工作流程图(调度管理、事故应急处置)、安全类标志牌(禁止烟火、禁止酒后上岗)
2	主厂房(电机层)	主要技术参数表标牌，主要电气设备揭示表标牌，主要机械设备揭示表标牌，巡视路线地贴标牌，重点部位运行巡视点标牌，巡视内容标牌，设备名称标牌，编号标牌，设备管理责任标牌，旋转方向标志牌，安全警戒线，职业危害告知牌，危险源告知牌，安全类标志牌(注意安全、当心触电、当心机械伤人、当心坑洞、禁止烟火、必须按规程操作)
3	联轴层、检修层、水泵层、廊道层、电缆层	操作规程标牌，巡视路线地贴标牌，重点部位运行巡视点标牌，巡视内容标牌，设备名称标牌，编号标牌，设备管理责任标牌，旋转方向标志牌，安全警戒线，职业危害告知牌，危险源告知牌，安全类标志牌(注意安全、当心触电、当心机械伤人、当心坑洞、当心坠落、当心碰头、禁止烟火、必须按规程操作)
4	GIS 室	房间名称标牌，操作规程标牌，巡视路线地贴标牌，重点部位运行巡视点标牌，巡视内容标牌，设备名称标牌，编号标牌，设备管理责任标牌，职业危害告知牌，危险源告知牌，安全警戒线，安全类标志牌(注意安全、当心爆炸、当心触电、当心中毒、当心磁场、禁止烟火、禁止用水灭火、未经许可禁止入内、必须按规程操作)
5	主变室、站变室、励磁变压器室	房间名称标牌，操作规程标牌，巡视路线地贴标牌，重点部位运行巡视点标牌，巡视内容标牌，设备名称标牌，编号标牌，设备管理责任标牌，职业危害告知牌，危险源告知牌，安全警戒线，安全类标志牌(注意安全、当心爆炸、当心触电、当心磁场、当心高温表面、禁止烟火、禁止攀登、禁止用水灭火、未经许可禁止入内、必须按规程操作)

续表

序号	位 置	标志标牌
6	高压开关室、低压开关室	房间名称标牌，电气主接线图标牌，电气低压系统图标牌，操作规程标牌，巡视路线地贴标牌，重点部位运行巡视点标牌，巡视内容标牌，设备名称标牌，编号标牌，设备管理责任标牌，职业危害告知牌，危险源告知牌，安全警戒线，安全类标志牌（注意安全、当心触电、当心磁场、禁止烟火、禁止用水灭火、未经许可禁止入内、必须按规程操作）
7	变频器室、电抗器室、电容器室	房间名称标牌，操作规程标牌，巡视路线地贴标牌，重点部位运行巡视点标牌，巡视内容标牌，设备名称标牌，编号标牌，设备管理责任标牌，职业危害告知牌，危险源告知牌，安全警戒线，安全类标志牌（注意安全、当心爆炸、当心触电、当心磁场、禁止烟火、禁止用水灭火、未经许可禁止入内、必须按规程操作）
8	蓄电池室	房间名称标牌，操作规程标牌，巡视路线地贴标牌，重点部位运行巡视点标牌，巡视内容标牌，设备名称标牌，编号标牌，设备管理责任标牌，危险源告知牌，安全警戒线，安全类标志牌（注意安全、注意通风、当心触电、禁止烟火、禁止用水灭火、未经许可禁止入内、必须按规程操作）
9	继保室（LCU）	房间名称标牌，巡视路线地贴标牌，重点部位运行巡视点标牌，巡视内容标牌，设备名称标牌，编号标牌，设备管理责任标牌，危险源告知牌，安全警戒线，安全类标志牌（注意安全、当心触电、禁止烟火、禁止用水灭火、未经许可禁止入内）
10	油系统、气系统、水系统	房间名称标牌，油、气、水系统图标牌，操作规程标牌，巡视路线地贴标牌，重点部位运行巡视点标牌，巡视内容标牌，设备名称标牌，编号标牌，设备管理责任标牌，闸阀标牌，液位指示线，旋转方向标志牌，安全类标志牌（当心火灾、禁止烟火、必须按规程操作）
11	液压闸门系统	设备名称标牌，编号标牌，设备管理责任标牌，安全类标志牌（注意安全、当心机械伤人、必须按规程操作）
12	起重机械	起重机额定起重量标牌，管理制度标牌，操作规程标牌，设备管理责任标牌，安全类标志牌（注意安全、当心触电、禁止烟火、当心吊物、禁止攀登、必须按规程操作）
13	清污机桥	设备名称标牌，编号标牌，设备管理责任标牌，安全类标志牌（注意安全、当心机械伤人、禁止攀登、必须按规程操作）
14	柴油发电机房	房间名称标牌，管理制度标牌，操作规程标牌，设备名称标牌，编号标牌，设备管理责任标牌，旋转方向标志牌，安全警戒线，危险源告知牌，职业危害告知牌，安全类标志牌（注意安全、当心火灾、当心触电、噪声有害、禁止烟火、未经许可禁止入内、必须按规程操作）
15	仓库	房间名称标牌，管理制度标牌，防汛物资调运线路图，物资平面布置图标牌，物资名称标牌，安全类标志牌（当心火灾、禁止烟火、未经许可禁止入内），工作流程图标牌（备品备件管理）
16	安全用具室	房间名称标牌，管理制度标牌，安全用具名称标牌，编号标牌

4.2.1.8 标志标牌颜色、编号标准

(1) 母线颜色

盘、柜上模拟母线的标志标牌颜色应参照表 4-64 执行。

表 4-64 盘、柜上模拟母线的标志标牌颜色

序号	电压(kV)	颜色	颜色编码	色样
1	交流 0.22	深灰色	B01	
2	交流 0.38	赭黄色	YR02	
3	交流 6	深酞蓝色	PB02	
4	交流 10	铁红色	R01	
5	交流 35	柠黄色	Y05	
6	交流 110	朱红色	R02	

(2) 管道、流向及标牌颜色

管道、流向及标牌颜色应参照表 4-65 执行。

表 4-65 管道、流向及标牌颜色

序号	管道名称	管道颜色	标牌底色	流向颜色	文字颜色
1	压力油管、进油管、净油管	红色	红色	白色	白色
2	回油管、排油管、溢油管、污油管	黄色	黄色	白色	白色
3	技术供水进水管	天蓝色	天蓝色	白色	白色
4	技术供水排水管	绿色	绿色	白色	白色
5	生活用水管	蓝色	蓝色	白色	白色
6	污水管及一般下水管	黑色	黑色	白色	白色
7	低压压缩空气管	白色	白色	红色	红色
8	高、中压压缩空气管	白底红色环	白色	红色	红色
9	抽气及负压管	白底绿色环	白色	红色	红色
10	消防水管及消防栓	红色	红色	白色	白色

(3) 编号标牌设置要求

编号标牌设置应参照表 4-66 执行。

表 4-66 编号标牌设置要求

序号	设备名称	编号规则	安装位置
1	电气开关设备	设备编号标牌实行双重名称，即由设备名称和代码编号两部分组成。代码编号可参照《电力系统厂站和主设备命名规范》(DL/T 1624—2016) 的要求。 电气设备编号应与电气主接线图、电气低压系统图内设备编号一致	电气设备编号标牌应设置于相应开关柜前和柜后，电气设备编号标牌高度下沿高度不低于 800 mm
2	主变压器	按电气主接线图编号	统一朝向悬挂于变压器本体上
3	所用变压器或站用变压器	按电气主接线图编号	统一悬挂于临近巡视通道变压器防护罩左上角
4	主电机	按受电方向从小到大依次编号	立式机组位于上油缸部位，卧式或者斜式机组位于顶部或者侧面，朝向巡视主通道方向
5	主水泵、进人孔、真空破坏阀	编号与主电机编号相同	安装在相应设备的表面或者附近墙面，朝向巡视主通道方向
6	供水泵、排水泵、空压机、油泵、漏油箱、补油箱等	应参照主电机编号顺序编号	编号位于辅机本体朝向巡视通道一侧
7	清污机	参照主机编号顺序、方向编号	安装在清污机上部靠近巡视通道一侧
8	摄像头	应与视频监控主机上编号一致	安装在摄像头立柱上或者附近墙面上
9	蓄电池	按电池组由正到负方向编号	编号位于蓄电池本体朝向门前一侧
10	泵站快速闸门	泵站快速闸门与主电机编号相同，泵站快速闸门分为工作门和事故门，按□□□×-×形式编写，□□□注明工作(事故)门，前一个×是对应机组编号，后一个×表示闸门号	安装在泵站快速闸门活塞杆上
11	泵站快速闸门液压启闭机	应参照主电机编号顺序编号	安装在泵站快速闸门液压装置朝向巡视通道一侧
12	水闸闸门	闸门面向下游从左向右、由小到大依次编号	在排架同一高程，也可以与闸孔编号结合
13	水闸启闭机	面向下游从左向右、由小到大依次编号	启闭机编号位于启闭机外壳上
14	水闸闸孔	面向下游从左向右、由小到大依次编号	闸孔编号位于排架内侧，每孔左右两侧编号相同

续表

序号	设备名称	编号规则	安装位置
15	灭火器	编号与消防设施平面布置图一致	安装在灭火器箱上部或灭火器旁墙壁上
16	消防栓	编号与消防设施平面布置图一致	安装在消防栓门上
17	接地线	对 2 组及以上的接地线应编号管理	
18	配电屏	配电柜、控制屏、PLC 屏按顺序编号	安装在配电柜、控制屏、PLC 屏正面

(4) 设备涂色标准

设备涂色标准应参照表 4-67 执行。

表 4-67　设备涂色标准

序号	设备名称	颜色名称
1	启闭机转动部位	红色
2	动滑轮、定滑轮	黄色和黑色相间条纹
3	泵壳内表面、轮毂、导叶等过流表面	红色
4	水泵外表面	蓝灰或果绿
5	电动机轴和水泵轴	红色
6	水泵、电动机踏脚板、回油箱	黑色
7	电动机定子外表面、上机架表面、下机架表面	米黄或浅灰
8	栏杆(不包括镀铬和不锈钢栏杆)	银白或米黄
9	阀门及管道附件	黑色
10	阀门手轮(铜阀门不涂色)	红色
11	接地装置(外露部分)	黄色和绿色相间条纹

(5) 主要颜色色样

主要颜色色样应参照表 4-68 执行。

表 4-68　主要颜色色样

颜色	底色值(CMYK 值)				色样
	C	M	Y	K	
红色	0	100	100	0	
黄色	0	20	100	0	

续表

颜色	底色值(CMYK 值)				色样
	C	M	Y	K	
蓝色	100	50	0	0	
绿色	100	0	100	0	
黑色	0	0	0	100	
白色	0	0	0	0	

4.2.1.9 标志标牌制作、安装和维护

(1) 标志标牌制作

① 标志标牌材料的选择应根据使用环境、安装方式等确定，宜选用环保、安全、耐用、阻燃、耐腐蚀、不变形、不褪色、易于维护的材料。

② 有触电危险或易造成短路的场所应使用绝缘材料制作的标志标牌。夜间有警示要求的宜采用反光材料制作标志标牌或者增加辅助照明设施。

③ 户外标志标牌应选用牢固、耐久、耐腐蚀的材质制作，可选用不锈钢板、铝板、耐候钢板、石材、钢筋混凝土等材料。

④ 标志标牌立柱可选用 H 型钢、槽钢、钢管等材料制作。

⑤ 室内标志标牌应选用牢固、耐久、安装方便、不易褪色等材料，可选用铝塑板、亚克力、PVC 板、不干胶等。

⑥ 标志标牌中有人员信息、联系方式等可能更换的信息宜做成活动牌，以便于更换。

⑦ 当标志标牌需要在自然光线不足的场所或夜间使用时，应确保标志标牌有足够的照明，或使用内置光源，设置照明标志标牌。

⑧ 标志标牌应图形清楚、无毛刺、无尖角、无孔洞，避免存在安全隐患。

(2) 标志标牌安装

① 标志标牌的安装应可靠，便于维护，易于观察，适应使用环境要求。

② 标志标牌宜设置在明亮、醒目的位置，避免被树木、设备、建筑物遮挡，标志标牌前不得放置妨碍认读的障碍物。

③ 标志标牌不宜安装在门、窗、架等可移动的物体上，以免标志标牌随母体物体相应移动，影响认读。

④ 标志标牌的设置，不得妨碍行人通行和车辆交通，不应对人身和设备安全构成潜在风险或妨碍正常工作。

⑤ 水闸、泵站标志标牌常用的安装方式主要有单柱式、多柱式、悬臂式、落地式、地埋式、附着式、悬挂式、地面式。

a. 单柱式是标志标牌安装在一根立柱上，适用于室外中小型、各种形状的标志标牌，如图 4-30 所示。

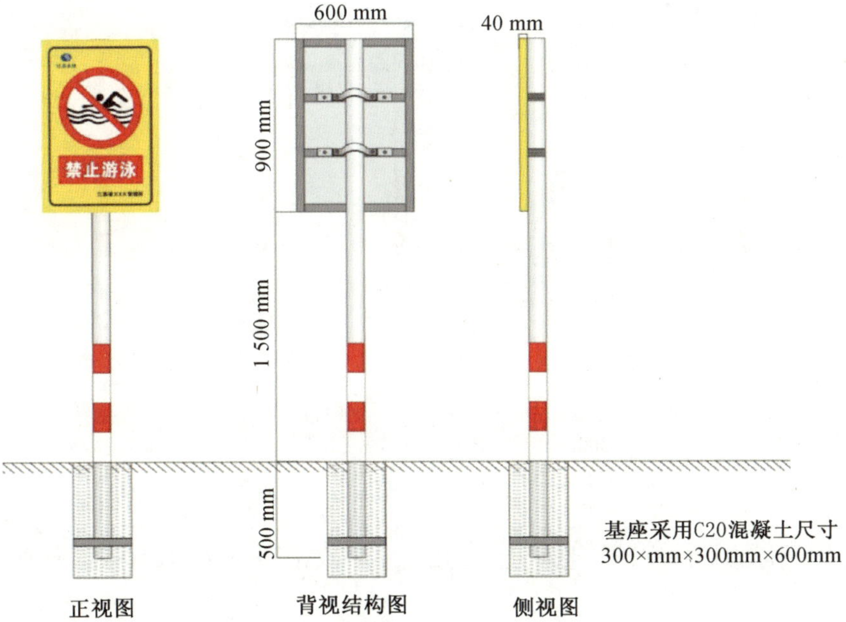

(a) 单面

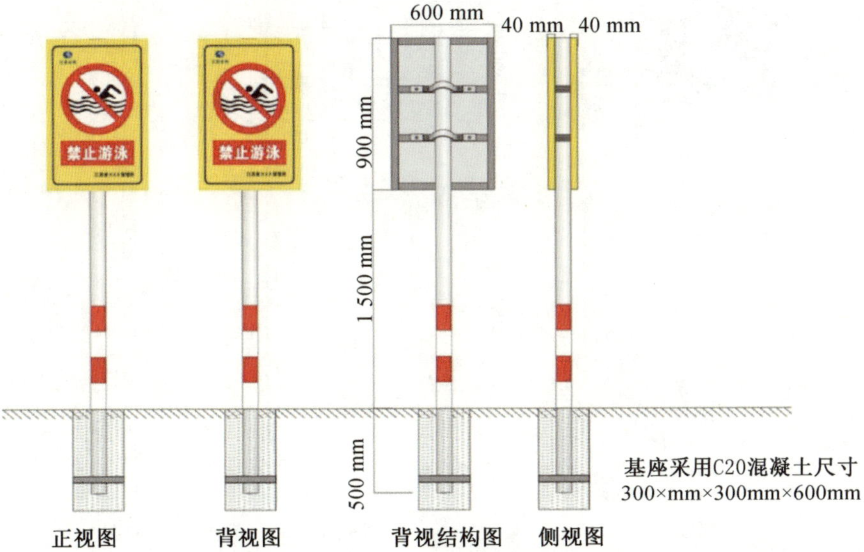

(b) 双面

图 4-30　单柱式支持安装方式示意图

b. 多柱式是标志板安装在两根及两根以上立柱上，适用于室外大、中型长方形的标志标牌，如图 4-31 所示。

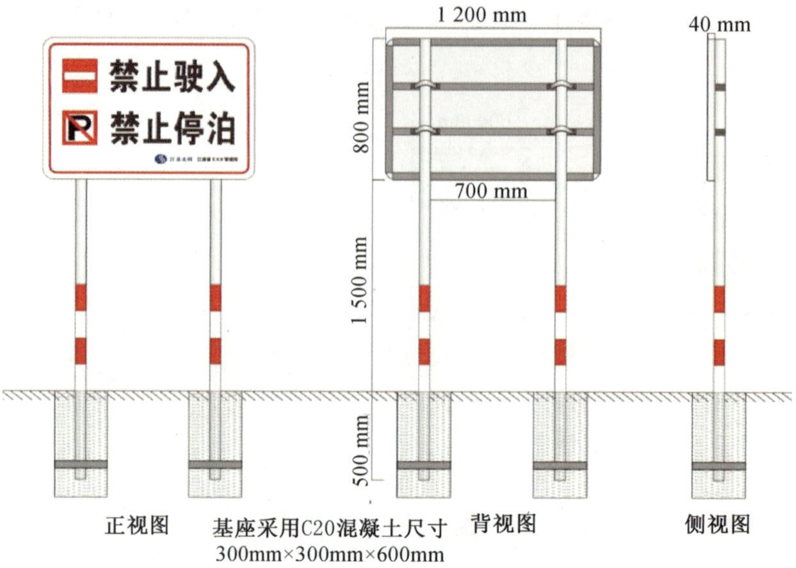

图 4-31　多柱式支持安装方式示意图

c. 悬臂式是标志标牌安装于悬臂上，适用于室外大中型、长方形的标志标牌，如图 4-32 所示。

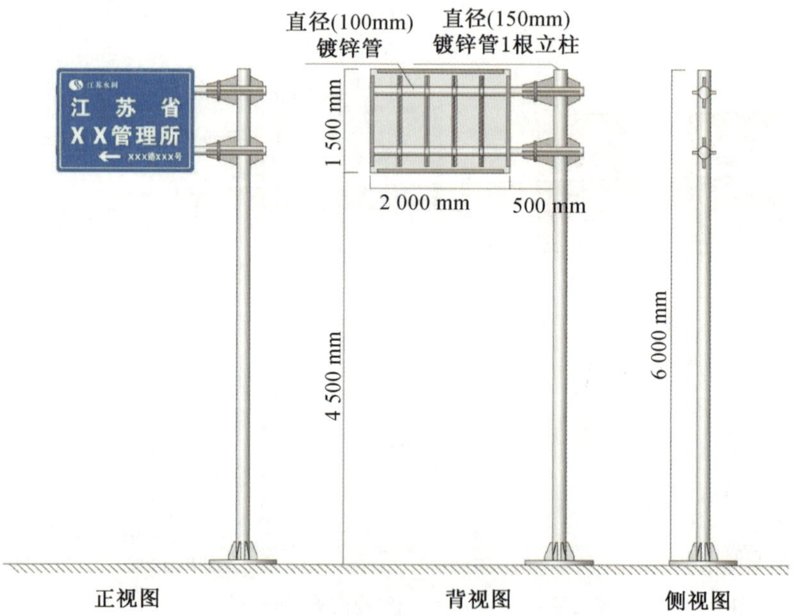

图 4-32　多悬臂式支持安装方式示意图

d. 落地式是标志标牌直接坐落于地面的安装方式，适用于周边有较大空间、尺寸较大的标志标牌，如图 4-33 所示。

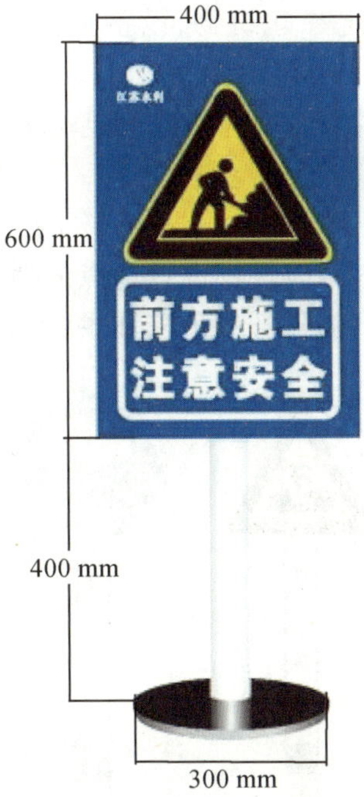

图 4-33　落地式支持安装方式示意图

e. 地面式是通过镶嵌、喷涂等方法将标志标牌以平面方式固定在地面的安装方式。适用于指示方向的标志标牌。

f. 地埋式是标志标牌的一部分直接填埋于地下的安装方式，适用于室外不能移动的标志标牌，如图 4-34 所示。

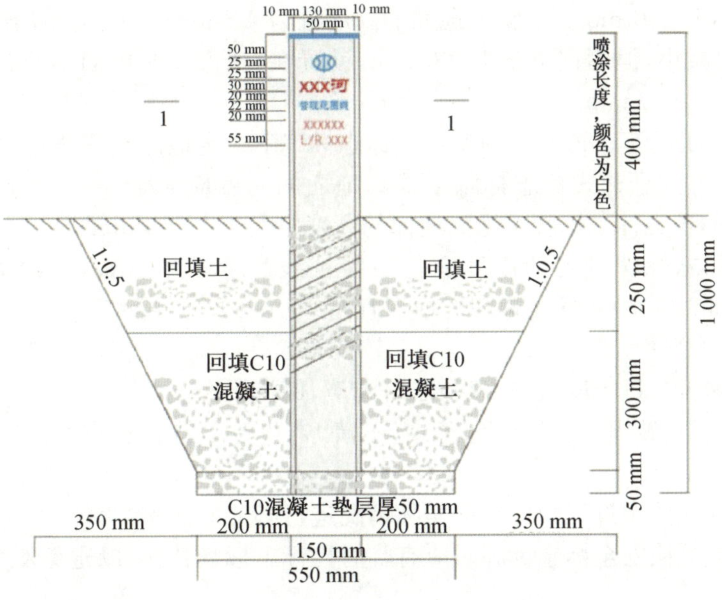

图 4-34　地埋式支持安装方式示意图

g. 附着式是标志标牌背面固定在建筑物、设备上的安装方式。适用于周边有墙面、设备可以附着的标志标牌。

h. 悬挂式是标志标牌与建筑物、设备连接或固定为悬空的安装方式。适用于周边有建筑物、设备可以悬挂的标志标牌。

⑥ 标志标牌的立柱、底座应牢固、耐久，具有一定的强度和刚度。立柱、底座的断面尺寸、连接方式、基础大小、埋设深度等，应根据设置地点的地基条件、风力、版面大小及支撑方式计算确定。安全标志标牌立杆下部色彩颜色应和主标志的颜色一致，如图 4-35 所示。

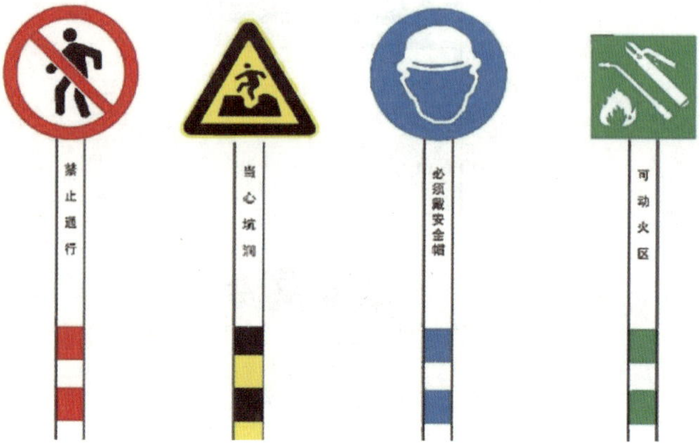

图 4-35　固定安全标志的标志杆色带

⑦ 标志标牌和立柱的连接应根据版面大小、连接方式选用。在设计连接部件时，应保证安装更换方便、连接牢固、版面平整。

⑧ 单柱式、多柱式标志标牌内边缘不应侵入道路建筑限界，距车行道或人行道的外侧边缘或路肩不小于 250 mm。下缘离地面的高度宜为 1 500～2 500 mm，下缘离地面的高度可根据实际情况减小，但不宜小于 1 200 mm，设置在有行人、非机动车的路侧时，下缘离地面的高度宜大于 1 800 mm。

⑨ 位于各种机动车车道上方的悬臂式标志标牌下缘离地面的高度应大于 4 500 mm，位于小客车车道上方的悬臂式标志标牌下缘离地面的高度应大于 3 500 mm，位于非机动车道、人行道上方的各类标志标牌下缘离地面的高度应大于 2 500 mm。

⑩ 附着式标志标牌设置的高度宜与眼睛视线高度基本一致，下缘离地面高度宜为 1 200～1 400 mm。地埋式标志标牌的埋深宜在 400～600 mm。

(3) 标志标牌维护

① 标志标牌至少每季度检查一次，及时清洁，保持干净。

② 当发现倾斜、破损、变形、变色、字迹不清、老化等不符合要求的问题时，应及时维修或更换。

③ 标志标牌在使用过程中可根据实际情况进行必要的调整。

④ 在整修或更换安全标志标牌时应有临时性标志标牌替换，以避免发生意外。

4.2.2　导视类标志标牌

管理单位应设置的导视类标志标牌包括巡视检查路线标牌，宜设置的导视类标志标牌包括工程路网导视标牌、工程区域总平面布置图标牌、工程区域内建筑物导视标牌、建筑物内楼层导视标牌。

导视类标志标牌应保证信息的连续性和内容的一致性。导视标牌有多个不同方向的目的地时，宜按照向前、向左和向右的顺序布置。同一方向有多个目的地时，宜按照由近及远的空间位置从上至下集中排列。

4.2.2.1　工程路网导视标牌

标牌内容包括名称、方向、距离和地址等。名称可为工程名称、枢纽名称、管理单位名称或者水利风景区名称。

宜设置在公路主干道、公路次干道或干线公路的路口和路旁。

泵站工程为 AAA 级及以上旅游景区(点)、水利风景区，宜设置旅游区标志标牌，运用国家水利风景区和江苏水利风景区标志(图 4-36)，AAA 级以下旅游景区(点)不宜设置旅游区标志标牌(图 4-37)。

图 4-36　旅游景区(点)、水利风景区(示例)

图 4-37　非旅游景区(点)、水利风景区(示例)

4.2.2.2 工程区域总平面布置图标牌

由主图、图名称和图例组成。主图可为鸟瞰图、效果图等。主图中应标注主要及附属建筑物名称、河道名称、相应的附属设施等，并醒目标注观察者位置（示例见图 4-38）。

宜设置在管理单位入口处或建筑物入口处。

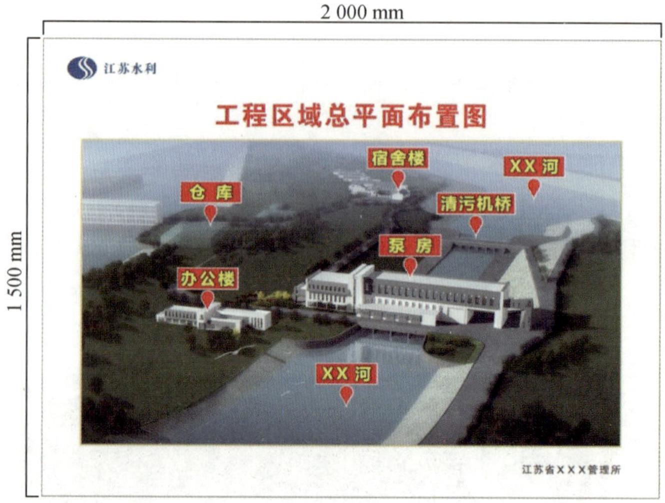

图 4-38　工程区域总平面布置图标牌（示例）

4.2.2.3 工程区域内建筑物导视标牌

为建筑物、构筑物名称和方向指示等（示例见图 4-39）。宜设置在道路交叉路口处。

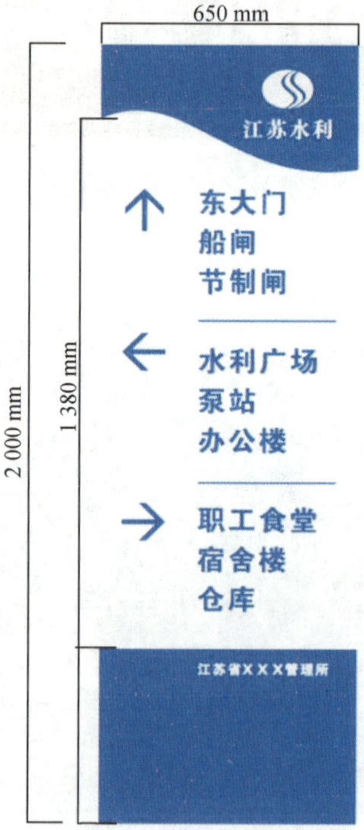

图 4-39　工程区域内建筑物导视标牌（示例）

4.2.2.4　建筑物内楼层导视标牌

泵站工程内的建筑物为多层建筑时，应设置建筑物内楼层导视标牌，标注每层布置的功能间名称。标牌内容从上向下应按照高楼层向低楼层的顺序布置(示例见图 4-40)。

宜设置在建筑物或多层建筑物楼梯入口处。

图 4-40　建筑物内楼层导视标牌(示例)

4.2.2.5　防汛物资调运线路图

应包括防汛物资仓库所在位置、本工程所在位置、物资调运线路图以及必要的文字说明。宜设置在仓库内。

4.2.2.6　巡视检查路线标牌

内容应包括巡视检查路线图标牌、巡视路线地贴标牌(示例见图 4-41)、重点部位运行巡视点标牌(示例见图 4-42)等。

应根据设备巡视要求、设备位置、设备安全距离进行设置。巡视检查路线应连续封闭，不得中断。

宜配套设置巡视路线地贴标牌，采用蓝色作为底色。

重点部位宜设置重点部位运行巡视点标牌，明确关键部位的巡视点，提醒运行工作人员加强巡视。

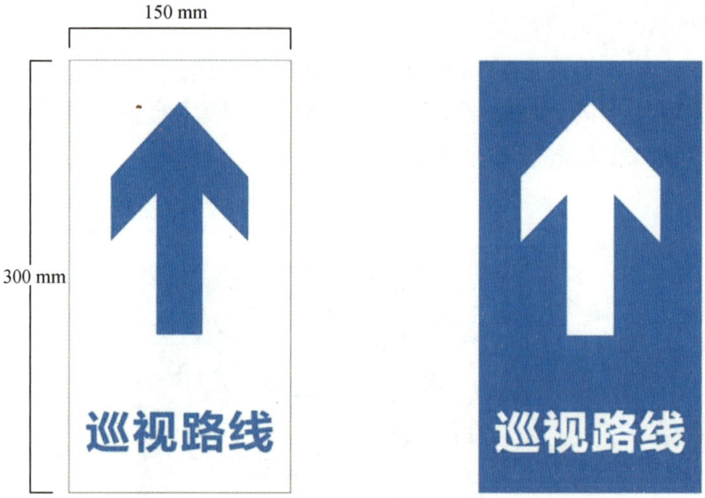

图 4-41　巡视路线地贴标牌(示例)

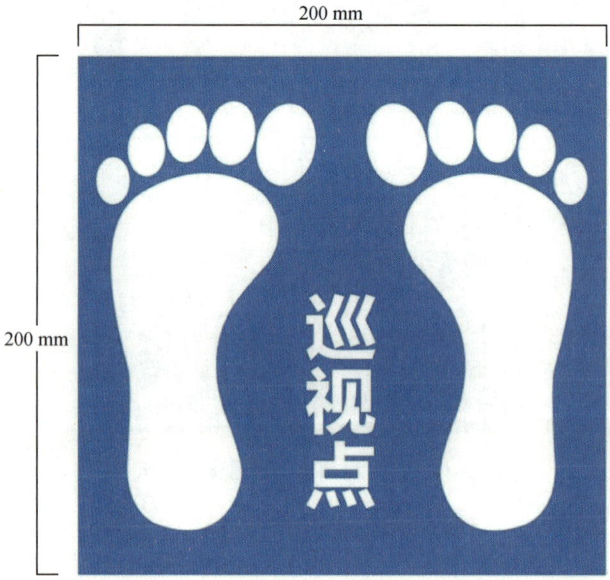

图 4-42　巡视点标牌(示例)

4.2.3　公告类标志标牌

管理单位应设置的公告类标志标牌包括工程简介标牌、工程平面图、立面图、剖面图标牌、管理范围和保护范围公告牌、安全警戒区公告牌、水法规告示标牌、工程建设永久性责任标牌、工程主要技术参数表标牌、工程主要电气设备揭示表标牌、工程主要机械设备揭示表标牌、电气主接线图标牌、电气低压系统图标牌、水闸技术曲线标牌、启闭机控制原理图标牌、油系统图标牌、气系统图标牌、水系统图标牌、管理制度标牌、关键岗位责任标牌、操作规程标牌、巡视内容标牌、工作流程图标牌，宜设置的公告类标志标牌包括工程管理标牌、参观须知标牌、值班人员明示牌。

公告类标志标牌为单面设置，必要时可设置为双面标牌。对于闸站合一等水利枢纽工程，部分标牌可合并设置。

4.2.3.1　工程简介标牌

文字内容应包括工程名称、位置、规模、功能、建成时间、关键技术参数、设计标准及服务范围等内容。图片应包括工程规划图、参考图或所在水系图等，宜明确工程受益范围。

工程规划图、参考图或周边水系图中应标注本工程所在位置（示例见图 4-43）。

宜设置在建筑物入口、门厅入口等醒目位置。

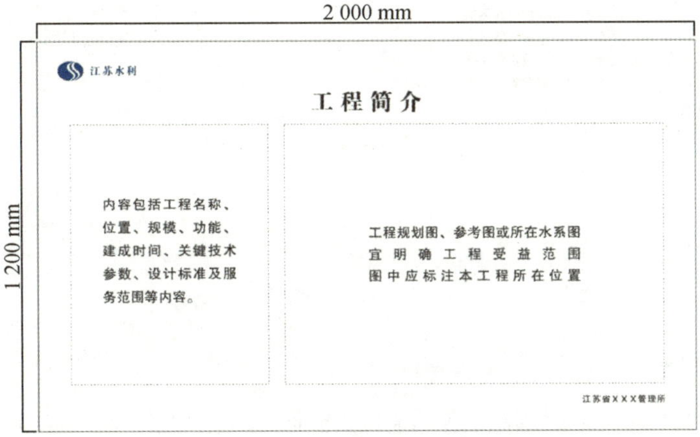

图 4-43　工程简介标牌（示例）

4.2.3.2　工程平面布置图、立面图、剖面图标牌

平面图、立面图、剖面图中应标注主要建筑名称、特征水位、关键高程、关键参数等。

工程剖面图宜按水流从左向右方向布置（示例见图 4-44）。

宜设置在建筑物入口、门厅入口等醒目位置。

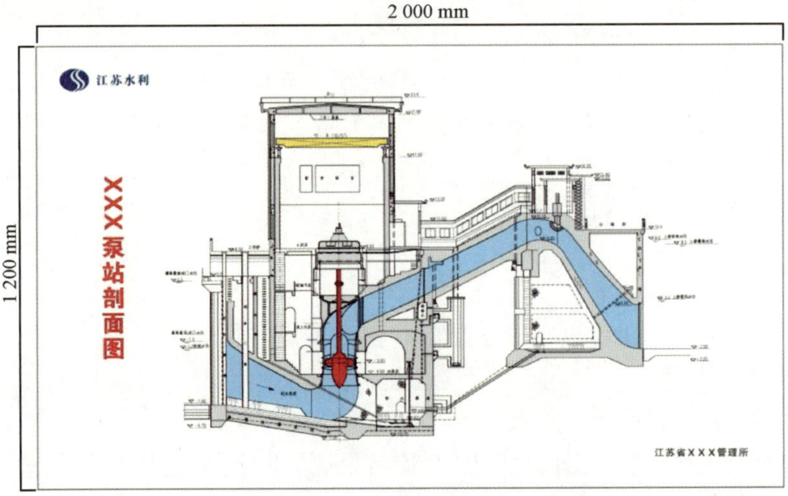

图 4-44　工程剖面图标牌（示例）

4.2.3.3 工程管理标牌

应包括管理单位名称、职责、人员配置、日常管理行为、精细化和规范化管理亮点等内容。标牌内容可包括日常巡视、检查、维修、养护、运行、培训等照片(示例见图 4-45)。宜设置在建筑物入口、门厅入口等醒目位置。

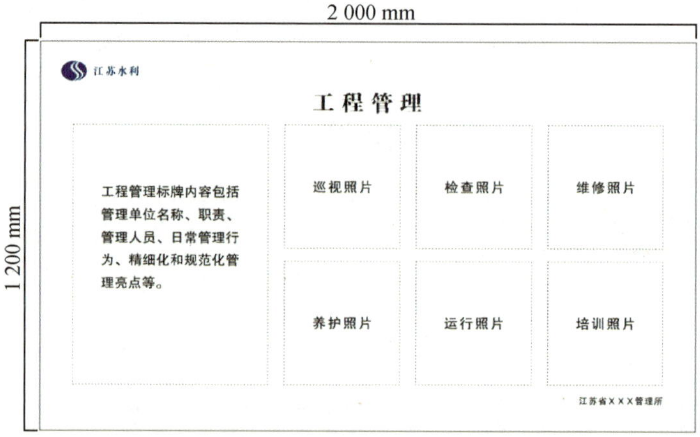

图 4-45　工程管理标牌(示例)

4.2.3.4 管理范围和保护范围公告牌

应包括工程的管理和保护范围、公告主体、批准日期、示意图等内容(示例见图 4-46)。宜设置在工程区域及其管理范围或保护范围醒目位置。

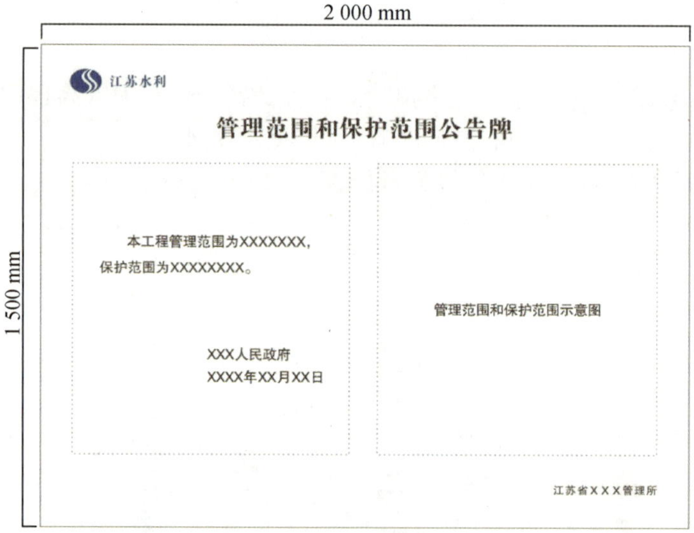

图 4-46　管理范围和保护范围公告牌(示例)

4.2.3.5 安全警戒区公告牌

应包括安全警戒区具体范围、危害因素及后果、禁止行为、违法后果、公告主体、批准日期、示意图等(示例见图 4-47)。

宜设置在道路、堤防处。

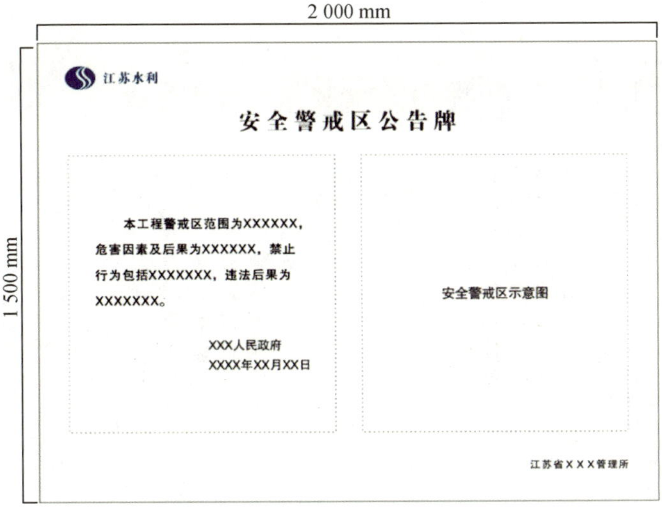

图 4-47　安全警戒区公告牌(示例)

4.2.3.6　水法规告示标牌

内容可从国家及地方相关法律法规、规章中摘选，标牌底色宜为蓝色或黄色(示例见图4-48)。

宜设置在水闸、泵站上下游的左右岸、入口、公路桥以及拦河浮桶处。数量可根据实际需要确定，不宜少于 4 块。

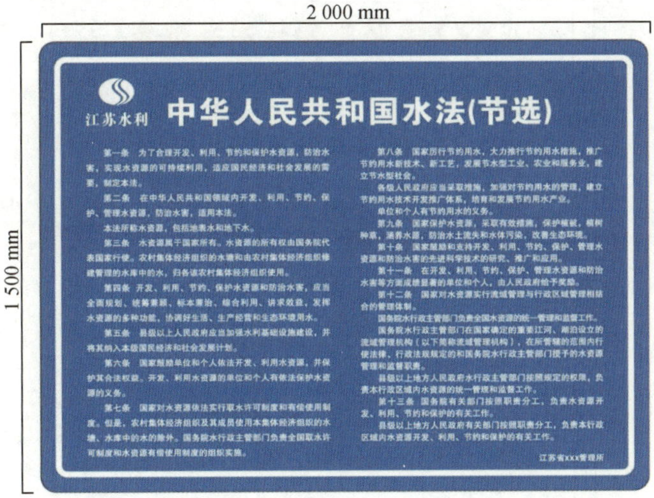

图 4-48　水法规告示标牌(示例)

4.2.3.7　工程建设永久性责任标牌

应包括工程名称，开竣工日期，建设、勘察、设计、施工、监理单位全称及负责人等内容(示例见图 4-49)。

宜设置在主要建筑物的显要位置。

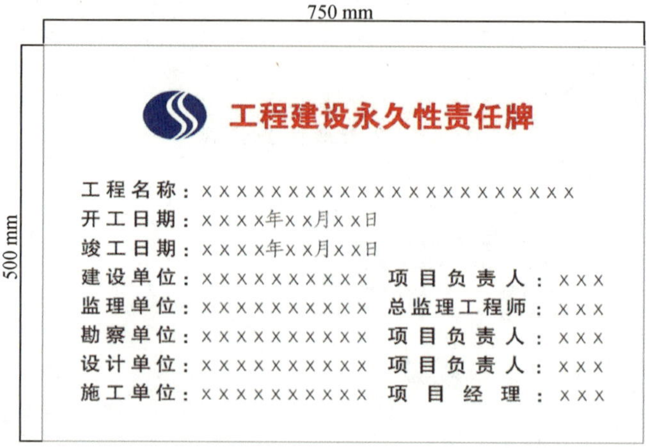

图 4-49　工程建设永久性责任标牌(示例)

4.2.3.8　工程主要技术参数表标牌

应包括工程位置、所在河流、运用性质、开竣工时间、主要技术参数、主要设备型号等(示例见图 4-50)。

宜设置在门厅、泵站主厂房等位置。闸站结合的工程可设置在同一标牌中。

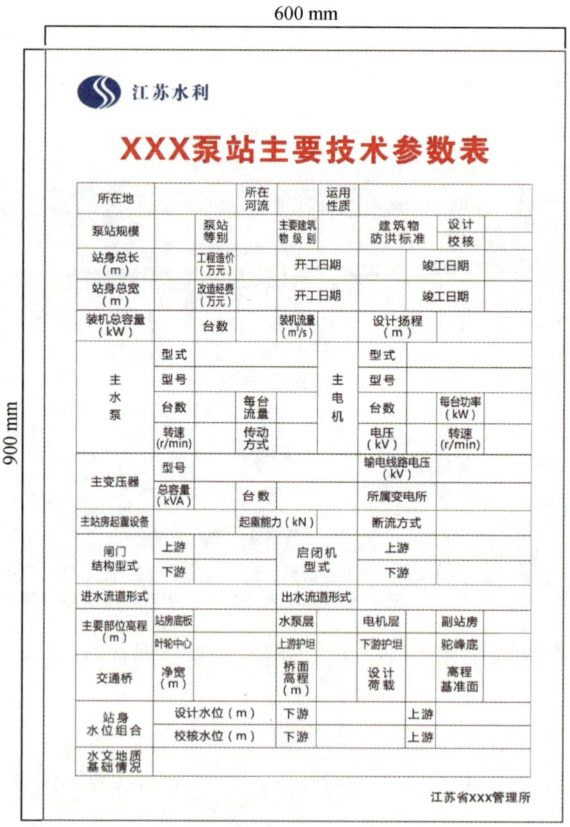

图 4-50　工程主要技术参数表标牌(示例)

4.2.3.9　工程主要电气设备揭示表标牌

应包括主要电气设备的规格型号、制造时间、安装时间、投运时间、大修、养护周期及设备评级等内容(示例见图 4-51)。主要电气设备包括变压器、主电机、高低压开关柜等。

宜设置在水闸启闭机房、泵站主厂房等位置,闸站结合的工程可设置在同一标牌中。设备评级发生变化时,应更换工程主要电气设备揭示表标牌。

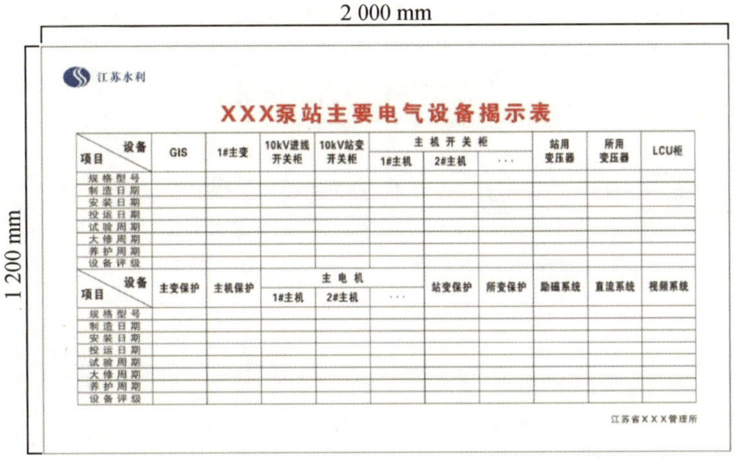

图 4-51　泵站主要电气设备揭示表标牌(示例)

4.2.3.10　工程主要机械设备揭示表标牌

应包括主要机械设备的规格型号、制造时间、安装时间、投运时间、大修、养护周期及设备评级等内容。水闸机械设备包括启闭机、闸门等。泵站机械设备包括主水泵、油气水系统、断流设施、起重设备及清污系统等设备(示例见图 4-52)。

宜设置在水闸启闭机房、泵站主厂房等位置,闸站结合的工程可设置在同一标牌中。设备评级发生变化时,应更换工程主要机械设备揭示表标牌。

主要机械设备揭示表与主要电气设备揭示表标牌可合并设置。

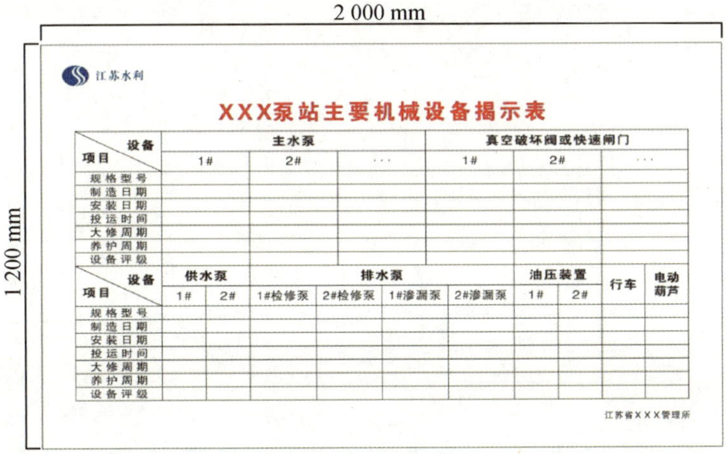

图 4-52　泵站主要机械设备揭示表标牌(示例)

4.2.3.11 电气主接线图标牌

应标明母线及电压等级、设备名称、断路器编号、图例等(示例见图 4-53)。

母线颜色应按电压等级设计。

宜设置在高压开关室内。

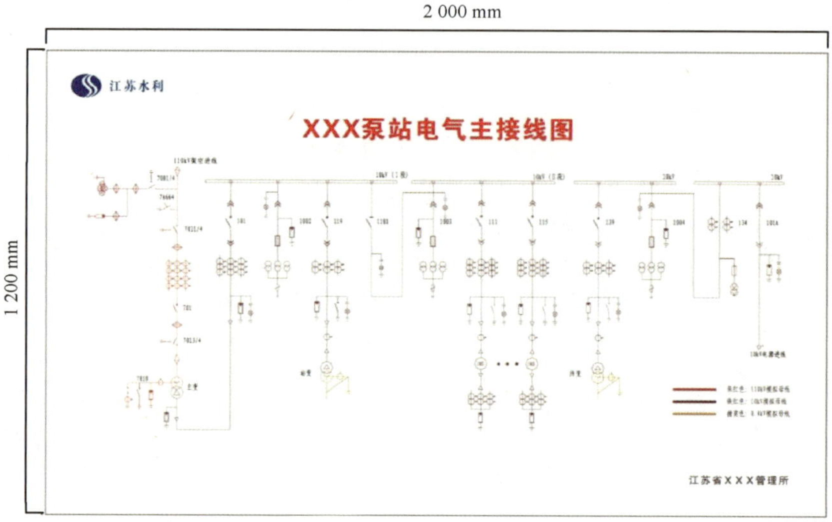

图 4-53 电气主接线图标牌(示例)

4.2.3.12 油系统图、气系统图、水系统图标牌

应标明设备名称、闸阀编号、设备图例、管道管径等内容(示例见图 4-54)。

系统图中管道颜色应分类设计。

宜设置在现地设备旁。

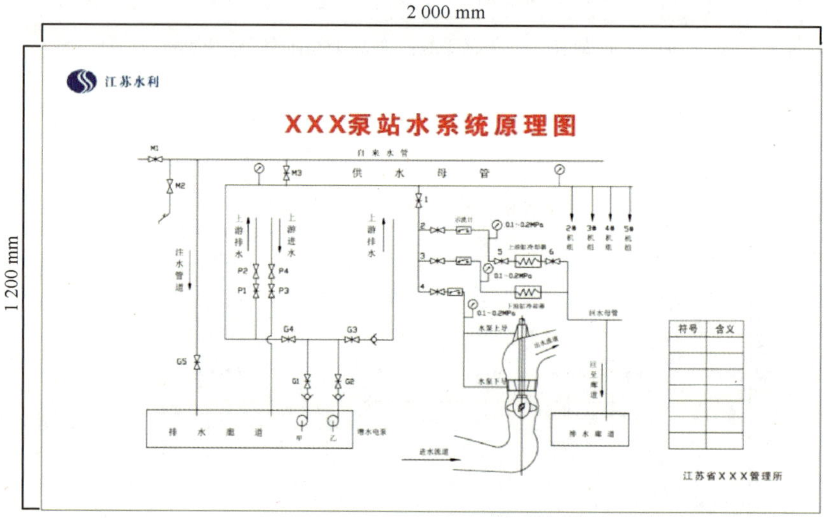

图 4-54 油、气、水系统图标牌(示例)

4.2.3.13　值班人员明示牌

应包括岗位、姓名、照片、电话等。值班人员明示牌用于明示当班人员(示例见图 4-54)。

值班人员明示牌宜设置在中控室的醒目位置。

值班人员明示牌宜采用可替换形式。

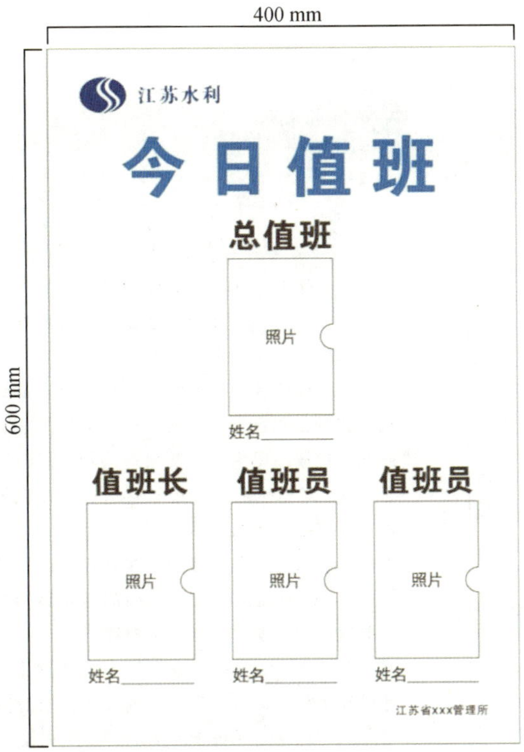

图 4-55　值班人员明示牌(示例)

4.2.3.14　管理制度标牌

包括设备管理、运行管理、物资管理、水行政管理、档案管理、安全生产、防汛管理等(示例见图 4-56)。

宜设置在相应设备旁或相应功能间内。

4.2.3.15　关键岗位责任标牌

按照运行管理人员的岗位设置，内容按照岗位职责制定。宜按岗位设置在相应功能室内(示例见图 4-56)。

4.2.3.16　操作规程标牌

包括泵站开机、停机等操作规程。宜设置在主要设备旁或相应功能间内(示例见图 4-56)。

4.2.3.17　巡视内容标牌

巡视内容应根据不同巡视对象制定。宜设置在需要巡视的设备或关键部位旁(示例见图 4-56)。

4.2.3.18　工作流程图标牌

包括调度、检查、检修、观测、事故应急处置等工作流程。宜设置在相应场所或功能间内。

4.2.3.19　参观须知标牌

应包括参观必须遵守的管理要求及禁止行为等参观规定的内容(示例见图 4-57)。

宜设置在建筑物入口、门厅入口等醒目位置。

4.2.3.20　水泵装置性能曲线、电机性能曲线标牌

包括水泵装置流量与叶片角度及扬程等关系，电机运行性能等内容(实例见图 4-58)。

宜安装于中央控制室或设备旁。

4.2.3.21　有权发令人员标牌

内容包括有权发令、有权操作、有权监护、有权签发工作票、有权单独巡视、有权调度联系等工作人员名单(见图 4-59)。

宜安装在中控室或开关室醒目位置。尺寸 600 mm×900 mm。

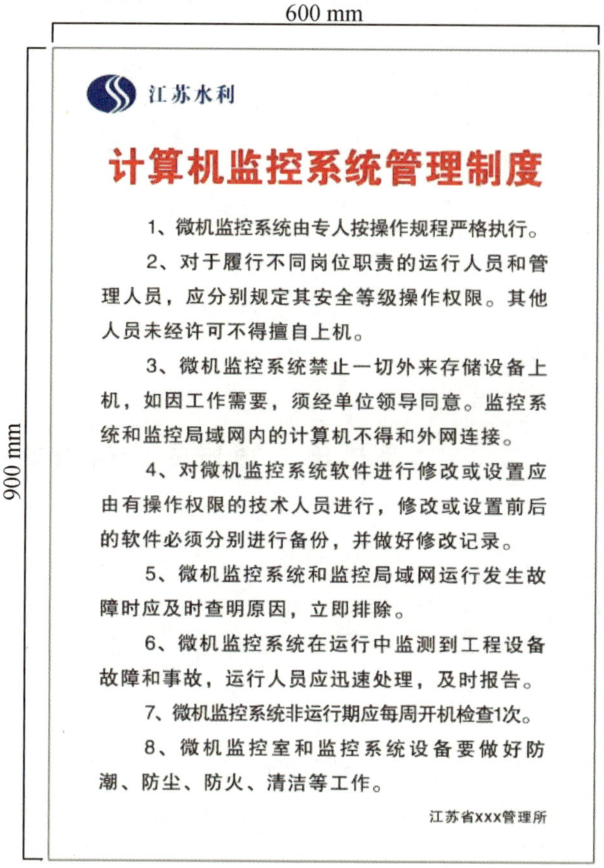

图 4-56　管理制度标牌(示例)

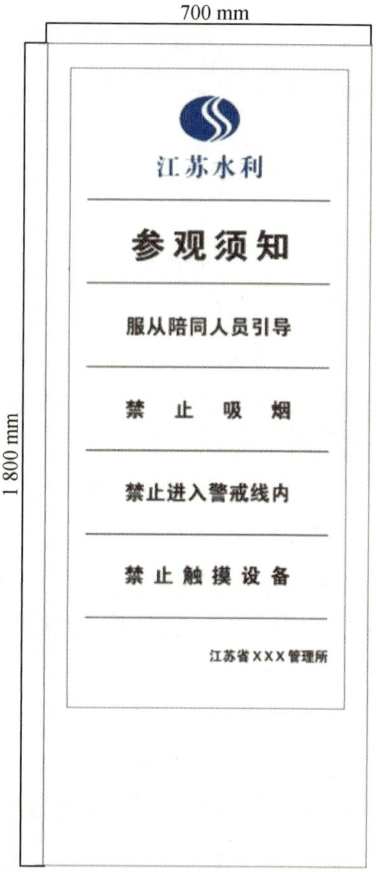

图 4-57　参观须知标牌(示例)

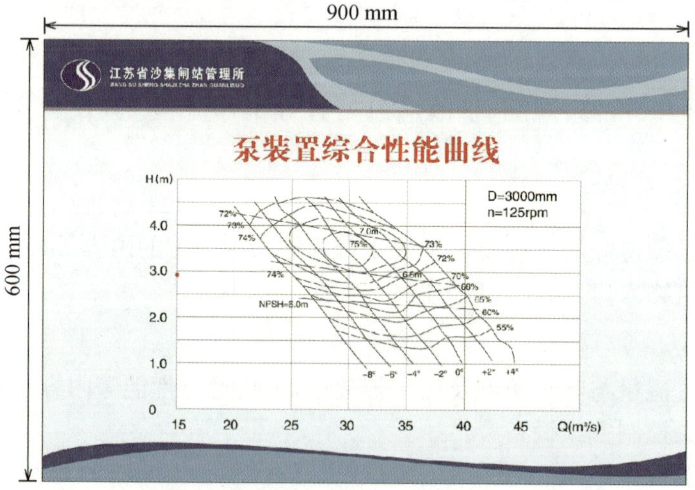

图 4-58　水泵装置综合性能曲线标识牌(实例)

4.2.3.22　安全组织网络图标牌

安全组织网络图应包含单位主要负责人、技术负责人，部门负责人等安全生产组织人员

(图 4-60)。

宜悬挂在门厅、控制室等醒目部位。尺寸 600 mm×900 mm。

图 4-59 有权发令人员标牌(实例)

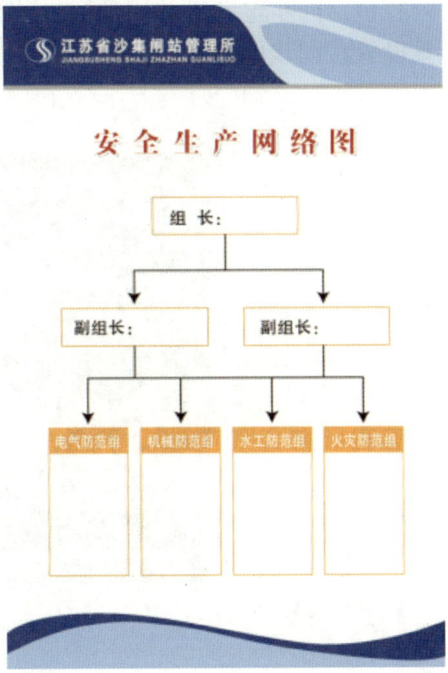

图 4-60 安全生产网络图标牌(实例)

4.2.3.23 工程设备巡视路线标牌

内容包括运行巡视主要设备、巡视路线和内容(图 4-61)。

宜设置在主厂房内显要的位置。尺寸 2 000 mm×1 200 mm。

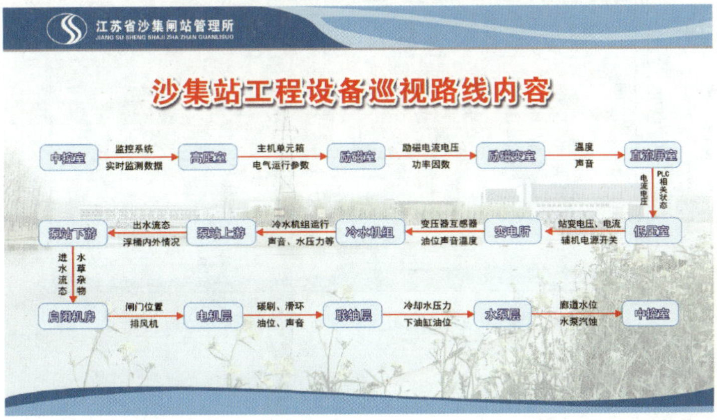

图 4-61 工程设备巡视路线标牌(实例)

4.2.3.24 泵站紧急停机流程图标牌

内容为紧急停机流程的步骤及方法(实例详见图 5-36 和图 5-37)。宜设置在门厅或电机层等处。尺寸 600 mm×900 mm。

4.2.3.25　同步电机汽轮机油标号标牌

内容包括同步电动机的用油标号(图 4-62)。

宜设置在同步电动机观察孔或油杯处。

图 4-62　汽轮机油标牌(示例)

4.2.3.26　干式变压器、电机等温度、温升标准值标牌

应包括变压器、电动机、发电机等温度、温升标准值等信息(图 4-63)。

宜设置于现场。

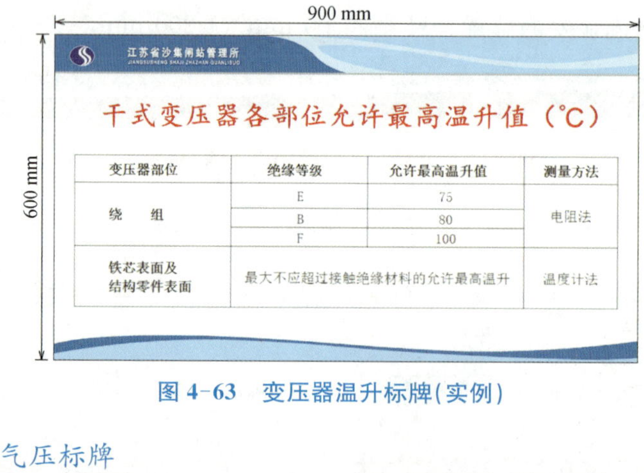

图 4-63　变压器温升标牌(实例)

4.2.3.27　液压、气压标牌

应包括水压、油压等运行额定值、最大值、最小值(图 4-64)。

宜设置在设备适宜位置。

4.2.3.28　油浸式变压器温度标牌

内容应包括变压器油枕油位运行的允许范围(图 4-65)。

宜设置在变压器器身恰当位置处。

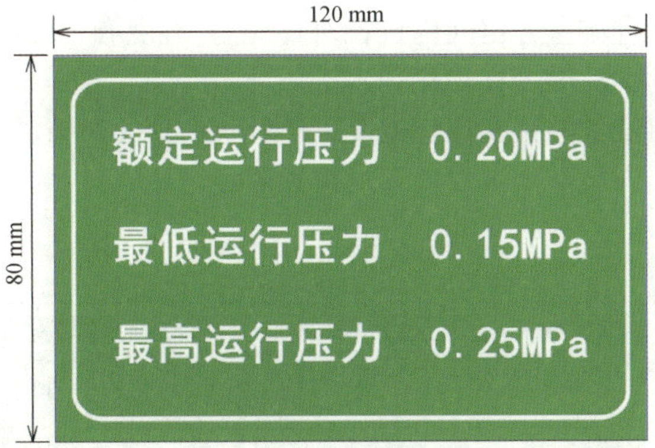

图 4-64　液压标牌(示例)

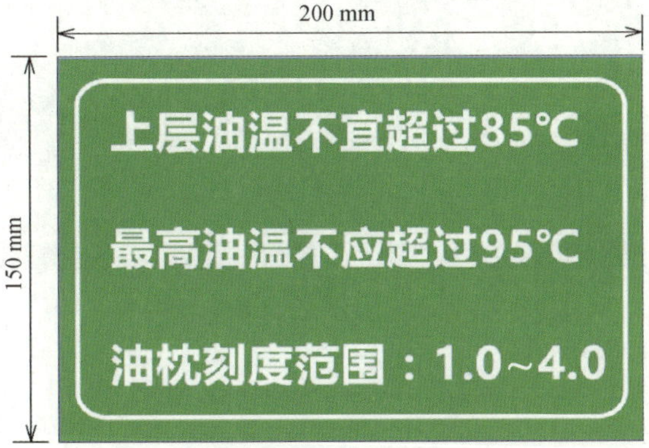

图 4-65　变压器温度标牌(示例)

4.2.3.29　上下游拦河浮桶警示标牌

上下游拦河浮桶钢丝绳上挂设警示标语，内容应包括：拦河设施请勿靠近(图 4-66)、禁止船只通过(图 4-67)等。

宜设置在浮桶钢丝处。

图 4-66　拦河警示标牌(示例)

图 4-67　拦河警示标牌(示例)

4.2.3.30 工作环境温、湿度标牌

水闸、泵站开关室、直流室等房间内设备对环境温、湿度有一定的要求，设备应在一定的范围内运行，应设置环境温、湿度标识标牌。

标牌上应标注主要设备的正常运行温度、湿度范围(图 4-68)。

宜设置在各设备间内粘贴干湿温度计的位置附近。

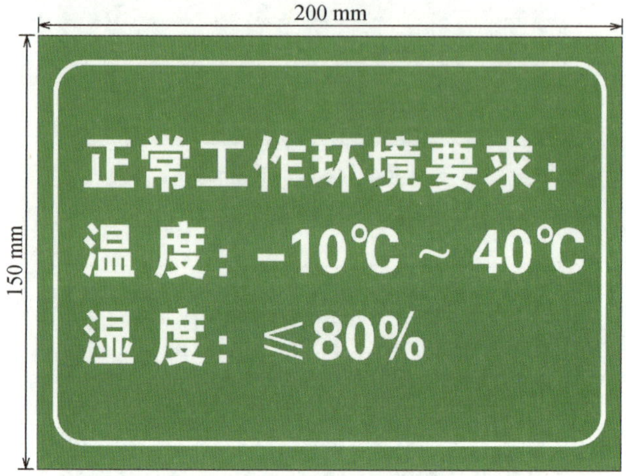

图 4-68 工作环境温、湿度标牌(示例)

4.2.3.31 挡鼠板警示

高低压配电室门口处的挡鼠板高度不小于 400 mm 高度，挡鼠板上方用黑黄相间比例为 1∶1 的胶带粘贴，黄色和黑色的宽度为 50 mm(图 4-69)。

宜设置在高低压配电室门口处。

图 4-69 防小动物措施标准(示例)

4.2.3.32 配电室入口安全警示标牌

内容包括提醒进入高、低压配电室进行巡视、操作等工作时需要注意的安全事项(图 4-70)。

宜设置与高、低压室门框外侧。

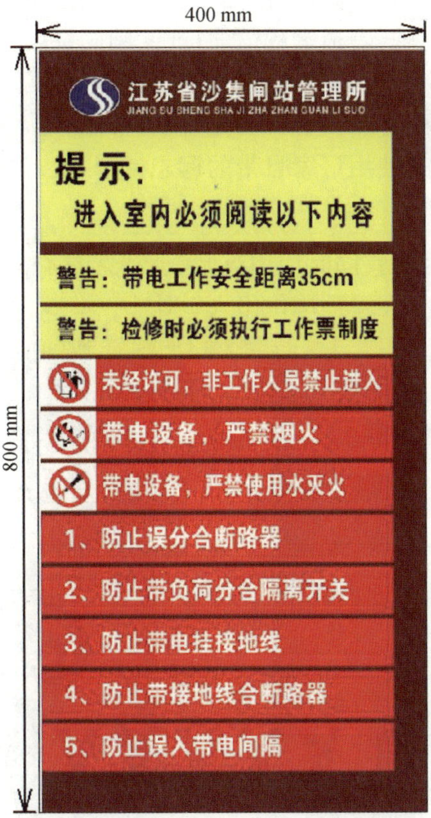

图 4-70　配电室入口安全标识牌标准(实例)

4.2.3.33　电磁刹车间隙标牌

内容包括对照启闭机的制动轮，明示电磁刹车间隙(图 4-71)。

宜设置在启闭机上恰当的位置。

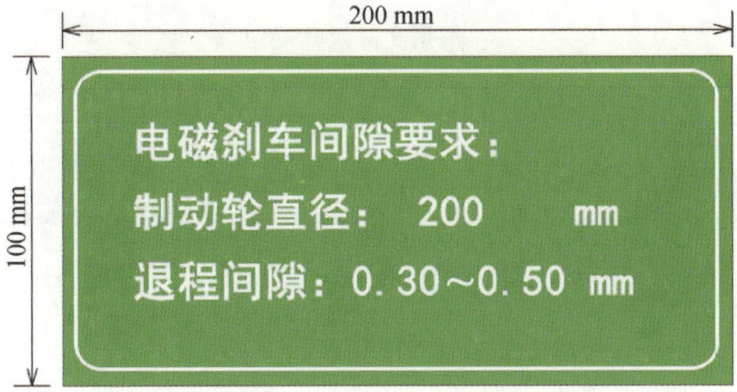

图 4-71　电磁刹车间隙标牌(示例)

4.2.4　名称编号类标志标牌

管理单位应设置的名称编号类标志标牌包括管理单位名称标牌、建(构)筑物名称标牌、房间名称标牌、管理线桩(牌)、管理区域分界牌、工程观测设施名称标牌、里程桩、百米桩、设备名称标牌、设备管理责任标牌、管道名称流向标牌、闸阀标牌、物资名称标牌、液位指示线、闸门开高标志牌、起重机额定起重量标牌、电缆标志标牌、编号标牌、设备涂色、旋转方向标志牌,宜设置的名称编号类标志标牌包括消力坎位置标志牌。

有厂家标志标牌的可优先使用厂家自带的标志标牌,没有的应后期制作。

4.2.4.1 管理单位名称标牌

管理单位名称应使用中文,宜同时使用英文(示例见图 4-72)。

管理单位名称标牌宜设置在管理单位出入口处。

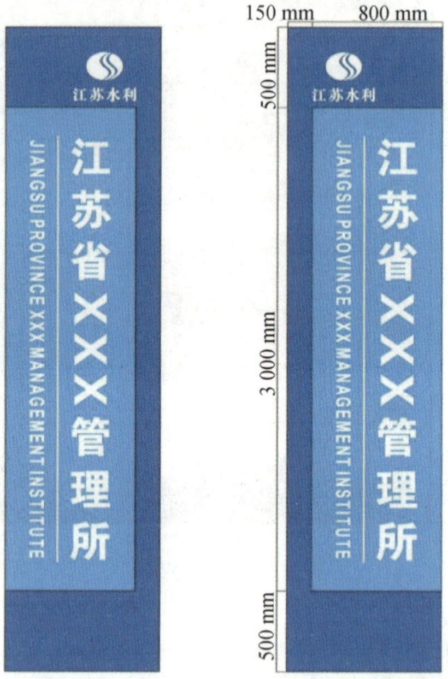

(a) 竖式

(b) 横式

图 4-72　管理单位名称标牌(示例)

4.2.4.2 建(构)筑物名称标牌

每个建(构)筑物宜设置建筑物名称标牌(示例见图 4-73)。

宜设置于建(构)筑物顶部、建(构)筑物侧面或建(构)筑物主出入口处。

(a) 屋顶式

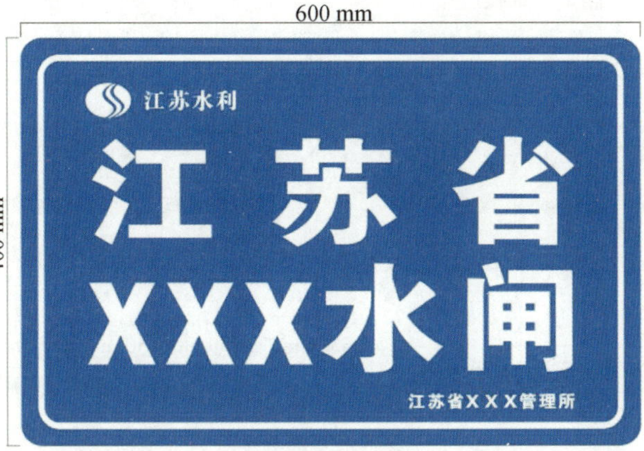

(b) 非屋顶式

图 4-73　建(构)筑物名称标牌(示例)

4.2.4.3　房间名称标牌

应包括房间名称、编号,房间名称标牌内容应根据房间用途确定(示例见图 4-74)。

宜设置在门旁并相对固定。

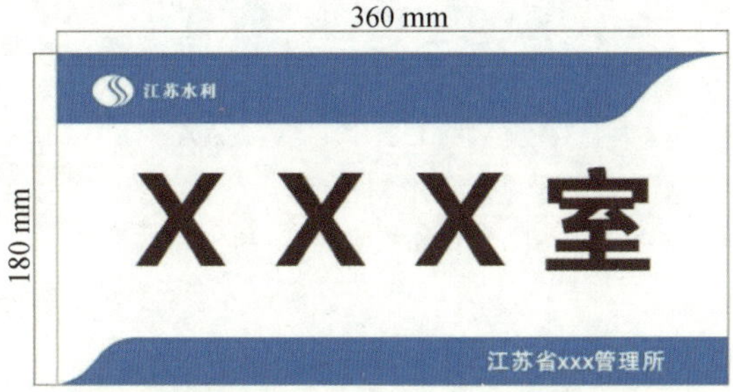

图 4-74　房间名称标牌(示例)

4.2.4.4　管理线桩(牌)

管理线桩(牌)分为管理线界桩和管理线界牌(示例见图 4-75)。内容应包括管理范围线桩、工程名称、界桩编号、严禁破坏及严禁移动等警示语。界桩编号由水闸、泵站名称、县(市、区)名称各字拼音第一个字母缩写和界桩号组成,界桩号用阿拉伯数字 0001、0002、0003 流水编号。

界桩位置应与确权划界成果中的位置对应。设置闸站工程桩(牌)时,在其管理范围顺时针布设界桩。界桩在实地因故无法埋设的可适当调整。

界桩埋设时,“严禁移动”面应背向河道(湖泊、水库、水利工程),并与河道岸线平行。

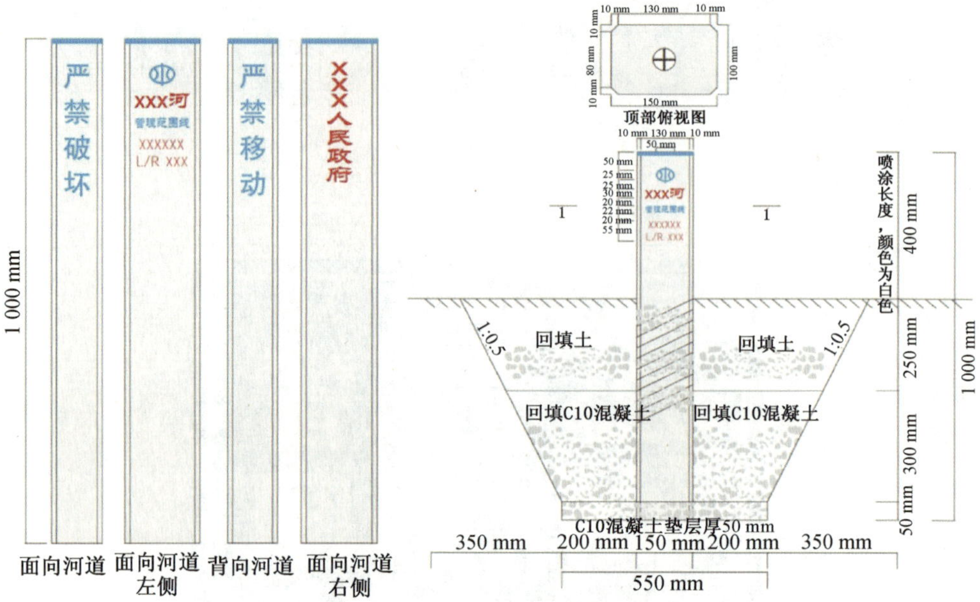

(a) 管理线界桩

(b) 管理线界牌

图 4-75 管理线桩(牌)标牌(示例)

4.2.4.5 管理区域分界牌

内容应包括河道名称、对应的管理单位名称、严禁移动、严禁破坏的警示语(示例见图4-76)。宜设置在管理区域分界线上的醒目位置。

4.2.4.6 工程观测设施名称标牌

宜设置在相应工程观测设施本体上方或旁边。河道断面桩埋设时,“水文设施,严禁移动”面应背向河道,并与河道岸线平行(示例见图 4-77)。

图 4-76　管理区域分界牌(示例)

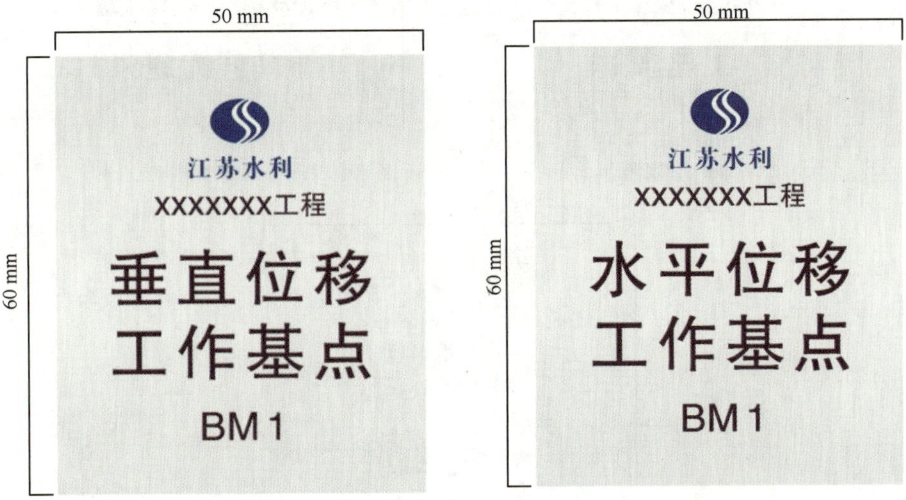

(a) 垂直位移工作基点　　(b) 水平位移工作基点

(c) 垂直位移观测标点

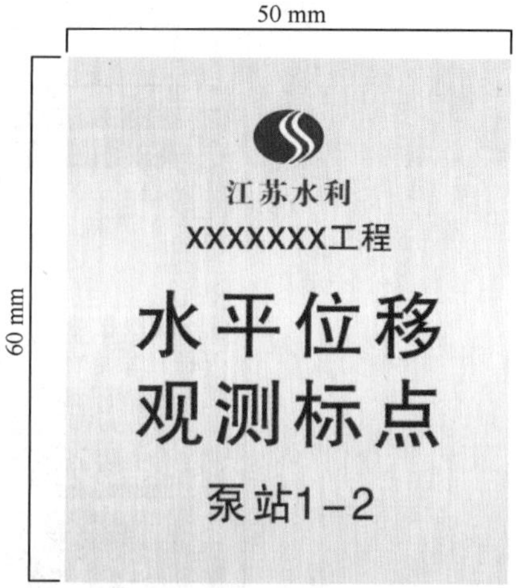

(d) 水平位移观测标点

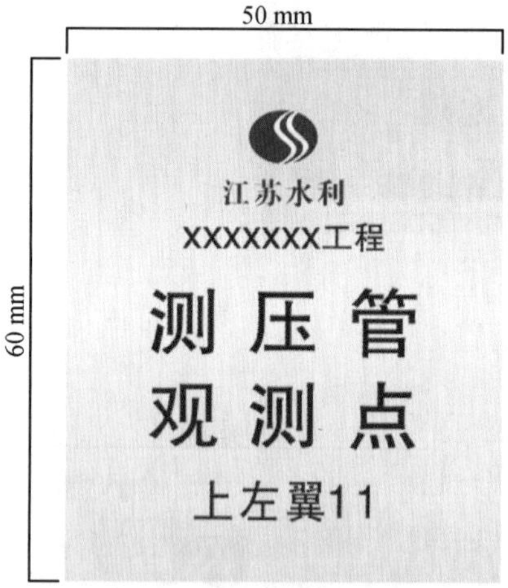

(e) 测压管观测点

(f) 伸缩缝观测标点

(g) 裂缝观测标点

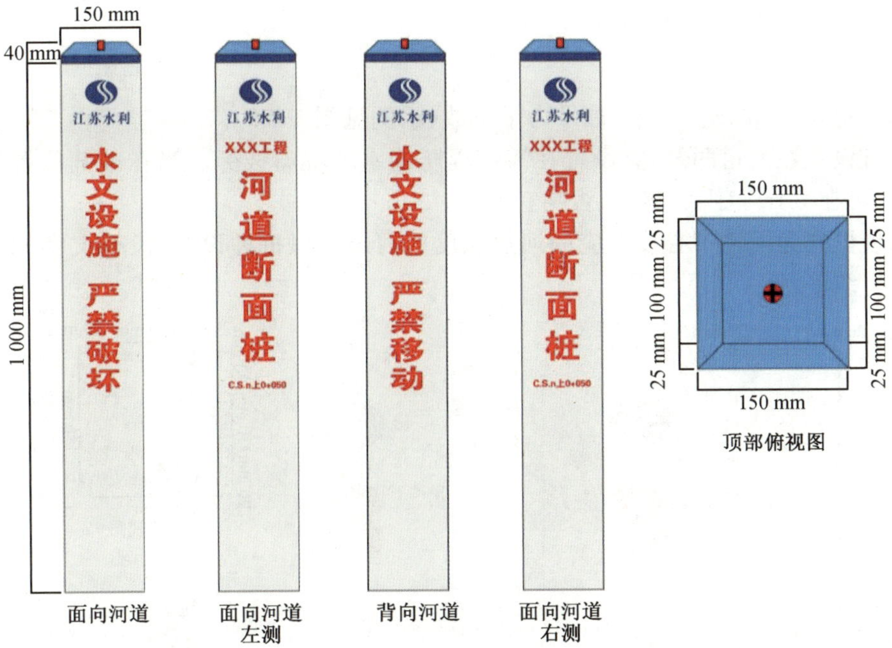

(h) 河道断面桩

图 4-77　工程观测设施名称标牌(示例)

4.2.4.7　里程桩

里程桩每 1 km 设置一个。桩体从上至下分别标注河道名称及公里数(图 4-78)。

河道里程桩设置在河道两侧,宜设置在河道堤防迎水坡堤肩线旁。当在准确位置不能安装里程桩时,可在 15 m 范围内移动,否则宜取消。

河道里程为河道中心线对应的河道长度。河道里程桩埋设时,没有文字和数字的面应与河道岸线平行。

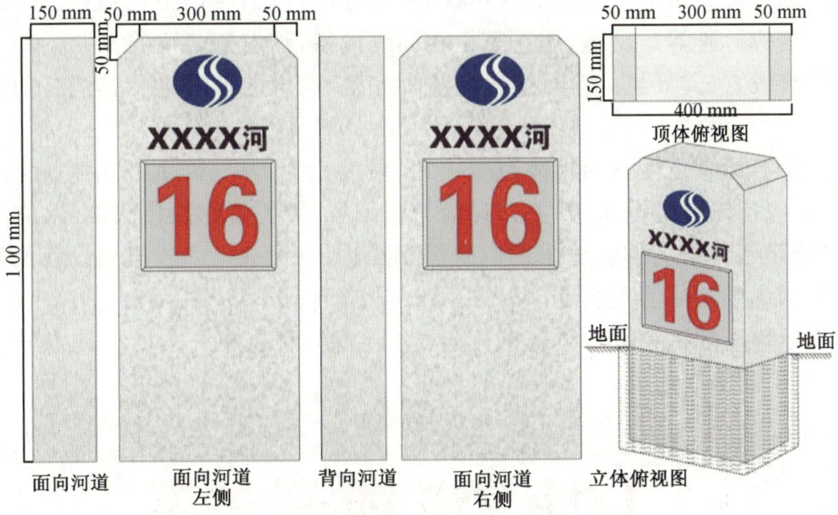

图 4-78　里程桩(示例)

里程桩和百米桩风格、材质应统一。

4.2.4.8 百米桩

百米桩每 100 m 设置一个，桩号为个位数（示例见图 4-79）。

百米桩设置在河道两侧，宜设置在河道堤防迎水坡堤肩线旁。当在准确位置不能安装百米桩时，可在 5 m 范围内移动，否则宜取消。

百米桩里程为河道中心线对应的河道长度。河道公里桩埋设时，没有文字和数字的面应与河道岸线平行。

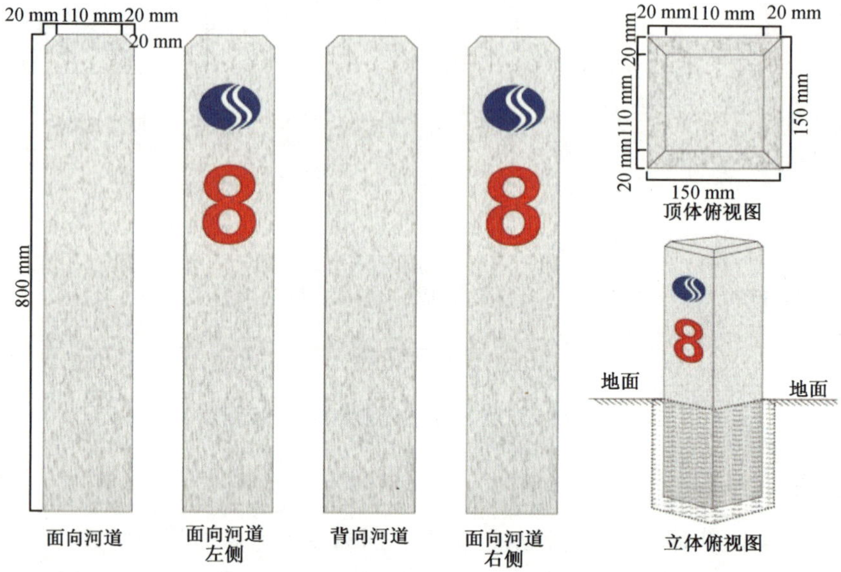

图 4-79 百米桩（示例）

4.2.4.9 设备名称标牌

设备名称标牌指的是电气、机械等设备的名称标注，包括屏柜柜眉柜名、开关设备名称、接地开关设备名称标牌等。功能、用途完全相同的设备，其设备名称应统一。

设备管理宜设置二维码标牌，二维码应清晰完整，信息内容准确。其他有信息管理需要的可参照执行。

屏柜柜眉柜名标牌宽度宜与柜体宽度一致，高度宜为 60 mm，应采用白底红字红边框；开关设备名称（包括输变电设备、开关、刀闸）为双编号，开关名称加代码编号，应采用白底红字红边框；接地设备开关名称标牌采用白底黑字黑边框（图 4-80）。机械设备及其他电气设备名称标牌根据现场实际情况制定。

设备名称标牌应配置在设备本体或附近醒目位置，面向操作人员。其中屏柜柜眉柜名宜设置于柜前、柜后的柜眉处。

(a) 屏柜柜眉柜名

(b) 开关设备名称

(c) 接地开关设备名称

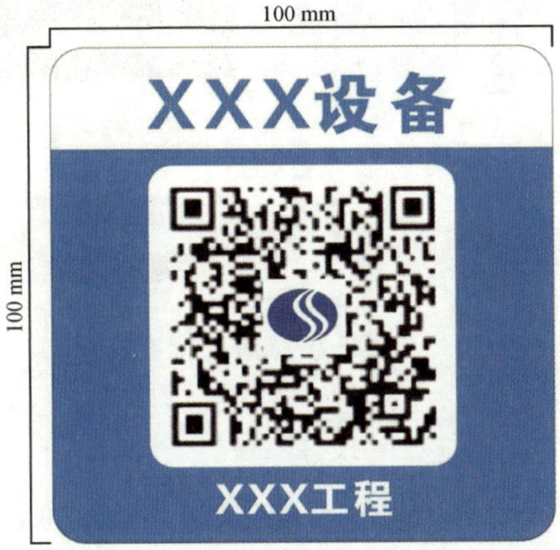

(d) 设备二维码

图 4-80　设备名称标牌(示例)

4.2.4.10　设备管理责任标牌

每个设备应单独设置设备管理责任标牌,成套装置可只设置一块。

设备管理责任标牌应包括设备名称、型号、责任人、制造厂家、投运时间、设备评级、评定时间等(图 4-81)。责任人、设备等级、定级时间发生变化时,相应内容应进行更换。

设备管理责任标牌宜设置在设备的显要醒目位置。

设备管理责任标牌的材质宜优先选用磁吸式、可替换材质。

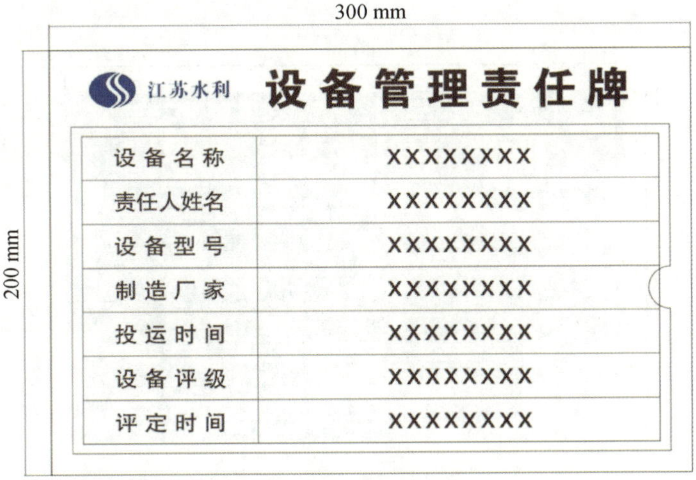

图 4-81　设备管理责任标牌(示例)

4.2.4.11 管道名称流向标牌

管道名称、流向标牌内容包括管道功能、介质名称及流向等(图 4-82)。

相同用途的管道至少设置一处管道示流标志,管道名称流向标牌宜设置在较容易辨识且相对平整的位置。管道弯头、穿墙处及管道密集、难以辨认的部位,应增设管道名称流向标牌。

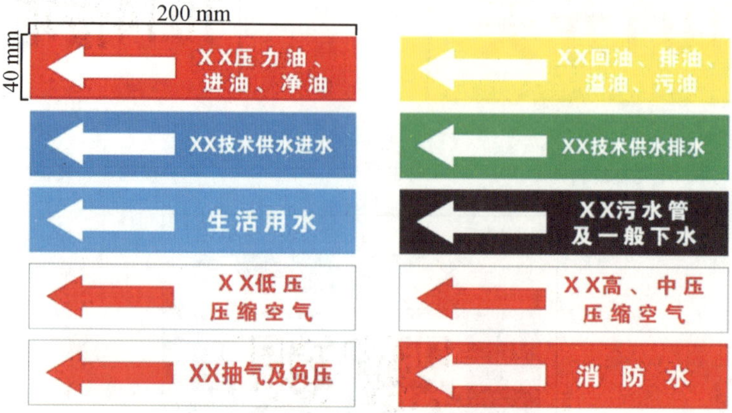

图 4-82　管道名称流向标牌(示例)

4.2.4.12 闸阀标牌

闸阀标牌包括闸阀名称和旋转方向标志牌(图 4-83)。闸阀名称标牌内容应包括闸阀名称、编号、公称通径、开关状态等。旋转方向标志牌内容为箭头。

闸阀名称标牌宜悬挂于相应闸阀的操作手柄处。旋转方向标志牌宜固定在闸阀上,闸阀本身具有旋转方向标志牌的可不再设置。

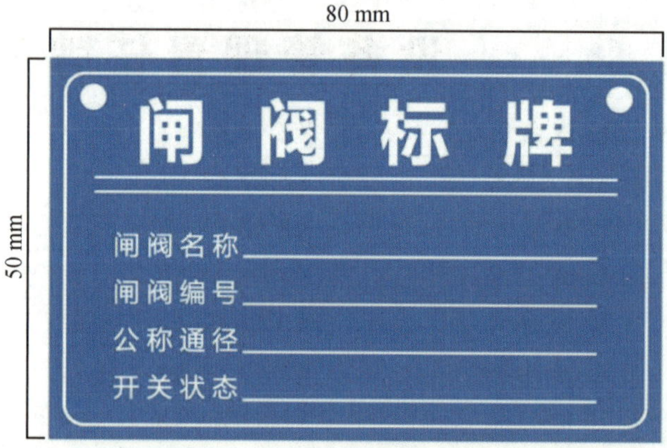

(a) 闸阀名称

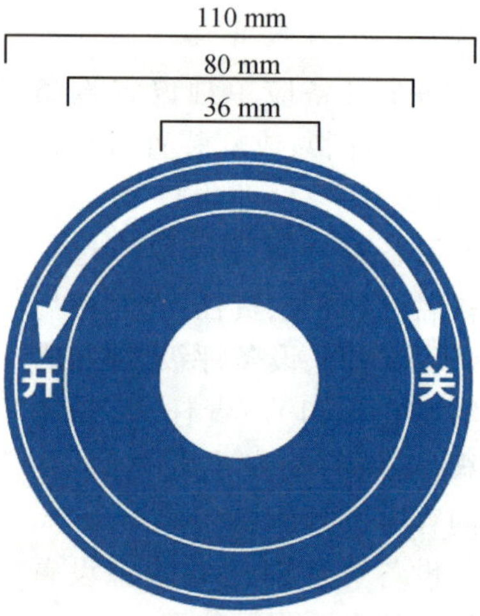

(b) 旋转方向

图 4-83　闸阀标牌(示例)

4.2.4.13　物资名称标牌

应包括物资或者备配件的名称、数量、规格、生产日期或者质保期限等。

物资名称标牌宜设置在仓库货架上。

4.2.4.14　液位指示线

液位指示线标牌分为旋转设备液位指示线和非旋转设备油箱液位指示线(图 4-84)。旋转设备液位指示线应设置静止油位和运行油位。非旋转设备油箱液位指示线应设置油位的上限和下限。

液位指示线宜设置在油杯上。

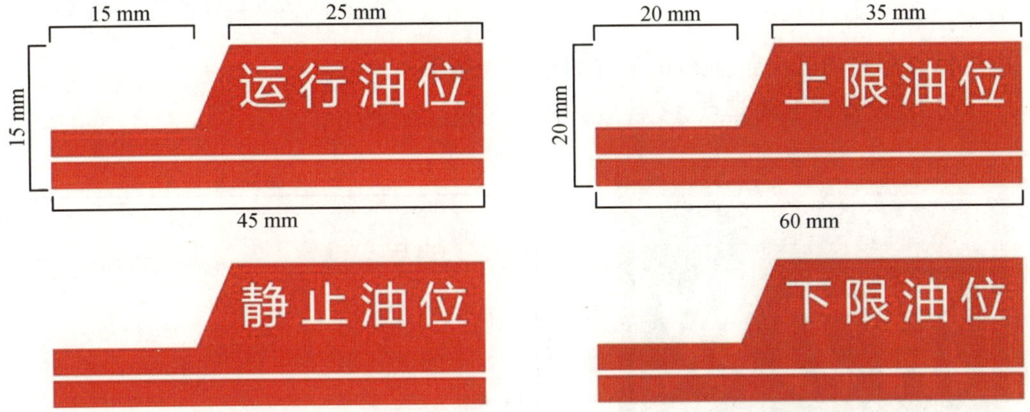

(a) 旋转设备　　(b) 非旋转设备

图 4-84　液位指示线(示例)

4.2.4.15　闸门开高标志牌

闸门开高标志牌用于显示闸门开高(图 4-85)。闸门开高标牌宜设置在启闭机旁。

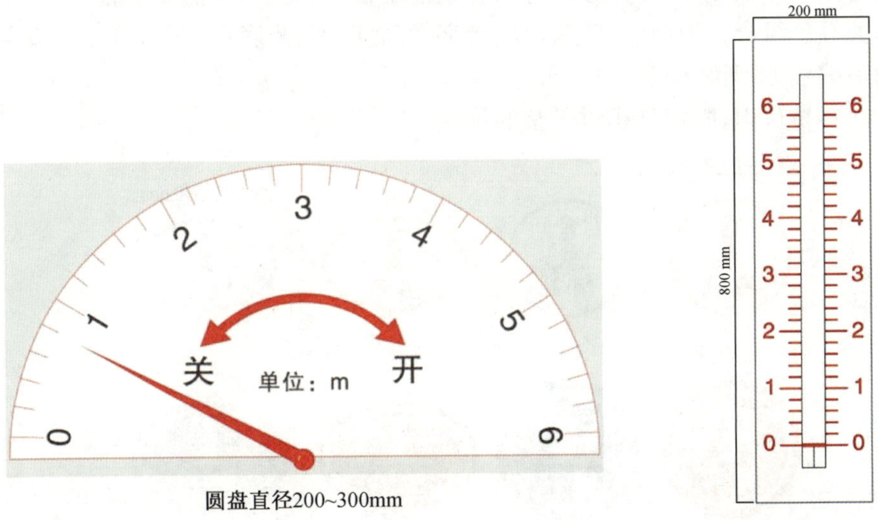

(a) 闸门开度指示仪(盘式)　　(b) 闸门开度指示仪(尺式)

图 4-85　闸门开高标志牌(示例)

4.2.4.16　起重机额定起重量标牌

应根据制造厂家额定的起重量标注(见图4-86)。

如果起重机配备有多个起升机构,应分别标明每个起升机构的额定起重量。双梁起重机吨位牌可合并设置。

4.2.4.17　消力坎位置标志牌

消力坎位置标志牌用于示意水闸消力坎的位置(图4-87)。消力坎位置标志牌应设置在水闸下游消力坎两侧。

图4-86　起重机额定起重量标牌(示例)

4.2.4.18　电缆标志标牌

电缆标志标牌内容应包括起止位置和型号规格等(图4-88)。宜设置在电缆起点、终点及窗墙处。

图4-87　消力坎位置标志牌(示例)

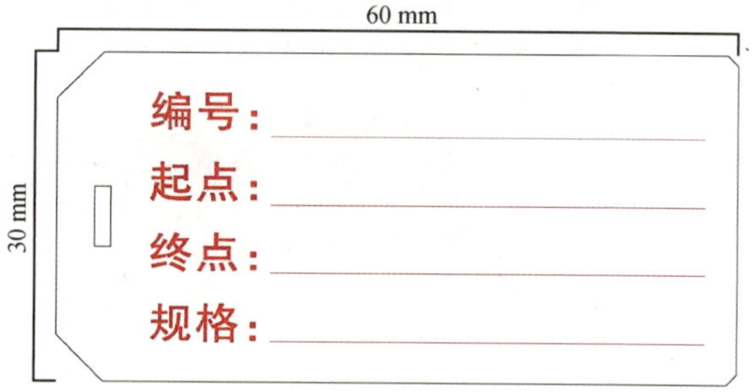

图4-88　电缆标志标牌(示例)

4.2.4.19　编号标牌

同类设备按顺序编号,编号标志标牌内容包括设备名称及阿拉伯数字编号(图4-89)。

编号标牌颜色组合宜为白底红字、白底蓝字、红底白字、蓝底白字等,可参照设备底色选定。同类设备编号标牌尺寸应一致。

宜设置在容易辨识、固定且相对平整的位置。

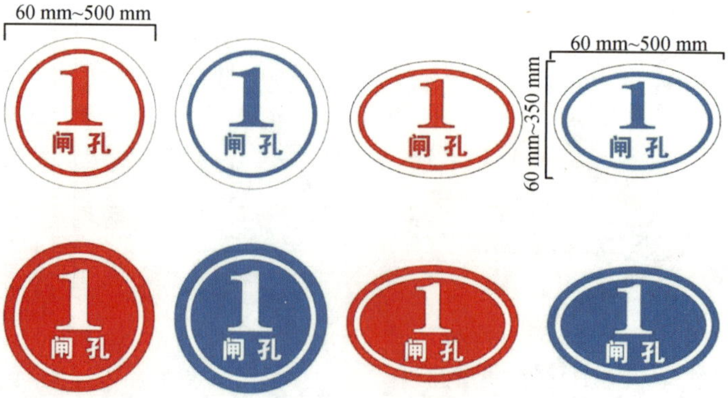

图4-89　编号标牌(示例)

4.2.4.20　设备涂色

机电设备、电气设备等应按要求进行涂色。设备涂色标准及主要颜色色样分别见表 4-67 和表 4-68。

制造材料为镀锌、不锈钢或铝合金材料的设备，通常情况下不用着色，可在适当位置粘贴指示色卡胶带。

4.2.4.21　旋转方向标志牌

旋转机械有旋转方向标志牌，旋转方向标志牌内容为功能箭头，箭头颜色宜为红色或者白色。

电机旋转方向标志牌[图 4-90(a)]宜设置在电机的外罩上，水泵抽水发电方向标志牌[图 4-90(b)]宜设置在轴承座或水泵外壳上，闸门升降方向标志牌[图 4-90(c)]宜设置在启闭机外罩上。

(a) 电机旋转方向

(b) 水泵抽水发电方向

(c) 闸门升降方向

图 4-90　旋转方向标志牌(示例)

4.2.4.22　水文标牌

(1) 站牌立面图

内容应包括水文站名称(实例见图 4-91)。

宜设置在水位自记房。

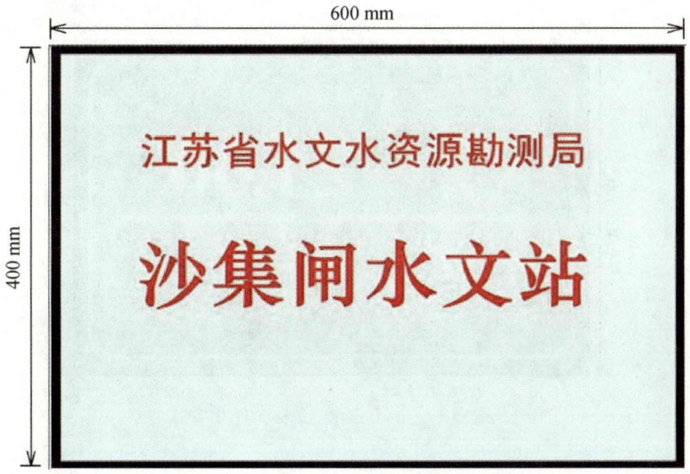

图 4-91　站牌立面图标牌(实例)

(2)“中国水文”

内容应包括名字、图形等(图 4-92)。

宜设置在水位自记台、测流缆道房。

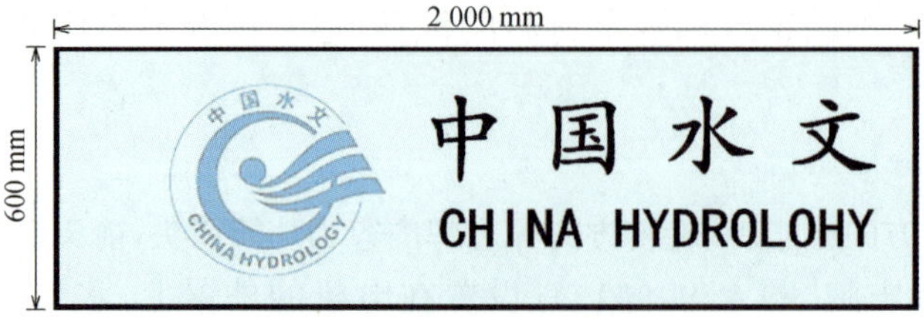

图 4-92 “中国水文”标牌(示例)

(3) 水文宣传

内容应包括宣传告知文字内容和宣传单位等(图 4-93)。

宜设置与水位房及测流缆道河道岸边附近。

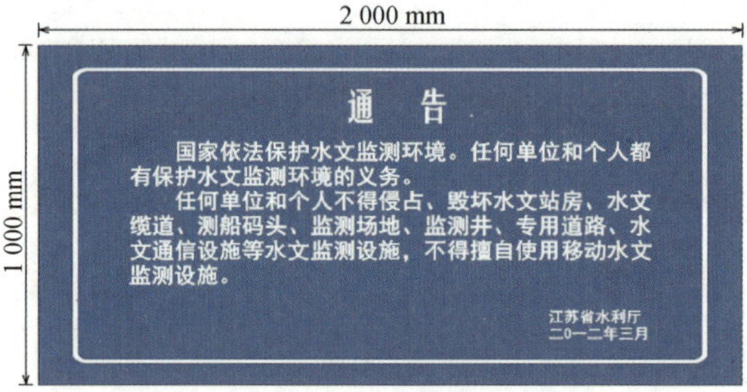

图 4-93 水文宣传标牌(示例)

4.2.4.23 上下游水位

内容应按泵站设计水位进行标注(图 4-94)。

宜设置在上下游水位尺处，在河坡或翼墙相应的整数值刻度位置，最长白线位置高程对齐高程实际值。

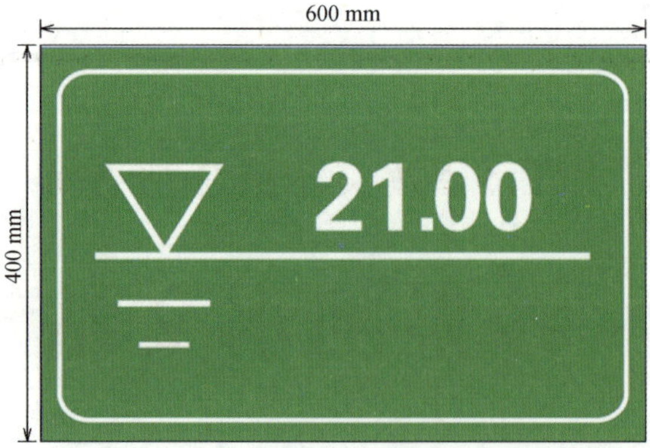

图 4-94 上下游水位标牌(示例)

4.2.5　安全类标志标牌

管理单位应设置的安全类标志标牌，包括警告标志标牌、禁止标志标牌、指令标志标牌、提示标志标牌、安全警戒线、消防标志标牌、交通标志标牌、职业危害告知牌、安全风险公告牌、危险源告知牌等。

多个安全标志标牌在一起设置时，应按警告、禁止、指令、提示类型的顺序，先左后右、先上后下地排列（示例见图 4-95）。

警告、禁止、指令、提示标志标牌的内容由图形符号、安全色和几何形状（边框）或文字组成。

警告、禁止、指令、提示标志标牌要有衬边。除警告标志边框用黄色勾边外，其余全部用白色将边框勾一窄边，即为安全标志的衬边，衬边宽度为标志边长或直径的 0.025 倍。

水闸、泵站上下游的左右岸、入口、公路桥以及拦河浮桶处应设置安全类标志标牌，总量不宜少于 4 块，可根据现场实际需要适当增加标牌数量。泵站引河较长的，每隔 200～300 m，或在河道转弯处，设置安全类标志标牌。

4.2.5.1　警告标志标牌

警告标志标牌的基本形式是正三角形边框。背景色为黄色，三角形边框为黑色，图形符号为黑色，衬边为黄色或白色。

4.2.5.2　禁止标志标牌

禁止标志标牌的基本形式是一长方形衬底牌，上方是禁止标志（带斜杠的圆边框），下方是文字辅助标志（矩形边框）。图形上、中、下间隙，左、右间隙相等。禁止标志标牌长方形衬底色为白色，带斜杠的圆边框为红色，标志符号为黑色，辅助标志为红底。

4.2.5.3　指令标志标牌

指令标志标牌的基本形式是圆形边框。背景色为蓝色，图形符号为白色，衬边为白色。

4.2.5.4　提示标志标牌

提示标志标牌的基本形式是正方形边框。背景色为绿色，图形符号为白色，衬边为白色。

4.2.5.5　安全警戒线

水闸、泵站工程电气设备、变配电站、机械设备、消防设备、行车停放位置下方、启闭机的旋转部位等危险场所或危险部位周围应设置安全警戒线和防护设施（示例见图 4-96）。

电气设备安全警戒线距设备距离应大于设备安全距离。

安全警戒线的宽度宜为 50～150 mm。

图 4-95　安全类标志标牌配置牌（示例）

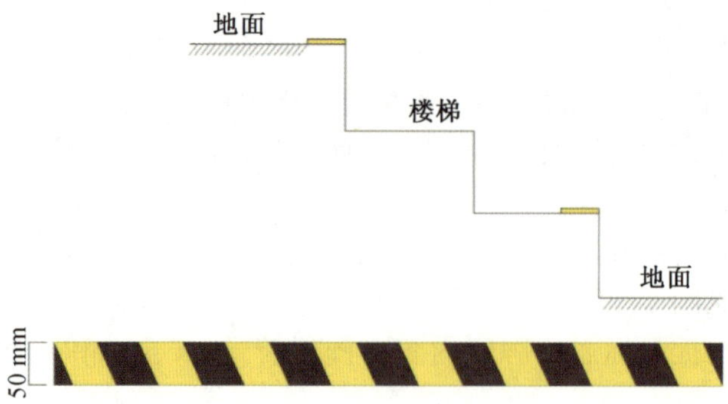

(a) 楼梯

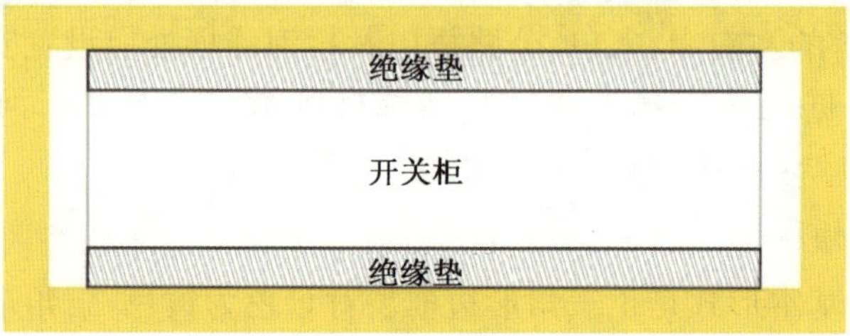

(b) 开关柜

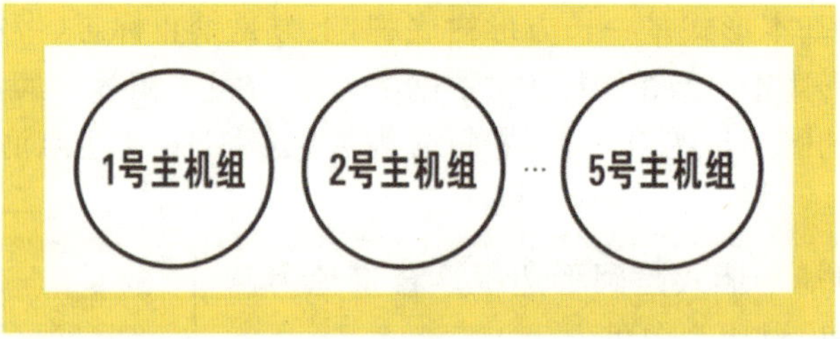

(c) 主机组

图 4-96　安全警戒线(示例)

4.2.5.6　消防标志标牌

消防标志标牌包括火灾报警装置标志标牌、疏散标志标牌、灭火设备标志标牌、方向辅助标志标牌、文字辅助标志标牌等。

泵站工程宜设置消防设施布置图。消防设施布置图内容包括布置图、设置位置、图例、编号等(图 4-97)。消防设施布置图可与疏散逃生图合并布置。消防设施布置图尺寸可参照工程简介标牌尺寸(2 000 mm×12 000 mm),宜设置在建筑物入口、门厅入口或多层建筑物楼梯入口处等。

灭火器、消防栓标牌内容应包括编号、检查内容和使用说明等(图 4-98 和图 4-99)。尺寸应根据灭火器箱和消防栓尺寸确定,宜设置在灭火器箱、消防栓本体上方或旁边。

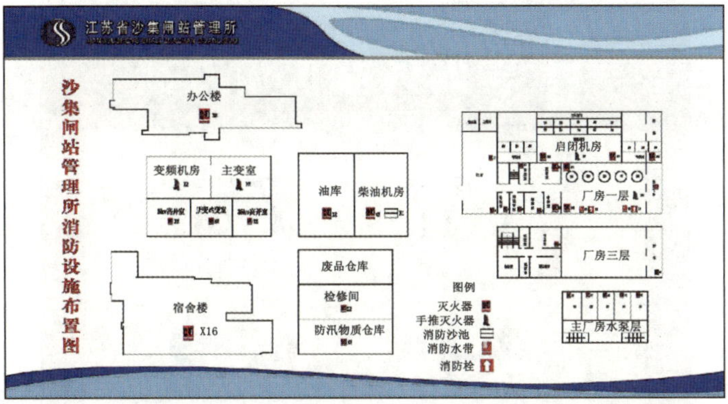

图 4-97　消防设施布置图标识牌标准示意图(实例)

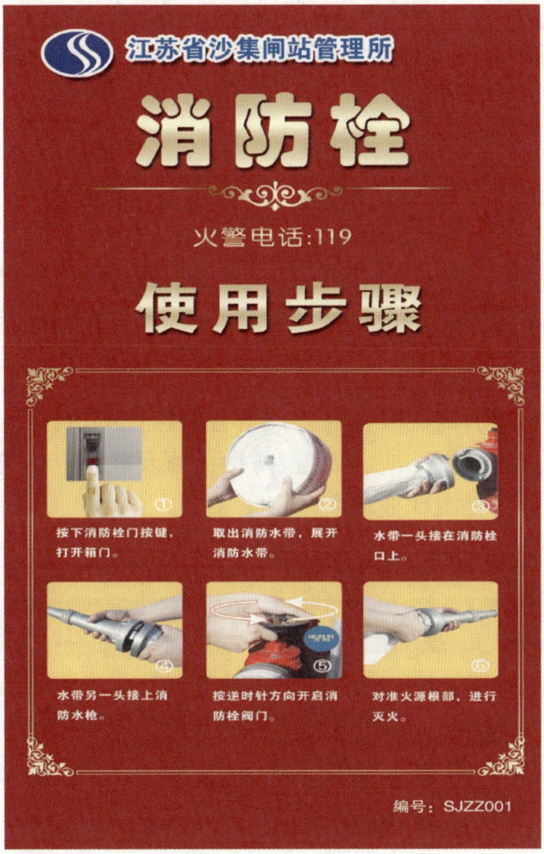

图 4-98　消防栓标识牌(实例)

图 4-99　灭火器标识牌(示例)

4.2.5.7　交通标志标牌

交通标志标牌包括限载、限宽、限高、限速、限行、禁停等标志标牌。

禁止通航的泵站应在与航道的交汇处设置禁止驶入、禁止停泊等禁航标志。

4.2.5.8　职业危害告知牌

设置在有噪声、工频磁场、高温等存在职业危害的作业场所。

内容包括健康危害、理化特性、应急处置、防护措施及联系电话等(图 4-100)。

宜设置在作业场所入口处或作业场所的显著位置。

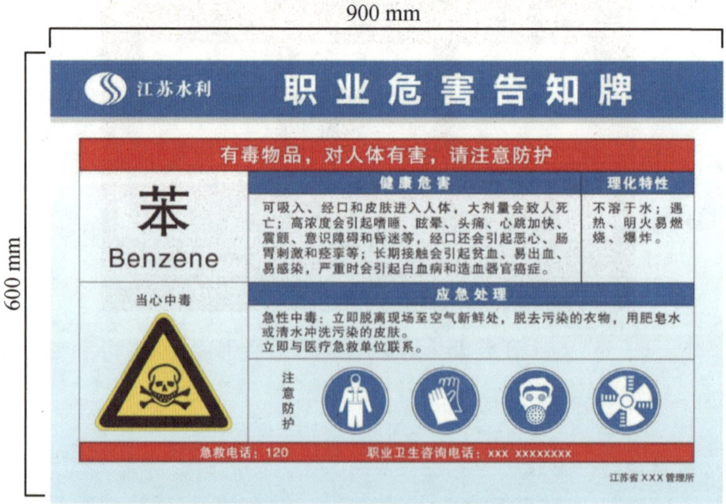

图 4-100　职业危害告知牌(示例)

4.2.5.9　安全风险公告牌

安全风险公告牌内容包括安全风险名称、风险等级、所在工程部位、事故后果、主要管控措施、主要应急措施、责任人等(图 4-101)。

宜设置在建筑物入口、门厅入口的醒目位置。

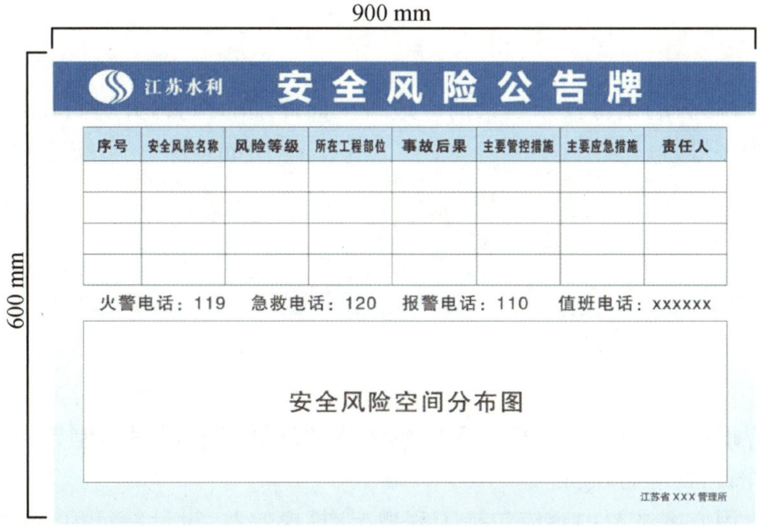

图 4-101　安全风险公告牌(示例)

4.2.5.10　危险源告知牌

泵站危险源主要为高低压开关设备、电气设备和旋转机械等。

在危险源现场应设置明显的安全警示标志和危险源告知牌，危险源告知牌内容包含名称、地点、责任人员、控制措施和安全标志等(图 4-102)。

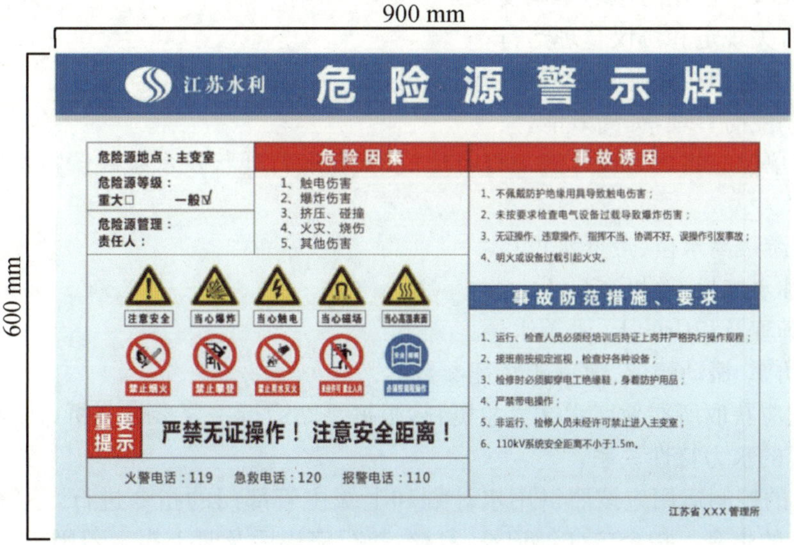

图 4-102　危险源告知牌(示例)

第 5 章
设备运行管理

长期停用、检修后的设备投入运行前应进行全面详细的检查，并进行试运行。设备的操作应按规定的程序进行。

5.1 操作

5.1.1 控制运用

5.1.1.1 一般规定

管理单位应根据规划设计要求和所在地区防洪规划、调水计划，制定泵站控制运用方案，报上级主管部门批准后执行。

泵站控制运用方案主要内容应包括工程概况、规模效益、设计特征值、调度原则及权限、承担的任务、具体控制运用要求等。泵站功能或运用指标发生变化，应修订控制运用方案，报上级主管部门批准后执行。

(1) 泵站的控制运用应符合下列原则：

① 统筹兼顾兴利与除害、经济效益与社会效益及生态环境效益，综合考虑相关行业、部门的要求；

② 综合利用水资源；

③ 服从流域或区域防汛防旱调度；

④ 按照有关规定和协议合理运行；

⑤ 与上、下游和相邻有关工程密切配合运用；

⑥ 优化调度与管理，提高效能。

(2) 管理单位应将规划设计的工程特征值、工程运行现状及水泵装置特性曲线，作为控制运用的依据。

① 上、下游最高水位、最低水位；

② 额定抽水流量、单机流量；

③ 最大扬程及相应的上、下游水位；

④ 机组功率、振动幅值、效率等特征参数。

管理单位应获取所在地区水文气象资料，根据泵站运行主要参数分析，建立与其他相关工程联合运行的水力特性关系。

(3) 泵站的控制运用应按照供用水计划和上级主管部门的指令进行，不得接受其他任何单位和个人的指令。指令应详细记录、复核，执行完毕后及时上报。若因机电设备突发故障一时难以执行，应向上一级调度如实汇报，并及时组织抢修。

(4) 泵站如需非设计工况运用，应制定预案，提出可行的运用方案和应急措施，报经上级主管部门批准后执行。

(5) 具有发电功能的泵站，在上游有余水时，经上级主管部门批准后，可进行发电运行。

(6) 泵站应根据调度需求和工程实际情况，实现最优运行。

5.1.1.2　调度准则及运行调度

(1) 应根据工程配套情况、上下梯级工程情况、区域水文气象资料、供用水需求、工程设施技术状况等，进行泵站优化调度。

(2) 泵站调度应遵循下列准则：

① 泵站在抽排涝水期间，当来水流量大于泵站抽水能力时，应按最大抽水流量进行调度；当来水流量不大于泵站抽水能力时，应按最大来水流量进行调度；

② 泵站在供水运行期间，扬程变幅较大时，应充分利用低扬程工况进行调度运行；扬程相对稳定时，按装置效率最高进行调度；

③ 当流域(或区域)遇到超标准的洪、涝、旱灾时，在确保工程安全的前提下，泵站应根据上级主管部门的要求进行调度。

(3) 单座泵站运行调度主要内容包括：

① 确定开停机台数、顺序及其运行工况(包括主水泵叶片角度、转速等)；

② 确定与其他泵站及相关工程的联合调度方案；

③ 泵站运行与工情、雨情以及生态环境的调配。

(4) 泵站群及多级泵站的调度主要内容包括：

① 依据泵站水源供水能力、各级泵站的提水能力及相应供水计划进行科学调度；

② 泵站群与其他水利设施的联合调度；

③ 流域(区域)内或不同流域间排水与灌溉、供水、蓄水、调水相结合的水资源调度。

(5) 运行过程中，应密切注视水情的变化，根据水泵装置特征曲线调整机组的运行工况，提高效率。

(6) 若水泵发生汽蚀和振动超过规定要求，应按改善水泵装置汽蚀性能和降低振幅的要求进行调节。

(7) 投运机组台数少于装机台数时，宜轮换运行。

5.1.2　泵站运行

5.1.2.1　泵站运行一般要求

(1) 长期停用的泵站，每季度应进行一次带负荷试运行。

(2) 开机运行前，上级主管部门应提前 1～2 天通知运行单位，进行相关准备工作。

(3) 开机前，应完成设备的检查、维护及保养，完成电气预防性试验及联动试验，开关设备及继电保护设备状况良好，辅机设备运行可靠，上下游河道安全状况良好。

(4) 及时和供电调度部门确认供电负荷及线路检修、维护、安全等状况。

(5) 消防系统、消防设施、消防水箱等状态应良好。

(6) 准备好必要的应急器具及相关安全防护用具、运行资料、物品药品等。

(7) 防汛值班人员组织到位，相关后勤保障工作准备就绪。

(8) 必要时组织开机模拟操作及反事故演练。

(9) 接到开停机调度指令，2 h 内应完成操作任务，做好相关记录，及时反馈水文信息。

(10) 在满足供、排水流量的前提下，应通过站内机组的调度和工况调节，改善进、出水池流态，保障机组高效运行。

(11) 汛期应加强与地方防汛防旱部门、海事、堤防、船闸等相关单位联系，应对处理突发事件。

(12) 在严寒冰冻季节，泵站停用期间应排净设备及管道内积水，必要时应对设备采取保温防冻措施。

(13) 运行人员应持证上岗，严格执行运行管理规章制度及岗位责任制。

(14) 值班员对一切操作应明确操作目的，主要设备的操作应执行操作票制度。

(15) 机电设备操作、运行过程中发生故障应查明原因、立即处理，并详细记录，当发生危及人身安全或损坏设备的故障时，应立即停止运行并及时上报。

(16) 泵站运行值班交接班内容应主要包括：

① 泵站运行方式；

② 设备运行有无缺陷；

③ 设备操作情况，工作票、操作票执行情况；

④ 检修工作进行情况；

⑤ 各种记录、技术资料、运行工具和钥匙；

⑥ 本班发生的故障及处理情况；

⑦ 环境卫生工作。

5.1.2.2 泵站运行操作要求

在泵站运行中的高压设备上工作，分为三类：

(1) 全部停电的工作，是指室内高压设备全部停电（包括架空线路与电缆引入线在内），并且通至邻接高压室的门全部闭锁，以及室外高压设备全部停电（包括架空线路与电缆引入线在内）。

(2) 部分停电的工作，是指高压设备部分停电，或室内虽全部停电，而通至邻接高压室的门并未全部闭锁。

(3) 不停电的工作，是指：

① 工作本身不需要停电并且不可能触及导电部分的工作；

② 可在带电设备外壳上或导电部分上进行的工作。

泵站管理单位应根据泵站工程的结构特点、设备配置及种类等制定开停机操作流程，编制各类操作票。操作票应包含编号、操作任务、操作顺序、操作时间，以及操作人或监护人签名等。

(1) 操作发令

倒闸操作应根据调度人员、本单位有权发布调度命令的负责人发令，受令人复诵无误后执行。发布指令应准确、清晰，使用规范的调度术语和设备双重名称。发令人和受令人应先互报单位和姓名，操作人员（包括监护人）应了解操作目的和操作顺序。

(2) 操作方式

倒闸操作可以通过就地操作、远程操作完成，统一实行监护操作。监护操作，是由两人进行同一项的操作，其中一人对设备较为熟悉的作监护。特别重要和复杂的倒闸操作，由熟练的运行人员操作，运行值班负责人监护。

(3) 操作票填写

① 操作票由操作人员填用，其格式参见第 7 章(7.4.3)。

② 操作票应用黑色签字笔逐项填写。用计算机开出的操作票应与手写票面统一；操作票票面应清楚整洁，不得任意涂改。操作票应填写设备的双重名称。操作人和监护人应根据模拟图或接线图核对所填写的操作项目，并分别手工或电子签名(如有电子操作票)，然后经运行值班负责人(检修人员操作时由工作负责人)审核签名。

③ 每张操作票只能填写一个操作任务。

④ 下列项目应填入操作票内：

应分、合的断路器和隔离开关；检查断路器和隔离开关的位置；检查接地线是否拆除；检查负荷分配；装拆接地线；安装或拆除控制回路或电压互感器回路的保险器；切换保护回路和检验是否确无电压。

(4) 操作时应遵守的要求

① 运行操作时，禁止在电气开关机构操作箱进行合闸操作，紧急情况下可进行分闸操作。

② 电气闭锁回路只有在试验、检修时才可解除，在运行状态下禁止解除闭锁。

③ 停电分闸操作应按照断路器(开关)—负荷侧隔离开关(刀闸)—电源侧隔离开关(刀闸)的顺序依次进行，送电合闸操作应按与上述相反的顺序进行。禁止带负荷分、合隔离开关。

④ 开始操作前，应先进行核对性模拟预演，无误后，再进行操作。操作前应先核对系统方式、设备名称、编号和位置，操作中应认真执行监护复诵制度。操作过程中应按操作票填写的顺序逐项操作。每操作完一步，应检查无误后做一个“√”记号，全部操作完毕后进行复查。

⑤ 监护操作时，操作人在操作过程中不得有任何未经监护人同意的操作行为。

⑥ 操作中产生疑问时，应立即停止操作并向发令人报告。待发令人再行许可后，方可进行操作。不得擅自更改操作票，不得随意解除闭锁装置。解锁工具(钥匙)应封存保管，所有操作人员和检修人员禁止擅自使用解锁工具(钥匙)。若遇特殊情况需解锁操作，应经有关人员批准。

⑦ 电气设备操作后的位置检查应以设备各相的实际位置为准，当无法看到实际位置时，可通过设备机械位置指示、电气指示、带电显示装置、仪表等的变化来判断。判断时，应有两个及以上的指示，且所有指示均已同时发生对应变化，才能确认该设备已操作到位。以上检查项目应填写在操作票中作为检查项。

⑧ 用绝缘棒分、合隔离开关、高压熔断器或经传动机构分、合断路器和隔离开关，均应戴绝缘手套。雨天操作室外高压设备时，绝缘棒应有防雨罩，还应穿绝缘靴。接地网电阻不符合要求的，晴天也应穿绝缘靴。雷电时，一般不进行倒闸操作，禁止在就地进行倒闸操作。

⑨ 装卸高压熔断器，应戴护目镜和绝缘手套，穿绝缘靴。

⑩ 电气设备停电后(包括事故停电)，在未分开有关隔离开关和做好安全措施前，不得触及设备或进入遮栏，以防突然来电。

⑪ 在发生人身触电事故时，为了解救触电人，可以不经许可，即行断开有关设备的电源，但事后必须立即向上级报告。

(5) 泵站运行下列操作应执行操作票制度：

① 投入、切出主变压器；

② 投入、切出站用变压器；

③ 开、停主机；

④ 高压母线带电情况下试合闸；

⑤ 投入、切出高压电源；

⑥ 投入、切出移相(无功补偿)电力电容器。

(6) 不填用操作票的情况

下列各项工作可以不用操作票：

① 事故应急处理；

② 分、合断路器(开关)的单一操作；

③ 分开接地刀闸或拆除全站仅有的一组接地线。

上述操作在完成后应做好记录，事故应急处理应保存原始记录。

(7) 操作票保存

作废的操作票应注明“作废”字样，已操作的操作票应注明“已操作”字样。操作票的保存期限为一年。

5.1.2.3 开机前的准备

泵站管理单位在接到开机调度指令后，要迅速做好开机准备工作，通常在接到指令 2 h 内做好开机准备工作，完成开机操作。

接到开机命令后，管理单位应配备运行值班人员，编排值班。值班人员应及时就位，准备所需工具和运行记录等。必要时，值班人员进行开机流程模拟。值班人员应检查确认水工建筑物、机电设备完好，主电机绝缘符合要求，上下游引河无异常情况，记录工程检查情况。

(1) 检查现场应无影响运行的检修及试验工作，有关工作票应终结并全部收回，接地线应拆除，并拆除不必要的遮拦设施。检查主变压器、变电所至泵站线路(电缆)和泵站所有高压设备上应无人工作，具备投入运行条件。

(2) 主水泵检查内容

① 全调节水泵的调节机构应灵活可靠，叶片角度调至机组启动角度；

② 技术供水工作正常；

③ 水泵填料函漏水量正常；

④ 密封情况正常；

⑤ 采用稀油润滑轴承的，油色、油位、油温、油质正常，油管无渗漏；

⑥ 水泵防护装置及外观无异常现象；

⑦ 离心泵应先充水后闭阀启动，轴流泵开阀启动；

⑧ 进出水管路、流道畅通，进水水位高于水泵最低运行水位。

(3) 主电动机检查内容

① 测量定子和转子回路的绝缘电阻值，绝缘电阻值及吸收比符合规定要求。测量高压

主电机定子的绝缘电阻值，采用 2 500 V 兆欧表测量，绝缘电阻应不小于 N MΩ（N 为主电机高压等级，单位为 kV），主电机绝缘吸收比应不小于 1.3；测量高压主电机转子、低压主电机绝缘电阻值，采用 500 V 兆欧表测量，绝缘电阻应不小于 0.5 MΩ。否则应进行干燥或处理，合格后方可投运。

② 检查高压电缆绝缘并核对相序和相位，确保电机按正确方向旋转。

③ 油色、油位、技术供水、滑环及电刷等正常，同步电机励磁装置调试正常。

④ 防护装置正常，固定部件连接可靠，检查空气间隙，转动部件上有无杂物。

⑤ 进、出风口无杂物，风门在打开位置。

⑥ 制造厂规定应顶车的电机，开机前应按规定要求将电机转子顶起，使润滑油进入推力瓦和镜板之间，转子落下后应检查顶车装置是否复位，并检查油润滑轴承的油位是否正常。使用弹性金属塑料推力瓦的机组，通常停机 30 天以上时，开机前应顶转子。

⑦ 制动装置应复位。

⑧ 有液压减载装置的应启动液压减载系统，并检查确认压力油回路正常，压力符合运行要求。

(4) 变速箱检查内容

① 外观完好，螺栓连接紧固，安全防护设施完好。

② 冷却装置为风冷的，通风系统运行正常，冷却装置为水冷的，供回水管路通畅、供水压力在正常范围内。

③ 油色、油位正常，稀油站运行正常。

④ 密封正常无渗漏。

(5) 油浸式变压器检查内容

① 投运变压器之前，确认变压器及其保护装置处在良好状态，绝缘电阻值及吸收比符合规定要求。长期停用的变压器投运前，应用 2 500 V 或 5 000 V 兆欧表测量绝缘电阻，其值在同一温度下不应小于上次测得值的 70%；35 kV 及以上变压器应测量吸收比，在 10～30℃常温下吸收比应不小于 1.3，吸收比偏低时可测量极化指数，其测得值应不小于 1.5；绝缘电阻大于 10 000 MΩ 时，吸收比应不小于 1.1 或极化指数不小于 1.3。否则应进行干燥或处理，合格后方可投运。

② 变压器外部无异物，各阀门开闭正确。

③ 变压器在低温投运时，应防止呼吸器因结冰被堵。

④ 分接开关位置正确，冷却装置运行正常，接地明显可靠。

⑤ 本体及高压套管油位和油色正常，无渗漏油，套管瓷瓶无破损、裂纹。

⑥ 各电气连接部位紧固、无松动。

⑦ 瓦斯继电器观察窗打开，继电器内无气体。

⑧ 压力释放阀、安全气道及防爆系统完好。

⑨ 变压器大修后或事故检修和换油、加油后，应静止 24 h 或无气泡后，方可投入运行。

⑩ 主变压器中性点接地刀闸（110 kV 及以上中性点直接接地系统）应在分闸位置。

(6) 高压断路器检查内容

① 高压断路器投运前应检查确认其外观完好，标志清楚，防护、互锁装置可靠。

② 高压断路器操作的直流电源电压，应在规定范围内。

③ 高压断路器操作的弹簧机构储能正常，液压机构油位、压力应在规定范围内。

④ 高压断路器试合、分闸及保护联动试验应正常。

(7) GIS 装置检查内容

① GIS 装置仪表显示应正常，各气室压力值符合运行要求。

② GIS 室内 SF_6 气体浓度自动检测报警装置、通风设备可靠。GIS 室内空气中氧气应大于 18% 且 SF_6 气体的浓度不应超过 1 000 μL/L(或 6 g/m^3)。

③ SF_6 封闭式组合电器(GIS)各开关、刀闸、接地刀闸位置指示正确，控制、信号灯指示正常，电气闭锁装置在“联锁”位置。

(8) 高压母线检查内容

① 绝缘子应清洁、完整，无裂纹，无放电现象。

② 绝缘检查合格。

③ 示温片无破损、变色。

(9) 高、低压开关柜检查内容

① 高压开关柜母线绝缘值应合格，柜体应完好，柜门应关闭，手车应在试验位置。

② 低压开关柜柜体完好，各开关应按开机要求在合上或断开位置。

③ 高低压开关柜仪器、仪表等元器件完好，二次接线及接地线牢固可靠，标号清晰完整。

(10) 高压开关、熔断器及互感器检查内容

① 隔离开关、负荷开关及高压熔断器本体无破损变形，瓷瓶清洁、无裂纹及放电痕迹。

② 互感器二次侧及铁芯应接地可靠，瓷瓶清洁，无裂纹、破损及放电痕迹。

(11) 站用变压器检查内容

① 绝缘值应合格。

② 外壳应完好无损坏。

③ 温度指示准确。

④ 冷却风机工作正常。

(12) 直流装置检查内容

① 直流装置正常无报警显示。

② 各蓄电池电压均衡，总电压及负荷在标准范围内，并工作于浮充状态。

(13) 励磁装置检查内容

① 励磁装置调试正常。

② 励磁变压器绝缘值应合格，外壳应完好无损坏。

③ 冷却风机工作正常。

(14) 变频器检查内容

① 变频器所在的环境温度、湿度正常，空气中无过量的尘埃，无酸、盐、腐蚀性及爆炸性气体，无油雾、水滴等。

② 设备上无检修工具等异物、危险品，散热器的进排气口无堵塞或异物。

(15) 保护装置检查内容

① 保护装置自检正常，无异常报警显示。

② 有多种运行方式的泵站，运行方式、保护类型、保护定值应一致。

③ 投入直流控制(保护信号)、合闸电源,进行开关联动试验,继保动作可靠、信号准确,测量回路整组试验表计正确。

(16) 泵站监控系统检查内容

① 监控主机运行正常,受控设备性能完好。

② 计算机及其网络系统运行正常。

③ 现地控制单元(LCU)、微机保护装置、自动测量装置、微机励磁装置运行正常。

④ 各自动化元件,包括执行元件、信号器、传感器等工作可靠。

⑤ 视频系统运行正常,调节控制可靠,画面清晰稳定。

⑥ 音响、显示报警信号系统正常。

(17) 监控局域网检查内容

① 服务器运行正常。

② 工作站运行正常。

③ 通信系统运行正常。

④ 无出错显示。

(18) 压力油系统检查内容

① 安全、自动控制装置及各种表计等应工作可靠。

② 各油路闸阀开关位置应符合开机运行要求。

③ 压力油系统油色、油温、油位、油压等满足运行要求。

④ 油泵工作可靠,能自动切换运行。

⑤ 冷却系统工作正常。

(19) 压缩空气系统检查内容

① 压缩空气系统及其安全装置、继电器和各种表计等应工作可靠,检验合格。

② 检查确认空压机运转正常,进气管闸阀打开,压力符合要求。

③ 真空破坏阀吸气口附近应无妨碍吸气的杂物。

④ 检查破坏真空的控制设备、辅助用具(安全锤等)应处于随时投入状态。

(20) 供、排水系统检查内容

① 技术供水的水质、水温、水量、水压等满足运行要求,示流装置良好,供水管路畅通。

② 供、排水泵工作可靠,备用供、排水泵应能自动切换运行,进水口莲蓬头无堵塞,集水坑和排水廊道无淤积。

③ 供、排水系统滤水器工作正常。

④ 检查排水廊道水位过高报警装置动作的可靠性。

⑤ 各管路闸阀开关位置正常。

(21) 通风系统正常,风道、进出风口无杂物。

(22) 水工建筑物及辅助设施检查内容

① 进出水池、上下游引河、拦污栅、管路支承、管道、仪表及安全保护设施等应正常。

② 确认闸门位置符合运行要求。双向灌排两用的泵站,根据运行要求,开启相应的进水工作闸门。

③ 采用快速闸门断流的泵站,在主机组启动前应全面检查快速闸门的控制系统,确认快速闸门能按规定的程序启闭,闸门启、闭应无卡阻。

5.1.2.4 电源及辅机投入

1）控制电源、操作电源投入

(1) 检查站用直流电源装置应处于正常工作状态，电压满足运行要求。

(2) 控制电源、操作电源投入包括：

① 合上电源总开关；

② 合上主变压器、站用变压器、主电机的控制保护电源开关；

③ 合上励磁系统的控制电源开关；

④ 合上中央信号系统电源开关；

⑤ 合上高压断路器操作电源开关；

⑥ 合上快速门操作电源开关；

⑦ 合上事故照明电源开关。

(3) 采用计算机监控系统的泵站，还应进行下列操作：

① 检查确认交流不间断电源装置已处于逆变状态，现地监控单元、上位机电源开关应在合闸位置；

② 开启上位机监控计算机，检查上位机监控程序进入正常运行状态。输入操作员姓名、密码，进入计算机监控系统控制状态。

(4) 检查监控系统画面(模拟屏)“主接线”隔离刀闸、接地刀闸、高压断路器、断路器手车位置信号应与现场一致，中央音响信号、故障报警信号应正常。

(5) 检查确认测量、控制、保护系统现地单元等工作正常。

2）主变压器、站用变压器投入和备用电源切换

(1) 在各项投运条件具备后，由值班长通知值班员填写操作票，进行交流电源投入操作：

① 检查主变压器、站用变压器等接地刀闸确在分闸位置；

② 合上主变压器进线侧隔离刀闸；

③ 合上主变压器中性点接地刀闸(110 kV 及以上中性点直接接地系统)；

④ 分别将主变压器出线、站用变压器高压侧断路器的手车推至工作位置；

⑤ 分别合上主变压器进线、出线、站用变压器高压侧断路器；

⑥ 主变压器投运后，根据上级变电所要求，选择主变压器中性点接地刀闸是否拉开。

(2) 检查母线电压，开机电压不应低于主电机额定电压的95%。特殊情况应经总值班同意可在较低电压下启动。

(3) 切出备用电源，合上站用变压器低压侧刀闸和开关，站用电改由站用变压器供电。

(4) 根据需要分别合上励磁系统、断流装置、冷却风机、清污机、真空泵、油压装置、照明系统等各路开关。

3）辅机投运

(1) 技术供水系统投入应进行下列操作和检查：

① 开启供水泵进、出水闸阀；

② 检查确认机泵运转灵活，轴承箱油位正常；

③ 检查主电机、油压装置冷却水进回水管路的闸阀、压力表、示流器（流量计），应准确完好；

④ 启动供水泵并将控制转换开关旋至自动位置，检查确认供水泵出口、供水母管、主电机进行管等处压力表数值准确，满足运行要求；

⑤ 由冷水机组提供技术供水的，设定合理的温度。

（2）压缩气系统投入应进行下列操作和检查：

① 关闭储气罐底部放气阀，开启空压机送气闸阀；

② 检查确认机泵运转灵活，轴承箱油位正常；

③ 开启冷却水进水闸阀，检查确认冷却水管路畅通；

④ 采用真空破坏阀断流的泵站，检查确认真空破坏阀管路闸阀在自动状态；

⑤ 启动空压机并将控制转换开关旋至自动位置，检查确认压力表数值准确，满足运行要求。

（3）压力油系统投入应进行下列操作和检查：

① 检查确认回油箱油位正常；

② 检查确认油压系统内闸阀在工作状态，打开需投运主机的进、回油管闸阀；

③ 启动压油泵，将控制转换开关旋至自动位置。开启进气闸阀，调整压力油罐油位、压力至设定值；

④ 检查确认油压装置压力表数值准确，满足运行要求；

⑤ 打开叶调机构渗漏油管支管（有玻璃视窗）上放气阀进行排气。

（4）抽真空系统投入应进行下列操作和检查：

① 开启抽真空系统内管道闸阀，并检查确认气水分离筒的放水闸阀已关闭；

② 开启冷却水进水闸阀，检查确认冷却水管路畅通；

③ 检查确认润滑油路正常，加油处已加足润滑油；

④ 检查确认转动部分灵活；

⑤ 启动真空泵，检查确认压力表数值准确，满足运行要求。

（5）清污机的投入应进行下列操作和检查：

① 检查齿耙、传动机构、皮带输送机、机架等是否正常，应无变形、卡滞、碰撞等异常现象；

② 检查确认电机、电气控制系统正常；

③ 检查清污机前有无大型杂物，如有应清除；

④ 启动清污机。

（6）真空破坏阀系统的投入应进行下列操作和检查：

① 检查确认现场电气控制箱电源正常；

② 开机前应现场调试，将现场电气控制箱转换开关旋至“就地”位，进行分合试验；

③ 调试正常后，将现场电气控制箱转换开关旋至“联动”位。

（7）快速闸门系统的投入应进行下列操作和检查：

① 检查确认快速闸门控制柜电源正常；

② 开机前应现场调试，确认快速闸门能正常启闭，闸门启、闭应无卡阻；

③ 调试正常后，与主机高压开关有联动要求的，转换开关旋至“联动”位。

5.1.2.5 开、停机操作

泵站管理单位应根据泵站工程的结构特点、设备配置及种类等制定开、停机操作流程，编制开、停机操作票。开、停机操作时应签发开、停机操作票，操作完成后，应检查主辅机设备运行情况，以及建筑物、水位、流态等，并向上级主管部门报告指令执行情况。

1）开机操作

（1）在各项启动条件具备以后，值班长通知变电所和值班员准备开机，填写操作票，进行开机操作：

① 开启主电机冷却水、主水泵润滑水进水闸阀；

② 采用液压调节水泵叶片角度的泵站，开启受油器压力油进油闸阀及回油闸阀；

③ 调节主水泵叶片角度至启动角度；

④ 断开主电机干燥电源开关；

⑤ 合上主电机冷却风机电源开关；

⑥ 断流装置工作电源应正常，运行方式旋钮切换至联动位，采用快速门断流的，备用门提至全开位；

⑦ 励磁装置调试应正常，置工作状态；

⑧ 复查主电机高压断路器、接地刀闸在断开位置后，将断路器手车推至工作位置；

⑨ 合上主电机高压断路器，启动主电机；

⑩ 检查断流装置是否可靠工作，如有异常，应进行紧急处理。

（2）启动时应注意观察机组的振动、声音、运行参数等。

（3）主电机正常运行后，应根据水情、调度要求调节水泵叶片角度，根据电网需要调整功率因数，或根据经济运行要求选择相应励磁运行方式。

（4）待该主机组运行稳定后再启动下一台主机组。

（5）同一台主电机停机后再启动应间隔 15 min 以上。

2）停机操作

值班长在接到停机命令后即通知变电所和值班员准备停机，填写操作票，进行停机操作：

① 断开主电机高压断路器；

② 检查断流装置工作是否可靠，如有异常，应进行紧急处理；

③ 检查励磁电压和电流，应迅速回零；

④ 将主电机高压断路器手车拉至试验位置；

⑤ 励磁装置交流电源空气开关置断开位，并将励磁装置调为调试状态；

⑥ 采用液压调节叶片角度的泵站，关闭主电机受油器进油闸阀；

⑦ 关闭主电机冷却水、主水泵润滑水进水闸阀；

⑧ 断开主电机冷却风机电源开关；

⑨ 全站停机，应将油、气、水系统等辅机系统全部停运；

⑩ 根据运行需要及天气情况确定是否合上主电机干燥电源开关。

3）开停机操作流程图（示例）

以某泵站抽水运行开停机流程图为示例，演示说明开停机流程相关步骤，见图 5-1、5-2。

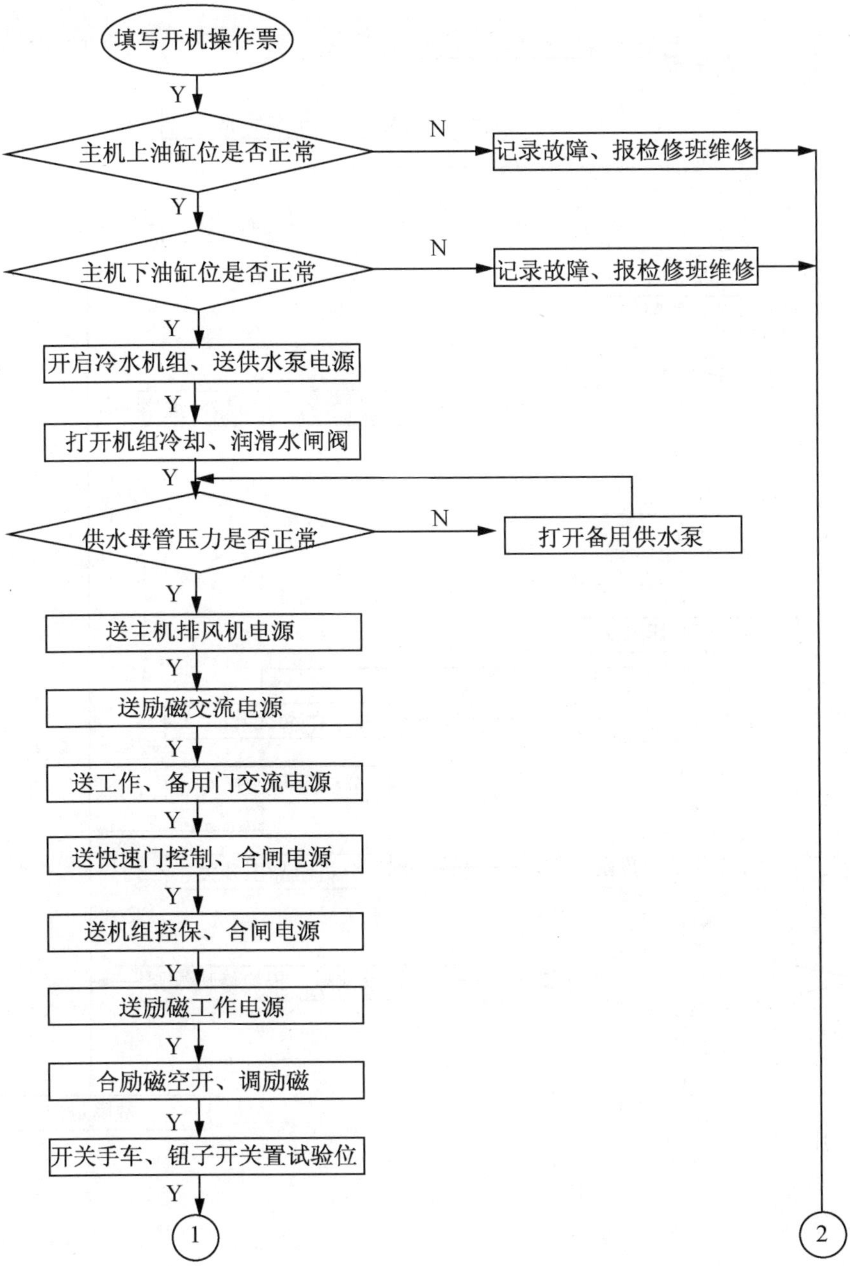
填写开机操作票
Y
主机上油缸位是否正常
N
记录故障、报检修班维修
Y
主机下油缸位是否正常
N
记录故障、报检修班维修
Y
开启冷水机组、送供水泵电源
Y
打开机组冷却、润滑水闸阀
Y
供水母管压力是否正常
N
打开备用供水泵
Y
送主机排风机电源
Y
送励磁交流电源
Y
送工作、备用门交流电源
Y
送快速门控制、合闸电源
Y
送机组控保、合闸电源
Y
送励磁工作电源
Y
合励磁空开、调励磁
Y
开关手车、钮子开关置试验位
Y
1
2

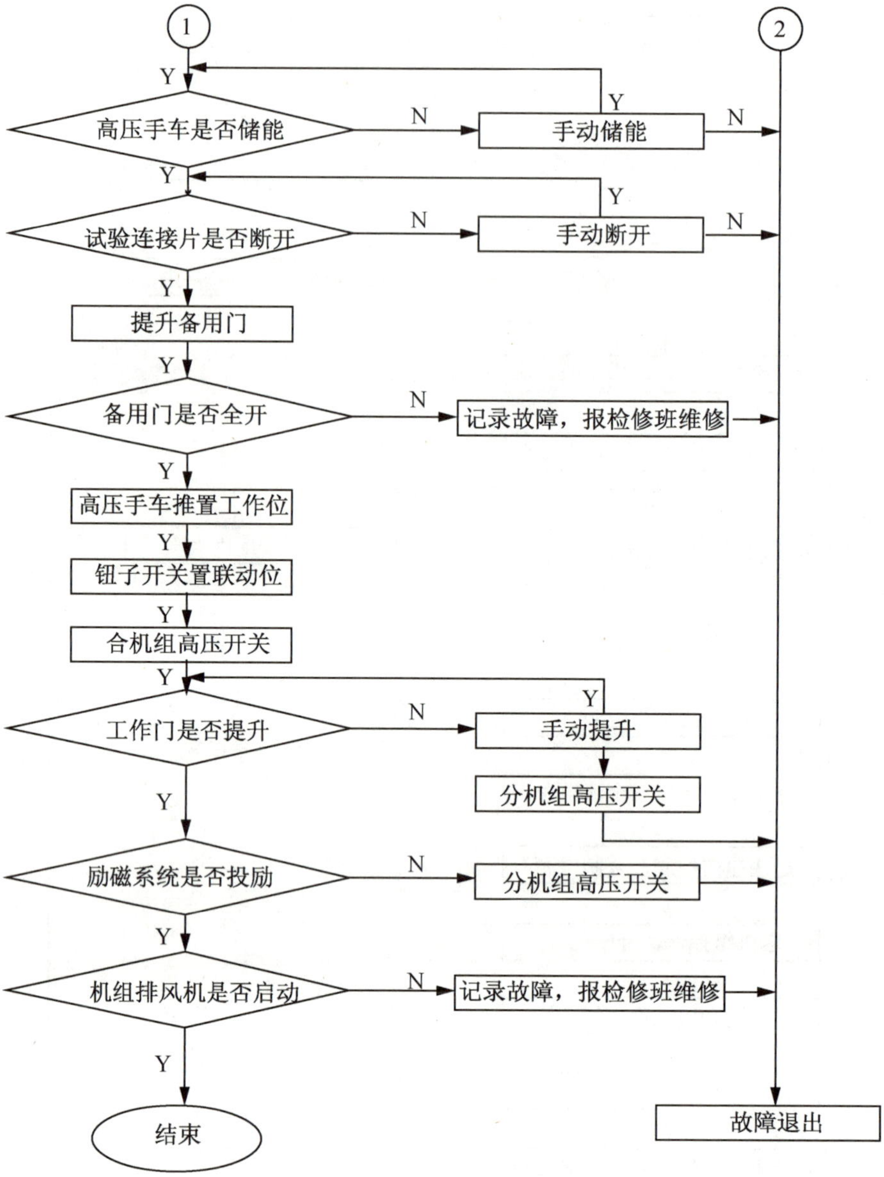
1
2
Y
高压手车是否储能
N
手动储能
Y
N
Y
试验连接片是否断开
N
手动断开
Y
N
Y
提升备用门
Y
备用门是否全开
N
记录故障，报检修班维修
Y
高压手车推置工作位
Y
钮子开关置联动位
Y
合机组高压开关
Y
工作门是否提升
N
手动提升
Y
分机组高压开关
Y
励磁系统是否投励
N
分机组高压开关
Y
机组排风机是否启动
N
记录故障，报检修班维修
Y
结束
故障退出

图 5-1　开机流程图

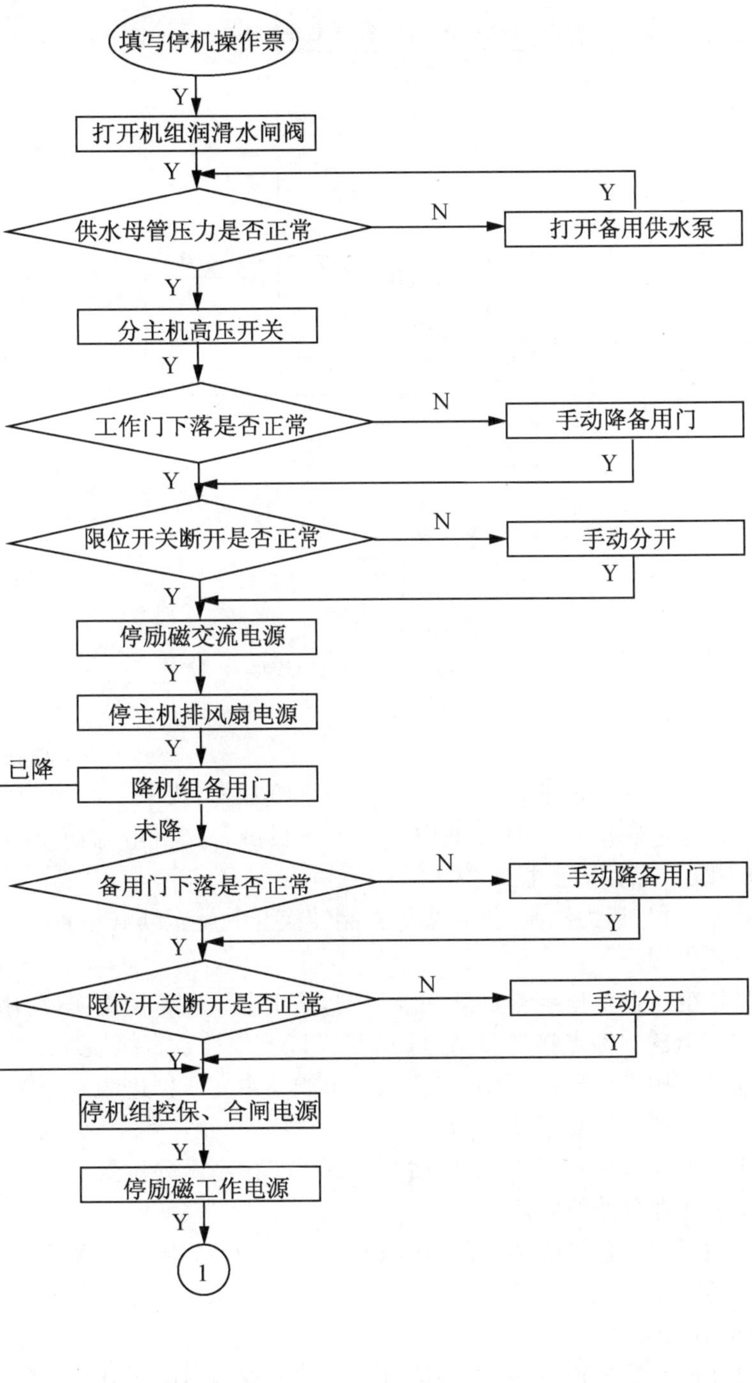

填写停机操作票
Y
打开机组润滑水闸阀
Y
供水母管压力是否正常
N
打开备用供水泵
Y
Y
分主机高压开关
Y
工作门下落是否正常
N
手动降备用门
Y
Y
限位开关断开是否正常
N
手动分开
Y
Y
停励磁交流电源
Y
停主机排风扇电源
Y
降机组备用门
已降
未降
备用门下落是否正常
N
手动降备用门
Y
Y
限位开关断开是否正常
N
手动分开
Y
Y
停机组控保、合闸电源
Y
停励磁工作电源
Y
1

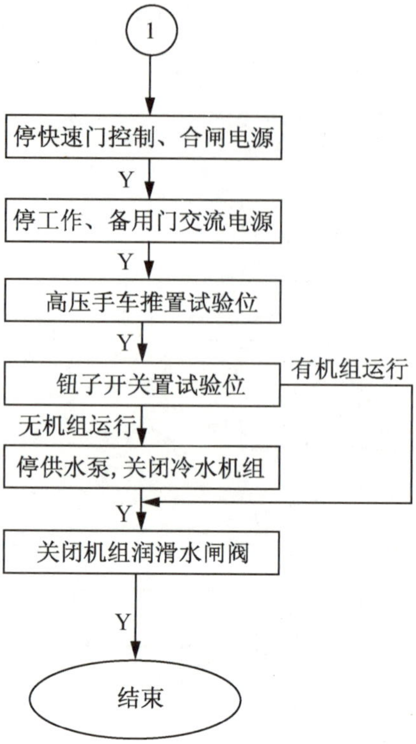

图 5-2　停机流程图

5.1.2.6　电源退出

（1）站用变压器、主变压器切出和备用电源（所变压器）投入

在泵站全部机组停运后，即通知变电所和值班员准备交流电源切换操作，填写操作票，进行交流电源切出和备用电源投入操作。

① 依次将空压机、压力油泵、供水泵等控制转换开关旋至断开位置。

② 断开辅机电源开关。

③ 断开站用变压器低压侧空气开关及刀闸，站用电改由备用电源（所用变压器）供电。

④ 合上主变压器中性点接地刀闸（110 kV 及以上中性点直接接地系统）。

⑤ 分别断开站用变压器高压侧、主变压器出线及主变压器进线高压断路器。

⑥ 断开主变压器中性点接地刀闸。

⑦ 分别将主变压器出线、站用变压器断路器手车拉至试验位置。

⑧ 断开主变压器进线侧隔离刀闸。

⑨ 检查模拟屏“主接线”隔离刀闸、接地刀闸、高压断路器、断路器手车位置信号是否与现场一致，且处在停运状态。

（2）控制电源、操作电源切出

① 分开高压断路器操作电源、中央信号系统及事故照明电源开关。

② 主变压器、站用变压器、主电机的控制保护电源开关可根据工程设备实际情况，选择是否切出。

③ 采用计算机监控系统的泵站，应进行操作员注销。

5.1.3 操作规程

本节根据某泵站实例(其电气一次主接线如图 5-3 所示),介绍不同设备的操作规程,供泵站管理单位参考。管理单位应成立由运行管理专业人员组成的编写小组,编写设备的操作规程,并报上级主管部门批复或备案。

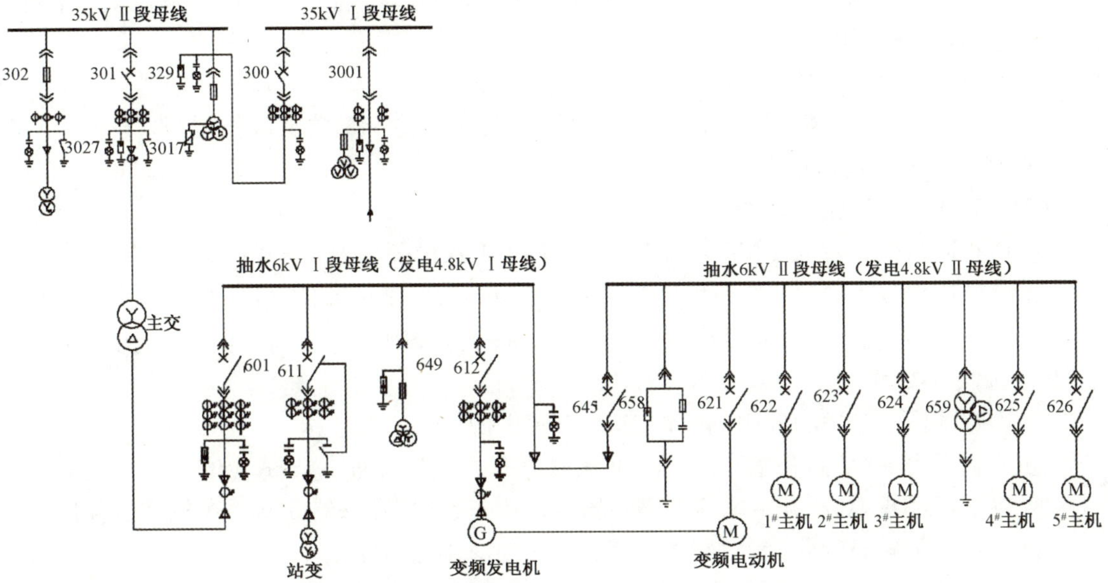

图 5-3 某泵站电气一次主接线图(实例)

5.1.3.1 主变操作规程

(1) 35 kV 主变投入运行

① 直流馈线屏送 35 kV、6 kV 控保、合闸电源,启动监控上位机。

② 检查低压室 0.4 kV 3# 低开柜 4031 双掷隔离刀闸确在“Ⅰ段母线”侧;检查 0.4 kV 3# 低开柜站变进线开关 4033 确在分位,开关小车在试验位。

③ 检查主厂房 6 kV 高开室 6 kV Ⅰ、Ⅱ段母联联络开关 645、变频电动机开关 621、1#—5# 主机开关确在分位,手车均在试验位。

④ 将主厂房 6 kV 高开室电容器柜 658 手车、电压互感器柜 659 手车置工作位。

⑤ 将变电所 6 kV 高开室电压互感器 649 摇至工作位,检查 6 kV 高开柜控制、合闸电源是否正常。

⑥ 检查变电所 6 kV 高开室 6 kV 进线开关 601、站变进线开关 611、变频发电机开关 612 确在分位,小车均在试验位。

⑦ 检查 35 kV 高开室 35 kV 主变高压开关 301、主变接地刀闸 3017 确在分位。

⑧ 检查 35 kV 高开室主变柜保护跳闸压板、联跳 6 kV 断路器压板均在连接位。

⑨ 将 36 kV 主变高压开关 301 摇至工作位,现场合主变高压开关 301。

⑩ 检查 35 kV 主变高、低压侧电压是否正常,现场查看主变运行情况是否正常(声音、温度、油位、表计等)。

⑪ 查看变压器室站变箱门是否关好，位置开关是否到位。

⑫ 将变电所 6 kV 高开室 6 kV 进线开关 601 摇至工作位，现场合 601 开关，检查 6 kV 电压是否正常。

⑬ 将变电所 6 kV 高开室站变进线开关 611 摇至工作位，现场合 611 开关。

⑭ 分低压室 0.4 kV 3# 低开柜Ⅰ、Ⅱ段母联开关 4032，摇至试验位，并拔出开关钥匙。

⑮ 将钥匙插入站变进线开关 4033，旋转至合闸允许位，并将开关摇至工作位，合站变进线开关 4033，检查三相 380 V 电压是否正常。

⑯ 检查并恢复已送的各用电回路交流、直流电源。

⑰ 将主厂房 6 kV 高开室 6 kV Ⅰ、Ⅱ段母联联络开关 645 推至工作位，现场合 645 开关，检查高压带电仪指示正常。

（2）35 kV 主变退出运行

① 检查确认低压室 0.4 kV 3# 低压开关柜 4031 双掷隔离刀闸在“Ⅰ段母线”侧。

② 分低压室 0.4 kV 3# 低压柜站变进线开关 4033，摇至试验位，拔出开关钥匙。

③ 将开关钥匙插入Ⅰ、Ⅱ段母联开关 4032 旋转至合闸允许位，将开关摇至工作位，合Ⅰ、Ⅱ段母联开关 4032。

④ 检查并恢复已送的各用电回路交流、直流电源。

⑤ 分主厂房 6 kV 高开室 6 kV Ⅰ、Ⅱ段联络开关 645，手车拉至试验位。

⑥ 将主厂房 6 kV 高开室电容器避雷器 658 手车、电压互感器 659 手车拉至试验位。

⑦ 分变电所 6 kV 高开室站变高压开关 611，小车摇至试验位。

⑧ 分变电所 6 kV 高开室 6 kV 进线开关 601，小车摇至试验位。

⑨ 将变电所 6 kV 高开室电压互感器 649 小车摇至试验位。

⑩ 分 35 kV 高开室 35 kV 主变高压开关 301，并摇至试验位。

5.1.3.2 GIS 系统运行操作规程

（1）GIS 投入运行前应对装置 SF_6 气体压力等表计指示，各开关、刀闸、接地刀闸位置，控制、信号指示、闭锁装置等项目进行检查。

（2）GIS 在正常情况下，开关的操作应使用远方操作或现场就地控制操作。

（3）GIS 开关、隔离刀闸及接地刀闸的操作均设有机械闭锁和电气闭锁装置，电气闭锁回路在运行中应切至“联锁”位置，不应将电气闭锁回路切至“解锁”位置。当电气闭锁回路存在某种缺陷无法进行操作时，应汇报值班负责人组织人员检查处理。

（4）当操作 GIS 时，应停止其外壳上的操作，并让人员离开设备。

（5）110 kV 线路转为检修前，首先应向调度核实该线路确已停电且对方的出线开关确已转为检修状态；检查响应开关和隔离刀闸确已拉开，并在现场控制柜将“远方/就地”开关切至就地位置，方可合上开关线路侧接地刀闸。

（6）GIS 投入运行后应每天至少一次对运行中的 GIS 设备进行外观检查，主要检查设备有无异常情况，并做好记录。

（7）GIS 运行维护的基本技术要求如下。

① GIS 设备的分解检修周期不小于 15 年，或按制造厂要求。

② GIS 室的环境保护：GIS 室内 SF_6 的允许含量不应超过 1 000 ul/l（6 g/m^3）。

③ 接地：运行中 GIS 对于运行、维修人员易触及的部位，在正常情况下，其外壳及构架上的感应电压不应超过 36 V，其温升不应超过 30 K（外壳可触及，但在正常操作时无需触及，其温升极限可增加到 40 K）。

④ GIS 室的通风：运行、维修人员经常出入的 GIS 室，每班至少通风一次（15 min），对工作人员不经常出入的室内场所，应定期检查通风设施，进入前先通风 15 min。

5.1.3.3　励磁系统操作规程

（1）电机短时间停机时，允许在电机停、开机过程中不对励磁装置做任何操作。

（2）就地开、停机操作：

① 开机操作

a. 送 0.4 kV 低压柜励磁装置交流电源。

b. 送 220 V 直流馈线柜励磁装置直流电源。

c. 合上交、直流电源开关。

d. 操作液晶触摸屏面板，合空气开关。

e. 操作液晶触摸屏面板，励磁工况改为调试，手动投励，抽水时励磁电流调至 180 A。

f. 操作液晶触摸屏面板手动灭磁，将励磁工况调至“工作”位，等待开机。

g. 合电机高压断路器，启动电机。

② 停机操作

a. 分电机高压断路器，电机停机，励磁装置联动灭磁。

b. 操作液晶触摸屏，分空气开关。

c. 分交、直流电源开关。

d. 停 0.4 kV 低压柜励磁装置交流电源。

e. 停 220 V 直流馈线柜励磁装置直流电源。

5.1.3.4　直流系统操作规程

（1）送电操作

① 合蓄电池电源开关，检查蓄电池组和控制母线电压、电流是否正常。

② 合Ⅰ、Ⅱ路交流电源开关，检查指示灯是否正常。

③ 合模块电源开关，检查三组模块开关工作是否正常。

④ 合监控系统电源开关，监控主画面上检查充电模块、电池组及控制母线的电压、电流是否正常，系统工作是否正常。

⑤ 检查蓄电池活化开关确在分位。

⑥ 装置运行正常后，投入相应的控保电源、合闸电源、励磁装置工作电源等。

（2）停电操作

① 分控保电源、合闸电源、励磁装置工作等电源开关。

② 检查蓄电池活化开关确在分位。

③ 分监控系统电源开关。

④ 分模块电源开关。

⑤ 分Ⅰ、Ⅱ路交流电源开关。

⑥ 分蓄电池电源开关。

5.1.3.5 柴油发电机操作规程

(1) 开机前检查

① 去除进、排气口防尘罩。

② 检查输油管道及各接头部位松紧度,有无渗漏油。

③ 检查油箱是否完好,油量是否充足,油质是否符合标准。

④ 检查油底壳是否渗漏,机油量是否在标准刻度线范围,夏季使用 40 号柴机油,冬季使 30 号柴机油。

⑤ 检查散热器是否完好,冷却水是否充足。

⑥ 手动盘转皮带轮,曲轴连杆、燃油泵、凸轮轴以及柱塞应无卡滞或不灵活的现象,并将调速手柄由低速到高速位置来回移动数次,齿条与芯套的运动应无卡滞现象。

⑦ 检查启动电源(蓄电池)是否正常。

⑧ 对检查中发现不符合标准要求的,应及时检修,使之符合运行要求。

(2) 开机运行

① 连接柴油机输油管并排除油路空气。排空油路空气后,将各缸喷油器上的高压油管接头松开,通过手摇驱动柴油机运转,使所有高压油管正常喷油。

② 将调速手柄调至中速位置。

③ 分离柴油机离合器。

④ 将减压手柄扳至减压位置。

⑤ 连接启动电路,蓄电池正极接至柴油机启动马达的正极桩头,负极接至柴油机机体上。

⑥ 将启动开关旋至启动位置,待启动电机带动柴油机空转数圈后,迅速松开减压手柄,柴油机启动成功后松开启动开关。每次启动电机不许超过 5 s,一次启动未成功的,再次启动间隔时间应在 1 min 以上。柴油机启动后先在中速运转 5 min 左右,然后逐步提高转速进行预热运转。待冷却水温度升至 50 ℃以上时,方可带负荷作业。

⑦ 柴油机在运行中应注意判断柴油机的排烟和声响是否正常,定时检查机油压力、机油温度、冷却水温是否在正常范围内,确保机组安全运行。

(3) 停机

① 总控柜的输出馈电开关分闸,脱开电网。

② 缓慢减小柴油机油门,让发电机在中、低速空转运转 10 min 后停车。

③ 在冬季停机后,必须打开机体放水阀,放尽冷却水,以免冻坏机体、冷却水泵和散热器。放水时,必须把散热器的加水口盖打开,以免冷却水放不尽。

④ 如发生飞车,可采取堵住进气口、松开高压油管螺母等方法进行紧急停机。

5.1.3.6 稀油站操作规程

(1) 投入运行

① 合主厂房低压配电柜中变频机房低压开关柜电源空气开关。

② 合变频机房低压开关柜进线断路器。

③ 合变频机房低压开关柜检修柜空气开关。

④ 合检修柜内稀油站电源空气开关。

⑤ 依次合稀油站控制柜内总电源开关、控制电源开关、加热器电源开关(必要时)。

⑥ 打开稀油站冷却水闸阀，检查冷却水压力。

⑦ 把主泵切换开关置任意一台位置。

⑧ 电加热器开关置“停止位”(需加热时置“工作位”)。

⑨ 控制权限转换开关置“机旁位”。

⑩ 按下“油泵启动”按钮，如报警笛报警，按下“试笛/停笛”按钮。

⑪ 检查供油口压力，确保在 0.15～0.2 MPa 之间，油箱油位、油箱油温、供油口油温及各指示灯均应正常。

⑫ 检查变频机组轴承窝内油位，确认其符合运行要求。

(2) 退出运行

① 按下“油泵停止”按钮。

② 依次分稀油站控制柜内加热器电源开关(必要时)、控制电源开关、总电源开关。

③ 分检修柜内稀油站电源空气开关。

④ 关闭稀油站冷却水闸阀。

5.1.3.7　压力油装置操作规程

(1) 压力油装置停运时，应将两台油泵控制“转换开关”同时置于停止位置。

(2) 压力油装置使用手动功能时，应将两台油泵控制“转换开关”同时置于手动位置。

(3) 压力油装置使用自动控制功能时，应将两台油泵控制“转换开关”同时置于“自动Ⅰ”位置或置于“自动Ⅱ”位置，方可实现自动控制功能。

(4) “自动 1”控制方式为压力变换器与 PLC 实现自动控制功能。“自动Ⅱ”控制方式为带电接点压力表与 PLC 实现自动控制功能。

(5) 油压装置的冷却器和冷却泵根据油温情况选择是否投入。

(6) 油压装置运行时，备用油泵应进行定期切换运行。

(7) 油压装置运行时，滤油器压差超过厂家规定时，应切换滤油器。

5.1.3.8　卷扬式启闭机操作规程

(1) 开机前准备

① 在主机组起动前应全面检查闸门的控制系统，确认闸门能按规定的程序启闭。

② 闸门控制柜交、直流电源指示应正常，每个闸门控制柜抽屉上升、下降、停止指示灯显示应正常。

③ 检查钢丝绳、卷筒、滑轮组、限位开关、主令控制器、闸门等无异常。

④ 备用门已经提至全开位。

(2) 开机时卷扬式启闭机的操作

① 主机组高压开关柜面板上选择开关转至“抽水”位，工作门选择开关转至“联动”位。

② 合主机高压开关，工作门联动提升。

③ 工作门提升至全开位，主令控制器动作，工作门停止上升。

注意事项：

合主机高压开关时，如果工作门不能联动提升，值班员必须在 6～8 s 内手动提升工作门，或者紧急停机。

(3) 停机时卷扬式启闭机操作

① 主机组高压开关柜面板上选择开关转至“抽水”位，工作门选择开关转至“联动”位。

② 分主机高压开关，工作门联动下落。

③ 工作门利用自重下落至全关位。

注意事项：

分主机高压开关后，如果工作门没有下落，立即手动按下工作门下降按钮，若仍未下落，则立即手动按下备用门下降按钮，如果备用门未能下落，值班员应立刻使用专用撬杠撬开启闭机制动器(电磁刹车)使闸门下降，确保工作门或备用门迅速下落。

5.1.3.9 液压启闭机的操作规程

(1) 液压启闭机控制系统操作

① 设备送电

a. 合上 1# 动力柜断路器 QM1 和 2# 动力柜断路器 QM3，给 1# 动力柜和 2# 动力柜供电，若回路正常，此时 2 台动力柜“进线电源”指示灯将被点亮；再合上 1# 动力柜内的断路器 QM2 和 2# 动力柜塑壳断路器 QM4、QM5 给 3 台油泵电机供电。

b. 合上 1# 动力柜的 QF1 给控制系统供电，再按住控制柜内 UPS 开机 5 s 后，若回路正常，此时控制柜面板上“1# 开关电源”指示灯将被点亮。

c. 根据需要，合上 1# 动力柜内的自动开关 QF4、QF6 给插座、温湿度控制器供电；合上 2# 动力柜内 QF1、QF3 给插座、温湿度控制器供电；合上控制柜内 QF2、QF4、QF5、QF7、QF8、QF9、QF10、QF11 分别给插座、温湿度控制器、手动控制 24 V 电源、24 V 电源、触摸屏电源、电磁阀电源、开度仪供电。送电完毕后，柜门上相应指示灯点亮。转动柜门上的电压测量选择开关，电压表显示正常。

② 设备断电

在泵站系统长期不工作时，首先断开 1# 动力柜断路器 QM1 和 2# 动力柜断路器 QM3；随后依次断开其他开关。在故障检修状况时，根据故障断开相应的开关，例如：若柜内加热器发生故障，即断开 QF2，其他情形同理。

(2) 手动控制方式操作

① 设备送电(详细操作参照控制系统操作中的“设备送电”部分)。

② 将“控制方式选择”开关旋转到“手动控制”挡位，将“闸门控制”“闸门纠偏”开关旋转到“空”挡位。

③ 通过电机启动按钮，实现电机的启动。若选择双电机启动时，应保证两台电机的启动时间间隔约 30s。

④ 在“1# 电机运行”指示灯和“2# 电机运行”指示灯点亮后，通过“闸门控制”按钮实现闸门启闭。闸门处于全开或全关位置时，相应的指示灯将被点亮。

⑤ 通过观察触摸屏上的闸门开度仪来判断是否需要纠偏，若需要纠偏时，通过“闸门纠偏”旋钮能实现闸门纠偏功能。

⑥ 在紧急情况下通过“急停”按钮能实现系统的紧急停机。

(3) 自动控制方式的操作

① 在触摸屏上将提门方式选择为“自动”。

② 将两台油泵一台置于“自动”位，另一台置于“备用”位。

5.1.3.10 真空破坏阀操作规程

(1) 开机操作

① 合 220 V 真空破坏阀交流电源。

② 开机前应现场调试，将现场电气控制箱转换开关旋至“就地”位，进行分合试验。

③ 调试正常后，将现场电气控制箱转换开关旋至“联动”位。

④ 合机组开关，真空破坏阀联动，真空破坏阀应正常关闭。

(2) 停机操作

① 分机组开关，真空破坏阀联动，检查确认真空破坏阀已打开。

② 停机后将转换开关旋至“停”位。

③ 分 220 V 真空破坏阀交流电源。

(3) 手动操作

在真空破坏阀的电气回路出现故障而不能正常动作时，可以手动打开或关闭阀门。

① 开阀

a. 打开现场电气控制箱，切断电源。

b. 把手动操作机构的开合螺母手柄转到“关”位。

c. 逆时针旋转手轮直至阀瓣和阀座打开。

② 关阀

a. 打开现场电气控制箱，切断电源。

b. 把手动操作机构的开合螺母手柄转到“关”位。

c. 顺时针旋转手轮直至阀瓣和阀座关闭。

注意事项：

如果不使用手动操作机构功能，应把开合螺母手柄转到“开”位。

5.1.3.11 清污机操作规程

(1) 开清污机(手动)

① 检查清污机设备外观应无异常。

② 合上清污机总交流电源。

③ 合上相应机组清污机控制电源，清污机运转应正常。

④ 用辅助工具及时清理清污机爪齿上的碎草。

⑤ 视杂草情况，开启皮带输送机。

(2) 停清污机(手动)

① 分开相应机组清污机控制电源，清污机运转应停止。

② 视皮带输送机上杂草情况，停止皮带输送机。

③ 分开清污机总交流电源。

5.2 巡视

泵站运行人员值班期间，应按规定的巡视路线和项目内容对运行设备、备用设备、泵站进出水池及上下游引河进行认真的巡视检查。

5.2.1 工程检查的分类

工程检查分为日常检查、定期检查和专项检查。

日常检查包括日常巡查、经常检查。日常巡查应按运行期和非运行期确定巡查周期及内容。非运行期每天1次，日常巡查可结合经常检查进行；运行期间按照运行巡视检查要求每2 h巡查1次；当超设计标准运行或遭受不利因素影响时，应加强巡视。巡查路线应专门设定，主要包括泵站管理范围内的建筑物、设备、设施、工程环境等重点部位。工程投入使用5年内，经常性检查每周不应少于2次，以后每周1次。经常检查主要对建筑物各部位、主机泵、高低压电气设备、辅机设备、金属结构、自动化监测设备、管理设施及管理范围内的河道、堤防和水流形态等进行检查。

定期检查包括汛前检查、汛后检查（或送水期前后）、水下检查和试验检测等，重点检查以下内容。

(1) 汛前检查重点检查建筑物、设备和设施的最新状况，安全度汛存在的问题及采取的措施。着重检查岁修工程和度汛应急工程完成情况，以及安全度汛措施的落实情况。对工程各部位和设施进行详细检查，并对主、辅机，高、低压电器设备，微机监控系统等进行全面检查。对检查中发现的问题应及时进行处理，对影响工程安全度汛而一时又无法在汛前解决的问题，应制定好应急抢险方案。汛前检查应结合汛前保养工作同时进行，每年宜在4月底前完成。

(2) 汛后检查重点检查建筑物、设备和设施度汛后的变化和损坏情况。对检查中发现的问题应及时组织人员修复或作为下一年度的岁修项目上报。汛后检查工作要求在每年10月底前完成。

(3) 水下检查着重检查水下工程的损坏情况，主要包括以下检查。

① 泵站建筑物水下检查

泵站的进、出水流道应定期进行检查维护，过流壁面应光滑平整，投入运行后应定期清除附着在壁面的水生物和沉积物。若泵站的进、出水流道和水下建筑物产生裂缝和渗漏，应及时进行处理。

泵站建筑物水下检查要求：泵站建筑物水下检查着重检查水下工程的损坏情况，应在4月上旬前完成，每2年不少于1次，超过设计指标运用后或发生异常情况时，应及时进行水下检查，检查结果应上报泵站主管技术部门。

泵站管理单位应详细记录检查数据，整理泵站建筑物水下检查报告。

② 机组水下检查

为了保证泵站安全度汛，充分可靠发挥工程效益，泵站管理单位机组水下检查频次为每2年不少于1次。泵站管理单位应详细记录检查数据，整理泵站机组水下检查报告。

机组水下检查主要包括以下内容：流道结构完好性；叶轮、叶轮帽、导叶体部件、泵体内壁完好性及导轴承固定情况，测量叶片、导轴承间隙；泵内部件汽蚀情况；泵轴轴颈磨损情况等。

(4) 试验检测主要包括电气试验、常用测量工具校验、特种设备检验和安全用具校验等。

专项检查主要是在发生地震、风暴潮、台风或其他自然灾害，泵站超过设计标准运行，或发生重大工程事故后进行的特别检查。

工程检查应填写记录，及时整理检查资料。定期检查和专项检查应编写检查报告并按规定上报。

5.2.2 水工建筑物检查

工程运行期间，运行人员应定期对泵站站身、翼墙、混凝土建筑物及上、下游引河河道等工程设施进行巡查，并做好巡视检查记录。

5.2.2.1 巡视内容

(1) 主副厂房

① 承重排架结构的柱、梁、墙、板有无变形。

② 主要设备基础有无变形。

③ 水力机械是否引起主要结构振动，严禁在共振状态下运行。

④ 是否有过大荷载冲击主厂房建筑物。

⑤ 阴雨、冰雪天气情况下屋面及围护结构是否存在渗漏水现象，是否影响主要设备运行安全。

(2) 启闭机房

启闭机房的房顶、墙面、窗户是否有破损、渗漏水现象。

(3) 进、出水池

① 上下游水位是否在设计运行工况范围，水位标尺是否完好。

② 观察进、出水池水流流态，根据水流阻力判断是否存在严重淤积。

③ 防护设施是否被破坏，防止船只、人员等进入进、出水池内。

④ 冬季查看防冰凌措施是否到位。

(4) 工作桥

① 工作桥承重结构柱、梁是否出现变形。

② 桥面板是否出现开裂、破损现象。

③ 安全防护栏杆(板)是否出现断裂、破损等。

(5) 上、下游翼墙

① 是否出现错位、倾斜、沉陷、开裂等异常情况。

② 翼墙表面有无渗水、鼓泡、起壳现象。

③ 翼墙上安全防护设施是否完好。

(6) 上、下游堤防与护坡

① 在水力冲刷下是否出现管涌、流沙、坍塌现象。

② 有无蚁穴、鼠洞或其他孔洞等。

③ 有无渗水、开裂、沉陷变形等现象。

(7) 清污机桥

桥面是否破损，混凝土表面是否存在露筋、变形等现象。

5.2.2.2 巡视频率

每一工作班次应对水工建筑物主要结构巡查一次。泵站运行期间遇有下列情况应增加巡查次数：

(1) 恶劣气候；

(2) 站身、岸墙、翼墙及上、下游河道有缺陷、施工等不安全现象；

(3) 超设计标准运行时。

5.2.2.3 巡视内容的记录

(1) 巡查人员应把巡查情况及遇到的问题详细记录在值班记录中。

(2) 交接班时应对巡查中发现的问题进行交接并做记录。

5.2.2.4 巡视时应注意的事项

(1) 巡查过程中发现有可能影响工程安全运行的问题时，要立即向值班长或带班领导汇报。

(2) 阴雨等恶劣天气、超标准运行以及特殊情况下应加强巡视。

5.2.3 机电设备巡视检查

5.2.3.1 巡视检查要求

泵站机组运行中，泵站值班人员应认真全面对机电设备及水工建筑物进行巡查。

(1) 机电设备巡视频次

值班人员应按照制定的巡查路线、巡查项目，至少每 2 h 巡查 1 次，并记录运行参数。遇下列特殊情况应增加巡查次数：

① 恶劣气候；

② 设备过负荷或负荷有显著增加；

③ 设备缺陷近期有发展；

④ 新设备、经过检修或改造的设备、长期停用的设备重新投入运行；

⑤ 事故跳闸和运行设备有可疑迹象。

(2) 巡视要求

① 高压电气设备巡视检查必须由取得资格证书并经批准的人员进行，其他人员不得单独巡视检查。

② 巡视检查高压电气设备时，不应进行其他工作，不应移开或越过安全遮栏。在不设警戒线的地方，应保持足够的安全距离。

③ 雷雨天气，需要巡视室外高压设备时，值班人员应穿绝缘靴，不应靠近避雷器和避雷针。

④ 高压设备发生接地时，室内不应接近故障点 4 m 以内，室外不应接近故障点 8 m 以内。进入上述范围内的人员应穿绝缘靴，接近设备的外壳和架构时，应戴绝缘手套。

⑤ 发现设备缺陷或异常运行情况应及时向值班长汇报，值班长应组织处理并详细记录在运行日志上。对重大缺陷或严重情况应及时向总值班汇报。

5.2.3.2 巡视检查内容

本节内容主要介绍泵站工程运行期机电设备巡视检查内容。

(1) 变压器(图 5-4)

① 对照油温油压曲线，检查油枕内和充油套管内油色、油位、油压是否正常，有无渗漏

油现象。

② 套管应清洁，无裂纹、破损、放电痕迹和其他异常现象。

③ 确认声音正常，正常运行时变压器应发出均匀的“嗡嗡”声。

④ 电缆和母线无异常情况，压力释放器未动作，瓦斯继电器两侧盖板应打开，内部应充满油，连接阀门应打开。

⑤ 每小时记录负荷情况，运行电压不应超出额定电压的±5%；

图 5-4 变压器

⑥ 温度不超过允许值，上层油温一般不超过 85 ℃；散热器与本体连接的阀门应打开，散热器温度应正常，各散热器温度基本一致。

⑦ 检查确认接线桩头无过热现象。

⑧ 检查确认呼吸器内硅胶颜色正常，呼吸器油位满足要求。

(2) 站变(干式变压器)

① 检查确认变压器运行正常，无杂音、无焦煳味、无异常振动。

② 检查变压器运行环境温度不高于 40 ℃，变压器温升不得超过 100 ℃(F 级绝缘)，变压器温度指示正常。

③ 冷却风扇运转应正常，风机自动装置工作正常，风机启动铁芯温度 100 ℃，风机停止温度 80 ℃，高温报警温度 130 ℃，超温跳闸温度 150 ℃(F 级绝缘)。

④ 变压器一、二次侧运行电流不超过额定电流，变压器运行一次电压不高于该挡位分接开关电压的 5%。

⑤ 检查确认绝缘子清洁，无破损裂纹、无放电痕迹及其他异常现象。

⑥ 检查确认变压器外壳接地良好。

⑦ 检查确认电缆、母线及引线接头无发热现象。

图 5-5 10 kV 真空断路器

⑧ 检查确认变压器柜内防小动物封堵及挡板完好，变压器室内无异常气味。

⑨ 箱门闭锁装置应正常。

(3) 断路器(10 kV 真空断路器见图 5-5)

① 检查确认断路器的分、合闸位置指示清晰正确，电气指示和机械指示相符，并与实际运行方式相符。

② 检查确认套管和瓷瓶清洁无破损裂痕，无放电声和电晕。

③ 检查确认各连接部分和主触头接触良好，无发热现象，无异味。

④ 检查确认各连接部位销子完整无变形，锁紧螺母无松动。

⑤ 检查确认断路器本体无明显变形，真空断路器真空管无破损；油断路器油位、油色正常，无渗油现象；六氟化硫断路器气室压力正常，无漏气现象。

⑥ 检查确认引线接头无过热现象。

⑦ 检查确认控制电源回路接线端子无松脱、无铜绿、无锈蚀。分、合闸线圈和合闸接触器正常，无冒烟、无异味。操作机构、弹簧储能机构及回路工作正常。

⑧ 检查确认柜内照明正常，机构箱、端子箱各侧面和门完好平整，开关灵活，无受潮、无异味、无灰尘。

⑨ 检查确认运行中开关柜封闭严密，闭锁装置良好，防小动物措施完善。

⑩ 检查确认接地完好。

⑪ 检查确认辅助电加热装置完好。

⑫ 检查运行中无其他异常声响和异常气味。

注意事项：少油断路器跳闸 15 min 后才能进行第二次合闸。

(4) GIS 组合电器(图 5-6)

图 5-6 GIS 组合电器

进入 GIS 室前应先通风 15 min，确认空气中氧含量不小于 18%，空气中 SF_6 浓度不大于 1 000 μL/L。

① 检查确认 SF_6 气体压力指示正常。

② 检查确认开关、刀闸分合机械指示、指示灯正确。

③ 检查确认无异常声音或气味。

④ 检查确认二次回路接线端子无过热。

⑤ 检查确认瓷套管无开裂、破损情况。

⑥ 检查确认接地或支架无生锈或损伤。

⑦ 检查确认避雷器的泄漏电流符合要求，开关及避雷器的动作次数未达到寿命次数。

⑧ 检查确认联动闭锁装置投入。

（5）隔离开关（图 5-7）

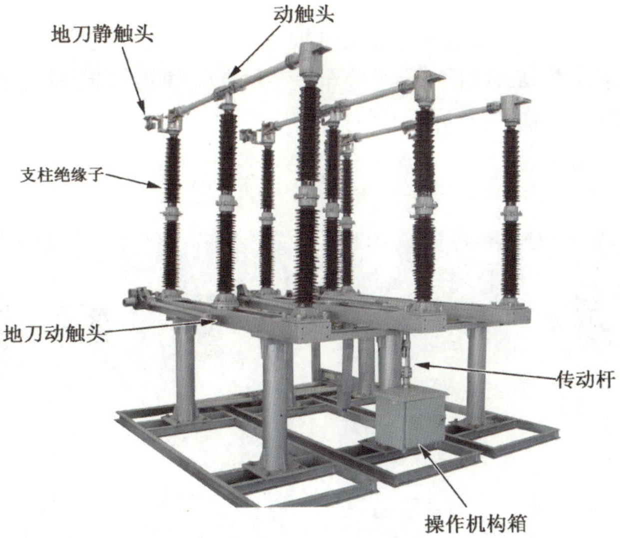

图 5-7　110 kV 隔离开关

① 检查确认支柱瓷瓶清洁，无破损、裂痕，无放电或电晕现象。

② 检查确认触头接触良好，导电部分和各连接部位无过热、变形现象。

③ 检查确认操作机构部分无开焊、变形或锈蚀现象，轴、销钉、紧固件等完好。

④ 检查确认闭锁装置良好可靠。

⑤ 检查确认辅助开关连接与转动良好，外壳完整。

⑥ 检查确认连接导线及铜辫无断股、折断现象。

⑦ 检查确认分合指示正确。

（6）互感器（图 5-8）

图 5-8　110 kV 电压互感器

① 检查确认电压互感器电压、电流互感器电流指示正常。

② 检查确认一、二次接线端子与引线连接无松动、过热现象。

③ 检查确认瓷瓶清洁，无裂纹、破损及放电痕迹。

④ 检查确认电流互感器无过负荷引起的过热现象。

⑤ 检查确认运行中无异响，无异味。

⑥ 检查确认油浸式互感器无渗漏油现象。

注意事项：电压互感器二次侧严禁短路，

电流互感器二次侧严禁开路。

(7) 避雷器

① 确认避雷器套管清洁、无破损、无放电痕迹。

② 确认避雷器导线及接地引下线连接牢固,无烧伤痕迹和断股现象。

③ 避雷器的泄漏电流应在允许范围内。

(8) 电力电容器(图 5-9)

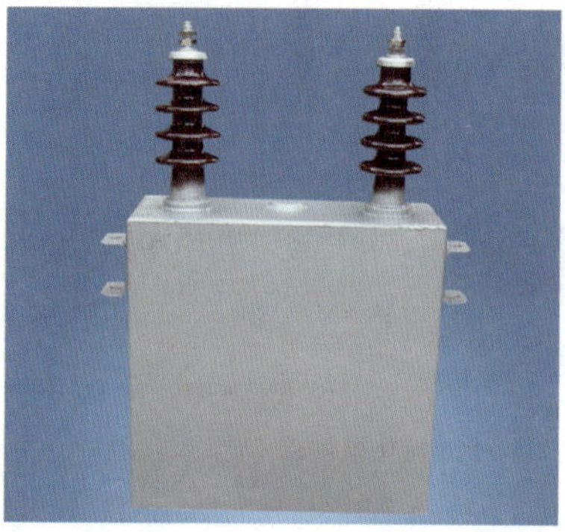

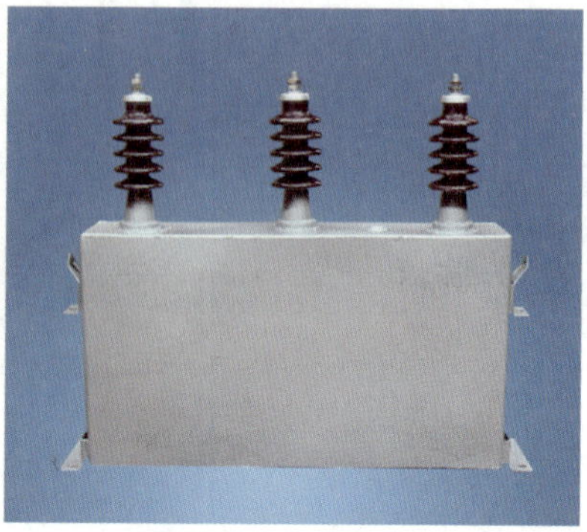

图 5-9 高压并联电力电容器

① 检查确认瓷件无闪络、裂纹、破损和严重脏污。

② 检查确认无起鼓、无锈蚀、无渗漏。

③ 检查确认接地良好。

④ 检查确认放电回路及各引线接点良好。

⑤ 检查确认带电导体与各部件的间距适中。

⑥ 检查确认开关、熔断器完好正常。

⑦ 检查确认并联电容器的熔丝无熔断。

⑧ 检查确认串联补偿电容器的保护间隙无变形、异常和放电痕迹。

(9) 变频器(图 5-10)

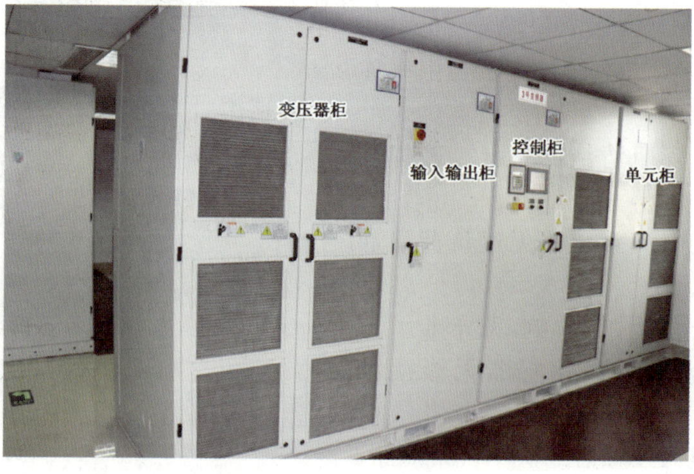

图 5-10 变频装置

① 检查确认电抗器、变压器、水冷器、冷却风扇等设备运行正常，无异常声音、无振动和无异味，温度在规定范围内。

② 检查确认变频器柜内及各电路元件（电容器、电阻、电抗器、功率元件等）无变色、变形、漏液现象。

③ 检查确认现地显示屏显示转速、电流、电压等运行参数正常。

④ 检查确认运行中主电路电压和控制电路电压正常。

⑤ 检查确认空气滤清器无脏污。

⑥ 柜内设备保持清洁。

⑦ 检查温湿度。室内环境温度 0～40℃之间，湿度不超过 80%，无冷凝。

（10）电力电缆

① 检查确认终端头无发热、爬电、电晕现象。

② 检查确认引线间及对地距离无变化，相色带无脱落。

③ 检查确认接地线完好。

④ 检查确认电缆标志牌完好。

⑤ 检查确认卡具支架牢固、无锈蚀。

⑥ 检查确认架空电缆钢索无断股、无严重锈蚀，支撑杆无倾斜。

⑦ 检查确认电缆保护管完好，根部无裸露。

（11）电力仪表

① 检查确认仪表外观完好。

② 检查确认仪表显示正确。

③ 检查确认仪表接线桩头无松动、发热。

④ 检查确认具备通信功能的仪表与上位机通信正常。

（12）高压开关柜（图 5-11）

图 5-11 高压开关柜

① 检查确认保护压板的投停符合运行要求，投运的压板接触良好。

② 检查确认电流、电压等显示正常。

③ 检查确认指示灯、三相带电指示仪指示正常。

④ 检查确认控制面板显示与开关、手车、刀闸等位置一致。

⑤ 检查确认二次接线端子无松动、锈蚀。

⑥ 检查确认保护单元箱指示正常，无故障报警。

⑦ 检查确认一次接线桩头无过热。

⑧ 检查确认柜内无打火、无异味、无异响。

⑨ 检查确认断路器无破损、渗漏油、漏气。

⑩ 检查确认断路器处于储能状态。

⑪ 检查确认闭锁装置良好。

⑫ 检查确认加热器、柜内照明良好。

(13) 低压开关柜(图 5-12)

图 5-12　低压开关柜

① 检查确认配电柜及柜上的电气元件的名称、标志、编号等清楚、正确；柜上所有的操作把手、按钮和按键等的位置与现场实际情况相符，固定牢靠，操作灵活。

② 检查确认配电柜上表示“合”“分”等信号灯和其他信号指示正确。

③ 检查确认隔离开关、断路器、熔断器和互感器等的接头连接良好，无过热、变色现象。

④ 检查确认二次回路导线的绝缘无破损、老化。

⑤ 检查确认配电柜上标有操作模拟板时，模拟板与现场电气设备的运行状态一致。

⑥ 检查确认仪表或表盘玻璃无松动、破损，仪表指示正确，电流、电压在正常范围。

⑦ 检查确认柜内接线桩头无过热、松动。

(14) 主电机(图 5-13)

主电机运行中应定期巡视检查，至少每 2 h 巡视 1 次。

① 检查确认主电机定转子电流、电压、功率等指示正常，无异常升降和超限现象。

图 5-13　主电机

② 检查确认主电机定子线圈、铁芯及轴承温度正常。

③ 检查确认电缆接头连接牢固、无过热现象。

④ 检查确认主电机冷却风机运行正常，并能根据监控系统设定值自动开停。

⑤ 检查确认同步电动机滑环和电刷间无火花，无卡滞现象，电刷压力适中，温度不大于 120 ℃。

⑥ 检查确认上、下油缸油位、油色、油质、油温正常，无渗油现象，上、下油缸内油温在 15～60 ℃。

⑦ 检查确认主电机冷却水压力在 0.15～0.2 MPa，示流计指示正常。

⑧ 主电机运行时轴承的允许最高温度不应超过制造厂的规定值。如制造厂无规定，一般轴承允许最高温度：弹性金属塑料轴承为 65 ℃，巴氏合金轴承为 70 ℃，滚动轴承为 95 ℃。

⑨ 检查确认主电机声音正常，无异常振动，无异味。

(15) 主水泵(图 5-14)

主水泵运行期间的巡视检查，至少每 2 h 巡查 1 次。

① 检查确认填料函处漏水情况正常，无偏磨、过热现象，温度不大于 50 ℃。

② 检查确认润滑水水压及示流信号正常。

③ 检查确认润滑油油位、油色、导轴承温度正常。

④ 检查确认泵内无异常声响，水泵的汽蚀和振动在允许范围内。

⑤ 检查确认监测仪表、传感器等工作正常，流量、水位、压力、真空度、温度、振动等技术参数在允许范围内。

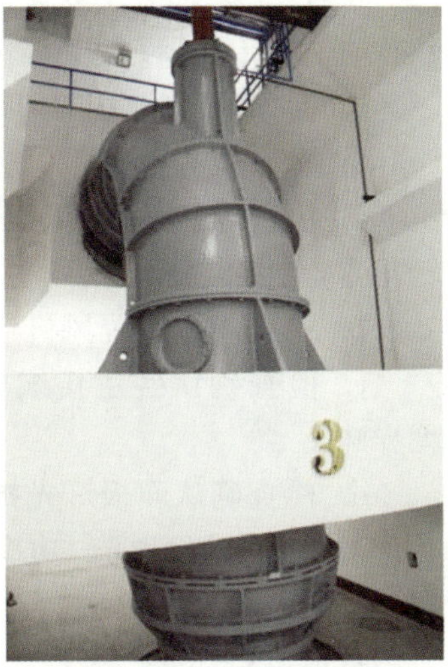

图 5-14　主水泵

⑥ 检查确认泵体无渗漏水，顶盖积水在正常范围内。

⑦ 检查确认叶片角度指示正确，操作机构工作正常。

(16) 叶片调节机构(图 5-15)

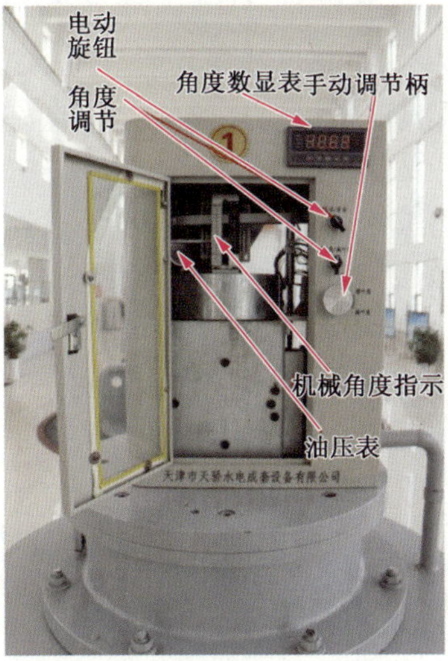

(正面)

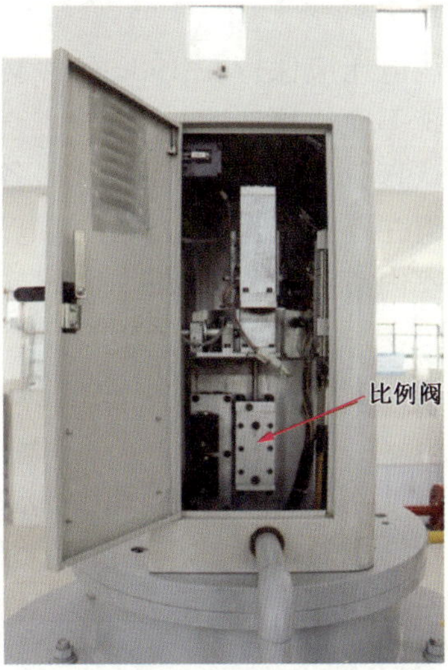

(侧面)

图 5-15　液压式叶片调节机构

① 检查确认调节灵活、无卡阻和抖动现象、限位动作可靠、无异响。

② 检查确认操作杆活动自如，叶片角度机械指示与微机监控显示角度一致。

③ 检查确认液压调节的管道系统完好，闸阀开关灵活，受油器密封良好，无渗漏油和甩油现象，控制柜显示屏指示正常。

(17) 励磁系统(图 5-16)

① 励磁变压器

a. 检查确认变压器运行无过热、无异味、无异响。

b. 检查确认引线接头、电缆、母线无过热、变色和放电现象，必要时用手持式红外测温仪检查铁芯、桩头及线圈温度。

c. 检查确认门、窗、照明完好，空调工作正常。

② 励磁装置

a. 检查确认励磁室门、窗、照明完好，空调运转正常，温度合适。

b. 检查确认装置风机运转正常。

c. 检查确认各主接线桩头无松动、无过热、无异味。

d. 检查确认面板灯光指示及仪表显示正常，并记录励磁电压、电流、功率因数(一般为 0.95，根据需要调节)，必要时与上位机、液晶触摸屏上显示数值进行比对。

e. 检查确认液晶操作面板上参数及状态显示正常，无报警信息。

f. 检查确认 A 套和 B 套励磁调节器工况无异常，通信正常。

图 5-16　微机励磁装置

(18) 直流系统

① 合闸母线电压应保持在 198～264 V 范围内，控制母线电压在 198～242 V 范围内。

② 直流系统不允许接地运行，应检查直流系统正负极对地绝缘是否良好。

③ 检查确认直流柜信号灯指示正确，各开关位置正确。

④ 蓄电池组在浮充电运行方式下单电池电压应符合要求，蓄电池无过充和欠充现象。

⑤ 蓄电池室内清洁，门窗完好，通风装置良好。蓄电池室内温度应保持在 10～30 ℃，不能长期超过 30 ℃。

⑥ 确认电池电压及电池电解液液位正常，电池外壳和极柱温度正常，电池壳盖无变形。

⑦ 确认蓄电池连接处无腐蚀，凡士林涂层完好。

⑧ 确认接线柱无裂纹、断裂，连接线无过热、破损。各连接处应紧固，无松动现象。

⑨ 蓄电池室严禁烟火，严禁存放易燃物品。

(19) 继电保护装置

① 检查确认继电保护运行状态、运行监视正常。

② 检查确认继电保护各元件无异常，接线紧固，无过热、异味、冒烟等现象。

③ 检查确认继电保护各小开关、把手的位置正确。

④ 检查确认继电保护无异常信号。

⑤ 检查确认继电保护投退情况符合调度命令要求。

⑥ 检查确认高频通道测试数据正常。

⑦ 检查、记录有关继电保护的动作情况。

⑧ 检查确认微机保护与监控系统通信正常。

⑨ 检查确认微机录波和录波器的定值、时钟正常。

(20) 泵站自动化监控系统

① 检查确认自动化监控系统的主机运行正常，监控界面中各设备运行指示正常。

② 检查确认监控程序数据正常刷新。

③ 检查确认监控主机和各监控装置、智能设备通信正常，监控功能正常。

④ 确认接入自动化监控系统的各装置上的电源指示灯、运行指示灯显示正常，装置无异常。

(21) 视频监视系统

① 确认不间断电源装置运行可靠，交直流供电正常。

② 确认视频服务器系统工作正常。

③ 确认各点位的图像显示正常、清晰。

④ 确认各点位的切换正常。

⑤ 确认图像的调节控制、回放正常。

(22) 油系统

① 检查确认各阀件工作状态正确。

② 检查确认油缸、管道、接头、闸阀无渗漏油。

③ 检查确认压力油和润滑油的质量符合规定，油色、油温、油压、油位等满足使用要求。

④ 检查储能罐及回油箱上的磁翻板液位计数值，储能罐(高度的 1/3～2/3)及回油箱(高度的 1/3～2/3)油位正常。

⑤ 检查确认油泵起动频率及运行中的声音、振动正常。

⑥ 检查确认油压装置动力柜内各设备工作正常，无异常声音和气味。

(23) 气系统

① 检查确认空压机的交流电压保持在 380×(1±5%)V(即 361～399 V)，运行电流保持在正常范围内。

② 检查确认空压机各项参数设置、排气压力表及润滑油正常。

③ 检查确认排气温度保持在 75～95 ℃之间，避免冷凝水析出，将油乳化。

④ 检查确认电动机、风扇、螺杆无异响；机组无漏油、漏气现象，散热器、风扇正常。

⑤ 定期手动或自动排出空压机、储气罐及气水分离器内积水。

⑥ 检查确认空气围带压力正常，顶盖内积水无异常。

⑦ 检查确认空压机动力箱内各设备工作正常，无异常声音和气味。

(24) 供水系统

① 开放式技术供水系统

a. 检查确认机组供水的水质、水温、水量、水压(压力 0.15～0.20 MPa 之间)等满足运行要求。

b. 检查确认示流装置工作正常。

c. 检查确认滤水器进出口压力差正常。压力差超过 0.1 MPa 时,应清洗滤水器。

d. 检查确认集水井无堵塞或淤积。

e. 检查确认管道接头、法兰面无漏水、渗水现象。

f. 检查确认供水泵工作可靠,声音正常,对备用供水泵应定期切换运行。

g. 检查确认供水泵控制柜仪表及指示灯指示正常,电流不超过额定电流。

h. 检查确认自动化系统显示的相关水温、水压、水量正常,供水系统界面无报警信息。

② 封闭式技术供水系统(冷水机组)(图 5-17)

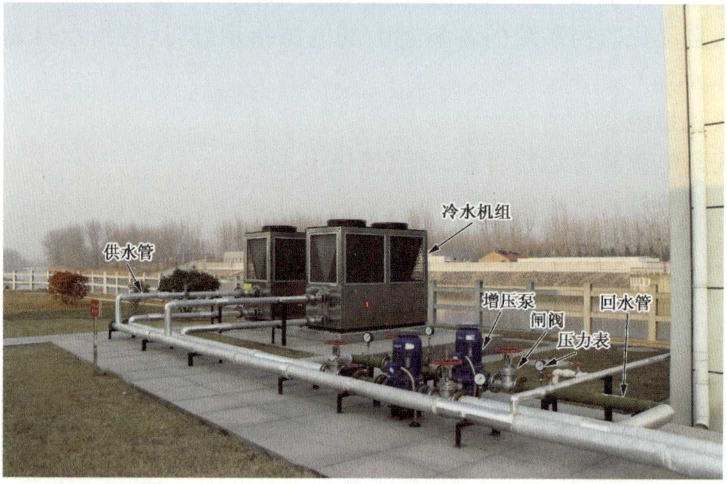

图 5-17 冷水机组

a. 检查确认冷水机组压缩机及冷却风扇运行正常。

b. 检查确认闸阀开闭位置正确,增压泵运行正常。

c. 检查确认控制柜电压、电流指示正常。

d. 检查确认冷水机组进出水口压力正常(进水口压力范围 0.2～0.25 MPa、出水口压力范围 0.28～0.3 MPa)。

e. 检查确认自动补水装置无渗漏现象,水箱内水位正常。

f. 检查确认管道接头、法兰面无漏水、渗水现象。

g. 检查确认水温、水压、水量正常,供水系统界面无报警信息。

(25) 排水系统

① 检查确认排水泵控制柜的电源指示、仪表、开关指示正常,运行时电流不超过额定值。

② 检查确认排水泵工作可靠,声音正常,应对备用泵轮换运行。

③ 检查确认管道接头、法兰面无漏水、渗水现象,管路畅通。

④ 检查确认传感器、压力表等工作正常,指示准确。

⑤ 检查确认排水泵自动启停装置工作正常。

⑥ 廊道水位高于上限(自动启停装置失效)时,应手动启动排水泵,及时排除廊道积水。

⑦ 确认自动化系统显示正常,排水系统界面无报警信息。

(26) 风冷系统

① 检查确认风机动力箱电源指示、仪表及指示灯工作正常,电流不超过额定值,内部桩头无过热。

② 检查确认风机运转正常,防护罩完好。

③ 检查确认风道完好,无破损。

(27) 断流系统

① 快速门断流装置

A. 卷扬式启闭机快速门(卷扬式启闭机见图 5-18)

图 5-18　卷扬式启闭机

a. 检查确认闸门启闭无卡阻,钢丝绳受力均匀,无断丝、断股,变速箱油位正常。

b. 检查确认限位装置、制动装置和减速装置完好、动作可靠。

c. 检查确认快速门状态与主机组运行状态相对应(机组运行时闸门为全开状态)。

d. 检查确认闸门控制柜面板指示灯指示正常。

e. 摇把等辅助应急器具齐全。

B. 液压启闭机快速门

a. 检查确认闸门控制柜仪表、指示灯显示正常。

b. 检查确认回油箱的油色、油位正常。

c. 确认液压系统周围环境清洁,周围环境的相对湿度不大于 85%,回油箱油温不超过 55 ℃。

d. 检查确认油泵电机运行正常,工作压力不超过额定值。

e. 检查确认管道、阀件接头和紧固件连接接头紧固无松动,无渗漏油。

f. 检查确认回油箱呼吸器干燥剂颜色正常。

g. 检查确认油缸密封接口处清洁无渗漏，闸门下落不超过 200 mm/48 h。

h. 门高传感器工作正常，定期比对上位机和现场控制柜显示数值与快速门实际开度，及时消除误差和通信问题。

② 真空破坏阀断流装置(图 5-19)

图 5-19　真空破坏阀

a. 检查确认真空破坏阀、储气罐压力正常、无漏气。

b. 检查确认透明密封罩无破损，真空表指示正常。

c. 检查确认空压机运行正常。

d. 检查确认控制柜面板上仪表、指示灯指示正常。

e. 检查确认应急锤放在指定位置。

f. 检查确认真空破坏阀联动位置正确。

③ 拍门断流装置

a. 检查确认拍门等部件无损坏、严重锈蚀。

b. 检查确认拍门门页和门座铰链无变形、损坏。

c. 检查确认门座上法兰、门页密封端面无变形，密封圈良好，无漏水。

(28) 清污系统

① 检查确认控制柜电源指示灯、仪表、PLC 等指示正常。

② 检查确认电源控制箱各元器件工作正常，接线桩头无锈蚀、无过热。

③ 检查确认机械各转动部位润滑良好，润滑油脂符合要求。

④ 检查确认减速机链条张紧适中。

⑤ 检查确认耙齿、轴端挡圈无变形和脱落。

⑥ 检查确认传输带无龟裂、跑偏等异常现象。

⑦ 检查确认清污机工作正常。过载时，安全销会自动剪断，驱动电机正常运行而耙齿不运转，此时应停机检查，更换安全销。

⑧ 检查确认机械各部位无异常声响和卡阻现象。

（29）备用电源

① 柴油发电机（图 5-20）

图 5-20　柴油发电机

a. 检查确认发电机组各指示仪表正常，润滑油压力、水温正常。

b. 检查确认曲轴箱油位、燃油箱油位、散热器水位正常。

c. 检查确认配电屏仪表及指示灯显示正常。

d. 检查确认启动及充电回路正常。

e. 检查确认发电机运行时声音正常。

f. 发电机运行时，机体外壳、轴承部位外壳、油管、水管温度正常。

② 不间断电源

a. 检查确认 UPS 的指示灯及仪表正常。

b. 检查确认蓄电池组无过热、无损坏。

5.2.3.3　巡视检查流程

机组在运行过程中，各设备都在运转工作，都在做功，因此某些薄弱部位就容易出现异常现象，这就必须借助于人的认真巡回监视、仪表的正确反映，发现问题并及时解决。但就目前泵站情况看，全部借助仪表还很难满足，因此，必须以人的感官（看、听、嗅、触）结合已安装的仪表进行监控，才能达到预期的效果。

为了简化工程设备巡视检查步骤、明确巡视检查要点，本节以沙集泵站主要设备运行巡视流程为例，介绍主要设备运行巡视路线、巡视内容，以及故障处理等流程。

（1）设备运行巡视路线

运行期间，运行值班人员按照图 5-21 进行工程设备巡视，发现问题及时处理，保障工程设备的安全可靠运行。

运行值班人员进行工程设备巡视时，应按照检查项目，根据检查内容和检查标准进行检查，如果发现设备运行故障，应根据故障严重程度采取相应处理措施。

一般故障：指故障现象超过或接近规定的正常标准，运行值班人员需要加强巡视或上报进行不停机检修的故障。

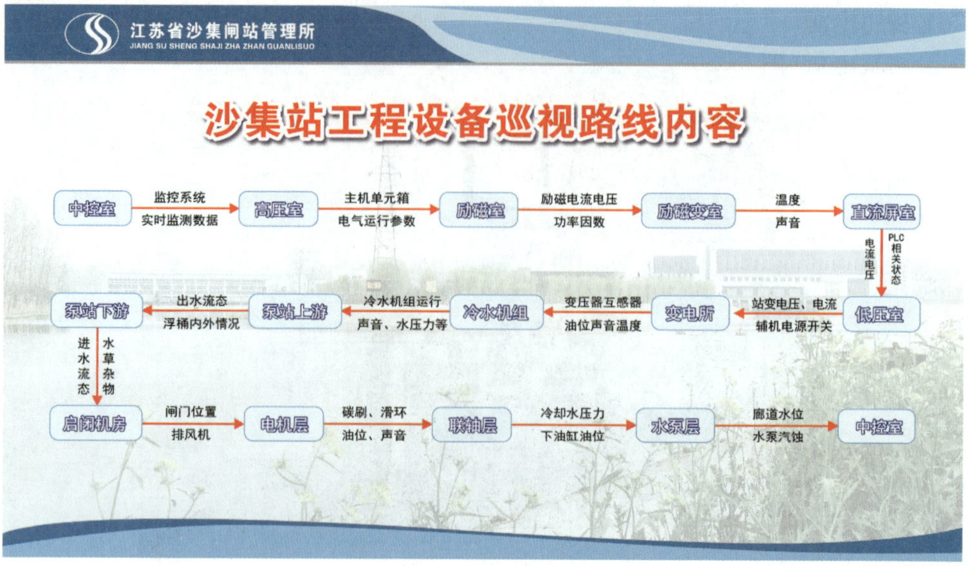

图 5-21　工程设备巡视路线图(实例)

严重故障:指故障现象超过规定的正常标准,运行值班人员根据具体设备的故障现象,确定是否进行停机检修的故障。

(2) 监控系统巡视流程

监控系统巡视内容要求见表 5-1。

表 5-1　监控系统巡视内容要求

检查项目	检查内容	检查标准	处理措施	责任人
工控机	1. 图形画面	1. 正常标准:开关、刀闸位置、颜色、动态演示等正确,状态与实际运行工况相符 一般故障:画面显示不对应 严重故障:两台工控机均发生监控系统故障,不能正常运行,监控计算机无法正常工作	1. 一般故障:记录汇报,报检修班维修;严重故障:加强现场设备巡视,记录汇报	当班值班长和值班人员
	2. 测点数值	2. 正常标准:监控数据准确,刷新正常,未超过运行值范围 一般故障:数据长时间不刷新,或消失	2. 一般故障:记录汇报,加强巡视	
	3. 报警信息	3. 正常标准:无故障信息 一般故障:部分信息重复报、误报 严重故障:主要事故跳闸信息,如重瓦斯动作、主机低电压动作、站变速断动作等	3. 一般故障:记录汇报,加强巡视核实;严重故障:保护拒动,紧急停机,记录汇报	
	4. 报表数据	4. 正常标准:报表数据记录齐全,无异常现象 一般故障:有数据丢失现象,或长时间没有采集到数据	4. 一般故障:记录汇报,加强巡视	

续表

检查项目	检查内容	检查标准	处理措施	责任人
工控机	5. 网络通信 6. 接地连接 7. 环境温湿度	5. 正常标准：网络设备通信正常，监控系统数据采集准确 一般故障：局域网故障，数据采集不全；通信中断 6. 正常标准：有独立监控接地系统，各设备接地明显，可靠 一般故障：接地线脱落 7. 正常：环境温度在 5～30 ℃，最大相对湿度不应超过 75% 一般故障：环境温度超过标准	5. 一般故障：记录汇报，加强巡视 6. 一般故障：记录汇报，加强巡视 7. 一般故障：打开房间空调	当班值班长和值班人员
LCU 柜	1. LCU 设备 2. 触摸屏 3. 开出继电器	1. 正常标准：开关量模块、模拟量模块、温度量模块等工作正常 一般故障：开关量误信号；模拟量采集不准确 严重故障：LCU 不能启动工作，或部分模块不能正常工作 2. 正常标准：触摸屏画面数据、图形、指示准确 一般故障：数据显示异常，图形指示不正确，或触摸屏黑屏 3. 正常标准：继电器动作可靠，指示灯正确 一般故障：继电器拒动	1. 一般故障、严重故障：记录汇报，加强巡视 2. 一般故障：记录汇报，加强巡视 3. 一般故障：改手动操作，记录汇报	当班值班长和值班人员
视频电脑及液晶监视器	1. 监控软件 2. 液晶监视器	1. 正常标准：监控软件运行正常，各点位切换正常，视频录像、回放正常 一般故障：监控软件无法运行，或部分画面缺失等 2. 正常标准：监视画面齐全，画面清晰 一般故障：液晶电视无法正常工作，或部分画面缺失等	1. 一般故障：记录汇报，加强巡视 2. 一般故障：记录汇报，加强巡视	当班值班长和值班人员
视频网络机柜	1. 硬盘录像机 2. 网络通信 3. 电源避雷	1. 正常标准：硬盘录像机运行指示灯正常，输入及视频、网络输出正常 一般故障：部分支路输入故障 严重故障：硬盘录像机停止工作 2. 正常标准：网络接口工作指示灯闪烁正常 一般故障：网络通信故障 3. 正常：电源隔离变压器工作正常，避雷器工作正常 一般故障：避雷器损坏 严重故障：隔离变压器损坏	1. 一般故障、严重故障：记录汇报，加强巡视 2. 一般故障：记录汇报，加强巡视 3. 一般故障、严重故障：记录汇报，加强巡视	当班值班长和值班人员

监控系统巡视流程如图 5-22 所示。

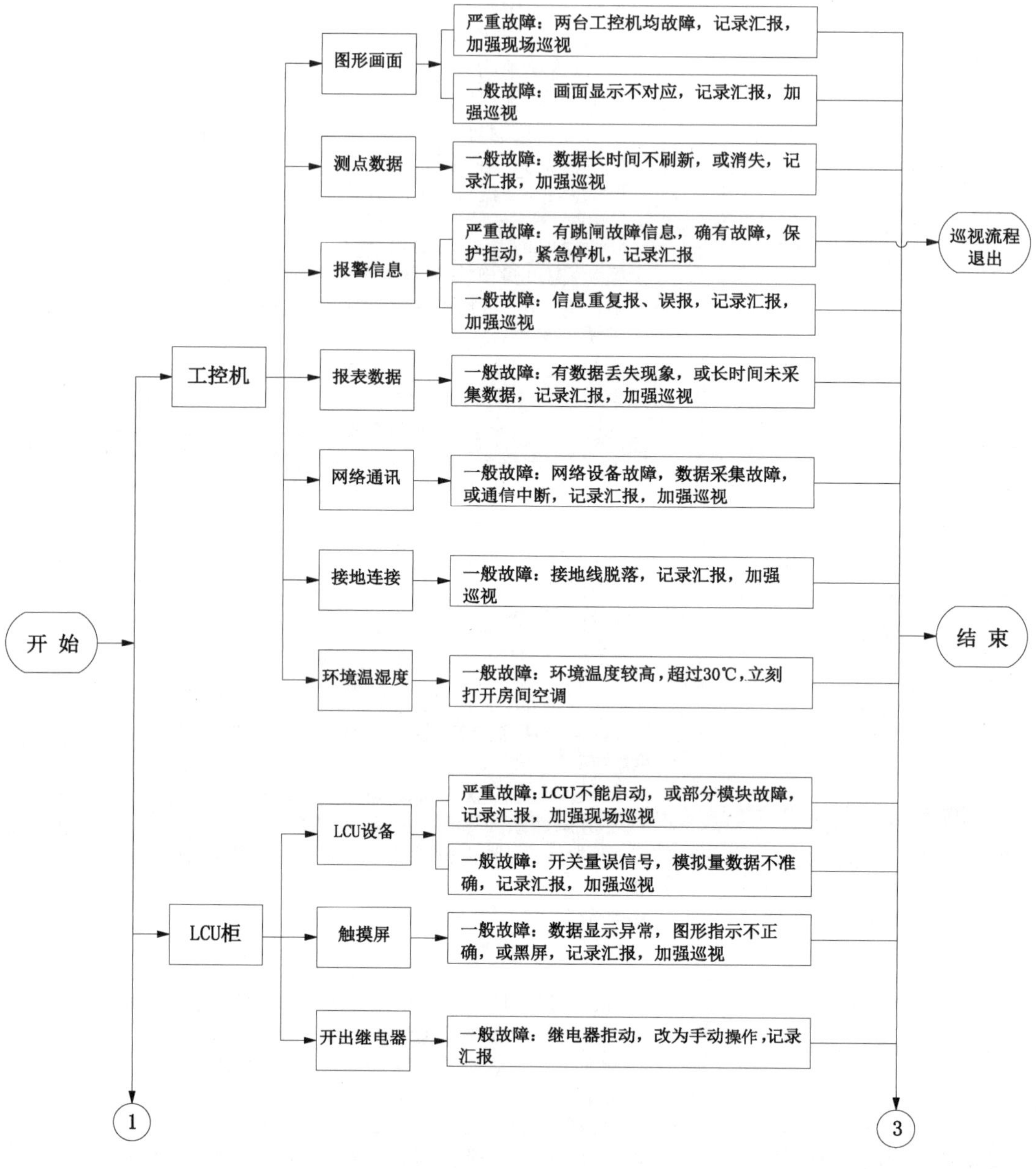

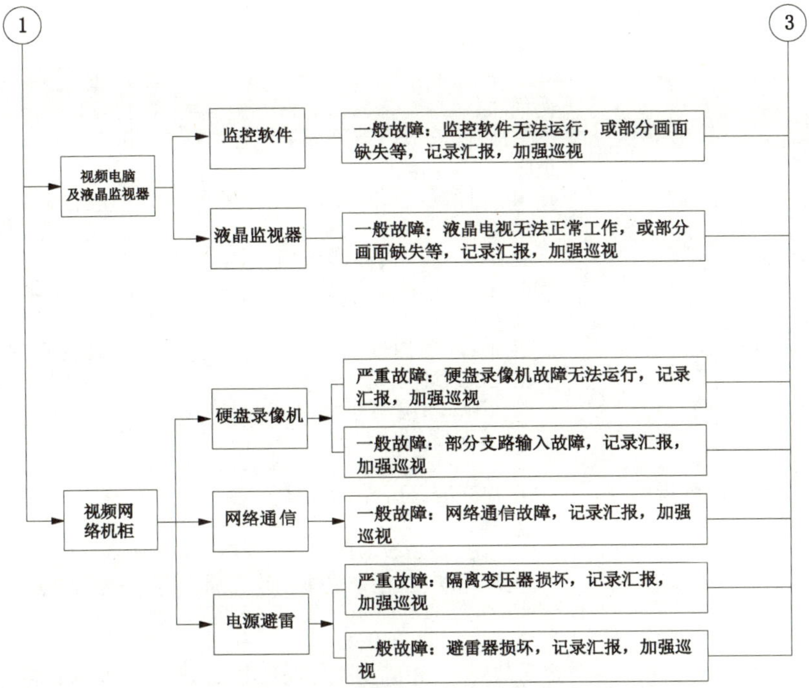

图 5-22　监控系统巡视流程图

(3) 主厂房 6 kV 高压室巡视流程

主厂房 6 kV 高压室巡视内容要求见表 5-2。

表 5-2　主厂房 6 kV 高压室巡视内容要求

检查项目	检查内容	检查标准	处理措施	责任人
保护单元箱	1. 仪表电气参数 2. 指示灯、故障信息	1. 正常标准：电压、电流等参数未超过运行值范围 严重故障：电压缺相或全部消失，或过低、过高，且保护拒动；电流明显超过保护动作电流，且保护拒动；频率超过保护动作值(过频 52 Hz，低频 48.5 Hz)，且保护拒动等 2. 正常标准：电机运行指示正常，保护单元箱工作指示正常，无故障信息 一般故障：指示灯故障，或启动时过负荷但马上消除，电机发电和用电临界点时，单元箱提示电机运行故障 严重故障：有跳闸事故信息，确认有事故，但是保护拒动(跳闸事故：速断、过流、过电压、低电压、过频、低频)	1. 严重故障：紧急停机，记录汇报 2. 一般故障：记录汇报，加强巡视 严重故障：紧急停机，记录汇报	当班值班长和值班人员

续表

检查项目	检查内容	检查标准	处理措施	责任人
保护单元箱	3. 声音、气味 4. 二次接线 5. 环境温湿度	3. 正常标准：运行时无异常声音，无气味 严重故障：有放电声等异常声音；有焦味 4. 正常标准：接线无松动、脱落和破损现象 一般故障：接线松动，数据不稳定 严重故障：接线有脱落，接头烧痕严重 5. 正常：环境温度在5～30 ℃，最大相对湿度不应超过65% 一般故障：环境温度较高，超过30 ℃，环境湿度超过65%	3. 严重故障：紧急停机，记录汇报 4. 一般故障：记录汇报，加强巡视 严重故障：紧急停机，记录汇报 5. 一般故障：打开房间空调	当班值班长和值班人员
面板指示	1. 分、合闸指示灯 2. 带电显示器 3. 储能指示灯 4. 钮子开关 5. 转速表	1. 正常标准：分合闸指示灯工作正常、可靠 一般故障：指示灯故障 2. 正常标准：三相带电指示均正常 一般故障：带电显示器损坏，不亮，但确认三相实际均带电 严重故障：一相或多相均不带电，且保护拒动 3. 正常：指示正常 一般故障：合闸电源未送电 严重故障：主要设备合闸电源故障，指示灯不亮 4. 正常：钮子开关置“联动”位，抽水、发电钮子开关位置正确。 一般故障：钮子开关位置与实际工况不对应，未在正确位置 严重故障：钮子开关损坏 5. 正常：转速表数值显示正常，抽水时正转300 r/min，变频发电时反转240 r/min。 一般故障：转速正常，显示偏差较大 严重故障：转速偏差较大，主电机失步运行，保护未动作，开关未跳闸	1. 一般故障：记录汇报，加强巡视 2. 一般故障：记录汇报，加强巡视 严重故障：紧急停机，记录汇报 3. 一般故障：立刻送电 严重故障：如未储能，需手动储能 4. 一般故障：置正确位 严重故障：记录汇报，加强巡视 5. 一般故障：记录汇报，加强巡视 严重故障：紧急停机，记录汇报	当班值班长和值班人员
开关柜内部	1. 接线桩头 2. 声音、气味 3. 防小动物措施	1. 正常标准：接线桩头接触良好，70 ℃示温片未变色 一般故障：示温片变色 严重故障：桩头有烧蚀，示温片变色 2. 正常标准：运行时无异常声音，无气味 严重故障：有放电声等异常声音，有焦味 3. 正常标准：挡鼠板齐全，柜底防小动物封堵良好 一般故障：挡鼠板被移除或柜底封堵不严密	1. 一般故障：记录汇报，加强巡视；严重故障：紧急停机，记录汇报 2. 严重故障：紧急停机，记录汇报 3. 一般故障：记录汇报，加强巡视	当班值班长和值班人员

主厂房 6 kV 高压室巡视流程如图 5-23 所示。

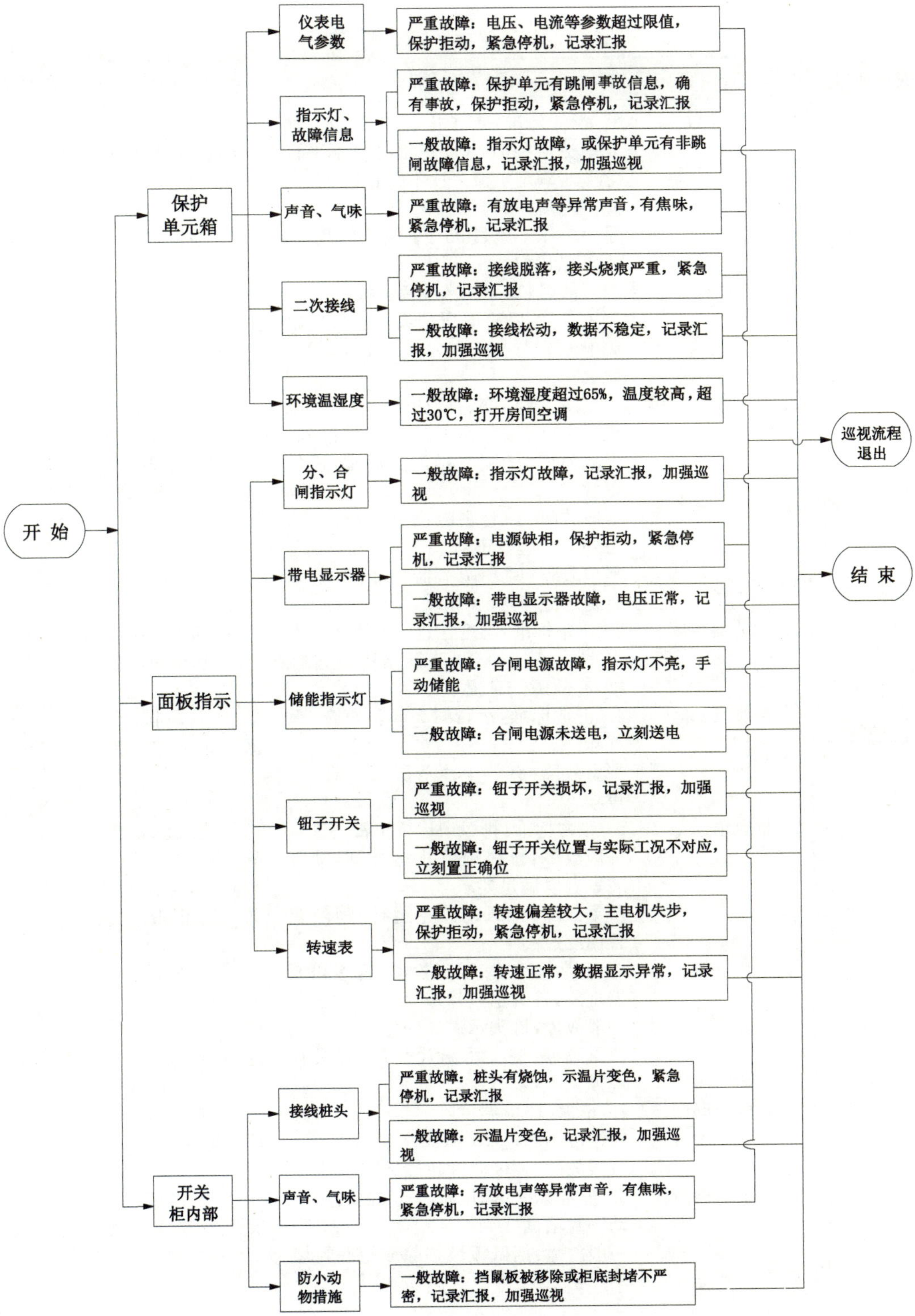

图 5-23　主厂房 6 kV 高压室巡视流程图

（4）励磁系统巡视流程

励磁系统巡视内容要求见表5-3。

表5-3 励磁系统巡视内容要求

检查项目	检查内容	检查标准	处理措施	责任人
励磁控制柜	1. 电气参数	1. 正常标准：定子电流为不超过额定电流值（181 A），三相电流不平衡之差与额定电流之比不得超过10%。励磁电流不得超过额定值（254 A），励磁电压不超过93 V。功率因数：抽水工况超前0.95以上 一般故障：功率因数偏离较大 严重故障：励磁电压消失，或过高；励磁电流消失，或过大，或突变，起伏变化大	1. 一般故障：调节励磁电流，恢复功率因数 严重故障：紧急停机，记录汇报	当班值班长和值班人员
	2. 指示灯、故障信息	2. 正常标准：交、直流电源指示灯、电机运行、励磁工作方式等指示准确；无故障信息，调节器工况正常，通信正常 一般故障：一套励磁调节器故障，而另外一套运行正常 严重故障：两套调节器均故障，或确有励磁故障，保护拒动	2. 一般故障：记录汇报，加强巡视 严重故障：紧急停机，记录汇报	
	3. 调节器温度	3. 正常标准：温度在正常范围内 严重故障：双套调节器温度超过标准，有故障信息提示	3. 严重故障：紧急停机，记录汇报	
	4. 声音、气味	4. 正常标准：运行时无异常声音，无气味 严重故障：有放电声等异常声音，有焦味	4. 严重故障：紧急停机，记录汇报	
	5. 排风扇	5. 正常标准：排风扇运行正常 一般故障：排风扇停止运行，但励磁装置温度满足要求 严重故障：排风扇停止运行，励磁装置温度过高	5. 一般故障：记录汇报，加强巡视 严重故障：紧急停机，记录汇报	
	6. 接线桩头	6. 正常标准：接线无松动、脱落和破损现象，桩头示温片未变色 一般故障：桩头示温片变色 严重故障：桩头示温片变色，桩头有烧蚀	6. 一般故障：记录汇报，加强巡视 严重故障：紧急停机，记录汇报	
	7. 环境温湿度	7. 正常：环境温度在−5～45 ℃，相对湿度不超过90%（20 ℃） 一般故障：环境温度超过标准	7. 一般故障：打开房间空调	
	8. 防小动物措施	8. 正常标准：挡鼠板齐全，柜底防小动物封堵良好 一般故障：挡鼠板被移除或柜底封堵不严密	8. 一般故障：记录汇报，加强巡视	

续表

检查项目	检查内容	检查标准	处理措施	责任人
励磁变	1. 接线桩头	1. 正常标准：接线无松动、脱落和破损现象，桩头示温片未变色 一般故障：桩头示温片变色 严重故障：桩头示温片变色，桩头有烧蚀	1. 一般故障：记录汇报，加强巡视 严重故障：紧急停机，记录汇报	当班值班长和值班人员
	2. 励磁变温度	2. 正常标准：B 级绝缘绕组允许最高温升值不超过 80 ℃，铁芯表面及结构零件表面最大不得超过接触绝缘材料的允许最高温升 一般故障：温度较高，但未超过标准 严重故障：温度过高，超过标准	2. 一般故障：记录汇报，加强巡视 严重故障：紧急停机，记录汇报	
	3. 声音、气味	3. 正常标准：运行时无异常声音，无气味 严重故障：有放电声等异常声音；有焦味	3. 严重故障：紧急停机，记录汇报	
	4. 防护罩	4. 正常标准：防护网罩接地良好，无破损，无异物覆盖 一般故障：防护罩接地线脱落，或有破损	4. 一般故障：记录汇报，加强巡视	
	5. 环境温度	5. 正常：环境温度未超过 35 ℃ 一般故障：环境温度超过 35 ℃	5. 一般故障：打开房间门窗透风	

励磁系统巡视流程如图 5-24 所示。

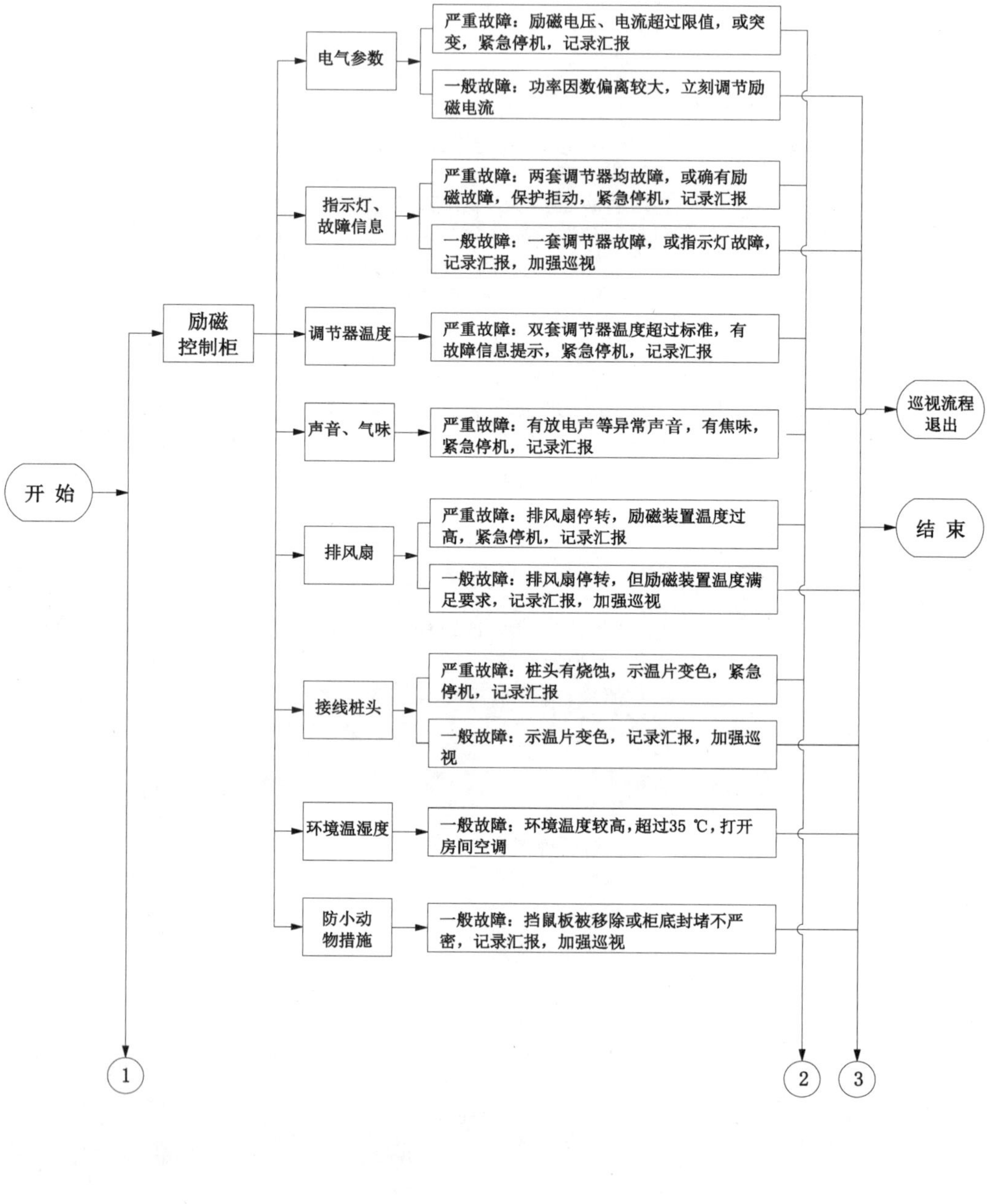

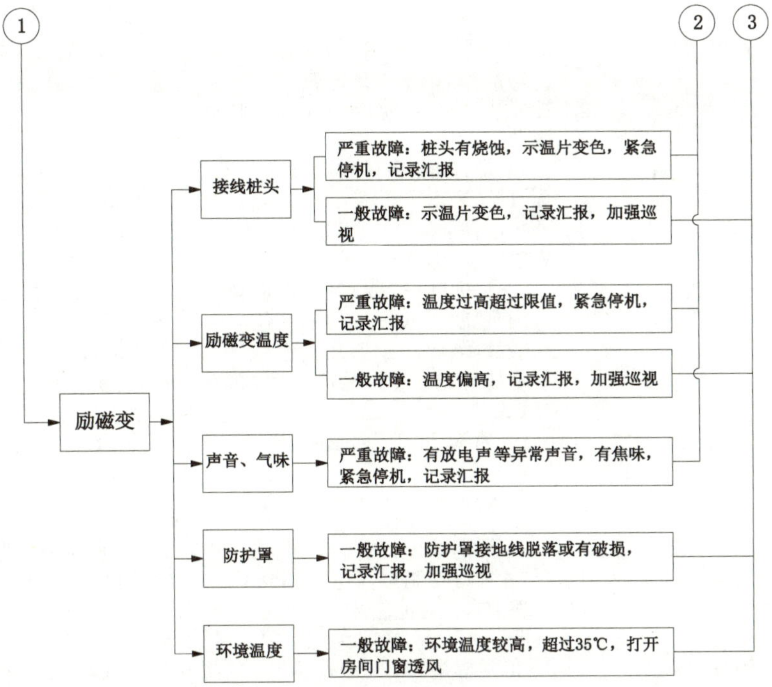

图 5-24　励磁系统巡视流程图

（5）直流系统巡视流程

直流系统巡视内容要求见表 5-4。

表 5-4　直流系统巡视内容要求

检查项目	检查内容	检查标准	处理措施	责任人
直流控制柜	1. 仪表电气参数	1. 正常标准：交流电压 380 V；合闸母线、电池组电压 240 V；控制母线电压 220 V、浮充电流约 2.5 A，单节电池电压 12 V 严重故障：交流电源消失，电池组电压明显下降，且低于 189 V；充电模块电压异常等，短时间无法恢复	1. 严重故障：紧急停机，记录汇报	当班值班长和值班人员
	2. 指示灯、故障信息	2. 正常标准：交流电源、充电模块工作、活化开关、系统故障等指示正常，无故障信息 一般故障：分路绝缘异常 严重故障：交流失电、充电模块电压异常、蓄电池电压异常、母线电压异常、正（负）母线对地电压异常、单体电池电压异常、充电电流过高，短时间无法恢复	2. 一般故障：记录汇报，加强巡视 严重故障：紧急停机，记录汇报	

续表

检查项目	检查内容	检查标准	处理措施	责任人
直流控制柜	3. 电池温度 4. 声音、气味 5. 接线桩头 6. 环境温湿度	3. 正常标准：不超过 50 ℃ 一般故障：电池温度较高 严重故障：电池温度异常，超过限值 4. 正常标准：运行时无异常声音，无气味 严重故障：有放电声等异常声音，有焦味 5. 正常标准：接线无松动、脱落和破损现象，桩头示温片未变色 一般故障：桩头示温片变色 严重故障：桩头示温片变色，桩头有烧蚀 6. 正常标准：环境温度在 10～30 ℃ 一般故障：环境温度超过标准	3. 一般故障、严重故障：记录汇报，加强巡视 4. 严重故障：记录汇报，加强巡视 5. 一般故障：记录汇报，加强巡视 严重故障：紧急停机，记录汇报 6. 一般故障：打开房间空调	当班值班长和值班人员
直流馈线柜	1. 仪表参数 2. 逆变电源 3. 各回路直流电源 4. 接线桩头	1. 正常标准：合闸母线、电池组电压 240 V；控制母线电压 220 V 严重故障：电池组电压明显下降，且低于 189 V，短时无法恢复 2. 正常标准：风机运行正常；直流输入电源正常；无报警声音 一般故障：风机停转 严重故障：有报警声音，无直流输入电源，或无交流电源输出 3. 正常标准：各回路电源输出正常 一般故障：单一支路非主要设备电源开关故障 严重故障：主要设备保护电源开关故障 4. 正常标准：接线无松动、脱落和破损现象，桩头示温片未变色 一般故障：桩头示温片变色 严重故障：桩头示温片变色，桩头有烧蚀	1. 严重故障：紧急停机，记录汇报 2. 一般故障、严重故障：记录汇报，加强巡视 3. 一般故障：记录汇报，加强巡视 严重故障：紧急停机，记录汇报 4. 一般故障：严重故障：记录汇报，加强巡视 严重故障：紧急停机，记录汇报	当班值班长和值班人员
电池柜	1. 接线桩头 2. 电池表面灰尘 3. 环境温湿度	1. 正常标准：连接无腐蚀，凡士林涂层完好；接线柱无裂纹、断裂，接线无松动、脱落和破损现象，桩头示温片未变色；熔断器正常严重故障：桩头有烧蚀；熔断器熔断 2. 正常标准：表面清洁，无积尘 一般故障：表面少量积尘 3. 正常标准：环境温度在 10～30 ℃ 一般故障：环境温度较高，超过 30 ℃	1. 严重故障：紧急停机，记录汇报 2. 一般故障：记录汇报，报检修班处理 3. 一般故障：打开房间空调	当班值班长和值班人员

直流系统巡视流程如图 5-25 所示。

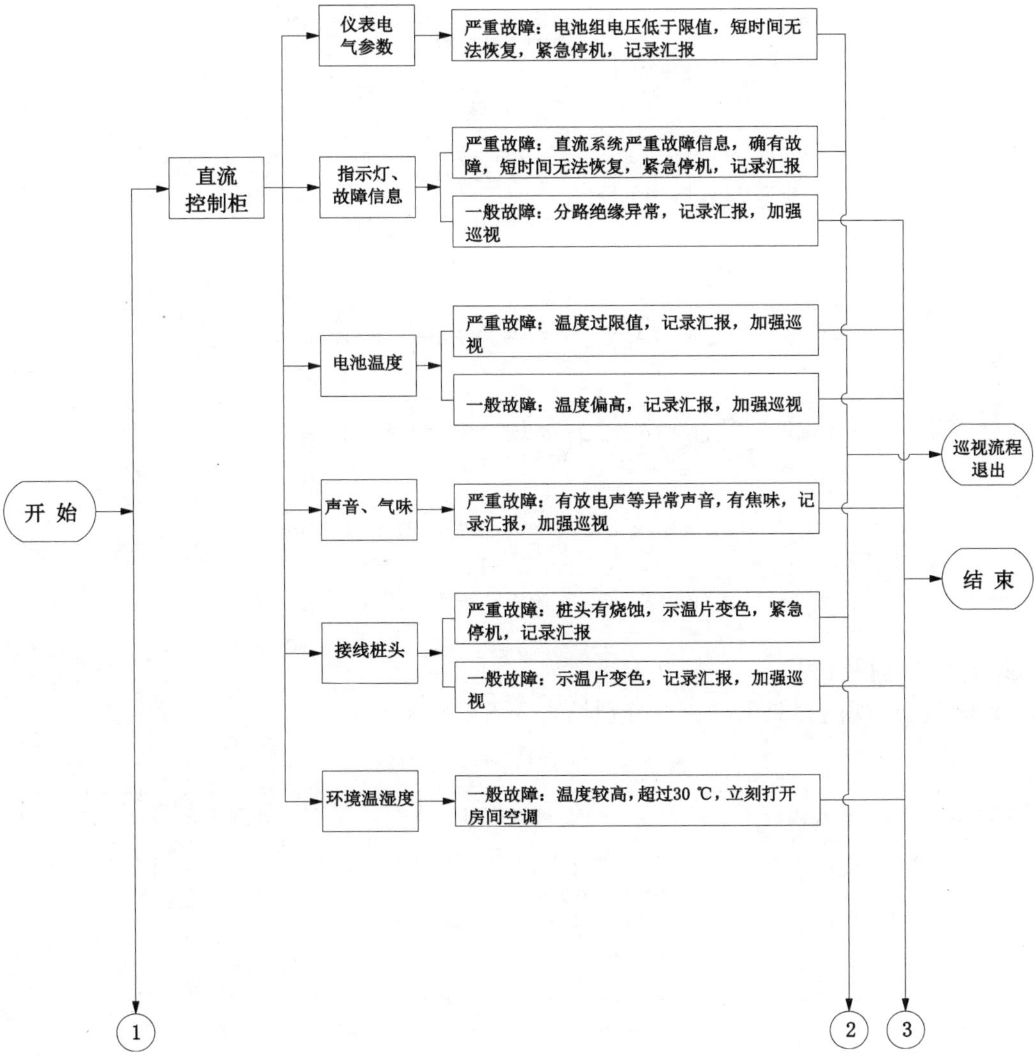

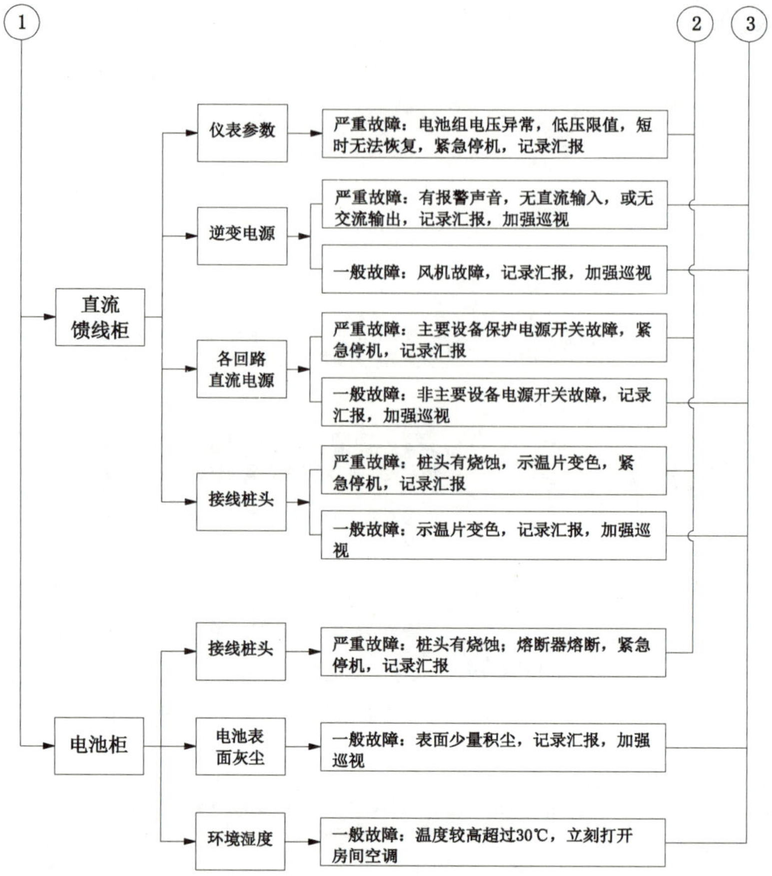

图 5-25　直流系统巡视流程图

（6）低压系统巡视流程

低压系统巡视内容要求和流程分别见表 5-5 和图 5-26。

表 5-5　低压系统巡视内容要求

检查项目	检查内容	检查标准	处理措施	责任人
低压开关柜	1. 仪表电气参数	1. 正常标准：电压、电流等参数数据显示正确 一般故障：部分或全部电气参数采集不到	1. 一般故障：记录汇报，加强巡视	
	2. 指示灯	2. 正常标准：分、合闸指示正确 一般故障：指示不正确或无指示	2. 一般故障：记录汇报，加强巡视	
	3. 接线桩头	3. 正常标准：接线无松动、脱落和破损现象，桩头示温片未变色 一般故障：桩头示温片变色 严重故障：桩头示温片变色，桩头有烧蚀	3. 一般故障、严重故障：记录汇报，加强巡视	

续表

检查项目	检查内容	检查标准	处理措施	责任人
低压开关柜	4. 声音、气味	4. 正常标准:运行时无异常声音,无气味 严重故障:有放电声音等异常声音,有焦味	4. 严重故障:记录汇报,加强巡视	当班值班长和值班人员
	5. 各开关运行	5. 正常标准:开关分、合位置准确,位置与实际工况相符 一般故障:部分非重要电源开关损坏,有备用开关 严重故障:部分机组运行相关的重要电源开关损坏,且无备用	5. 一般故障:更换备用开关,记录汇报,加强巡视 严重故障:紧急停机,记录汇报	
	6. 环境温湿度	6. 正常:环境温度未超过 40 ℃ 一般故障:环境温度超过标准	6. 一般故障:打开房间空调	

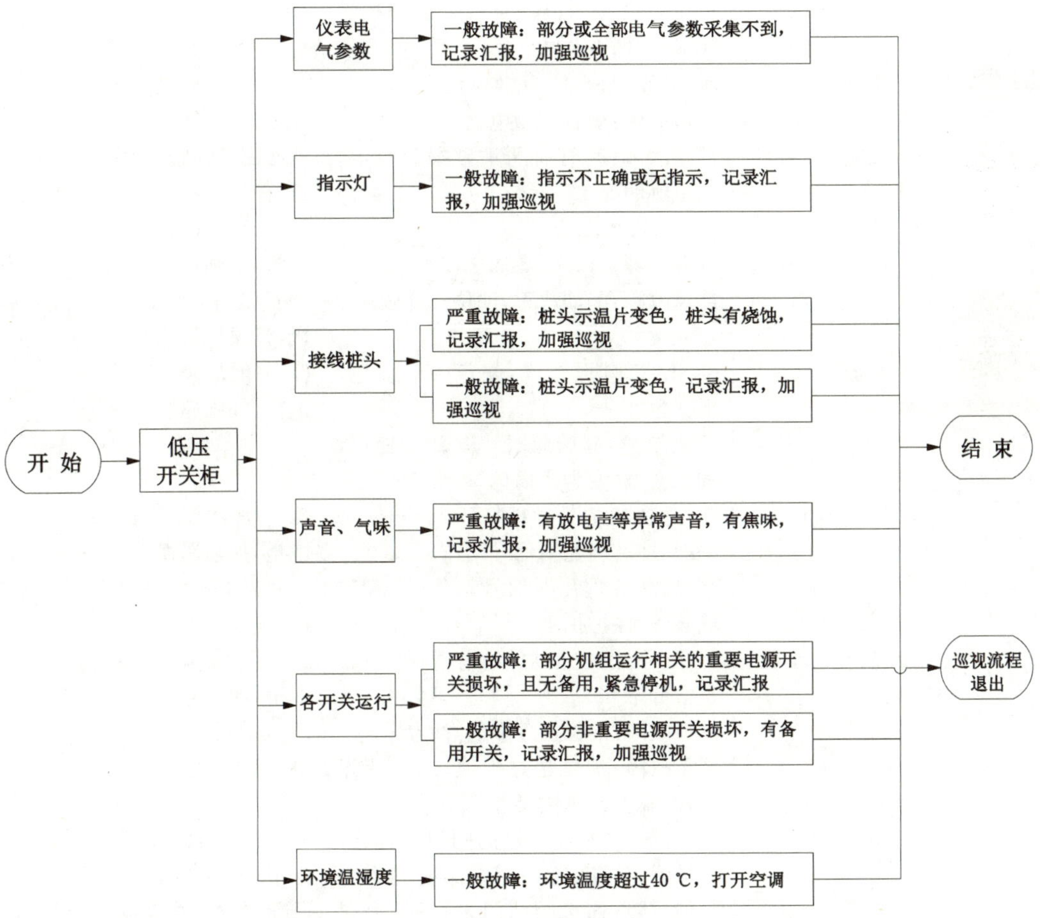

图 5-26　低压系统巡视流程图

(7) 主变巡视流程

主变巡视内容要求见表 5-6。

表 5-6 主变巡视内容要求

检查项目	检查内容	检查标准	处理措施	责任人
主变	1. 声音	1. 正常声音：带负荷运行时发出“嗡嗡”声音，声音均匀 严重故障：声音不均匀，响声特别大或有放电声	1. 严重故障：停机检查，记录汇报	当班值班长和值班人员
	2. 压力释放阀	2. 正常：运行正常未发生喷油现象 严重故障：压力释放阀喷油	2. 严重故障：紧急停机检查，记录汇报	
	3. 电缆桩头	3. 正常：示温片未变色 一般故障：示温片变色 严重故障：示温片变色，电缆接头有明显烧蚀，有焦味	3. 一般故障：记录汇报，加强巡视 严重故障：紧急停机，记录汇报	
	4. 套管	4. 正常：无破损、无放电痕迹 一般故障：套管轻微电蚀 严重故障：套管有严重破损裂纹，放电痕迹明显	4. 一般故障：记录汇报，加强巡视 严重故障：紧急停机，记录汇报	
	5. 本体	5. 正常：无渗油 一般故障：有轻微渗油 严重故障：漏油严重，油位下降较快	5. 一般故障：记录汇报，加强巡视 严重故障：紧急停机，记录汇报	
	6. 硅胶	6. 正常：硅胶干燥，颜色为深蓝色，无变色 一般故障：硅胶超过 1/3 部分变色，颜色变浅，变为浅褐色	6. 一般故障：记录汇报，加强巡视	
	7. 瓦斯继电器	7. 正常：观察窗盖板打开，无气体 一般故障：轻瓦斯信号动作 严重故障：重瓦斯信号动作，防爆玻璃破碎，保护拒动	7. 一般故障：记录汇报，加强巡视 严重故障：紧急停机，记录汇报	
	8. 油色、油位、油温	8. 正常：油位正常，油色清澈，油温正常低于 85 ℃ 一般故障：油位接近限值，油温偏高 严重故障：油位超过限值，油色变浑浊，油温上升较快接近 85 ℃	8. 一般故障：记录汇报，加强巡视 严重故障：紧急停机，记录汇报	
	9. 散温器	9. 正常：与本体连接的阀门已打开，各散温器温度基本一致，温度正常 一般故障：连接阀阀门未打开，上层油温未超过要求 严重故障：连接阀阀门未打开，上层油温上升较快接近 85 ℃	9. 一般故障：记录汇报，加强巡视 严重故障：紧急停机，记录汇报	

主变巡视流程如图 5-27 所示。

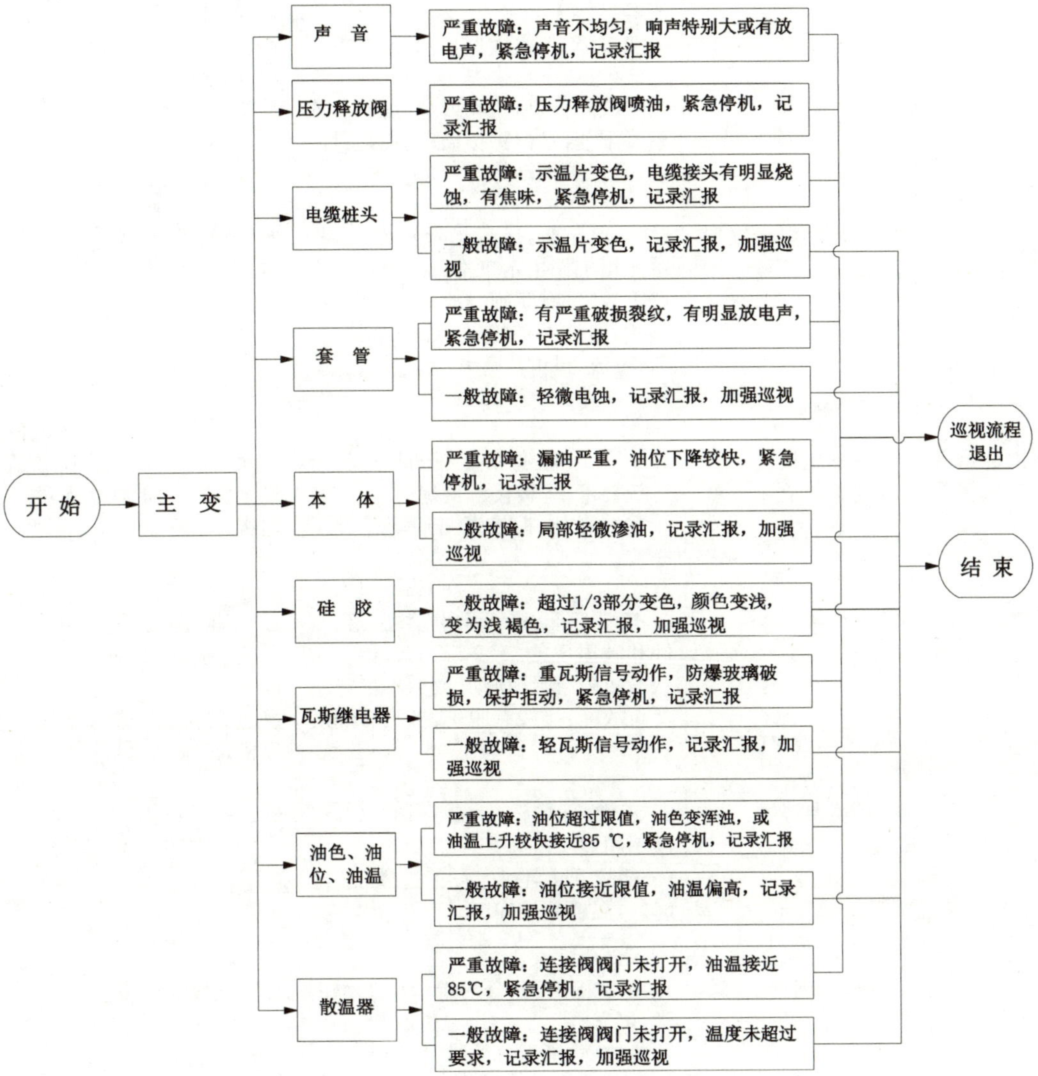

图 5-27　主变巡视流程图

(8) 变电所 35 kV 高压室巡视流程

变电所 35 kV 高压室巡视内容要求见表 5-7。

表 5-7 变电所 35 kV 高压室巡视内容要求

检查项目	检查内容	检查标准	处理措施	责任人
保护单元箱	1. 仪表电气参数	1. 正常标准:额定线电压 35 kV,电流等参数无异常 一般故障:仪表数据显示异常,电压电流确认正常 严重故障:电压缺相或全部消失,或超过限值,且保护拒动;电流超过限值,且保护拒动等	1. 一般故障:记录汇报,加强巡视 严重故障:紧急停机,记录汇报	当班值班长和值班人员
	2. 指示灯、故障信息	2. 正常标准:运行指示正常;保护单元箱工作指示正常;无故障信息。 严重故障:有跳闸事故信息,确认有事故,但是保护拒动(跳闸事故:速断、过流、过电压等)	2. 严重故障:紧急停机,记录汇报	
	3. 保护压板	3. 正常标准:保护压板的投退符合运行要求,压板接触良好 严重故障:压板投退与运行工况不一致	3. 严重故障:记录汇报,加强巡视	
	4. 二次接线	4. 正常标准:接线无松动、脱落、锈蚀和破损现象 一般故障:接线松动,数据不稳定 严重故障:接线有脱落,桩头有烧痕	4. 一般故障:记录汇报,加强巡视 严重故障:紧急停机,记录汇报	
	5. 环境温湿度	5. 正常:环境温度在 5~30 ℃,湿度不超过 65% 一般故障:环境湿度过高超过 65%,温度超过 30 ℃	5. 一般故障:打开房间空调	
面板指示	1. 分、合闸指示灯	1. 正常标准:分合闸指示灯工作正常,可靠 一般故障:指示灯故障	1. 一般故障:记录汇报,加强巡视	
	2. 温控器、带电显示器	2. 正常标准:温控器运行正常,三相带电指示均正常 一般故障:带电显示器损坏,不亮,但确认三相实际均带电,或温控器故障 严重故障:一相或多相均不带电,且保护拒动	2. 一般故障:记录汇报,加强巡视 严重故障:紧急停机,记录汇报	

续表

检查项目	检查内容	检查标准	处理措施	责任人
面板指示	3. 储能指示灯	3. 正常：指示正常 一般故障：合闸电源未送电 严重故障：合闸电源故障，指示灯不亮	3. 一般故障：立刻送电 严重故障：如未储能需手动储能	当班值班长和值班人员
	4. 钮子开关	4. 正常：远方就地转换开关置“就地”位，储能旋钮置“ON”位置 一般故障：钮子开关位置与实际工况不对应，未在正确位置 严重故障：钮子开关损坏	4. 一般故障：置正确位 严重故障：记录汇报，加强巡视	
	5. 开关位置指示器	5. 正常：断路器、接地开关及开关位置指示正确，与实际运行工况相符一般故障：位置指示与实际工况不相符	5. 一般故障：记录汇报，加强巡视	
开关柜内部	1. 接线桩头	1. 正常标准：接线桩头接触良好，70℃示温片未变色 一般故障：示温片变色。 严重故障：桩头有烧蚀，示温片变色	1. 一般故障：记录汇报，加强巡视 严重故障：紧急停机，记录汇报	当班值班长和值班人员
	2. 声音、气味	2. 正常标准：运行时无异常声音，无气味 严重故障：有放电声等异常声音，有焦味	2. 严重故障：紧急停机，记录汇报	
	3. 防小动物措施	3. 正常标准：挡鼠板齐全，柜底防小动物封堵良好 一般故障：挡鼠板被移除或柜底封堵不严密	3. 一般故障：记录汇报，加强巡视	
	4. 柜内照明	4. 正常标准：柜内照明灯正常 一般故障：柜内照明灯不亮	4. 一般故障：记录汇报，加强巡视	
	5. 带电闭锁	5. 正常标准：带电闭锁装置良好 一般故障：带电闭锁无法闭锁	5. 一般故障：记录汇报，加强巡视	

变电所 35 kV 高压室巡视流程如图 5-28 所示。

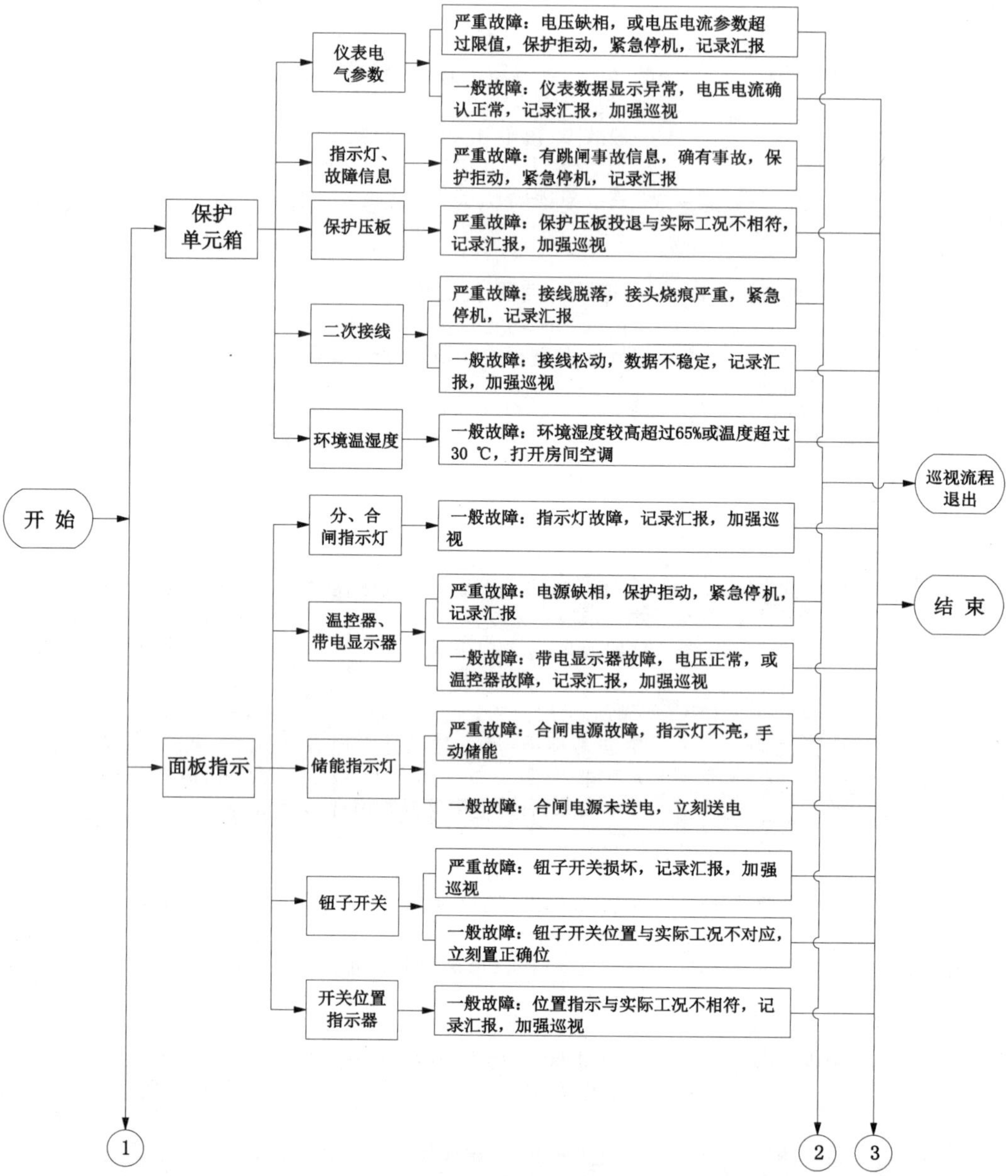

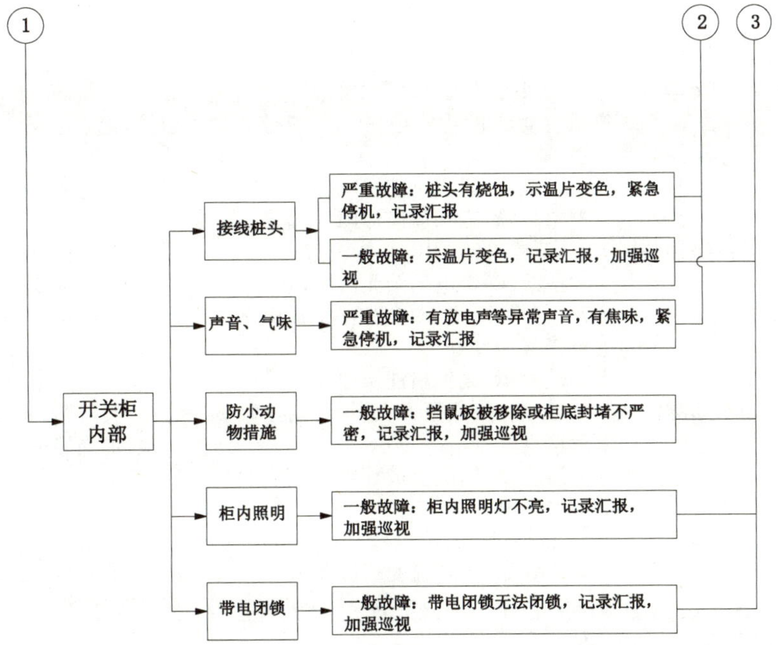

图 5-28　变电所 35 kV 高压室巡视流程图

(9) 站变巡视流程

站变巡视内容要求见表 5-8。

表 5-8　站变巡视内容要求

检查项目	检查内容	检查标准	处理措施	责任人
站变	1. 声音、气味	1. 正常：声音正常，无加大现象，无杂音，无异常振动，无异常气味 严重故障：声音不均匀，响声特别大或有放电声	1. 严重故障应立刻停机检查	
	2. 温度	2. 正常：变压器温升不得超过 100 ℃(F 级绝缘)，变压器温度指示正常；高温报警温度 130 ℃，超温跳闸温度 150 ℃(F 级绝缘) 一般故障：温度超过 130 ℃ 严重故障：温升超过 100 ℃，温度接近 150 ℃	2. 一般故障：记录汇报，加强巡视 严重故障：紧急停机，记录汇报	
	3. 电缆桩头	3. 正常：桩头示温片未变色 一般故障：桩头示温片变色 严重故障：示温片变色，电缆接头有明显烧蚀，有焦味	3. 一般故障：记录汇报，加强巡视 严重故障：紧急停机，记录汇报	
	4. 绝缘子	4. 正常：无破损裂纹、无放电痕迹 严重故障：绝缘子有严重破损裂纹，放电痕迹明显	4. 严重故障：紧急停机，记录汇报	

续表

检查项目	检查内容	检查标准	处理措施	责任人
站变	5. 冷却风扇	5. 正常：风机自动装置工作正常，风机启动铁芯温度 100 ℃，风机停止温度 80 ℃ 一般故障：风扇不能自动启动和停止 严重故障：冷却风扇故障，不能运转	5. 一般故障：手动启停，记录汇报 严重故障：记录汇报，加强巡视	当班值班长和值班人员
	6. 箱门闭锁装置	6. 正常：箱门闭锁装置正常 一般故障：带电闭锁无法闭锁	6. 一般故障：记录汇报，加强巡视	
	7. 外壳接地	7. 正常：箱式变压器的金属框架及外壳接地良好 一般故障：接地扁铁锈蚀、脱落	7. 一般故障：记录汇报，加强巡视	
	8. 防小动物措施	8. 正常：挡鼠板齐全，箱底防小动物封堵良好 一般故障：挡鼠板被移除或箱底封堵不严密	8. 一般故障：记录汇报，加强巡视	
	9. 环境温度	9. 正常：环境温度在−5～35 ℃ 一般故障：房间温度超过 35 ℃	9. 一般故障：打开房间排风扇及窗户，加强巡视	

站变巡视流程如图 5-29 所示。

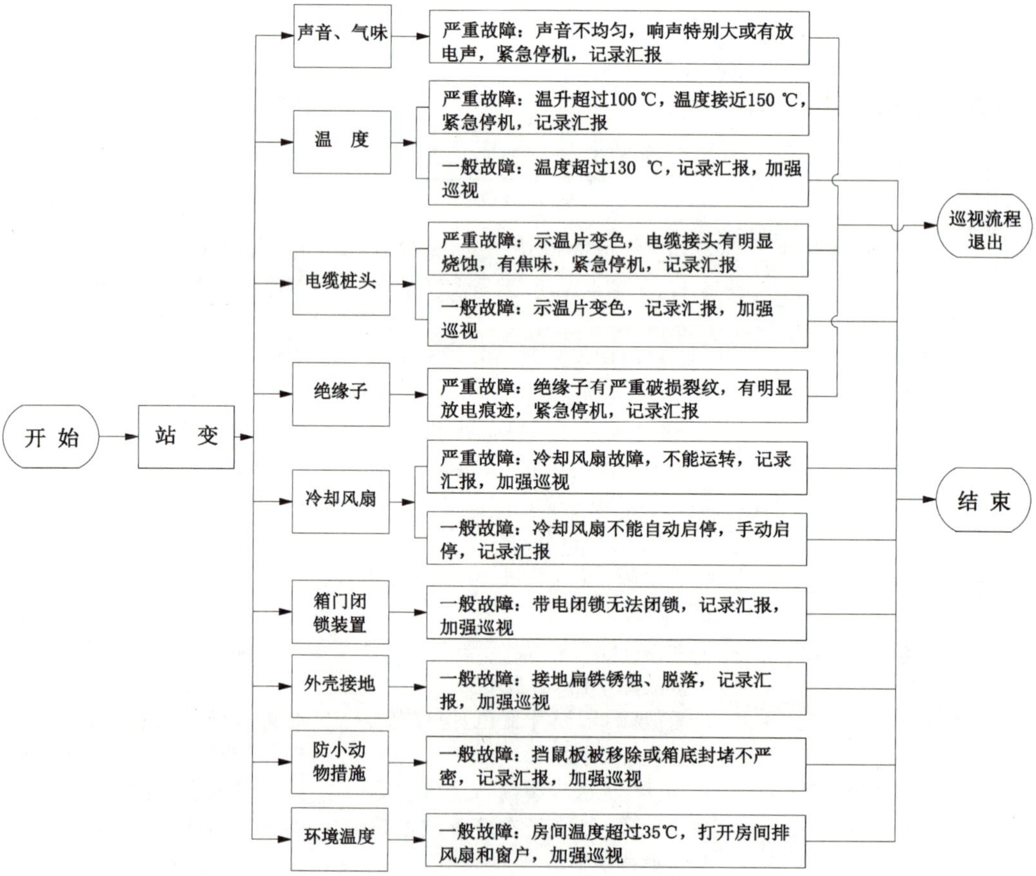

图 5-29　站变巡视流程图

(10) 变电所 6 kV 高压室巡视流程

变电所 6 kV 高压室巡视内容要求见表 5-9。

表 5-9 变电所 6 kV 高压室巡视内容要求

检查项目	检查内容	检查标准	处理措施	责任人
保护单元箱	1. 仪表电气参数	1. 正常标准：额定线电压 6 kV，电流等参数无异常 一般故障：仪表数据显示异常，电压电流确认正常 严重故障：电压缺相或全部消失，或超过限值，且保护拒动；电流超过限值，且保护拒动等	1. 一般故障：记录汇报，加强巡视 严重故障：紧急停机，记录汇报	当班值班长和值班人员
	2. 指示灯、故障信息	2. 正常标准：运行指示正常，保护单元箱工作指示正常，无故障信息 严重故障：有跳闸事故信息，确认有事故，但是保护拒动（跳闸事故：速断、过流、过电压等）	2. 严重故障：紧急停机，记录汇报	
	3. 保护压板	3. 正常标准：保护压板的投退符合运行要求，压板接触良好 严重故障：压板投退与运行工况不一致	3. 严重故障：记录汇报，加强巡视	
	4. 二次接线	4. 正常标准：接线无松动、脱落、锈蚀和破损现象 一般故障：接线松动，数据不稳定 严重故障：接线有脱落，桩头有烧痕	4. 一般故障：记录汇报，加强巡视 严重故障：紧急停机，记录汇报	
	5. 环境温湿度	5. 正常标准：环境温度在 5～30 ℃，湿度不超过 65% 一般故障：环境温度过高，超过 30 ℃	5. 一般故障：打开房间空调	
面板指示	1. 分、合闸指示灯	1. 正常标准：分合闸指示灯工作正常、可靠 一般故障：指示灯故障	1. 一般故障：记录汇报，加强巡视	当班值班长和值班人员
	2. 温控器、带电显示器	2. 正常标准：温控器运行正常，三相带电指示均正常 一般故障：带电显示器损坏，不亮，但确认三相实际均带电，或温控器故障 严重故障：一相或多相均不带电，且保护拒动	2. 一般故障：记录汇报，加强巡视 严重故障：紧急停机，记录汇报	
	3. 储能指示灯	3. 正常标准：指示正常 一般故障：合闸电源未送电 严重故障：合闸电源故障，指示灯不亮	3. 一般故障：立刻送电 严重故障：如未储能需手动储能	
	4. 钮子开关	4. 正常标准：控制权限开关置“本地”位，储能开关置“ON”位置 一般故障：与实际工况不对应，未在正确位置 严重故障：钮子开关损坏	4. 一般故障：置正确位 严重故障：记录汇报，加强巡视	

续表

检查项目	检查内容	检查标准	处理措施	责任人
开关柜内部	1. 接线桩头 2. 声音、气味 3. 防小动物措施 4. 柜内照明 5. 带电闭锁	1. 正常标准：接线桩头接触良好，70℃示温片未变色 一般故障：示温片变色 严重故障：桩头有烧蚀，示温片变色 2. 正常标准：运行时无异常声音，无气味 严重故障：有放电声等异常声音，有焦味 3. 正常标准：挡鼠板齐全，柜底防小动物封堵良好 一般故障：挡鼠板被移除或柜底封堵不严密 4. 正常标准：柜内照明灯正常 一般故障：柜内照明灯不亮 5. 正常标准：带电闭锁装置良好 一般故障：带电闭锁无法闭锁	1. 一般故障：记录汇报，加强巡视 严重故障：紧急停机，记录汇报 2. 严重故障：紧急停机，记录汇报 3. 一般故障：记录汇报，加强巡视 4. 一般故障：记录汇报，加强巡视 5. 一般故障：记录汇报，加强巡视	当班值班长和值班人员

变电所 6 kV 高压室巡视流程如图 5-30 所示。

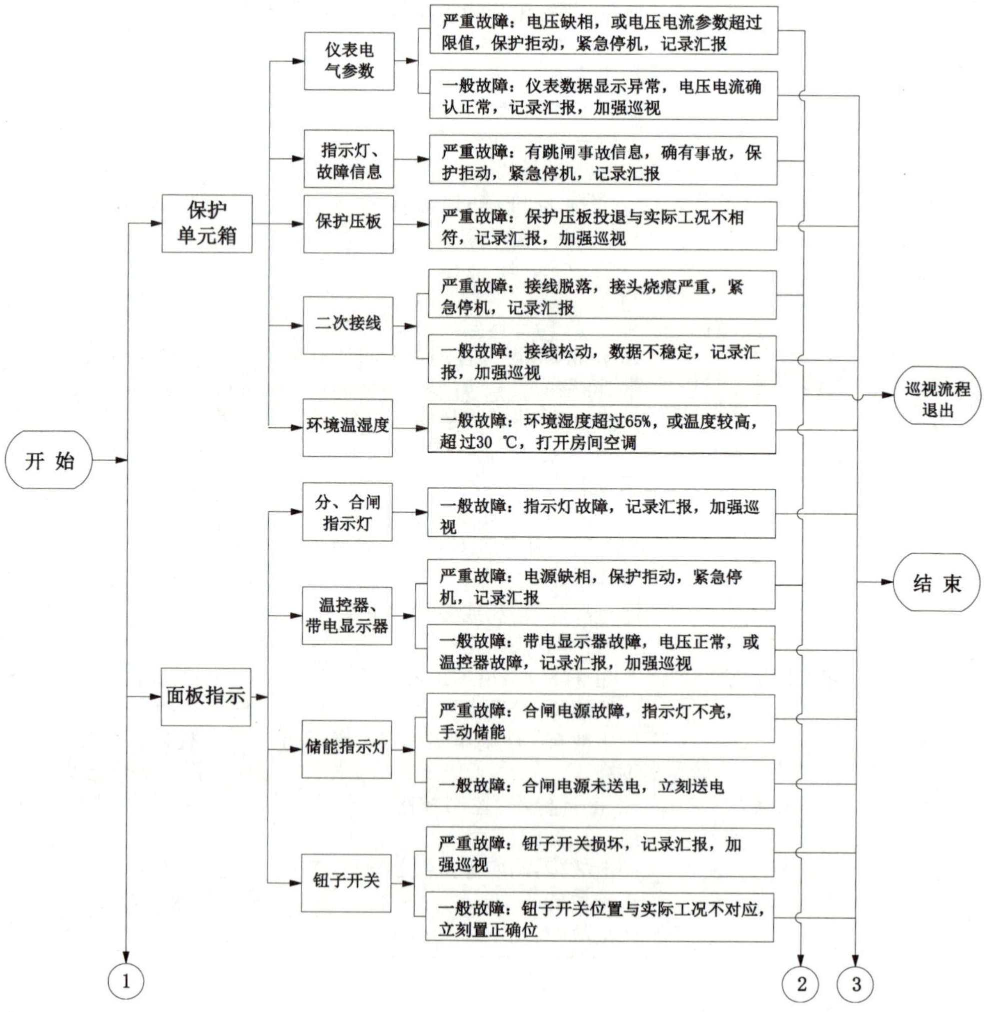

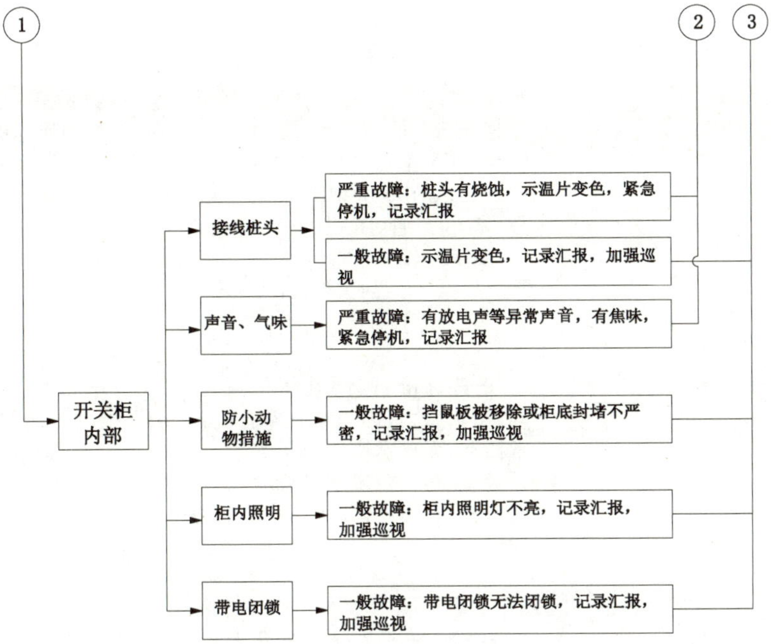

图 5-30　变电所 6 kV 高压室巡视流程图

(11) 油、水系统巡视流程

油、水系统巡视内容要求见表 5-10。

表 5-10　油、水系统巡视内容要求

检查项目	检查内容	检查标准	处理措施	责任人
油系统	1. 油色、油位	1. 正常：主电机油位正常在上、下油标刻度之间，无假油位，油色清澈 一般故障：油位较高或较低但未超过刻度 严重故障：油位低于最低油位，或者油位超过最高油位，油色混浊，变为乳白色，有碳化现象	1. 一般故障：记录汇报，加强巡视 严重故障：紧急停机，记录汇报	当班值班长和值班人员
	2. 油温	2. 正常标准：主电机油缸油温稳定，未超过 60℃ 一般故障：油温较高，未超标 严重故障：油温明显上升或下降，变化过快，且油位异常	2. 一般故障：记录汇报，加强巡视 严重故障：紧急停机，记录汇报	
	3. 管道、闸阀	3. 正常标准：主电机油缸、管道、闸阀等无渗油 一般故障：油缸密封圈处轻微渗油 严重故障：油缸漏油，且油位低于下限	3. 一般故障：记录汇报，加强巡视 严重故障：紧急停机，记录汇报	

续表

检查项目	检查内容	检查标准	处理措施	责任人
水系统巡视	1. 仪表参数	1. 正常标准：控制柜电压、电流数据正常，供水母管压力表在0.15 MPa左右，上、下油缸冷却水压力表在0.1 MPa左右一般故障：母管压力较低，在0.1 MPa以下 严重故障：母管压力很低，或为零	1. 一般故障：记录汇报，加强巡视 严重故障：紧急停机，记录汇报	当班值班长和值班人员
	2. 供水泵	2. 正常标准：闸阀开闭位置正确，出水压力、出水量正常，无异常振动，无异常声音 一般故障：一台供水泵故障 严重故障：两台供水泵都出现故障	2. 一般故障：记录汇报，加强巡视 严重故障：紧急停机，记录汇报	
	3. 压缩机	3. 正常：运行正常，无异常声音、振动 严重故障：故障造成冷水机组停机	3. 严重故障：紧急停机，记录汇报	
	4. 水温	4. 正常：冷却水水温在25～30℃范围，管路无冷凝水 一般故障：管路出现冷凝水	4. 一般故障：立刻调整冷却水温度，加强巡视	
	5. 补水装置	5. 正常：无渗漏，水箱水位正常 一般故障：浮子开关故障	5. 一般故障：记录汇报，加强巡视	
	6. 管道、法兰面	6. 正常：管道接头、法兰面无渗漏水现象 一般故障：管道局部渗水	6. 一般故障：记录汇报，加强巡视	

油、水系统巡视流程如图 5-31 所示。

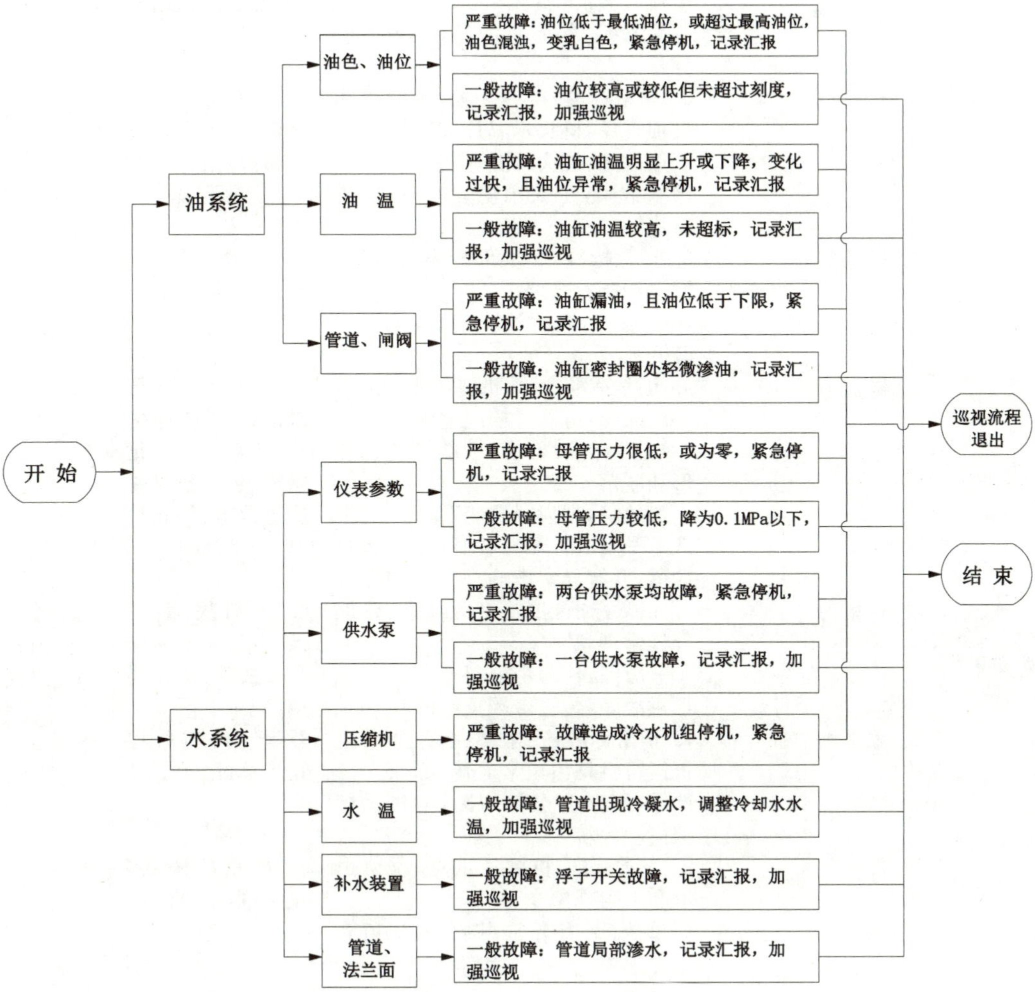

图 5-31 油、水系统巡视流程图

（12）下游捞草机巡视流程

下游捞草机巡视内容要求见表 5-11。

表 5-11 下游捞草机巡视内容要求

检查项目	检查内容	检查标准	处理措施	责任人
下游捞草机	1. 指示灯、仪表	1. 正常标准：电源指示正常，电压、电流表数值正常 一般故障：指示灯故障，仪表数据异常	1. 一般故障：记录汇报，加强巡视	检修值班长和值班人员
	2. 接线桩头	2. 正常标准：接线无松动、脱落和破损现象，桩头示温片未变色 一般故障：桩头示温片变色 严重故障：桩头示温片变色，桩头有烧蚀	2. 一般故障：记录汇报，加强巡视 严重故障：停止捞草，记录汇报	
	3. 转动部分	3. 正常标准：转动部分润滑良好，润滑油脂符合要求 一般故障：润滑油脂偏少，运行声音变大	3. 一般故障：记录汇报，加强巡视	
	4. 链条	4. 正常标准：减速机链条张紧适中 一般故障：链条过松或过紧	4. 一般故障：记录汇报，加强巡视	
	5. 耙齿	5. 正常标准：耙齿、轴端螺栓无变形和脱落 一般故障：耙齿轻微变形 严重故障：耙齿明显变形，或螺栓脱落，并有异常声响	5. 一般故障：记录汇报，加强巡视 严重故障：停止捞草，记录汇报	
	6. 传输带	6. 正常标准：传输带无龟裂、跑偏等异常现象 一般故障：传输带龟裂 严重故障：传输带严重跑偏	6. 一般故障：记录汇报，加强巡视 严重故障：停止捞草，记录汇报	
	7. 安全销	7. 正常标准：安全销完好，驱动电机运行且耙齿正常运转 严重故障：安全销剪断，电机运行但齿耙停转	7. 严重故障：停止捞草，记录汇报	
	8. 声音	8. 正常标准：机械各部位无异常声响和卡阻现象 严重故障：有异常声响，或耙齿有卡阻现象	8. 严重故障：停止捞草，记录汇报	

下游捞草机巡视流程如图 5-32 所示。

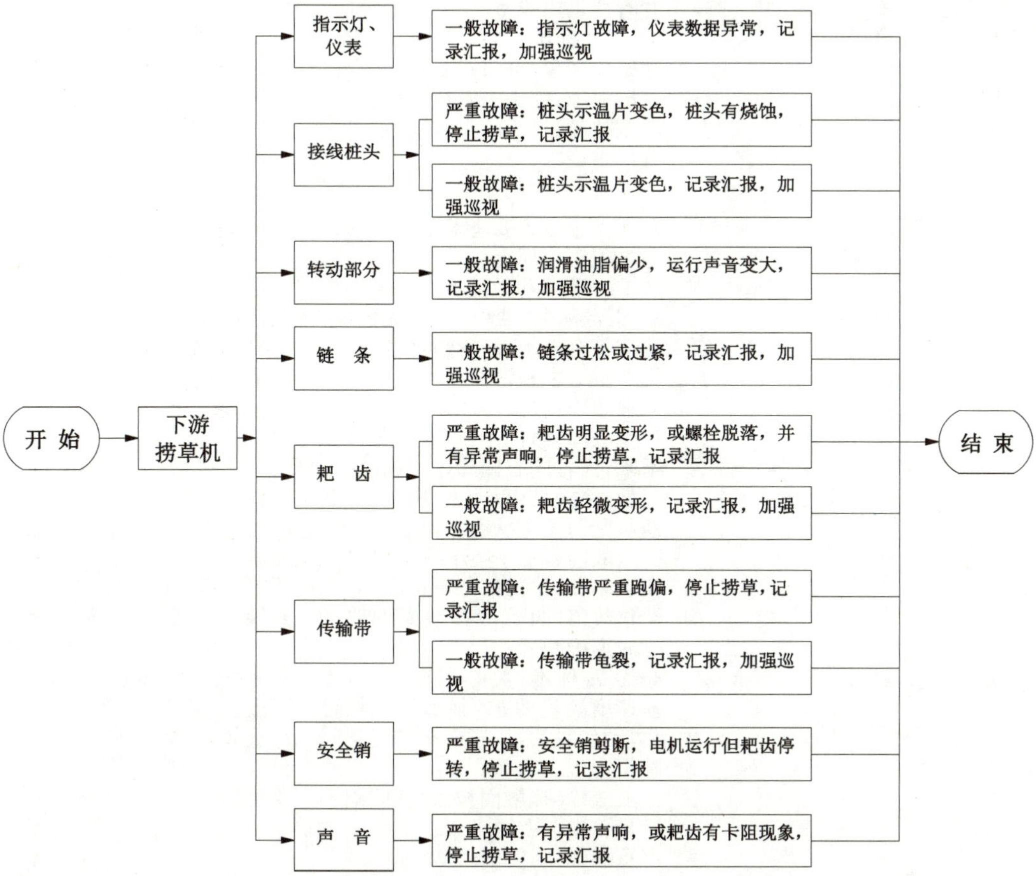

图 5-32　下游捞草机巡视流程图

(13) 机组快速闸门巡视流程

机组快速闸门巡视内容要求见表 5-12。

表 5-12　机组快速闸门巡视内容要求

检查项目	检查内容	检查标准	处理措施	责任人
工作门、备用门控制柜	1. 指示灯 2. 声音、气味	1. 正常标准：电源指示、分合闸指示正确 一般故障：指示灯故障 2. 正常标准：运行时无异常声音，无气味	1. 一般故障：记录汇报，加强巡视 2. 严重故障：紧急停机，记录汇报	当班值班长和值班人员

续表

检查项目	检查内容	检查标准	处理措施	责任人
工作门、备用门控制柜	3. 接线桩头	严重故障:有放电声等异常声音,并有严重焦味 3. 正常标准:接线无松动、脱落和破损现象,桩头示温片未变色 一般故障:桩头示温片变色 严重故障:桩头示温片变色,桩头有严重烧蚀	3. 严重故障:紧急停机,记录汇报	当班值班长和值班人员
工作门、备用门启闭机巡视	1. 电机 2. 减速器 3. 主令控制器 4. 制动器 5. 钢丝绳 6. 应急撬杠	1. 正常标准:接地牢固,可靠,绝缘电阻符合规定 严重故障:电机故障不能正常工作 2. 正常标准:油位正常,无渗漏,油质符合规定,齿轮啮合良好,无严重磨损和锈蚀 一般故障:轻微渗油 严重故障:渗油严重,且油位低于下限;齿轮同心偏离,严重磨损 3. 正常标准:触点打开、闭合状态与闸门位置状态相对应 一般故障:闸门全开位位置触点接触不良,位置信号不正确 严重故障:直流吸持线圈回路触点未准确断开 4. 正常标准:离心刹车良好,下落速度满足要求,制动器工作可靠,动作灵活,接触面积和退程间隙符合规定 一般故障:接触面积、退程间隙不满足要求 严重故障:闸门下滑 5. 正常标准:无断丝、断股现象,与吊具的连接牢固可靠 一般故障:断丝现象,但未超标 严重故障:断丝超过要求,或断股 6. 正常:闸门下落应急撬杠放置合理 一般故障:应急撬杠缺失	1. 严重故障:立刻报检修,记录汇报 2. 一般故障:记录汇报,加强巡视 严重故障:立刻报修,记录汇报 3. 一般故障:手动动作闸门位置触点 严重故障:手动分开触点 4. 一般故障:记录汇报,加强巡视 严重故障:紧急停机,记录汇报 5. 一般故障:记录汇报,加强巡视 严重故障:记录汇报,加强巡视 6. 一般故障:记录汇报,加强巡视	当班值班长和值班人员
工作、备用闸门	1. 闸门 2. 主侧滚轮 3. 止水	1. 正常标准:启闭无卡阻,无异响,闸门状态与主机组实际工况相对应,主机组运行闸门应为全开状态 严重故障:闸门下滑,并无法保持全开状态 2. 正常标准:转动灵活 一般故障:转动不灵活 3. 正常标准:无撕裂,漏水量符合要求 一般故障:漏水量超过标准	1. 严重故障:立刻紧急停机,记录汇报 2. 一般故障:记录汇报,加强巡视 3. 一般故障:记录汇报,加强巡视	当班值班长和值班人员

机组快速闸门巡视流程如图 5-33 所示。

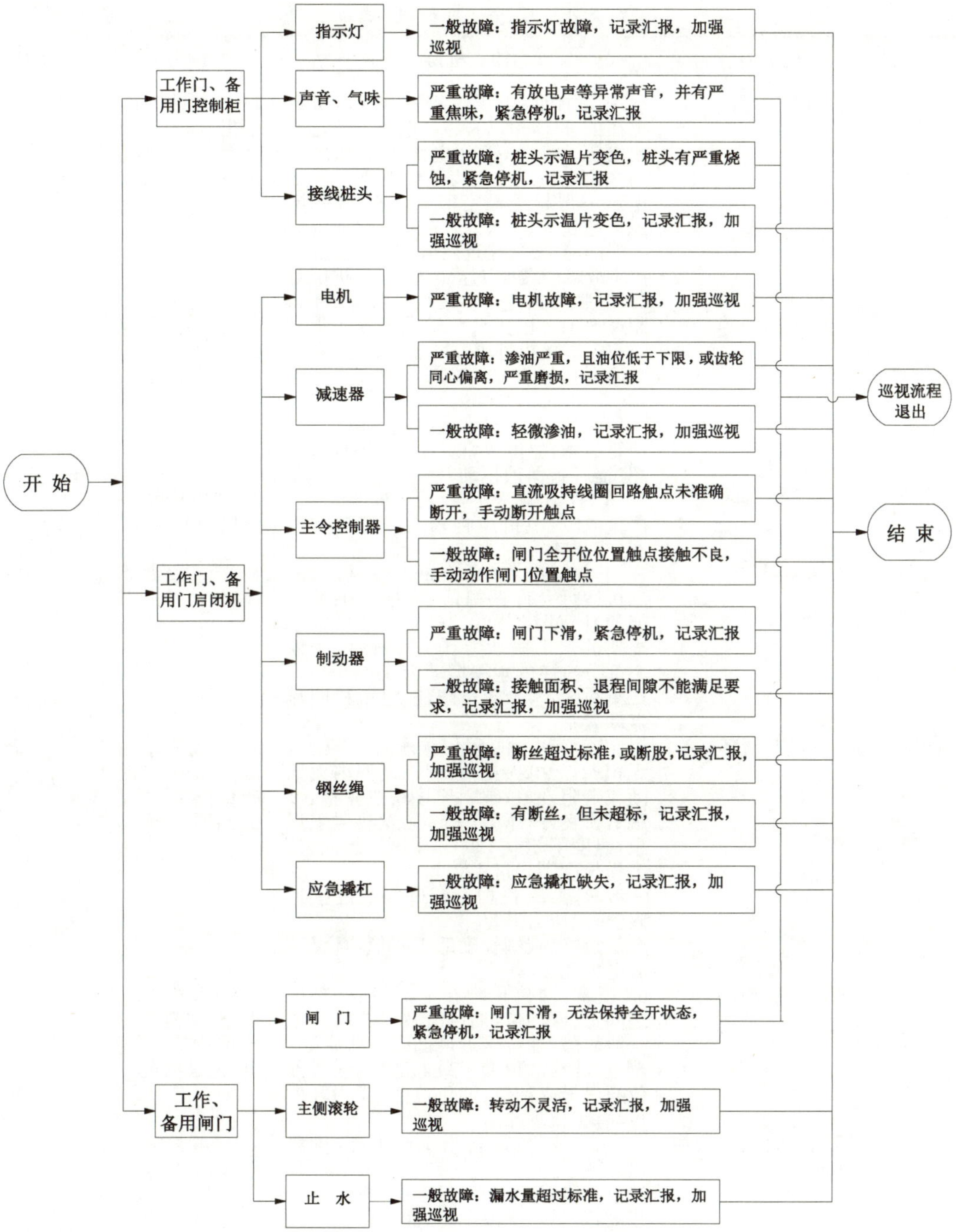

图 5-33　机组快速闸门巡视流程图

（14）主电机巡视流程

主电机巡视内容要求见表5-13。

表5-13　主电机巡视内容要求

检查项目	检查内容	检查标准	处理措施	责任人
主电机	1. 电气参数	1. 正常标准：电压5.7～6.6 kV（额定电压的95%～110%）。电流不超过额定电流181 A，三相电流不平衡之差与额定电流之比不得超过10%。励磁电流不得超过额定值254 A，励磁电压不超过93 V 一般故障：参数接近限值，但未超过 严重故障：参数超过限值规定，保护拒动	1. 一般故障：记录汇报，加强巡视 严重故障：紧急停机，记录汇报	当班值班长和当班值班人员
	2. 温度	2. 正常标准：定子B级绝线圈温升不得超过80℃。巴氏合金轴承温度不得超过70℃。电机进风温度不得超过55℃。油温不超过60℃。冷却水温度设置合理（25～30℃），夏季运行不得低于25℃ 一般故障：温度异常或接近限值 严重故障：温度异常并上升很快，参数超过限值，保护拒动	2. 一般故障：记录汇报，加强巡视 严重故障：紧急停机，记录汇报	
	3. 声音、气味	3. 正常：音响无异响，无异常气味 严重故障：电机声响较大或有异常声音，有焦味等	3. 严重故障：紧急停机，记录汇报	
	4. 振动	4. 正常标准：300 r/min立式机组电动机运行允许振幅值：带推力轴承支架的垂直振动为0.10 mm，带导轴承支架的水平振动为0.14 mm，定子铁心部分机座的水平振动为0.04 mm 严重故障：参数超过限值，且电机明显振动异常	4. 严重故障：紧急停机，记录汇报	
	5. 碳刷、滑环	5. 正常标准：滑环与碳刷接触良好，无积垢，无电火花；碳刷在刷握内无摇动或卡阻现象；碳刷连接软线完整，接触紧密良好，压力正常，无发热碰壳现象，温度不超过120℃；碳刷边缘完整，磨损长度不超过1/3 一般故障：碳粉积垢或碳刷长度接近限值，但压力满足 严重故障：碳刷长度低于限值，且滑环有电火花	5. 一般故障：记录汇报，加强巡视 严重故障：紧急停机，记录汇报	
	6. 油色、油位	6. 正常：油位正常在上、下油标刻度之间，无假油位，油色清澈 一般故障：油位接近最低或最高油位 严重故障：油位低于最低油位，或者油位超过最高油位，油色混浊，变为乳白色，有碳化现象	6. 一般故障：记录汇报，加强巡视 严重故障：紧急停机，记录汇报	
	7. 排风机、运行指示灯	7. 一般故障：运行指示灯不亮，排风机运转 严重故障：运行指示灯不亮，排风机停止运转，且定子温度超过限值	7. 一般故障：记录汇报，加强巡视 严重故障：紧急停机，记录汇报	
	8. 冷却水压力	8. 正常：压力在0.15～0.2 MPa，示流计指示正常 一般故障：母管压力偏低，或示流计故障，瓦温满足要求 严重故障：母管压力基本为零，示流计显示无流量，瓦温上升较快	8. 一般故障：记录汇报，加强巡视 严重故障：紧急停机，记录汇报	

主电机巡视流程如图 5-34 所示。

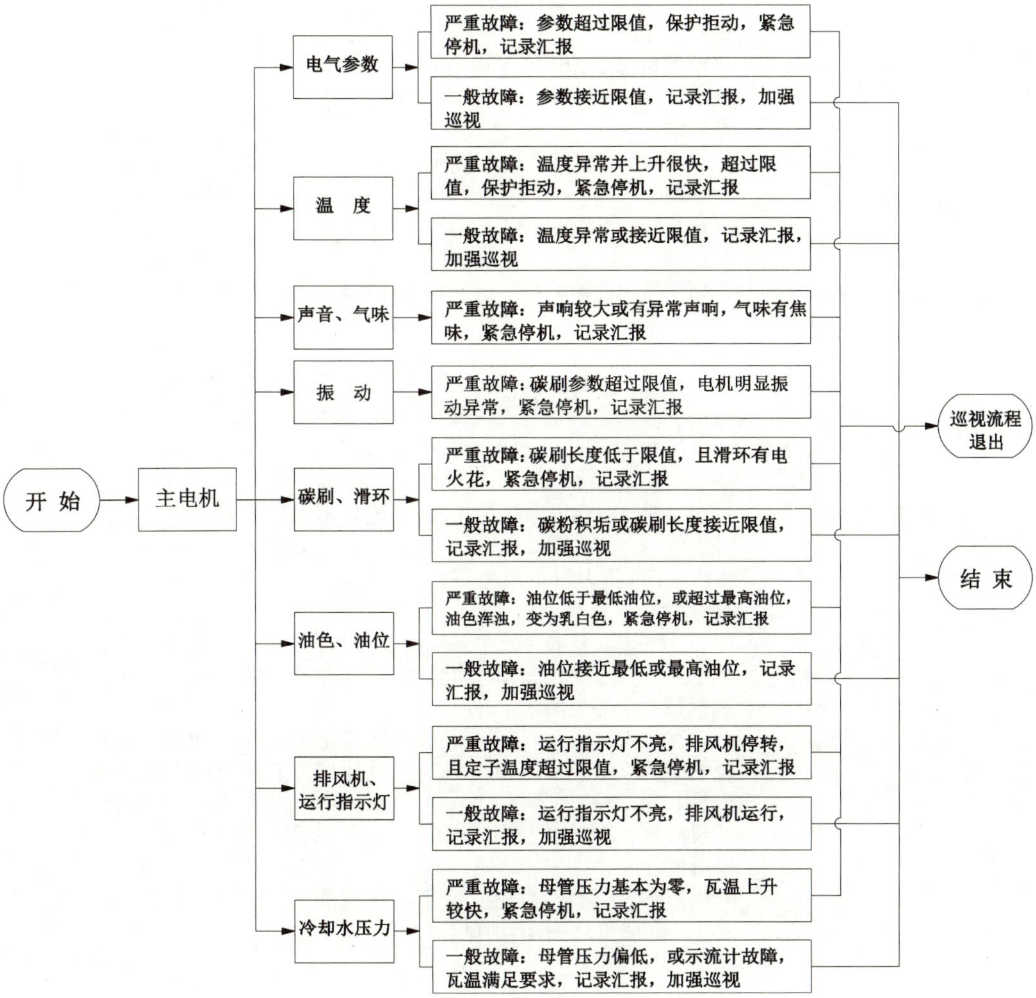

图 5-34　主电机巡视流程图

(15) 主水泵巡视流程

主水泵巡视内容要求和流程分别见表 5-14 和图 5-35。

表 5-14 主水泵巡视内容要求

检查项目	检查内容	检查标准	处理措施	责任人
主水泵	1. 声音	1. 正常标准:水泵汽蚀声音正常,机组振动声音正常 严重故障:水泵叶轮室内有清脆的金属撞击声,或汽蚀声音严重,或水泵振动声音异常	1. 严重故障:紧急停机,记录汇报	当班值班长和值班人员
	2. 振动	2. 正常标准:机组振动幅度正常,振动周期均匀 严重故障:水泵振动幅度异常,并伴有异常声响	2. 严重故障:紧急停机,记录汇报	
	3. 水导轴承	3. 正常标准:轴承填料压紧程度适中,上水导处漏水正常,积水盘无溢流,填料温度不超过 50℃ 一般故障:上水导处漏水较多,从积水盘溢出 严重故障:上水导处漏水严重,且水泵轴摆度明显增大	3. 一般故障:记录汇报,加强巡视 严重故障:紧急停机,记录汇报	
	4. 润滑水	4. 正常标准:润滑水压力正常,示流计信号正常 一般故障:压力较小或无压力,或示流计故障	4. 一般故障:记录汇报,加强巡视	
	5. 摆度	5. 正常标准:上水导处水泵轴摆度正常 严重故障:上水导处水泵轴摆度异常,并观察到上水导处漏水严重	5. 严重故障:紧急停机,记录汇报	
	6. 运行水位	6. 正常标准:抽水工况,泵站设计水位组合上游为 21.5 m,下游为 12 m,设计扬程为 9.5 m 一般故障:下游水位接近限值,水泵出现轻微汽蚀 严重故障:水位超过限值,或下游水位低于 12 m,严重汽蚀,出水口有大量泡沫	6. 一般故障:记录汇报,加强巡视 严重故障:紧急停机,记录汇报	

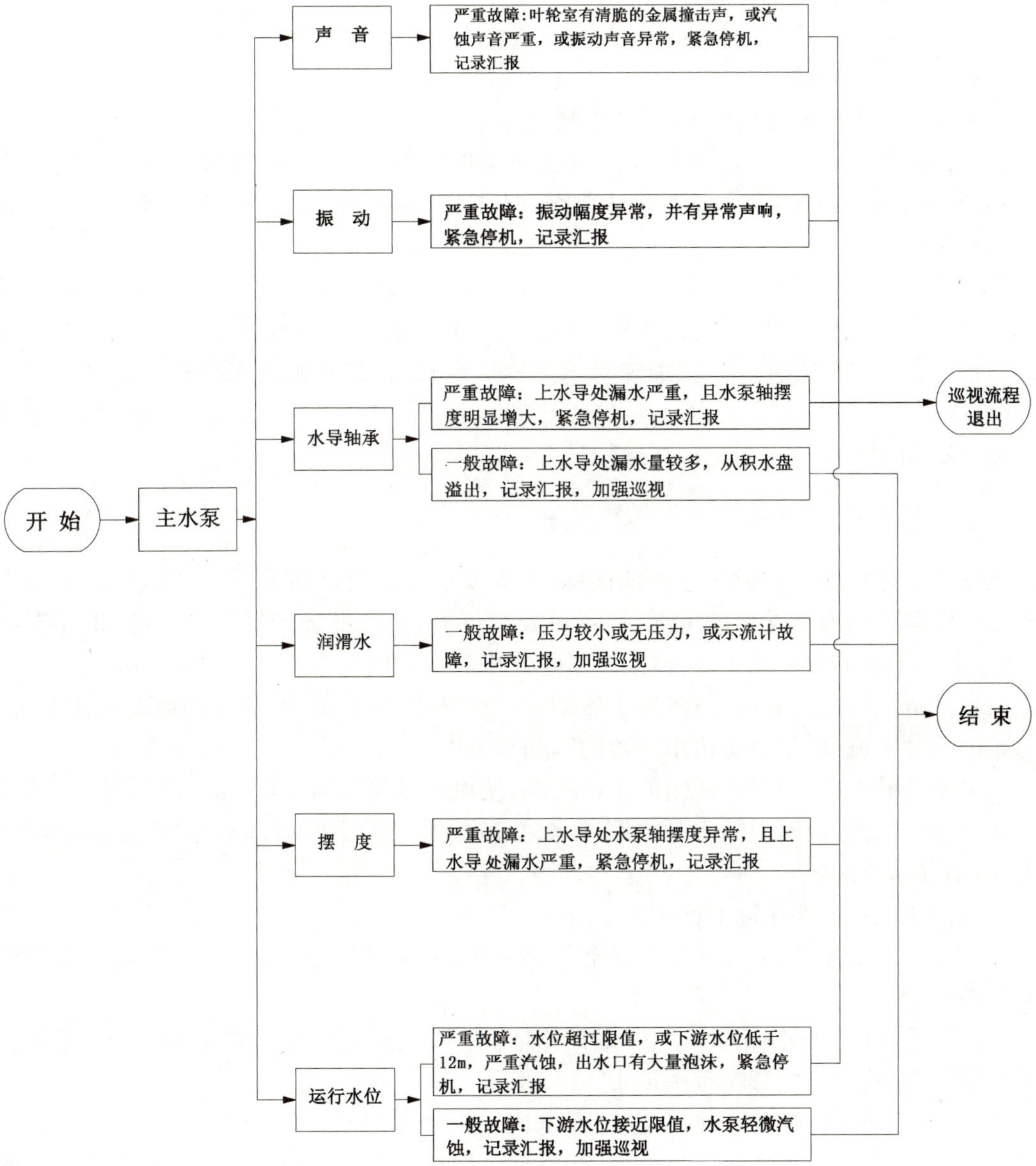

图 5-35　主水泵巡视流程图

5.3 紧急处理

5.3.1 泵站运行事故及非正常运行工况处理要求

泵站运行事故指运行时间内发生的人身、设备、建筑物等事故。

泵站运行事故处理的基本原则：

(1) 迅速采取有效措施，防止事故扩大，减少人员伤亡和财产损失；

(2) 立即向上级报告；

(3) 在事故不扩大的原则下，设法保持设备继续运行。

在事故处理时，运行人员必须留在自己的工作岗位上，集中注意力保证设备的安全运行，只有在接到值班长的命令或者在对设备或人身安全有直接危险时，方可停止设备运行或离开工作岗位。

泵站工程和设备发生不正常运行时，值班人员应立即查明原因，尽快排除故障，并及时向总值班报告，重要事件应及时向上级主管部门汇报。若不正常运行不能恢复正常，应立即向总值班汇报；在故障排除前，应加强对该工程或设备的监视，确保工程和设备继续安全运行，如故障对安全运行有重大影响，可停止故障设备或泵站的运行。值班人员应将不正常运行故障情况和处理经过详细记录在运行日志上。

5.3.2 主机组紧急停机及紧急停机流程

泵站紧急停机属于故障紧急处理措施，不需要也没有时间按照操作票执行。紧急停机流程是在保障操作人员安全的情况下，通过安全可靠、及时准确的操作，使机组迅速退出运行，防止发生更大的故障或事故(沙集站紧急停机流程示例见图 5-36 和图 5-37)。

紧急停机流程的主要任务：先停电后断流，分主机高压开关后，应立即启动断流装置，阻断水泵的倒冲水流，尽量缩短机组倒转的时间和强度。

主电机的断电：及时停主机组的工作电源，使机组迅速退出运行，防止事故进一步扩大。

主水泵的断流：及时阻断水泵的倒冲水流，减少水泵的倒转时间和速度，提高机组的使用寿命，消除事故隐患。

紧急停机流程应遵循以下原则。

(1) 先人后设备：工作人员人身安全是第一位的，无论在任何情况下，都要首先保证人员自身的安全。

(2) 先低后高：分闸操作时，应根据具体情况，从负载端到电源端，逐级进行，保证分闸位置准确可靠，故障停电影响范围最小。

(3) 先近后远：就近操作，如在主厂房电机层发现主机滑环间产生较大的火花，需要紧急停机，此时应立即按下主机上机架处的紧急停机按钮，而不必到高开室去按高开柜上的主机分闸按钮。

(4) 先电操后手动：先按分闸按钮，如开关拒动再手动操作开关的机械分闸机构，使开关分闸。

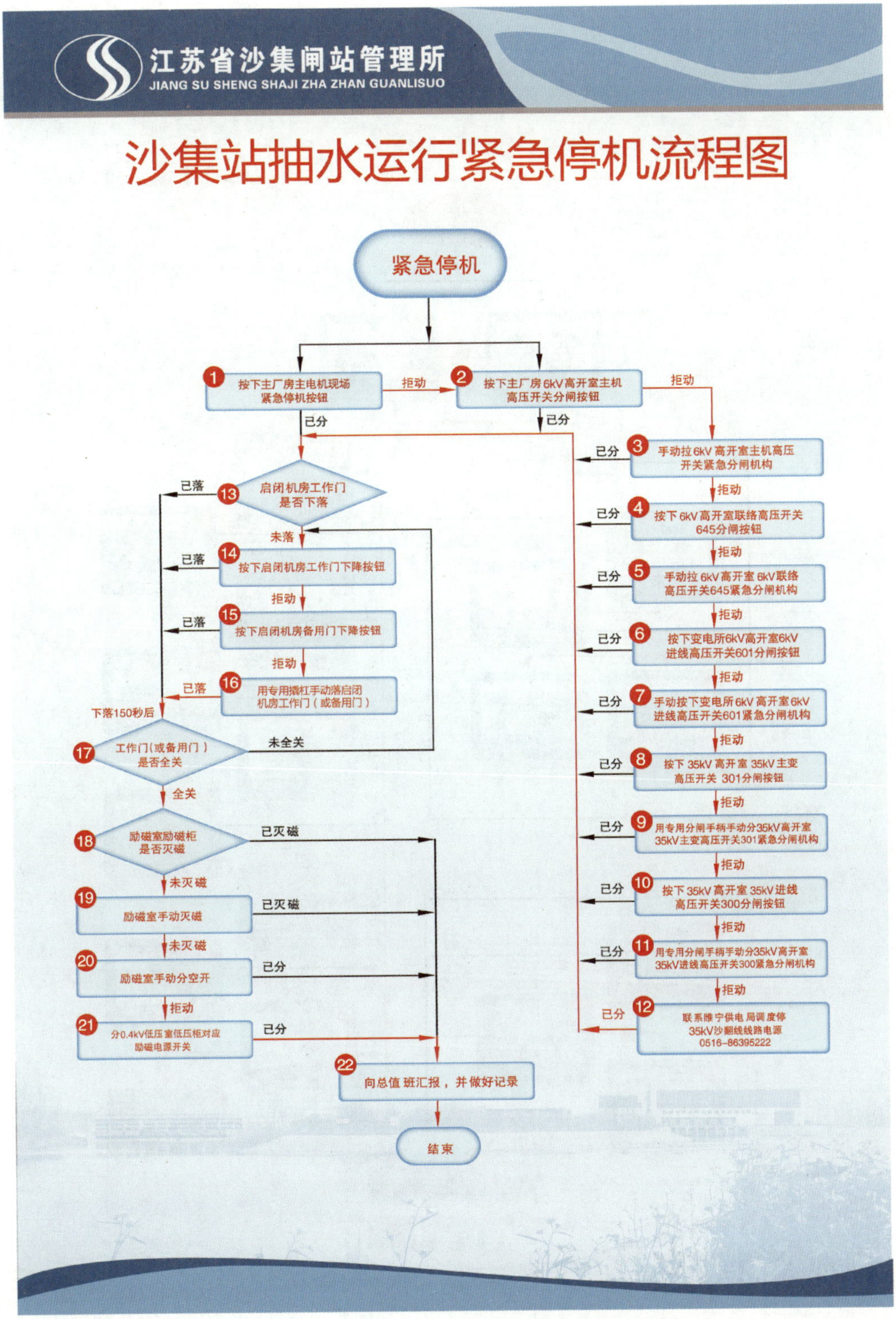

图 5-36　沙集站紧急停机流程图标牌(实例 1)

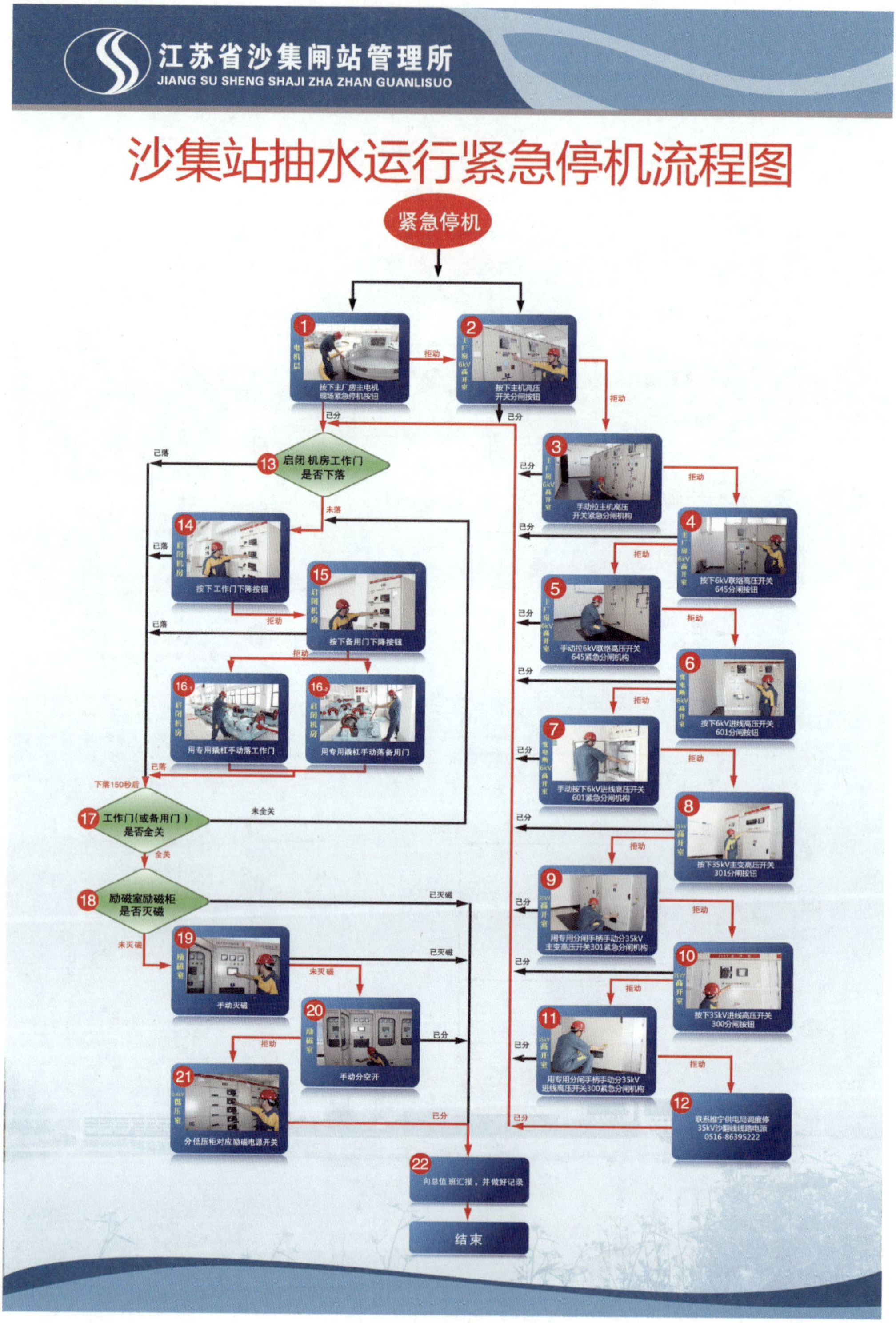

图 5-37　沙集站紧急停机流程图标牌(实例 2)

泵站运行过程中，通常有许多无法预判的突发故障，当主机组运行中有下列情况之一时，应立即停止运行：

(1) 同步电机带励启动或启动时间异常；

(2) 主机组启动后，出水口工作门异常；

(3) 主电机、电气设备发生火灾、人身事故或设备事故；

(4) 主电机声音、温升异常，同时转速下降(失步)；

(5) 主水泵内有清脆的金属撞击声；

(6) 主机组发生强烈振动；

(7) 同步电机的碳刷和滑环间产生火花且无法消除；

(8) 同步电机励磁装置故障无法恢复正常；

(9) 辅机系统故障无法修复，危及全站安全运行；

(10) 发生危及主电机安全运行的故障，保护装置拒绝动作；

(11) 直流电源消失，一时无法恢复；

(12) 上、下游引河道发生安全事故或出现危及泵站安全运行的险情。

5.3.3　变压器故障与处置

5.3.3.1　变压器内部声音异常的处理

(1) 变压器正常运行时声音应是连续的“嗡嗡”声。当变压器运行声音不均匀、声音异常增大或有其他异常响声，主要有以下原因：

① 过负荷；

② 内部接触不良而放电打火；

③ 个别零件松动；

④ 系统有接地或短路；

⑤ 大动力启动，负荷变化较大；

⑥ 铁磁谐振。

(2) 当变压器运行中发生声音异常时，应立即查明原因。情况严重时可向管理单位总值班汇报停止变压器运行。

5.3.3.2　变压器瓦斯保护动作的处理

(1) 变压器发生瓦斯保护动作，主要有以下原因：

① 二次回路故障；

② 检修、加油时气体进入变压器；

③ 温度发生变化、渗漏油导致变压器油位下降过低；

④ 内部发生电气短路故障。

(2) 变压器发生轻瓦斯保护动作时，应严密监视变压器的运行情况，并立即查明原因，予以处理，必要时可停止变压器运行。

(3) 变压器发生重瓦斯保护动作时，应立即检查变压器的温升、油位等情况，必要时进行变压器油色谱分析等化验工作，未查明故障原因前不应试送电。

5.3.3.3 变压器继电保护动作的处理

(1) 变压器发生继电保护动作，主要有以下原因：

① 二次回路或继电器本身故障；

② 外部故障；

③ 内部故障。

(2) 变压器发生继电保护动作，应立即查明故障原因予以排除。未排除故障前不应试送电。

5.3.3.4 变压器烧毁

变压器烧毁大体为以下几个方面的原因：

(1) 变压器严重过载；

(2) 变压器长期偏相运行，致使某相线圈绝缘老化；

(3) 变压器受潮后绝缘性能下降，放电短路；

(4) 雷击；

(5) 变压器铁芯多点接地；

(6) 没有配置保护装置，或配置了保护装置但其动作可靠性低。

5.3.3.5 变压器喷油

变压器喷油是内部油压力过高造成的，大体有几个方面的原因：

(1) 变压器本身油位过高，气温高且变压器负载较大或过负荷；

(2) 变压器内部绕组发生短路，造成油温升高膨胀；

(3) 变压器绕组内部绝缘损坏产生放电，绝缘油被分解膨胀；

(4) 压力释放阀误动。

5.3.3.6 变压器立即停止运行要求

变压器运行中有下列情况之一时，应立即停止运行：

(1) 声音异常增大或内部有爆裂声；

(2) 严重渗漏油或发生喷油；

(3) 套管有严重的破损和放电现象；

(4) 冒烟起火；

(5) 发生危及变压器安全的故障，而变压器有关保护装置拒绝动作；

(6) 附近设备着火、爆炸等，威胁变压器安全运行；

(7) 负荷、冷却条件正常，温度指示可靠，变压器温度异常上升。

5.3.3.7 变压器起火处理

变压器着火时，首先应断开高低压侧断路器，停用冷却器，迅速使用灭火装置灭火。若油溢在变压器顶盖上面着火时，则应打开下部油门放油至适当油位；若是变压器内部故障引起着火的，则禁止放油，以防变压器发生严重爆炸。

5.3.4 GIS组合电器 SF_6 气体泄漏处置

5.3.4.1 处置

(1) 当 SF_6 电气设备发生泄漏或事故时的处理：

① 必须采取可靠的防护措施，工作人员穿防护服，戴防毒面具、防护手套等，皮肤不得裸露；

② 须采取必要的现场通风等措施，通风 15 min 后方能进入，户外人员必须站在上风侧；

③ 若引起人员伤害，应立即将受伤人员送医施救；

④ 在 SF_6气体严重泄漏，压力降低引起设备强迫停运、设备爆炸等情况时，应立即向上级调度汇报；

⑤ 切出负荷：停止机组运行，切出站用变压器；

⑥ 向上一级电力调度申请越级分闸，停止泵站高压供电线路、主变压器运行；

⑦ 4 h 内任何人员进入室内都必须穿防护衣、戴防护手套及防毒面具；4 h 后进入室内虽然可不用上述措施，但在清扫时仍须采取上述安全措施。

(2) SF_6气体密度继电器发出闭锁信号时的处理：

① 立即向总值班报告；

② 应立即断开操作电源，悬挂“禁止分闸”警示标牌；

③ 切出负荷：停止机组运行，切出站用变压器；

④ 向上一级电力调度申请越级分闸，停止泵站高压供电线路、主变压器运行；

⑤ 开启室内通风设备，室内氧气浓度达到 18%以上时，可进行故障原因查找、设备检修。

5.3.4.2 善后

事故处理后，应将所有防护用品清洗干净，参与处理人员要洗澡。值班人员应配合调度做好相关工作的恢复，配合安监部门人员做好现场的保护、拍照、事故调查等善后工作，并做好详细记录。

5.3.5 主电机故障与处置

5.3.5.1 主电机启动故障

主电机不能正常启动，主要有以下原因：

(1) 启动电压过低；

(2) 电源缺相；

(3) 荷载偏大；

(4) 机械卡阻；

(5) 异步电机转子鼠笼式绕组接触不良或开路；

(6) 同步电机转子励磁绕组或励磁装置故障。

5.3.5.2 主电机启动后达不到同步转速

主电机启动后达不到同步转速，主要有以下原因：

(1) 电源故障；

(2) 电机定子设备故障；

(3) 转子中励磁绕组短路或接地，可检查励磁绕组的直流电阻和绝缘电阻，根据故障情况进行处理；

(4) 励磁系统故障，使转子无法“牵入”，应检查励磁系统，进行维修；

(5) 检修后励磁绕组匝数弄错或极性接反,应检查匝数与接线。

5.3.5.3 电动机过热

电动机过热的原因及处理:

(1) 电动机绕组短路,可用电桥测量各相绕组的直流电阻,找出短路绕组进行处理;

(2) 负载过大,应适当减轻负载;

(3) 通风冷却系统堵塞,应检查通风冷却系统;

(4) 转子励磁绕组的电流太大,绕组铜耗增加,使励磁绕组过热,可调整励磁电流。

5.3.5.4 运行中振动异常

运行中振动异常的原因及处理:

(1) 转子励磁绕组接地或匝间短路,造成磁场分布不均匀而产生怪声或振动,应检查励磁绕组是否接地或短路;

(2) 定、转子之间气隙不均匀,应按有关规定调整定、转子之间的气隙;

(3) 励磁线圈松动或已移位,应检查励磁线圈并予以固定;

(4) 转子不平衡,应做动平衡试验予以纠正;

(5) 轴承间隙太大,应调整轴承间隙或更换轴承;

(6) 底脚螺钉松动,应予以紧固;

(7) 机座或轴承支座安装不良,应检查后予以纠正;

(8) 大修后转子极性接反,应改正接线;

(9) 电动机运行中铁芯松动,冲片便产生振动和噪声。

5.3.5.5 主电机突然停电

主电机电源突然停电的应急处理:

(1) 检查总进线断路器或主电机断路器是否已在断开位置,否则应立即予以断开;

(2) 检查断流装置是否已正常关断,主机组是否已停止运转,否则应立即采用辅助设施使其可靠断流;

(3) 检查励磁装置是否已停运,否则应立即断开其交流电源开关;

(4) 退出各断路器手车或拉开刀闸;

(5) 检查停电原因,进行处理,并尽快恢复运行。

5.3.5.6 主电机温度异常

(1) 主电机温度异常,主要有以下原因:

① 测温元件或测温装置损坏;

② 超设计负荷运行;

③ 运行电压过高;

④ 电机通风不畅;

⑤ 电机定、转子表面积尘过多;

⑥ 同步电机励磁电流过大;

⑦ 电机转子线圈匝间短路;

⑧ 缺相运行。

（2）主电机运行温度异常或运行温度异常上升，应立即查明原因予以处理。

5.3.5.7　集电环异常磨损

集电环异常磨损的处理：

（1）在滑动接触过程中，集电环表面往往会有一层水膜，使集电环在与电刷接触传递电流过程中伴随发生电解现象，因而产生腐蚀，应清扫集电环；

（2）滑动接触状况不良，如电刷压力过大，电刷在刷握内活动不自由，集电环表面脏，应分别进行处理；

（3）如采用金属石墨电刷或铜电刷，使集电环磨损较快时，应选用润滑性能较好、磨损寿命较长的电刷。

5.3.5.8　滑环与电刷发生火花

（1）当火花轻微时，在做好安全防护的情况下，可以用绝缘材料试将碳刷推紧或停机处理；

（2）当火花较大、碳刷发红时，或励磁电流变化较大时，应紧急停机，并立即通知值班负责人及检修人员，并做好详细的事件记录。

5.3.5.9　运行中油缸漏油

运行中油缸漏油，主要有以下原因：

（1）润滑油过多，超过最高油位；

（2）密封胶涂抹不均匀，或忘记涂抹密封胶；

（3）密封垫（密封圈）安装不正确，或老化失效；

（4）电机轴封处密封羊毛毡磨损过多，甩油；

（5）油缸本体渗油；

（6）螺栓松动，压力不够；

（7）进油管和回油管接头、油杯、温度计等插口及阀门等处密封不良。

5.3.5.10　油缸油位异常

（1）主电机油缸油位过高或者过低时，一定要及时检查分析故障原因，必要时停止机组运行。

（2）如油位过高，或上油缸从观察孔查看油色变为乳白色，油中含有大量泡沫，说明油缸内已经进水，应立即停机检查处理。

（3）如油位下降速度很快，并低于最低油位，监控系统采集机组油缸温度、轴瓦及推力瓦温度迅速升高，应立即停机检查处理。

5.3.5.11　主电机冷却风机故障

（1）运行中，主电机冷却风机停止旋转，主机定子温度迅速上升，应该立即将主机退出运行。

（2）停机后，检查冷却风机电气回路、元件、风机配套电机等，如风机配套电机故障，更换备用电机。

5.3.6　高压断路器故障与处置

5.3.6.1　高压断路器拒动

（1）高压断路器拒合的处理

① 进行高压断路器合闸操作而断路器出现拒合时，应立即停止合闸操作。

② 退出断路器手车或拉开刀闸。

③ 检查、分析故障原因，并予以排除。

④ 故障排除后再次进行合闸操作。

（2）高压断路器拒分的处理

① 进行高压断路器远方分闸操作而断路器出现拒分时，应立即停止远方操作。

② 改用现场操作机构箱现场操作。首先进行电动分闸，仍拒分时再采用手动机械分闸。

③ 仍拒分时，采用越级分闸，退出该断路器。

④ 检查、分析断路器拒分故障原因，并予以排除。未排除故障前，不应投入运行。

5.3.6.2 高压断路器立即停止运行要求

高压断路器运行中有下列情况之一时，应立即停止运行：

（1）油断路器喷油或油位低于制造厂规定的下限；

（2）SF_6断路器SF_6气体压力降至闭锁压力；

（3）真空断路器真空破坏；

（4）绝缘瓷套管断裂、闪络放电异常；

（5）断路器有异味或声音异常。

5.3.7 电力电容器故障与处理

电力电容器运行中有下列情况之一时，应立即停止运行：

（1）电容器爆炸；

（2）电容器瓷套管闪络放电；

（3）电容器外壳“鼓肚”异常；

（4）电容器喷油、起火；

（5）电容器外壳温度超过 55℃，或室温超过 40℃，采取降温措施仍无效；

（6）电容器声音异常。

5.3.8 直流电源故障与处理

5.3.8.1 直流电源接地故障的处理

（1）主机组正常运行发生直流接地故障需处理时，应汇报总值班同意后进行，并有专人监护。

（2）短时间退出可能误动作的保护。对可能联动的设备，应采取措施防止设备误动作。

（3）用绝缘监察装置判明接地极，进行拉路寻找。

5.3.8.2 直流电源故障停电的处理

（1）主机组正常运行发生直流电源故障停电时，应立即进行故障排除，并密切注意设备运行状态。一旦发现设备运行异常，应立即运用机械分断相应断路器，并采取措施使机组断流装置可靠动作。

（2）短时间内（不超过 2 h）不能恢复直流供电，应手动操作停止主电机、站用变压器、主变压器的运行。

(3) 排除直流电源故障，重新投入运行。

5.3.9　冷却水中断处理

(1) 主机组正常运行发现冷却水供应中断，应加强轴瓦温度监视，立即查明供水中断原因并予以处理，恢复供水。

(2) 排除供水中断故障期间，一旦发现轴瓦温度异常上升，应立即停止机组运行。

5.3.10　空气压缩机故障的处理

(1) 用于压力油装置配压的空气压缩机发生故障时，应加强对压力油装置油压油位的监视，立即查明故障原因并予以处理，恢复运行。

(2) 用于打开真空破坏阀的空气压缩机发生故障时，应加强对压力储气罐压力的监视，做好紧急停机准备，立即查明故障原因并予以处理，恢复运行。

5.3.11　压力油装置故障的处理

(1) 用于水泵叶片角度调节的压力油装置发生故障时，应加强对水泵叶片角度的监视，立即查明压力油装置故障的原因并予以处理，恢复运行。

(2) 用于液压启闭机的压力油装置发生故障时，应加强对液压启闭闸门位置保持的监视，做好紧急停机准备，立即查明压力油装置故障原因并予以排除，恢复运行。

5.3.12　监控系统不能正常运行的处理

(1) 泵站运行时，如监控系统不能正常运行，应立即查明原因，处理后恢复运行，如不能恢复正常运行，应立即向总值班汇报，尽快排除故障。

(2) 在故障排除前，应加强对运行设备声响、振动、电量、温度的监视；对由监控系统进行自动控制的设备，改用手动操作，并加强对该设备的巡视检查，确保设备安全运行。

5.3.13　其他紧急情况处理

5.3.13.1　泵站工程超设计标准运行的处理

(1) 泵站工程不应超设计标准运行，如发生超设计标准运行时，应报请上级主管技术部门批准，必要时并经原设计单位校核，在制定应急方案后方可进行。

(2) 泵站工程超设计标准运行时，运行值班人员应熟练掌握应急方案的相关技术规定，加强对泵站和设备运行的巡视检查，若有异常应立即向总值班汇报，情况紧急时可立即停止泵站或设备的运行。

5.3.13.2　火灾的应急处理

(1) 泵站运行现场发生火灾，运行值班人员应沉着冷静，立即赶到着火现场，查明起火原因。

(2) 电气原因起火，应首先切断相关设备的电源，停止设备运行，用干粉或二氧化碳灭火器灭火，不得使用泡沫灭火器灭火。

(3) 油类起火，应首先停止相关设备或可能波及的设备的运行，用干粉、干沙、二氧化碳或泡沫灭火器灭火。

(4) 火情严重时，在切断相关设备电源后，应立即拨打119向消防部门报警。

(5) 发生人身伤害，应做好现场救护工作。情况严重时，应立即拨打120向急救中心求助。

5.3.13.3 人员落水的应急处理

值班人员发现引河内有人员溺水后：

(1) 拨打110、120急救电话和海事应急电话，并汇报上级主管部门；

(2) 必要时进行紧急停机；

(3) 采用正确的方式将人员救上岸；

(4) 口对口人工呼吸及心脏按压急救；

(5) 配合急救中心将人员送至医院。

5.3.13.4 河道存在船只的应急处理

(1) 运行时，值班人员巡视发现河道内有船只进入管理范围，首先应喊话驱离。

(2) 如未能驱离，向值班站长汇报，通知水政人员和保卫人员进一步处理。

(3) 如果可能造成船只倾翻、人员落水，必要时应进行紧急停机。

5.4 检修

5.4.1 机电设备检修

泵站管理单位在汛后应对工程和设备进行全面检查，并根据工程和设备的检查情况、技术状态以及相关技术要求及时编报年度检修计划。

设备小修的主要内容如下：

(1) 消除运行中发生的设备缺陷；

(2) 对易磨易损部件进行清洗检查、维护修理，或必要的更换调试。

设备大修的主要内容如下：

(1) 进行全面的解体检查、清扫和修理；

(2) 消除设备缺陷；

(3) 按技术标准进行相关试验。

泵站的正常大修对检修项目、进度、技术措施和安全措施、质量标准应尽可能定型化。

设备检修必须做好质量检查和验收工作。质量检验要实行检修人员自检和验收人员验收相结合。检修人员在每项检修工作完成并按照质量标准自行检查合格后，由验收人员验收。验收报告应由检修人员和验收人员签名。

检修设备需要试运行的应在检查检修内容、检修质量、检测记录和有关资料达到规定的要求后进行。设备检修记录、试验报告、试运行报告和技术总结等技术资料，应及时整理归档。

5.4.1.1 主机组检修

(1) 主机组检修一般分为定期检查、小修和大修三种方式。

(2) 主机组定期检查是根据机组运行的时间和情况进行检查，了解设备存在的缺陷和异常情况，为确定机组检修性质提供依据，并对设备进行相应的维护。定期检查通常安排在汛前、汛后和按计划安排的时间进行。

(3) 主机组小修是根据机组运行情况及定期检查中发现的问题，在不拆卸整个机组和较复杂部件的情况下，重点处理一些部件的缺陷，从而延长机组的运行寿命。机组小修一般与定期检查结合或设备产生应小修的运行故障时进行。

(4) 主机组大修是对机组进行全面解体、检查和处理，更换损坏件，更新易损件，修补磨损件，对机组的同轴度、摆度、垂直度（水平）、高程、中心、间隙等进行重新调整，消除机组运行过程中的重大缺陷，恢复机组各项指标。主机组大修通常分一般性大修和扩大性大修。

(5) 主机组检修周期应根据机组的技术状况和零部件的磨损、腐蚀、老化程度来确定。定期检查周期可采用间隔 0.5 年或累计运行时间 0～3 000 h 确定，小修周期可采用间隔 1 年或累计运行时间 1 000～5 000 h 确定；大修周期可采用间隔 3～6 年或累计运行时间 3 000～20 000 h 确定，亦可根据具体情况提前或推后。

5.4.1.2　变压器检修

(1) 主变压器和站用变压器在投入运行的第 5 年内和以后每 10 年左右应大修 1 次；小修应每年 1 次。运行中的变压器发现异常状况或经试验判明有内部故障时应提前大修。

(2) 对于密封式的变压器，若经过试验和运行情况判定有内部故障时，应进行大修。

(3) 变压器小修、大修的主要项目和大修质量标准应符合相关的规定。

(4) 变压器冷却装置的检修周期随本体大修或有必要时进行。

(5) 变压器检修后应验收合格，才能投入运行。验收时须检查检修项目、检修质量、试验项目及试验结果，隐蔽部分的检查应在检修过程中进行。检修资料应齐全、填写正确。

(6) 变压器大修结束后，应在 30 天内作出大修总结报告，报告的内容和格式应符合规程规定。

5.4.1.3　主要电气设备检修

(1) 每年应对泵站电气设备进行一次全面检查、维修、调试。

(2) 各种电气设备应按有关规定定期进行继电保护、仪表校验及预防性试验，并将试验结果与该设备历次试验结果相比较，参照有关试验标准，根据变化规律和趋势进行全面分析，判断设备是否符合运行条件。定期预防性试验的项目和周期应按第 4 章的规定执行。

(3) 断路器检修后应根据断路器型式及有关规定进行试验。

(4) 继电保护装置与系统自动装置的检验可分为新安装设备的验收检验、运行中设备的定期检验及运行中的补充检验，检验应遵守下列规定：

① 继电保护装置与系统自动装置，包括属于这些装置的操作及信号回路设备在内，应该每年进行 1 次全面检验；

② 利用继电保护装置或系统自动装置跳开或投入开关的整组试验，每年不得少于

1次；

③ 系统线路及母线的继电保护装置与系统自动装置的定期检验，应在雷雨季节前进行；

④ 检验均应按规定的顺序进行；

⑤ 电气测量仪表检修和校验周期应按第4章的规定执行。

5.4.1.4 辅助设备与金属结构检修

（1）辅助设备、金属结构的机电设备和安全装置应定期检查、检验、维护和保养，发现缺陷应及时修理或更换。辅助设备检查修理的主要项目参照相关的规定执行。

（2）油、气、水管道接头应密封良好，发现漏油、漏气、漏水现象应及时处理，并定期涂漆防锈。

（3）拍门、真空破坏阀、闸门、蝶阀、水锤防护设备和拦污栅等应定期检修和保养。起重机械、压力容器的安装、维修、检测和试验应按安全技术监督部门的规定执行。

5.4.2 检修安全注意事项

泵站管理单位进行运行期间的检修工作时，一定要保障泵站设备安全运行，施工中的安全注意事项应符合“6.4.3 安全检修基本要求”的规定。

5.4.3 设备运行期间检修流程

设备运行期间检修，严格执行“一单两票”制度，落实安全措施后，开展相应检修工作。

下文以直流系统检修流程为例。

直流系统检修内容和流程分别见表5-15和图5-38。

表5-15 直流系统检修内容

检修项目	检修内容	故障可能原因	处理措施	责任人
电源系统故障	1. 交流失电	1. 存在原因 （1）交流进线电源确实失电或进线电源缺相 （2）进线保护断路器或接触器损坏 （3）系统设置中交流电压的AD校正系数和报警范围被错误修改 （4）交流电源电压信号线路故障或交流电压传感器损坏	1. 处理方法 （1）检查交流进线电源是否正常，恢复供电 （2）检查进线保护断路器、接触器及相关二次控制回路是否正常 （3）将系统设置中交流电压的AD校正系数和报警范围恢复正常 （4）检查交流电压信号线路、检测交流电压传感器是否正常	当班检修班长和值班人员
	2. 充电模块电压异常	2. 存在原因 （1）交流电源正常时，充电模块输入开关未合上，充电模块未工作 （2）系统设置中模块电压的AD校正系数和报警范围被错误修改 （3）高频开关电源模块自身故障	2. 处理方法 （1）检查并合上充电模块输入开关 （2）将系统设置中模块电压的AD校正系数和报警范围恢复正常 （3）更换备用高频开关电源模块	
电池组故障	1. 蓄电池电压异常	1. 存在原因 （1）蓄电池组在放电状态下过放，导致蓄电池电压确实偏低	1. 处理方法 （1）检查蓄电池组实际电压，关闭放电回路，及时充电	

续表

检修项目	检修内容	故障可能原因	处理措施	责任人
电池组故障	 2. 单体电池电压异常	(2) 系统设置中蓄电池电压的 AD 校正系数和报警范围被错误修改 2. 存在原因 (1) 在交流失电或活化放电时，出现某单体电池电压异常(过低)，可能是该单体电池容量不足，电压降低或已报废 (2) 在电池组均充状态下，由于各单体电池电压不平衡，可能会出现某单体电池电压异常(过高) (3) 系统设置中单体电池电压的 AD 校正系数和报警范围被错误修改 (4) 单体电池电压信号线路有问题 (5) 电池巡检仪中的继电器触点接触不良，引起某单体电池电压误报警 (6) 单体电池电压传感器损坏	(2) 将系统设置中蓄电池电压的 AD 校正系数和报警范围恢复正常 2. 处理方法 (1) 测量出现报警的单体电池的实际电压，确定该单体电池是否正常 (2) 对电池组进行充放电循环，使各单体电池电压趋于平衡 (3) 将系统设置中单体电池电压的 AD 校正系数和报警范围恢复正常 (4) 测量电池巡检仪上单体电池电压信号端的电压，检查单体电池保护熔断器及相关接线 (5) 误报警不严重时，会自动恢复正常；如果频繁出现误报警，则需要更换电池巡检仪中的继电器 (6) 更换单体电池电压传感器	当班检修班长和值班人员
控制系统故障	1. 母线电压异常 2. 正母(负母)对地电压异常(母线接地) 3. 分路绝缘异常 4. 充电电流过高	1. 存在原因 (1) 母线电压调节开关所置档位不对 (2) 系统设置中母线电压的 AD 校正系数和报警范围被错误修改 (3) 母线电压信号回路及母线电压传感器有问题 (4) 充电模块输出开关未合上，蓄电池组未充电，电池组电压低 2. 存在原因 (1) 同时出现“分路绝缘异常”报警时，多数可能是输出分路绝缘异常 (2) 母线绝缘检测分压电阻(R1、R2)坏一只 (3) 系统设置中母线对地电压的 AD 校正系数和报警范围被错误修改 (4) 柜内确实有接地部位 3. 存在原因 (1) 相应输出分路中确实有绝缘异常存在 (2) 系统设置中分路绝缘的 AD 校正系数和报警范围被错误修改 (3) 分路绝缘传感器的±12 V 供电异常 (4) 分路绝缘传感器损坏 4. 存在原因 (1) 当电池组严重亏容，并在开始充电瞬间又处于浮充状态时，会出现短时充电电流过高 (2) 充电模块电压采样出错(偏低)，引起充电模块实际输出电压过高，从而导致充电电流过高 (3) 系统设置中充电电流的 AD 校正系数和报警范围被错误修改	1. 处理方法 (1) 正常情况下，将母线电压调节开关置于“自动”位置 (2) 将系统设置中母线电压的 AD 校正系数和报警范围恢复正常 (3) 检查母线电压信号回路及母线电压传感器 (4) 检查模块输出开关的分合状态是否正确 2. 处理方法 (1) 参见“分路绝缘异常”处理方法 (2) 检查分压电阻回路，更换分压电阻 (3) 将系统设置中母线对地电压的 AD 校正系数和报警范围恢复正常 (4) 检查柜内相关易导致母线接地的部位，进行逐一排除 3. 处理方法 (1) 断开相应输出开关，如果故障消失，则确定故障在该输出分路中，检查该输出分路负载的绝缘情况 (2) 将系统设置中分路绝缘的 AD 校正系数和报警范围恢复正常 (3) 测量分路绝缘传感器的±12 V 供电电压，将其恢复正常 (4) 更换该传感器 4. 处理方法 (1) 监控系统检测过流信号时，会控制充电模块由浮充状态转为强充状态，充电电流将恢复正常 (2) 检查充电模块电压采样回路，校准充电模块输出电压显示值与实际值相符 (3) 将系统设置中充电电流的 AD 校正系数和报警范围恢复正常	当班检修班长和值班人员

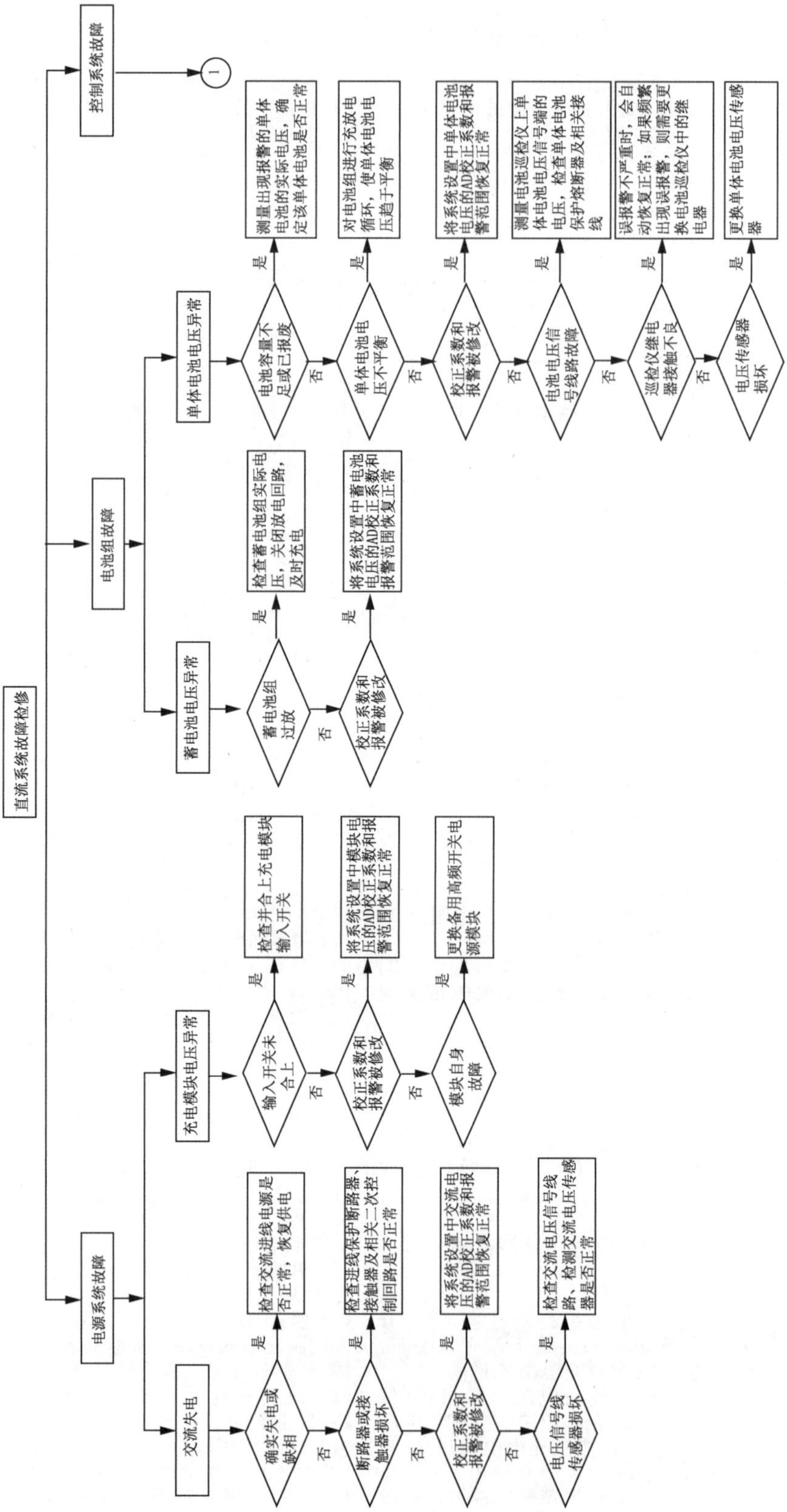
直流系统故障检修
电源系统故障
电池组故障
控制系统故障
①
交流失电
确实失电或缺相
检查交流进线电源是否正常，恢复供电
断路器或接触器损坏
检查进线保护断路器、接触器及相关二次控制回路是否正常
校正系数和报警被修改
将系统设置中交流电压的AD校正系数和报警范围恢复正常
电压信号线传感器损坏
检查交流电压信号线路、检测交流电压传感器是否正常
充电模块电压异常
输入开关未合上
检查并合上充电模块输入开关
校正系数和报警被修改
将系统设置中模块电压的AD校正系数和报警范围恢复正常
模块自身故障
更换备用高频开关电源模块
蓄电池电压异常
蓄电池组过放
检查蓄电池组实际电压，关闭放电回路，及时充电
校正系数和报警被修改
将系统设置中蓄电池电压的AD校正系数和报警范围恢复正常
单体电池电压异常
电池容量不足或已报废
测量出现报警的单体电池的实际电压，确定该单体电池是否正常
单体电池电压不平衡
对电池组进行充放电循环，使单体电池电压趋于平衡
校正系数和报警被修改
将系统设置中单体电池电压的AD校正系数和报警范围恢复正常
电池电压信号线路故障
测量电池巡检仪上单体电池电压信号端的电压，检查单体电池保护熔断器及相关接线
巡检仪继电器接触不良
误报警不严重时，会自动恢复正常；如果频繁出现误报警，则需要更换电池巡检仪中的继电器
电压传感器损坏
更换单体电池电压传感器
是
否

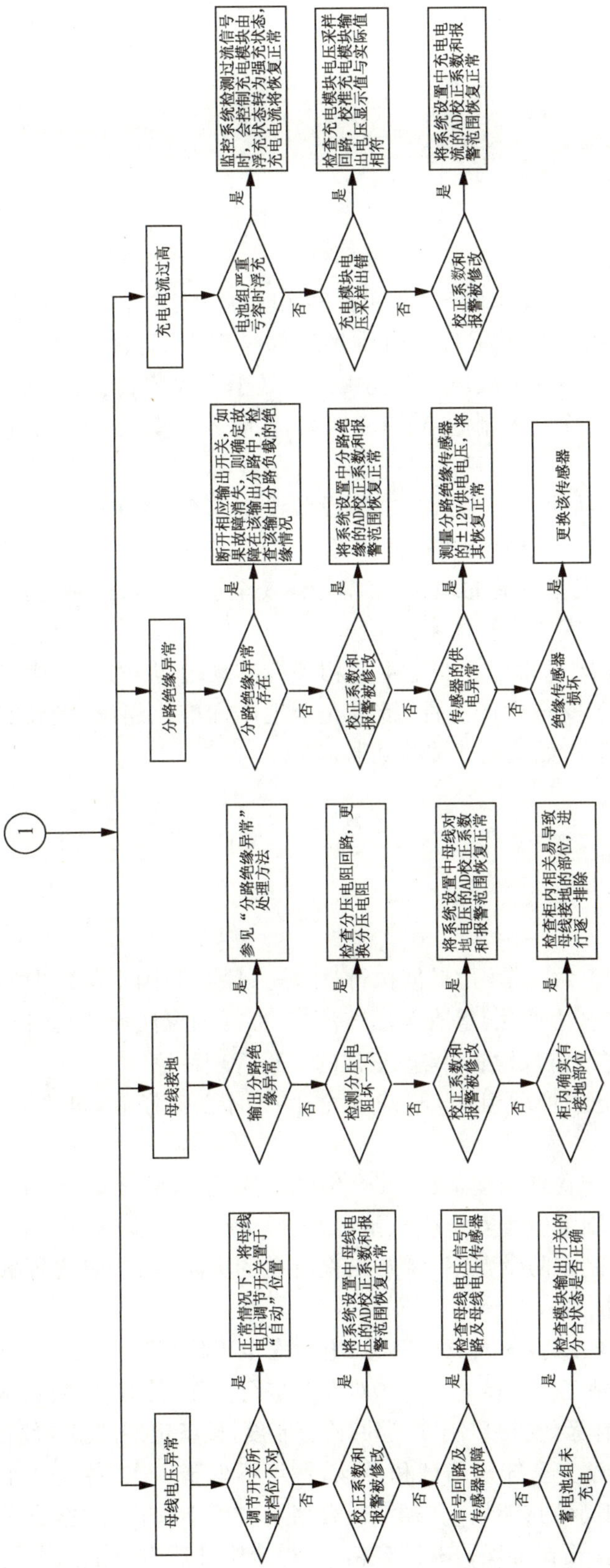

图 5-38　直流系统检修流程图

第 6 章
安全管理

大型泵站安全管理工作应按照水利部《水利工程管理单位安全生产标准化评审标准》进行管理。泵站安全生产，是指泵站在工程运行维护管理过程中，通过人、机、环境的和谐动作，使运行维护过程中潜在的各种事故风险和伤害因素处于有效控制状态，防止发生人身伤亡和财产损失等生产事故，消除或控制危险、有害因素，保障人身安全与健康，使设备和设施免受损坏、环境免遭破坏。

泵站安全生产事关泵站从业人员生命和泵站设备设施安全，事关服务区域人民群众生命和财产安全，涉及社会公共安全和公共利益。必须坚持“安全第一、预防为主、综合治理”的方针，牢固树立以人为本、安全发展的理念，牢牢守住安全这一不可逾越的红线，强化和落实泵站的安全主体责任，建立安全监管体系。

必须遵守安全生产法律法规和行业安全生产相关标准规范，加强安全生产管理，建立、健全安全生产规章制度，改善安全生产条件，推进安全生产标准化建设，提高安全生产技术水平和管理能力，确保工程运行始终处于安全可控状态。

6.1 一般规定

6.1.1 管理规定

(1) 管理单位应组织职工认真学习、贯彻执行《中华人民共和国水法》《中华人民共和国防洪法》《中华人民共和国安全生产法》等有关法律法规，根据国家法律法规、技术标准，对泵站管理范围内的水事活动进行监督检查，维护正常的工程管理秩序。

(2) 管理单位应建立安全管理组织，明确安全生产岗位责任制，健全相关安全管理制度。

(3) 应严格执行安全生产管理制度，改善安全生产条件，建立健全安全生产管理台账。

(4) 根据泵站设备状况制定生产安全应急预案，运行、管理人员应熟练掌握。

(5) 根据泵站工程特点制定防洪预案；泵站工程所在的堤防地段，应按防汛的有关规定做好防汛抢险的技术和物料准备。

(6) 从事泵站运行、检修、试验的人员应熟悉《电力安全工作规程—发电厂和变电所电气部分》(GB 26860—2011)，泵站工作人员进入现场对设备进行操作、检修、安装和试验应严格执行“两票三制”(即操作票、工作票、交接班制度、巡回检查制度、设备定期试验与轮换制度)。

(7) 管理单位应组织泵站安全知识培训和考核，每年不少于 1 次；各类作业人员应定期接受相应的安全生产教育和岗位技能培训，经考核合格后方可上岗；特种作业人员应经专业技术培训，并经实际操作及有关安全规程考试合格，取得合格证后方可上岗作业。

(8) 消防设施应按规范配置，定期检查，保证消防设施完好。

(9) 电气绝缘工具应存放在专用安全用具柜内，定期进行试验，保证随时可以使用。

(10) 做好防触电、防高空坠落、防机械伤害和防起重伤害等安全措施。

(11) 管理单位应积极开展安全生产标准化建设，每年应进行一次安全生产标准化绩效评定，检查安全生产管理工作目标的完成情况，并持续改进。

(12) 管理范围内应设置安全警示标志和必要的防护设施及工器具。

6.1.2　安全防护

管理单位应对管理范围做好保护，遵守以下规定。

(1) 泵站工程应依法划定工程管理保护范围和安全警戒区，领取不动产证，设置管理范围界桩，并依法管理。

(2) 按照有关规定对泵站保护范围内的生产、生活活动进行安全管理，严禁在管理范围内进行爆破、取土、埋葬、建窑、倾倒垃圾或排放有毒有害污染物等危害工程安全的活动。

(3) 工程上下游应设立安全警戒标志，并禁止在警戒区内停泊、捕鱼、游泳等。

(4) 泵站运行和维修中产生的废油、有毒化学品等应按有关规定处理，不得直接排入河道。

(5) 河道内打捞的污物等应及时转运至垃圾处理厂，不得随意倾倒。

(6) 做好环境卫生和绿化管理工作。

管理单位应做好对工程设施的保护，应遵守以下规定。

(1) 主副厂房、控制楼应实行封闭式管理，非工作人员不得擅自进入可能影响工程安全运行或影响人身安全的区域，其入口处应设置明显的警示标志；外来人员须经批准并接受安全告知后，由专人带领参观。

(2) 公路桥两端应设立限载、限速标志，如确需通过超载车辆，应报请上级主管部门和有关部门会同协商，并进行验算复核，采取一定防护措施后，方能缓慢通过；禁止无铺垫的履带车、铁轮车直接通过桥面，如果确需过桥，应采用钢板或木板等铺垫后方可通过。

(3) 管理单位应保护好机电设备、水文、通信、观测设施、避雷设施和各类报警装置，进行定期检查维护，确保完好、可靠。

(4) 不得在翼墙后填土区上堆放超重物料，不宜种植高大树木。

(5) 位于通航河道上的泵站，应设置拦船设施和助航设施。

6.2　安全组织

泵站安全生产组织体系，是指泵站在其管理范围内按照工程安全运行管理要求，建立安全管理组织机构，并制定完善的工作规则和职责，形成完善的安全管理组织系统，为开展各项安全生产活动，实现运行、设备、人员、环境和管理本质安全提供组织保障。

泵站管理单位安全标准化创建的安全管理目标、机构职责等方面的明确要求如下。

6.2.1　目标和管理

(1) 安全生产目标管理制度应明确目标的制定、分解、实施、检查、考核等内容。

（2）制定安全生产总目标和年度目标，应包括生产安全事故控制、生产安全事故隐患排查治理、职业健康、安全生产管理等目标。

（3）根据部门和所属单位在安全生产中的职能，分解安全生产总目标和年度目标。

（4）逐级签订安全生产责任书，并制定目标保证措施。

（5）定期对安全生产目标完成情况进行检查、评估，必要时，及时调整安全生产目标实施计划。

（6）定期对安全生产目标完成情况进行考核奖惩。

6.2.2 机构和职责

管理单位应成立由主要负责人、其他领导班子成员、有关部门负责人、专（兼）职安全生产管理人员等组成的安全生产领导小组，建立健全安全生产管理网络，并报上一级安全管理机构备案，人员变化时及时调整报备发布。按规定设置或明确安全生产管理机构。管理单位从业人员超过一百人的，应当设置安全生产管理机构或配备专职或兼职的安全生产管理人员。

安全生产领导小组每月至少召开一次会议，跟踪落实上次会议要求，总结分析本单位的安全生产情况，评估本单位存在的风险，研究解决安全生产工作中的重大问题，并形成会议纪要。

安全生产责任制度应明确各级部门及人员的安全生产职责、权限和考核奖惩等内容。主要负责人全面负责安全生产工作，并履行相应责任和义务；分管负责人应对各自职责范围内的安全生产工作负责；各级管理人员应按照安全生产责任制的相关要求，履行其安全生产职责。

管理单位委托其他有专业资质的单位进行危险作业的，应当在作业前与受托方签订安全生产管理协议，并对受托方安全生产工作统一协调管理。安全生产管理协议应当明确各自的安全生产职责。

从事危险作业时，作业人员应当服从现场的统一指挥和调度，并严格遵守作业方案、操作规程和安全防范措施。

管理单位的主要负责人应当履行法律法规规定的安全生产职责，其主要职责如下：

（1）建立健全并落实全员安全生产责任制，加强安全生产标准化建设；

（2）组织制定并实施安全生产规章制度和操作规程；

（3）组织制定并实施安全生产教育和培训计划；

（4）保证安全生产投入的有效实施；

（5）组织建立并落实安全风险分级管控和隐患排查治理双重预防工作机制，督促、检查安全生产工作，及时消除生产安全事故隐患；

（6）组织制定并实施生产安全事故应急预案；

（7）每季度至少组织一次安全生产全面检查，研究分析安全生产存在的问题；

（8）每年至少组织并参与一次事故应急演练；

（9）发生事故时迅速组织抢救，并及时、如实向负有安全生产监督管理职责的部门报告事故情况，做好善后处理工作，配合调查处理；

（10）每年向职工大会或者职工代表大会报告安全生产工作和个人履行安全生产管理

职责的情况，接受工会、职工对安全生产工作的监督。

管理单位的安全生产管理机构以及安全生产管理人员应当履行法律法规规定的安全生产职责，是主要职责如下：

(1) 组织或参与拟订安全生产规章制度、操作规程和生产安全事故应急救援预案；

(2) 组织或参与安全生产教育和培训，如实记录安全生产教育和培训情况；

(3) 组织开展危险源辨识和评估，督促落实重大危险源的安全管理措施；

(4) 组织或参与应急救援演练和调查处理；

(5) 检查安全生产状况，及时排查生产安全事故隐患，提出改进安全生产管理的建议；

(6) 制止和纠正违章指挥、强令冒险作业、违反操作规程的行为；

(7) 督促落实安全生产整改措施；

(8) 组织安全生产日常检查、岗位检查和专业性检查，并每月至少组织一次安全生产全面检查；

(9) 督促各部门、各岗位履行安全生产职责，并组织考核、提出奖惩意见。

泵站运行值班班组长的安全生产职责如下：

(1) 作为班组的安全第一责任人，对班组人员在生产劳动过程中的安全和健康负责，对所管理的设备安全运行负责。

(2) 组织班组成员学习安全生产法律法规、管理制度和操作规程，不违章指挥。

(3) 组织班组的安全技术交底工作。

(4) 组织班组安全活动，开好班前安全会，对所使用的机具、用具及作业环境情况向班组内职工交底，并根据作业环境和职工的思想、体质状况合理分配生产任务。

(5) 遵守安全生产管理制度，执行安全操作规程，听从单位安全管理人员的指导，落实事故隐患整改措施。

(6) 组织工伤事故抢救，保护现场并及时报告。

管理单位进行吊装、危险场所动火作业、高处作业、有限空间作业、临近高压输电线路作业、建筑物和构筑物拆除、大型检修等危险作业，应当执行有关危险作业管理制度，并履行下列职责：

(1) 根据危害风险制定作业方案、安全防范措施和应急处置方案；

(2) 确认现场作业条件符合安全作业要求；

(3) 确认作业单位的作业资质、作业人员的上岗资格以及配备的劳动防护用品符合安全作业要求；

(4) 配备相应的安全设施，采取安全防范措施，设置作业现场的安全区域，确定专人现场统一指挥和监督；

(5) 在危险作业前向作业人员说明危险因素、作业安全要求和应急措施，并经双方签字确认；

(6) 发现直接危及人身安全的紧急情况时，采取应急措施，停止作业，撤出人员。

6.3　安全教育

随着科学技术的进步和管理体制的改革，有计划地开展安全教育培训工作，不断提高各级管理人员对安全工作的思想认识和安全管理水平，增强全体员工的安全思想意识，提高安全技能水平，是实现安全生产、文明施工、预防伤亡事故和职业危害的一项重要任务，也是安全教育培训的最终目标。

安全培训工作是贯彻安全生产经营方针、目标，实现安全生产和文明生产，提高员工安全意识和安全素质，防止产生不安全行为，减少人为失误的重要途径。进行安全生产教育，首先要提高职工安全生产的责任感和自觉性，敦促其认真学习有关安全生产的法律、法规和安全生产基本知识；其次是普及和提高员工的安全技术知识，增强其安全操作技能，从而保护自己和他人的安全与健康。

6.3.1 教育培训管理

(1) 单位主要负责人组织制定安全教育培训制度，并以正式文件形式印发。

(2) 安全教育培训制度应明确归口管理部门、培训的对象与内容、组织与管理、检查和考核等要求。

(3) 定期识别安全教育培训需求，编制培训计划，按计划进行培训，对培训效果进行评价，并根据评价结论进行改进，建立教育培训记录、档案。

6.3.2 人员教育培训

管理单位应对职工进行安全生产教育和培训，保证职工具备必要的安全生产知识，熟悉有关的安全生产规章制度和安全操作规程，掌握本岗位的安全操作技能，了解事故应急处理措施，知悉自身在安全生产方面的权利和义务。未经安全生产教育和培训合格的职工不得上岗作业。

(1) 管理单位应制定安全教育培训制度，定期识别安全教育培训需求，编制年度培训计划并实施，对培训结果进行评价，建立教育培训记录、档案。

(2) 管理单位应每年对各级管理人员进行教育培训，职工年培训率应达到 100%。运行管理人员培训每年不少于 1 次，应完成规定的学时，确保其具备正确履行岗位安全生产职责的知识与能力，每年按规定进行再培训，且应按规定经有关部门考核合格。单位主要负责人、安全生产管理人员初次安全培训时间不得少于 32 学时，每年再培训时间不得少于 12 学时；一般在岗作业人员每年安全生产教育和培训时间不得少于 12 学时，新进员工的三级安全培训教育时间不得少于 24 学时。

(3) 管理单位要围绕“安全生产月”活动主题，创新活动组织形式，开展安全生产文化建设活动。

(4) 管理单位通常应按照《生产经营单位生产安全事故应急预案编制导则》(GB/ T 29639—2020)建立健全安全生产预案体系（综合应急预案、专项应急预案、现场处置方案等），预案应由单位负责人签署公布、实施，并将预案报上级主管部门备案，同时通报有关应急协作单位。如工程管理条件发生变化应及时修订完善预案。修订后预案应正式印发并组织培训。

(5) 新员工上岗前应接受三级安全教育培训，教育培训时间满足规定学时要求；在新工艺、新技术、新材料、新设备设施投入使用前，应根据技术说明书、使用说明书、操作技术要求等，对有关管理、操作人员进行培训；作业人员转岗、离岗一年以上重新上岗前，应经部门

(站、所)、班组安全教育培训,经考核合格后上岗。

(6) 首次上岗的运行管理人员应实行岗前教育培训,具备与岗位工作相适应的专业知识和业务技能;泵站运行岗位和特种作业人员应按照有关规定进行培训并持证上岗。

(7) 特种作业人员接受规定的安全作业培训,并取得特种作业操作资格证书后上岗作业;特种作业人员离岗6个月以上重新上岗,应经实际操作考核合格后上岗工作;建立健全特种作业人员档案。特种作业操作资格证书要根据相应要求进行复审。

(8) 督促检查相关方的作业人员进行安全生产教育培训及持证上岗情况。

(9) 对外来人员进行安全教育,主要内容应包括:安全规定、可能接触到的危险有害因素、职业病危害防护措施、应急知识等,并由专人带领做好相关监护工作。

6.4　安全生产

6.4.1　安全巡视基本要求

(1) 高压电气设备巡查应由取得相应资格人员进行,其他人员不得单独巡查。

(2) 在机械传动部位、电气设备等危险场所或危险部位应设有安全警戒线或防护设施,安全标志应齐全、规范,电气安全距离应符合表4-55的规定;易燃、易爆、有毒物品的运输、贮存、使用按有关规定执行。按照消防要求应配备灭火器具,应急出口应保持通畅。

(3) 不论高压设备带电与否,值班人员不得单独移开或越过遮栏,若有必要移开遮栏时,必须有监护人在场,并与高压设备保持一定的安全距离。

(4) 雷雨天气确要巡查室外高压设备时,应穿绝缘靴,并不得靠近避雷器和避雷针。

(5) 高压设备发生接地时,室内不应接近故障点4 m以内,室外不得接近故障点8 m以内。进入上述范围人员必须穿绝缘靴,接触设备外壳和架构时,应戴绝缘手套。

(6) 室内电气设备、电力和通信线路应有防火、防鸟、防鼠等措施,并应经常巡查。巡查配电装置,出高压开关室,必须随手将门锁好。

(7) 所有电流互感器和电压互感器的二次绕组应有永久性的、可靠的保护接地。

(8) 当运行设备出现故障时,应立即处置。如果短时无法恢复,及时报告管理单位负责人,做好记录。

6.4.2　安全操作基本要求

(1) 泵站高压设备的运行操作应执行操作票制度,严格按操作票操作顺序逐项进行。

(2) 电气设备运行操作必须由两人执行,其中一人对设备较为熟悉的作监护。特别重要和复杂的操作,由熟练的值班员操作,值班班长监护。

(3) 操作中产生疑问时,应立即停止操作并向值班站长报告,查清问题后,再进行操作,不准擅自更改操作票,不准随意解除闭锁装置。

(4) 为防止误操作,高压电气设备都应加装防误操作的闭锁装置(特殊情况下可加装机械锁),闭锁装置的解锁用具应妥善保管,按规定使用。

(5) 电气设备停电后,即使是事故停电,在未拉开有关隔离开关(刀闸)和做好安全措施以前,不得触及设备或进入遮栏,以防突然来电。

(6) 在发生人身触电事故时，为了解救触电人，可以不经许可，即行断开有关设备的电源，但事后必须报告上级。

(7) 下列各项工作可以不用操作票，但操作应记入操作记录簿内：

① 事故处理；

② 拉合断路器(开关)的单一操作；

③ 拉开接地隔离开关(刀闸)或拆除全所仅有的一组接地线。

(8) 电气安全用具应在专用房间存放，妥善保管，专人管理，做好用具数量统计、编号等工作，并按规定进行试验。

6.4.3 安全检修基本要求

6.4.3.1 施工安全事项

(1) 施工中应配备专(兼)职安全员，对相关方开展专项安全知识培训和安全技术交底，检查落实安全措施，规范作业行为。

(2) 进入作业现场应正确佩戴安全帽。登高作业人员应规范使用安全带。高处工作传递物件不应上下抛掷。安全工具应按规定进行试验。

(3) 检修工作过程中应严格执行工作票制度，工作许可制度，工作监护制度，工作间断、转移和终结制度。

(4) 带电作业应在良好天气下进行。如遇雷、雨、雪、雾不应进行带电作业，风力大于 5 级，不宜进行带电作业。

(5) 带电作业应设专人监护。监护人应由有带电作业实践经验的人员担任。监护人不应直接操作。监护的范围不应超过一个作业点。复杂的或高杆上的作业应增设监护人。

(6) 在带电作业过程中如设备突然停电，作业人应视为仍然带电。工作负责人应尽快与值班负责人联系，值班负责人与工作负责人取得联系前不得强送电。

(7) 使用喷灯时，火焰与带电部分应保持一定距离：电压在 10 kV 及以下者，不应小于 1.5 m；电压在 10 kV 以上者，不应小于 3 m。不应在带电导线、带电设备、变压器、油开关附近喷灯点火。

(8) 雷电时，禁止在室外变电所或室内架空引入线上进行检修和试验。

(9) 在保护盘上或附近进行打眼等振动较大的工作时，应采用防止运行中设备跳闸的措施，必要时经值班调度员或值班负责人同意，可将保护暂时停用。

(10) 在高压设备上工作，应填写工作票或口头、电话命令，至少有两人一起工作。

6.4.3.2 检修安全事项

在全部停电或部分停电情况下对机械及电气设备进行检修，应停电、验电、装设接地线，在相关刀闸和相关地点悬挂标示牌和装设临时遮栏，并符合下列要求。

(1) 将检修设备停电，应把所有的电源完全断开，与停电设备有关的变压器和电压互感器，应从高、低压两侧断开，防止向停电检修设备反送电。

(2) 当验明设备确已无电压后，将检修设备接地并三相短路。

(3) 装设接地线必须由两人进行，接地线必须先接接地端，后接导体端；拆接地线的顺序相反。装、拆接地线均应使用绝缘棒或绝缘手套。

（4）标示牌的悬挂和拆除应按检修命令执行，严禁在工作中移动和拆除遮栏、接地线和标示牌。标示牌应用绝缘材料制作。

6.4.3.3　作业安全要求

两个以上生产经营单位在同一作业区域内进行生产经营活动，可能危及对方生产安全的，应当签订安全生产管理协议，明确各自的安全生产管理职责和应当采取的安全措施，并指定专职安全生产管理人员进行安全检查与协调。

（1）危险作业行为范围

管理单位及相关方单位作业中可能存在的危险作业行为有高处作业、起重设备吊装作业、临近带电体作业、水上水下作业、焊接作业、交叉作业、破土作业、有限空间作业等。

① 高处作业：按照《高处作业分级》（GB/T 3608—2008）标准规定的各种作业。

② 起重设备吊装作业：管理单位内进行的安装、拆除、维修等作业。

③ 临近带电体作业：一切临近带电体安全距离的作业。

④ 水上水下作业：管理单位内水上水下检查、打捞，水工建筑物的维修养护等作业。

⑤ 焊接作业：管理单位内设备的焊接。

⑥ 交叉作业：管理单位内两个或两个以上的工种在同一区域同时施工的作业。

⑦ 破土作业：管理单位内进行的内部地面开挖等作业。

⑧ 有限空间作业：管理单位内下层流道及廊道的检修等作业。

（2）作业要求

① 作业人员按相关规定要求持证上岗，逐级进行安全技术交底，防护用品配备符合有关要求。

② 各种安全标志、工具、仪表等必须在施工前加以检查，确认完好，施工用工具应经检验合格。

③ 高处作业。高处作业人员必须经体检合格后上岗作业，登高架设作业人员持证上岗；在坝顶、陡坡、悬崖、杆塔、吊桥、脚手架、屋顶以及其他危险边沿进行悬空高处作业时，临空面搭设安全网或防护栏杆，且安全网应随着建筑物升高而提高；登高作业人员正确佩戴和使用合格的安全防护用品；有坠落危险的物件应固定牢固，无法固定的应先行清除或放置在安全处；雨雪天高处作业，应采取可靠的防滑、防寒和防冻措施；遇有六级及以上大风或恶劣气候时，应停止露天高处作业；高处作业现场监护应符合相关规定。

④ 起重吊装作业：起重吊装作业前应按规定对设备、工器具进行认真检查，确保满足安全要求；指挥和操作人员应持证上岗、按章作业，信号传递应畅通；吊装按规定办理审批手续，并有专人现场监护；不以运行的设备、管道等作为起吊重物的承力点，利用构筑物或设备的构件作为起吊重物的承力点时，应经核算；照明不足、恶劣气候或风力达到六级以上时，不进行吊装作业。

⑤ 临近带电体作业：按照有关法律法规、技术标准进行临近带电体作业。建立临近带电体作业安全管理制度；作业前编制专项施工方案或安全防护措施，向作业人员进行安全技术交底，并办理安全施工作业票，安排专人现场监护；电气作业人员应持证上岗并按操作规程作业；作业时施工人员、机械与带电线路和设备的距离应大于最小安全距离，并有防感应电措施；当小于最小安全距离时，应采取绝缘隔离的防护措施，并悬挂醒目的警告标志，当防

护措施无法实现时，应采取停电等措施。

⑥ 水上水下作业：从事水上水下作业，按规定取得作业许可证；制定应急预案，安全防护措施齐全可靠；作业船舶安全可靠，作业人员按规定持证上岗，并严格遵守操作规程。

⑦ 焊接作业：焊接前应对设备进行检查，确保性能良好，符合安全要求；焊接作业人员应持证上岗，按规定正确佩戴个人防护用品，严格按操作规程作业；进行焊接、切割作业时，有防止触电、灼伤、爆炸和引起火灾的措施，并严格遵守消防安全管理规定；焊接作业结束后，作业人员应清理场地、消除焊件余热、切断电源，仔细检查工作场所周围及防护措施，在确认无起火危险后方可离开。

⑧ 交叉作业：按照有关法律法规、技术标准进行交叉作业。建立交叉作业安全管理制度；制定协调一致的安全措施，进行充分的沟通和交底，且应有专人现场检查与协调、监护；两个以上不同作业队伍在同一作业区域内进行作业活动时，应签订安全管理协议，明确各自的管理职责和采取的措施；垂直交叉作业应搭设严密、牢固的防护隔离设施；交叉作业时，严禁上下投掷材料、边角余料；工具应随手放入工具袋，严禁在吊物下方接料或逗留。

⑨ 破土作业：施工前，施工单位负责人应逐条落实审核单位意见及有关安全措施，技术员应对所有作业人员进行工作交底，安全员应对所有作业人员进行安全教育，施工作业人员先应检查施工作业设备是否完好，监护人在确认措施无误后，通知作业人员进行施工。在破土开挖前，应先做好地面和地下排水，严防地面水渗入作业层面，造成塌方。在施工过程中，如发现不能辨认物体时，不得敲击、移动，作业人员应立即停止作业，在安全监护人上报、施工人查清情况、技术人员重新制定安全措施后方可再施工。安全监护人在作业过程中应加强检查督促，防止意外情况的发生。雨期和解冻期在土方工程内作业应及时检查土方边坡，当发现边坡有裂纹或不断落土及支撑松动、变形、折断等情况时应立即停止作业，经采取可靠措施检查无问题后方可再施工。施工完毕后，作业人员应清理现场，剩余材料和工具归库，该回填的要回填，做到工完料净场地清。

⑩ 有限空间作业：按照有关法律法规、技术标准进行有限空间作业。建立有限空间作业安全管理制度；实行有限空间作业审批制度；有限空间作业应当严格遵守“先通风、再检测、后作业”的原则；作业人员必须经安全培训合格方能上岗作业；向作业人员进行安全技术交底；必须配备个人防中毒窒息等防护装备，严禁无防护监护措施作业；作业现场应设置安全警示标识，应有监护人员；制定应急措施，现场必须配备应急装备，科学施救。

6.4.4 安全措施

6.4.4.1 保证安全的组织措施

1）工作票制度

（1）电气设备上的工作方式

在电气设备上工作应采用工作票，工作票分两种：

① 电气第一种工作票；

② 电气第二种工作票。

（2）填用第一种工作票的工作

① 需要全部停电或部分停电的高压设备上的工作。

② 需要将高压设备停电或做安全措施的二次系统和照明等回路上的工作。

③ 需要将高压电力电缆停电的工作。

④ 需要将高压设备停电或要做安全措施的其他工作。

(3) 填用第二种工作票的工作

① 控制盘和低压配电盘、配电箱、电源干线上的工作。

② 无需将高压设备停电或做安全措施的二次系统和照明等回路上的工作。

③ 转动中的发电机或高压电动机转子电阻回路上的工作。

④ 非运行人员用绝缘棒、核相器和电压互感器定相或用钳型电流表测量高压回路的电流的工作。

⑤ 大于表 4-55 距离的相关场所和带电设备外壳上的工作以及无可能触及带电设备导电部分的工作。

⑥ 高压电力电缆不需停电的工作。

⑦ 无需将高压设备停电或做安全措施的其他工作。

(4) 工作票的填写与签发

① 工作票应用黑色签字笔填写与签发，一式两份，不得任意涂改。用计算机生成或打印的工作票应使用统一的票面格式。

② 工作票由工作票签发人审核无误，手工或电子签名后方可执行。工作票一份应保存在工作地点，由工作负责人收执；另一份由工作许可人收执，按值移交。工作许可人应将工作票的编号、工作任务、许可及终结时间记入登记簿。

③ 一张工作票中，工作票签发人和工作许可人不得兼任工作负责人。

④ 工作票由工作负责人填写，也可由工作票签发人填写。

⑤ 工作票由设备运行管理单位签发。

(5) 工作票的使用

① 一个工作负责人不能同时执行多张工作票，工作票上所列的工作地点，以一个电气连接部分为限。

交流电气装置中的一个电气连接部分，是指可以用隔离开关同其他电气装置分开的部分。

② 一张工作票上所列的检修设备应同时停、送电，开工前工作票内的全部安全措施应一次完成。若至预定时间，一部分工作尚未完成，需继续工作而不妨碍送电者，在送电前，应按照送电后现场设备带电情况，办理新的工作票，布置好安全措施后，方可继续工作。

③ 若以下设备同时停、送电，可使用同一张工作票：

a. 属于同一电压、位于同一平面场所、工作中不会触及带电导体的几个电气连接部分；

b. 一台变压器停电检修，其断路器也配合检修；

c. 全站停电。

④ 同一变电所内在几个电气连接部分上依次进行不停电的同一类型的工作，可以使用一张第二种工作票。

⑤ 在同一变电所内，依次进行的同一类型的带电作业可以使用一张带电作业工作票。

⑥ 持线路或电缆工作票进入变电所进行架空线路、电缆等工作，应增填工作票份数，得

到工作许可人许可后方可工作。工作票签发人和工作负责人名单应事先规定、发布。

⑦ 需要变更工作班成员时，应经工作负责人同意，对新的作业人员进行安全交底手续，将变更情况通知工作许可人，并在工作票“备注”栏注明变更人员。工作负责人允许变更一次，由工作票签发人同意并通知工作许可人，将变动情况记录在工作票上。

⑧ 在原工作票的停电及安全措施范围内增加工作任务时，应由工作负责人征得工作票签发人和工作许可人同意，并在工作票上增填工作项目。若需变更或增设安全措施者应填用新的工作票，并重新履行签发许可手续。

⑨ 变更工作负责人或增加工作任务，如工作票签发人无法当面办理，应通过电话联系，并在工作票登记簿和工作票上注明。

⑩ 第一种工作票应在工作前一日送达运行人员，可直接送达或通过传真、局域网传送，但传真传送的工作票许可应待正式工作票到达后履行。临时工作可在工作开始前直接交给工作许可人。

第二种工作票和带电作业工作票可在进行工作的当天预先交给工作许可人。

⑪ 工作票有破损不能继续使用时，应补填新的工作票，并重新履行签发许可手续。

（6）工作票的有效期与延期

① 第一、二种工作票的有效时间，以批准的检修计划工作时间为限。

② 第一、二种工作票需办理延期手续，应在有效时间尚未结束以前，由工作负责人向工作票签发人提出申请，批准后及时报给工作许可人。

③ 第一、二种工作票只能延期一次。

（7）工作票所列人员的基本条件

① 工作票的签发人应由熟悉人员技术水平、熟悉设备情况、熟悉电力标准，并具有相关工作经验的技术人员或经本单位分管领导批准的人员担任。工作票签发人员名单应书面公布。

② 工作负责人(监护人）应由有一定工作经验、熟悉电力标准、熟悉工作范围内的设备情况，并经单位领导书面批准的人员担任。工作负责人还应熟悉工作班成员的工作能力。

③ 工作许可人应是经单位生产领导书面批准的有一定工作经验的运行人员，工作许可人应是持有效证书的高压电气工作人员。

④ 安全员应是具有相关工作经验，熟悉设备情况和电力标准的人员。

（8）工作票所列人员的安全职责

① 工作票签发人的安全职责包括：

a. 确认工作必要性和现场工作条件安全性；

b. 确认工作票上所填安全措施正确完备；

c. 确认所派工作负责人和工作班人员适当和充足。

② 工作负责人(监护人）的安全职责包括：

a. 现场正确安全地组织工作；

b. 确认工作票所列安全措施正确完备，符合现场实际条件，必要时予以补充；

c. 工作前向工作班全体成员告知危险点，交代安全措施和技术措施，并予以确认；

d. 严格执行工作票所列安全措施；

e. 督促、监护工作班成员遵守安全规章制度，正确使用劳动防护用品和执行现场安全措施；

f. 确认工作班成员精神状态是否良好，变动是否合适。因故临时离开工作现场应指定能胜任的人员代替并将工作现场情况交代清楚，只有工作票签发人有权更换工作负责人。

③ 工作许可人的安全职责包括：

a. 确认工作票所列安全措施正确完备，符合现场条件；

b. 确认工作现场布置的安全措施完善，必要时予以补充；

c. 确认检修设备有无突然来电的危险；

d. 对工作票所列内容产生疑问，应向工作票签发人询问清楚，必要时应要求作详细补充；

e. 工作结束后拆除遮栏，解除安全措施，结束工作票。

④ 安全员的安全职责包括：

a. 明确工作班成员和监护范围；

b. 工作前对工作班成员交代安全措施，告知危险点和安全注意事项；

c. 监督工作班成员遵守电力标准和现场安全措施，及时纠正不安全行为。

⑤ 工作班成员的安全职责包括：

a. 熟悉工作内容、工作流程，掌握安全措施，明确工作中的危险点，并履行确认手续；

b. 严格遵守安全规章制度、技术规程和劳动纪律；

c. 互相关心工作安全，并监督安全规章制度的执行和现场安全措施的实施；

d. 正确使用安全工器具和劳动防护用品。

2）工作许可制度

工作许可人在完成施工现场的安全措施后，还应完成以下手续，工作班方可开始工作：

(1) 会同工作负责人到现场再次检查所做的安全措施，对具体的设备指明实际的隔离措施，证明检修设备确无电压；

(2) 对工作负责人明确带电设备的位置和注意事项；

(3) 和工作负责人在工作票上分别确认、签名。

运行人员不得变更有关检修设备的运行接线方式。工作负责人、工作许可人任何一方不得擅自变更安全措施，工作中如有特殊情况需要变更时，应先取得对方的同意并及时恢复。变更情况及时记录在值班日志内。

3）工作监护制度

(1) 工作许可手续完成后，工作负责人、安全员应向工作班成员交代工作内容、人员分工、带电部位和现场安全措施，进行危险点告知，并履行确认手续后，工作班方可开始工作。工作负责人、安全员应始终在工作现场，对工作班人员的安全进行监护，及时纠正不安全的行为。

(2) 所有工作人员(包括工作负责人)不许单独进入、滞留在高压室和室外高压设备区内。

(3) 若工作需要(如测量极性、回路导通试验、光纤回路检查等)，而且现场设备允许时，可以准许工作班中有实际经验的一个人或几人同时在同室内工作，但工作负责人应在事前将有关安全注意事项予以详尽的告知。

工作负责人在全部停电时，可以参加工作班工作。在部分停电时，只有在安全措施可靠、人员集中在一个工作地点、不致误碰有电部分的情况下，方能参加工作。

工作票签发人或工作负责人，应根据现场的安全条件、施工范围、工作需要等具体情况，增设安全员和确定被监护的人员。

安全员不得兼做其他工作。安全员若因故需要离开时，应通知被监护人员停止工作或离开工作现场，待安全员回来后方可恢复工作。

(4) 工作期间，工作负责人若因故需要离开工作现场时，应指定能胜任的人员代替，告知工作班全体成员，履行变更手续。

4) 工作间断、转移和终结制度

(1) 工作间断时，工作班人员应从工作现场撤出，所有安全措施保持不动，工作票仍由工作负责人执存，间断后继续工作，无须通过工作许可人。每日收工，应清扫工作地点，开放已封闭的通道，并将工作票交回运行人员。次日复工时，应得到工作许可人的许可，取回工作票，工作负责人应重新认真检查安全措施是否符合工作票的要求，并召开现场站班会后，方可工作。若无工作负责人或安全员带领，作业人员不得进入工作地点。

(2) 在未办理工作票终结手续以前，任何人员不得将停电设备合闸送电。

(3) 检修工作结束以前，若需将设备试加工作电压，应按下列条件进行：

① 全体工作人员撤离工作地点；

② 将该系统的所有工作票收回，拆除临时遮栏、接地线和标示牌，恢复常设遮栏；

③ 应在工作负责人和运行人员进行全面检查无误后，由运行人员进行加压试验。

工作班若需继续工作时，应重新履行工作许可手续。

(4) 在同一电气连接部分用同一工作票依次在几个工作地点转移工作时，全部安全措施由运行人员在开工前一次做完，不需再办理转移手续。但工作负责人在转移工作地点时，应向工作人员交代带电范围、安全措施和注意事项。

(5) 全部工作完毕后，工作班应清扫、整理现场。工作负责人应先周密地检查，待全体工作人员撤离工作地点后，再向运行人员交代所修项目、发现的问题、试验结果和存在的问题等，并与运行人员共同检查设备状况、状态，有无遗留物件，是否清洁等，然后在工作票上填明工作结束时间。双方签名后，表示工作终结。

待工作票上的安全措施已经复归，临时遮栏已拆除，标示牌已取下，已恢复常设遮栏，接地线、接地刀闸等设备运行方式已汇报调度(必要时)，工作票方告终结。

(6) 只有在同一停电系统的所有工作票都已终结，并得到值班调度员或运行值班负责人的许可指令后，方可合闸送电。

(7) 已终结的工作票、事故应急抢修单应保存1年。

6.4.4.2 保证安全的技术措施

安全技术措施包括停电、验电、装设接地线、悬挂标示牌和装设遮栏(围栏)等。

1) 停电

(1) 工作地点，应停电的设备有：

① 检修的设备；

② 与工作人员在工作中的距离小于表6-1规定的设备；

③ 在 35 kV 及以下的设备处工作，安全距离虽大于表 6-1 规定，但小于表 4-55 规定，同时又无绝缘隔板、安全遮栏措施的设备；

④ 带电部分在工作人员后面、两侧、上下，且无可靠安全措施的设备；

⑤ 其他需要停电的设备。

表 6-1　人员工作中与设备带电部分的安全距离

电压等级(kV)	安全距离(m)
10 及以下	0.35
35	0.60
110	1.50

(2) 检修设备停电，应把各方面的电源完全断开(任何运用中的星形接线设备的中性点，应视为带电设备)。禁止在只经断路器断开电源的设备上工作。隔离开关应分开，手车开关应拉至“试验”或“检修”位置，使各方面有一个明显的断开点，若无法观察到停电设备的断开点，应有能够反映设备运行状态的电气和机械等指示。与停电设备有关的变压器和电压互感器，应将设备各侧断开，防止向停电检修设备反送电。

(3) 检修设备和可能来电侧的断路器、隔离开关应断开控制电源和合闸电源，隔离开关操作把手应锁住，确保不误送电。

(4) 对难以做到与电源完全断开的检修设备，可以拆除设备与电源之间的电气连接。

2) 验电

(1) 验电应使用相应电压等级而且合格的接触式验电器，在接地处对各相分别验电。验电前，应先在有电设备上进行试验，确证验电器良好；无法在有电设备上进行试验时可用工频高压发生器等确证。

(2) 高压验电应按要求戴绝缘手套，穿绝缘靴。验电器的伸缩式绝缘棒长度应拉足，验电时手应握在手柄处不得超过护环，人体应与被验电设备保持表 4-55 距离。雨雪天气时不得进行室外直接验电。

(3) 对无法进行直接验电的设备、雨雪天气时的户外设备，可以进行间接验电，即通过设备的机械指示位置、电气指示、带电显示装置指示、仪表及各种遥测、遥信等信号的变化来判断。判断时，应有两个及以上指示，且所有指示均已同时发生对应变化，才能确认该设备已无电；若进行远控操作，则应同时检查隔离开关的状态指示，遥测、遥信等信号及带电显示装置的指示，进行间接验电。

(4) 表示设备断开和允许进入间隔的信号、经常接入的电压表等，如果指示有电，则禁止在设备上工作。

3) 接地(装设接地线或合接地刀闸)

(1) 装设接地线应由两人进行。

(2) 当验明设备确已无电压后，应立即将检修设备接地并三相短路。电缆及电容器接地前应逐相充分放电，星形接线电容器的中性点应接地，串联电容器及与整组电容器脱离的电容器应逐个放电，装在绝缘支架上的电容器外壳也应放电。

(3) 对于可能送电至停电设备的各方面都应接地，所装接地线与带电部分的距离应考虑接地线摆动时仍满足安全距离。

(4) 因平行或邻近带电设备导致检修设备可能产生感应电压时，应加装接地线或工作人员使用个人保安线，加装的接地线应登录在工作票上，个人保安线由工作人员自装自拆。

(5) 在门型架构的线路侧进行停电检修，如工作地点与所装接地线或接地刀闸的距离小于 10 m，工作地点虽在接地外侧，也可不另装接地线。

(6) 检修部分若分为几个在电气上不相连接的部分(如分段母线以隔离开关或断路器隔开分成几段)，则各段应分别验电接地。变电所全部停电时，应将可能来电侧的部分接地，其余部分不必每段都接地。

(7) 接地线、接地刀闸与检修设备之间不得连有断路器或熔断器。若由于设备原因，接地刀闸与检修设备之间连有断路器，在接地刀闸和断路器合上后，应有保证断路器不会分闸的措施。

(8) 在配电装置上，接地线应装在该装置导电部分的规定地点，这些地点的油漆应刮去，并划有接地标记。所有配电装置的适当地点，均应设有与接地网相连的接地端，接地电阻应合格。接地线应采用三相短路式接地线。

(9) 装设接地线应先接接地端，后接导体端，接地线应接触良好，连接应可靠。拆接地线的顺序与此相反。装、拆接地线均应使用绝缘棒、戴绝缘手套。人体不得碰触接地线或未接地的导线，以防止触电。带接地线拆设备接头时，应采取防止接地线脱落的措施。

(10) 成套接地线应由有透明护套的多股软铜线组成，其截面不得小于 25 mm^2，同时应满足装设地点短路电流的要求。

禁止使用其他导线作接地线或短路线。

接地线应使用专用的线夹固定在导体上，禁止用缠绕的方法进行接地或短路。

(11) 禁止工作人员擅自移动或拆除接地线。

(12) 高压回路上的工作(如测量母线和电缆的绝缘电阻，测量线路参数，检查断路器触头是否同时接触)，需要拆除全部或一部分接地线(如拆除一相接地线；拆除接地线，保留短路线；将接地线全部拆除或拉开接地刀闸等)后才能进行工作时，应征得运行人员的许可(根据调度员指令下达的接地，应征得调度员的许可)方可进行。工作完毕后立即恢复。

(13) 每组接地线均应编号，并存放在固定地点。存放位置亦应编号，接地线号码与存放位置号码应一致。

(14) 装、拆接地线，应做好记录，交接班时应交代清楚。

4) 悬挂标示牌和装设遮栏(围栏)

(1) 在一经合闸即可送电到工作地点的断路器和隔离开关的操作把手上，均应悬挂“禁止合闸，有人工作”的标示牌。

如果线路上有人工作，应在线路断路器和隔离开关操作把手上悬挂“禁止合闸，线路有人工作”的标示牌。

对由于设备原因，接地刀闸与检修设备之间连有断路器的，在接地刀闸和断路器合上后，在断路器操作把手上，应悬挂“禁止分闸”的标示牌。

在显示屏上进行操作的断路器和隔离开关的操作处均应相应设置“禁止合闸，有人工作”或“禁止合闸，线路有人工作”以及“禁止分闸”的标记。

(2) 部分停电的工作，安全距离小于表 4-55 规定距离的未停电设备，应装设临时遮栏，临时遮栏与带电部分的距离，不得小于表 6-1 的规定数值，临时遮栏可用干燥木材、橡胶或其他坚韧绝缘材料制成，装设应牢固，并悬挂“止步，高压危险”的标示牌。

35 kV 及以下设备的临时遮栏，如因工作特殊需要，可用绝缘隔板与带电部分直接接触。

(3) 在室内高压设备上工作，应在工作地点两旁及对面运行设备间隔的遮栏（围栏）上和禁止通行的过道遮栏（围栏）上悬挂“止步，高压危险”的标示牌。

(4) 高压开关柜内手车开关拉至“检修”位置，隔离带电部位的挡板封闭后禁止开启，并设置“止步，高压危险”的标示牌。

(5) 在室外高压设备上工作，应在工作地点四周装设围栏，其出入口要围至临近道路旁边，并设有“从此进出”的标示牌。工作地点四周围栏上悬挂适当数量的“止步，高压危险”标示牌，标示牌应朝向围栏里面。若室外配电装置的大部分设备停电，只有个别地点保留有带电设备而其他设备无触及带电导体的可能时，可以在带电设备四周装设全封闭围栏，围栏上悬挂适当数量的“止步，高压危险”标示牌，标示牌应朝向围栏外面。

禁止越过围栏。

(6) 在工作地点设置“在此工作”的标示牌。

(7) 在室外构架上工作，则应在工作地点邻近带电部分的横梁上，悬挂“止步，高压危险”的标示牌。在工作人员上下铁架或梯子上，应悬挂“从此上下”的标示牌。在邻近其他可能误登的带电架构上，应悬挂“禁止攀登，高压危险”的标示牌。

(8) 禁止工作人员擅自移动或拆除遮栏（围栏）、标示牌。因工作原因必须短时移动或拆除遮栏（围栏）、标示牌，应征得工作许可人同意，并在工作负责人的监护下进行。完毕后应立即恢复。

(9) 在电气设备上工作，保证安全的技术措施由运行人员或有权执行操作的人员执行。

5) 线路作业时变电所的安全措施

(1) 线路的停、送电均应按照值班调度员或线路工作许可人的指令执行。禁止约时停、送电。停电时，应先将该线路可能来电的所有断路器、线路隔离开关、母线隔离开关全部分开，手车开关应拉至试验或检修位置，验明确无电压后，将线路上所有可能来电的各端接地。在线路断路器和隔离开关操作把手上均应悬挂“禁止合闸，线路有人工作”的标示牌，在显示屏上断路器和隔离开关的操作处均应设置“禁止合闸，线路有人工作”的标记。

(2) 值班调度员或线路工作许可人应将线路停电检修的工作班组数目、工作负责人姓名、工作地点和工作任务记入记录簿。

工作结束时，应得到工作负责人的工作结束报告，确认所有工作班组均已竣工、接地线已拆除、工作人员已全部撤离线路，并与记录簿核对无误后，方可下令拆除变电所内的安全措施，向线路送电。

6.5　危险源辨识与风险管控

泵站工程运行危险源是指在泵站工程运行管理过程中存在的，可能导致人员伤亡、健康损害、财产损失或环境破坏，在一定的触发因素作用下可转化为事故的根源或状态。

泵站工程运行重大危险源是指在泵站工程运行管理过程中存在的，可能导致人员重大伤亡、健康严重损害、财产重大损失或环境严重破坏，在一定的触发因素作用下可转化为事故的根源或状态。

重大危险源包含《中华人民共和国安全生产法》定义的危险物品重大危险源。在工程管理范围内危险物品的生产、搬运、使用或者储存，其危险源辨识与风险评价参照国家和行业有关法律法规和技术标准。

泵站管理单位应根据《中华人民共和国安全生产法》、《国务院安委会办公室关于印发标本兼治遏制重特大事故工作指南的通知》(安委办〔2016〕3 号)、《国务院安委会办公室关于实施遏制重特大事故工作指南构建双重预防机制的意见》(安委办〔2016〕11 号)、《水利部关于开展水利安全风险分级管控的指导意见》(水监督〔2018〕323 号)和《水利水电工程(水电站、泵站)运行危险源辨识与风险评价导则(试行)》(办监督函〔2020〕1114 号)等要求，在管理范围内开展危险源辨识与风险评价工作。

6.5.1 基本要求

泵站管理单位进行危险源辨识与风险评价工作基本要求如下。

(1) 泵站管理单位危险源辨识与风险评价应严格执行国家和水利行业有关法律法规、技术标准和《水利水电工程(水电站、泵站)运行危险源辨识与风险评价导则(试行)》(办监督函〔2020〕1114 号)。

(2) 泵站工程运行管理单位或承担运行管理职责的单位是危险源辨识、风险评价和管控的责任主体。

管理单位应结合本单位实际，根据工程运行情况和管理特点，科学、系统、全面地开展危险源辨识与风险评价，严格落实相关管理责任和管控措施，有效防范和减少生产安全事故。

县级以上水行政主管部门、流域管理机构及相关主管部门依据有关法律法规、技术标准和《水利水电工程(水电站、泵站)运行危险源辨识与风险评价导则(试行)》(办监督函〔2020〕1114 号)对危险源辨识与风险评价工作进行技术指导、培训、监督与检查。

(3) 管理单位应组织制定危险源辨识与风险评价管理制度，明确有关部门的职责及辨识范围、流程、方法、频次等，在此基础上组织专业技术人员开展危险源辨识和风险评价，编制危险源辨识与风险评价报告。

危险源辨识与风险评价报告应经管理单位运管和安全管理部门负责人、分管运管和安全管理部门的负责人以及主要负责人签字确认，或承担以上相应职责的人员签字确认，必要时应先组织专家进行审查。

(4) 管理单位应全方位、全过程开展危险源辨识与风险评价，至少每季度开展 1 次(含汛前、汛后)，对危险源实施动态管理，及时掌握危险源的状态及其风险的变化趋势，更新危险源及其风险等级。

(5) 管理单位应对危险源进行登记，明确责任部门、责任人、安全措施和应急措施，并于每季度第一个月 6 日前通过水利安全生产信息系统报送相关信息。对重大危险源和风险等级为重大的一般危险源应建立专项档案，并报主管部门备案。危险物品重大危险源应按照规定同时报所在地县级人民政府应急管理部门和有关部门备案。

(6) 管理单位可依照有关法律法规和技术标准，结合本单位和工程实际增减危险源内容，按照《水利水电工程（水电站、泵站）运行危险源辨识与风险评价导则（试行）》（办监督函〔2020〕1114 号）的方法判定风险。

（7）危险源辨识与风险评价工作情况作为安全评价中运行管理评价的重要依据。

（8）重大危险源管理制度应明确重大危险源辨识、评价和控制的职责、方法、范围、流程等要求。

（9）对本单位的装置、设施或场所进行重大危险源辨识，对确认的重大危险源应进行安全评估，确定等级，制定管理措施和应急预案。

（10）对重大危险源采取措施进行监控，包括技术措施（设计、建设、运行、维护、检查、检验等）和组织措施（职责明确、人员培训、防护器具配置、作业要求等）。

6.5.2　危险源类别、级别与风险等级

危险源分六个类别，分别为构（建）筑物类、金属结构类、设备设施类、作业活动类、管理类和环境类，各类的辨识与评价对象分别如下。

（1）构（建）筑物类（泵站）：进出水建筑物、泵房、输水建筑物、变电站、管理房等。

（2）金属结构类：闸门、阀组、拦污与清污设备、启闭机械、压力钢管等。

（3）设备设施类：机组及附属设备、电气设备、辅助设备、特种设备、管理设施等。

（4）作业活动类：作业活动、检修、试验检验等。

（5）管理类：管理体系、运行管理等。

（6）环境类：自然环境、工作环境等。

危险源分两个级别，分别为重大危险源和一般危险源。

危险源的风险分为四个等级，由高到低依次为重大风险、较大风险、一般风险和低风险，分别用红、橙、黄、蓝四种颜色标示。

（1）重大风险：极其危险，由管理单位主要负责人组织管控，上级主管部门重点监督检查。必要时，管理单位应报请上级主管部门协调相关单位共同管控。

（2）较大风险：高度危险，由管理单位分管运管或有关部门的领导组织管控，分管安全管理部门的领导协助主要负责人监督。

（3）一般风险：中度危险，由管理单位运管或有关部门负责人组织管控，安全管理部门负责人协助其分管领导监督。

（4）低风险：轻度危险，由管理单位有关部门或班组自行管控。

6.5.3　危险源辨识

（1）危险源辨识是指对有可能产生危险的根源或状态进行分析，识别危险源的存在并确定其特性的过程，包括辨识出危险源以及判定危险源类别与级别。

危险源辨识应考虑工程正常运行受到影响或工程结构受到破坏的可能性，以及相关人员在工程管理范围内发生危险的可能性，储存物质的危险特性、数量以及仓储条件，环境、设备的危险特性等因素，综合分析判定。

（2）危险源应由在工程运行管理和（或）安全管理方面经验丰富的专业人员及基层管理人员（技术骨干），采用科学、有效及相适应的方法进行辨识，对其进行分类和分级，汇总制定危险源清单，并确定危险源名称、类别、级别、事故诱因、可能导致的事故等内容，必要时可进

行集体讨论或专家技术论证。

(3) 危险源辨识方法主要有直接判定法、安全检查表法、预先危险性分析法、因果分析法等。

(4) 危险源辨识应优先采用直接判定法，不能用直接判定法辨识的，应采用其他方法进行判定。当本工程出现符合《泵站工程运行重大危险源清单》(附录 D.1)中的任何一条要素的，可直接判定为重大危险源。

(5) 当相关法律法规、技术标准发布(修订)后，或构(建)筑物、金属结构、设备设施、作业活动、管理、环境等相关要素发生变化后，或发生生产安全事故后，以及首次采用尚无相关技术标准的新技术、新材料、新设备、新工艺的部位，管理单位应及时组织重新辨识。

6.5.4 危险源风险评价

6.5.4.1 风险评价工作要求

(1) 危险源风险评价是对危险源在一定触发因素作用下导致事故发生的可能性及危害程度进行调查、分析、论证等，以判断危险源风险程度，确定风险等级的过程。

(2) 危险源风险评价方法主要有直接评定法、作业条件危险性评价法(LEC 法)、风险矩阵法(LS 法)等。

(3) 对于重大危险源，其风险等级应直接评定为重大风险；对于一般危险源，其风险等级应结合实际选取适当的评价方法确定。

(4) 对于工程维修养护等作业活动或工程管理范围内可能影响人身安全的一般危险源，评价方法推荐采用作业条件危险性评价法(LEC 法)，见《水利水电工程施工危险源辨识与风险评价导则(试行)》(办监督函〔2018〕1693 号)。

(5) 对于可能影响工程正常运行或导致工程破坏的一般危险源，应由管理单位不同管理层级以及多个相关部门的人员共同进行风险评价，评价方法推荐采用风险矩阵法(LS 法)，见《一般危险源风险评价方法——风险矩阵法(LS 法)》(附录 D.2)。

(6) 一般危险源的 L、E、C 值(作业条件危险性评价法)或 L、S 值(风险矩阵法)参考取值范围及风险等级范围见《泵站工程运行一般危险源风险评价赋分表(指南)》(附录 D.3)。

6.5.4.2 填写危险源辨识与风险评价表

管理单位应按照《水利水电工程(水电站、泵站)运行危险源辨识与风险评价导则(试行)》(办监督函〔2020〕1114 号)、《危险化学品重大危险源辨识》(GB 18218—2018)等要求，组织开展危险源辨识与风险评价工作，填写危险源辨识与风险评价表(表 6-2)。

6.5.4.3 编制评价报告

危险源辨识与风险评价结束后，编制《危险源辨识与风险评价报告》，泵站管理单位负责人组织安全生产领导小组进行审查。评价报告由单位主要负责人签字盖章后报上一级主管部门审核。

表 6-2　(单位名称)危险源辨识与风险评价表

组长(签名)：　　　　　　　　日期：　　年　月　日—　　年　月　日

序号	危险源名称	类别	级别	所在部位或项目	事故诱因	可能导致的后果	风险评价办法	L 值	E 值	S 值或 C 值	R 值或 D 值	风险等级
1												
2												
3												
4												
5												
6												
……												

报告模板如下：

危险源辨识与风险评价报告主要内容及要求

一、工程简介：工程概况（包括工程组成、工程等别、设计标准、抗震等级、主要特征值、工程地质条件及周边自然环境等），工程运行管理概况（工程建设年份及运行时间、安全鉴定情况、除险加固情况、危险物质仓储区、生活及办公区的危险特性描述等），管理单位安全生产管理基本情况。

二、危险源辨识与风险评价主要依据。

三、危险源辨识和风险评价方法：结合工程运行管理实际选用相适应的方法。

四、危险源辨识与风险评价内容：危险源名称、类别、级别、所在部位或项目、事故诱因、可能导致的事故、危险源风险等级。

五、安全管控措施：根据危险源辨识与风险评价结果，对危险源提出安全管理制度、技术及管理措施等。

六、应急预案：根据危险源辨识与风险评价结果，提出有关应急预案。

6.5.4.4　危险源登记

泵站管理单位对辨识出的危险源进行登记，填写非重大风险一般危险源登记表（表6-3）、重大危险源及风险为重大的一般危险源登记表（表6-4），报上级主管部门审核。

表6-3　(单位名称)非重大风险一般危险源登记表

登记日期：　　　　　　　　　　　　　　　　　　　　登记人：

编号	危险源名称	所在部位或项目	危险源类别	风险等级	管控措施	应急措施	责任部门	责任人
N001					（条目式列出）	（条目式列出）		
N002								
N003								
N004								
N005								
N006								
……								

表 6-4　(单位名称)重大危险源及风险为重大的一般危险源登记表

登记日期：　　　　　　　　　　　　　　　　　　　　　　　　　　登记人：

编号	危险源名称	所在部位或项目	危险源类别	危险源级别	风险等级	管控措施	应急措施	责任部门	责任人
S001						(条目式列出)	(条目式列出)		
S002									
S003									
S004									
S005									
……									

6.6　隐患排查与治理

泵站管理单位要定期开展隐患排查与治理工作。

(1) 隐患排查治理制度应明确排查的责任部门和人员、范围、方法和要求等，泵站管理单位逐级建立并落实从主要负责人到相关从业人员的事故隐患排查治理和防控责任制。

(2) 泵站管理单位组织制定各类活动、场所、设备设施的隐患排查治理标准或排查清单，明确排查的时限、范围、内容、频次和要求，并组织开展相应的培训。隐患排查的范围应包括所有与生产经营相关的各类活动、场所、设备设施，以及相关方服务范围。

(3) 按照有关规定，结合安全生产的需要和特点，泵站管理单位采用定期综合检查、专项检查、季节性检查、节假日检查和日常检查等方式进行隐患排查，对排查出的事故隐患，及时书面通知有关部门，定人、定时、定措施进行整改。

(4) 泵站管理单位还应对隐患进行分析评价，确定隐患等级，并登记建档，包括将相关方排查出的隐患纳入本单位隐患管理。

(5) 对于一般事故隐患应按照责任分工立即或限期组织整改。对于重大事故隐患，由主要负责人组织制定并实施事故隐患治理方案，治理方案应包括目标和任务、方法和措施、经费和物资、机构和人员、时限和要求，并制定应急预案。在事故隐患治理过程中，应当采取相应的监控防范措施。重大事故隐患排除前或排除过程中无法保证安全的，应从危险区域内撤出作业人员，疏散可能危及的人员，设置警戒标志，暂时停产停业或者停止使用相关装置、设备、设施。

(6) 隐患治理完成后，泵站管理单位按规定对治理情况进行评估、验收。重大事故隐患治理工作结束后，应组织本单位的安全管理人员和有关技术人员进行验收或委托依法设立的为安全生产提供技术、管理服务的机构进行评估。

（7）对事故隐患排查治理情况如实记录，至少每月进行统计分析，及时将隐患排查治理情况向从业人员通报。应通过水利安全生产信息系统对隐患排查、报告、治理、销账等过程进行电子化管理和统计分析，并按照水行政主管部门和当地安全监管部门的要求，定期或实时报送隐患排查治理情况。

6.7 应急管理

管理单位应做好下列应急管理工作。

6.7.1 应急准备

（1）按规定建立应急管理组织机构或指定专人负责应急管理工作。建立健全应急工作体系，明确应急工作职责。

（2）在开展安全风险评估和应急资源调查的基础上，建立健全生产安全事故应急预案体系，制定生产安全事故应急预案，针对安全风险较大的重点场所（设施）编制重点岗位、人员应急处置卡；按有关规定报备，并通报有关应急协作单位。

（3）建立与本单位安全生产特点相适应的专（兼）职应急救援队伍或指定专（兼）职应急救援人员。必要时可与邻近专业应急救援队伍签订应急救援服务协议。

（4）根据可能发生的事故种类特点，设置应急设施，配备应急装备，储备应急物资，建立管理台账，安排专人管理，并定期检查、维护、保养，确保其完好、可靠。

（5）根据本单位的事故风险特点，每年至少组织一次综合应急预案演练或者专项应急预案演练，每半年至少组织一次现场处置方案演练，做到一线从业人员参与应急演练全覆盖，掌握相关的应急知识。对演练进行总结和评估，根据评估结论和演练发现的问题，修订、完善应急预案，改进应急准备工作。

（6）定期评估应急预案，根据评估结果及时进行修订和完善，并按照有关规定将修订的应急预案报备。泵站管理单位通常应按照《生产经营单位生产安全事故应急预案编制导则》（GB/T 29639—2020）建立健全安全生产预案体系（综合应急预案、专项应急预案、现场处置方案等），预案应由单位负责人签署公布、实施，并将预案报上级主管部门备案，并通报有关应急协作单位。如工程管理条件发生变化，应及时修订完善预案。预案修订后应正式印发并组织人员培训。

◆ 防汛抗旱应急预案编制主要包括以下内容。

（1）总则：包括编制目的、编制依据、适用范围、工作原则。

（2）风险分析：包括工程概况、水文气象特征、历史防汛防旱特性分析、影响工程安全运行问题分析。

（3）组织体系：包括组织机构、主要职责。

（4）监测预报、预警与预防。

（5）应急响应：包括总体要求、工作内容、应急响应级别及响应行动、响应措施、信息报告和发布、响应变更和结束。

（6）保障措施：包括组织保障、资金保障、物质保障、队伍保障、技术保障、信息保障、交通保障、供电保障及治安保障等。

(7) 善后工作:包括灾后重建、水毁修复、物资补充、补偿及总结评估等。

(8) 预案管理。

◆ 防台风应急预案编制主要包括以下内容。

(1) 总则:包括编制目的、编制依据、适用范围、工作原则。

(2) 应急组织与职责:包括组织体系、主要职责。

(3) 预防预警机制:包括台风预警等级、预警及发布、台风信息跟踪。

(4) 应急响应:包括应急程序、应急响应级别、应急响应行动、伤亡事故报告基本要求和内容、应急响应结束。

(5) 保障措施。

(6) 善后工作。

◆ 泵站运行事故应急预案编制主要包括以下内容。

(1) 总则:包括编制目的、编制依据、适用范围、工作原则。

(2) 工程概况及事故风险分析。

(3) 应急组织与职责:包括组成、职责、人员分工。

(4) 应急处置程序:包括工程设施及人身事故先期处置程序、现场应急处置程序。

(5) 主要事故或故障处理措施:包括各种主要事故或故障处理措施、事件报告基本要求和内容。

(6) 注意事项。

6.7.2 应急处置

发生事故后,启动相关应急预案,采取应急处置措施,开展事故救援,必要时寻求社会支援。应急救援结束后,应尽快完成善后处理、环境清理和监测等工作。

6.7.3 应急评估

每年应进行一次应急准备工作的总结评估。完成险情或事故应急处置结束后,应对应急处置工作进行总结评估。

6.8 事故处理

6.8.1 事故报告

(1) 事故报告、调查和处理制度应明确事故报告(包括程序、责任人、时限、内容等)、调查和处理内容(包括事故调查、原因分析、纠正和预防措施、责任追究、统计与分析等),应将人员伤亡(轻伤、重伤、死亡等人身伤害和急性中毒)、财产损失(含未遂事故)和较大涉险事故纳入事故调查和处理范畴。

(2) 发生事故后按照有关规定及时、准确、完整地向有关部门报告,事故报告后出现新情况的,应当及时补报。

6.8.2 事故调查和处理

(1) 发生事故后,采取有效措施,防止事故扩大,并保护事故现场及有关证据。

(2) 事故发生后按照有关规定，组织事故调查组对事故进行调查，查明事故发生的时间、经过、原因、波及范围、人员伤亡情况及直接经济损失等。事故调查组应根据有关证据、资料，分析事故的直接、间接原因和事故责任，提出应吸取的教训、整改措施和处理建议，编制事故调查报告。

(3) 事故发生后，由有关人民政府组织事故调查的，应积极配合开展事故调查。

(4) 按照“四不放过”的原则进行事故处理。

(5) 妥善处理伤亡人员的善后工作，并按规定办理工伤认定，并保存档案。

6.8.3 事故档案管理

建立完善的事故档案和事故管理台账，并定期按照有关规定对事故进行统计分析。

6.9 安全鉴定

为了保证泵站工程安全运行，必须适时开展泵站安全鉴定。通过安全鉴定能进一步诊断泵站安全性能，确定是否需要大修、除险加固或拆除重建。

《泵站安全鉴定规程》(SL 316—2015)是水利部2015年发布的，由水利部农村水利司主持，是泵站安全鉴定的准则，涵盖了管理办法和技术要求两方面。

《泵站技术管理规程》(GB/T 30948—2014)对泵站安全鉴定工作也做了要求。

为了加强泵站安全鉴定的管理工作，江苏省水利厅于2020年颁发了《江苏省泵站安全鉴定管理办法》(苏水规〔2020〕4号文)，对泵站安全鉴定工作作了进一步的规范。该办法适用于江苏省水利部门管理的大中型泵站，其他泵站可参照执行。

办法中规定：泵站安全鉴定分为全面安全鉴定和专项安全鉴定。全面安全鉴定范围应包括建筑物、机电设备、金属结构等；专项安全鉴定范围宜为全面安全鉴定中的一项或多项。

泵站有下列情况之一的，应进行全面安全鉴定：

(1) 建成投入运行达到20～25年；

(2) 全面更新改造后投入运行达到15～20年；

(3) 本条前两项规定的时间之后运行达到5～10年。

泵站出现下列条件之一的，应进行全面安全鉴定或专项安全鉴定：

(1) 拟列入更新改造计划；

(2) 需要扩建增容；

(3) 建筑物发生较大险情；

(4) 主机组及其他主要设备状态恶化；

(5) 规划的水情、工情发生较大变化而影响安全运行；

(6) 遭遇超标准设计洪水、地震等自然灾害；

(7) 按《灌排泵站机电设备报废标准》(SL 510—2011)的规定，设备需要报废的；

(8) 有其他需要的。

江苏省水利厅负责指导全省泵站安全鉴定工作，县级以上地方人民政府水行政主管部门负责本行政区域内所管辖泵站安全鉴定管理工作。

泵站管理单位(以下称鉴定组织单位)负责组织所管泵站的安全鉴定工作。上级主管部门应督促鉴定组织单位根据规定及时进行安全鉴定工作。

县级以上地方人民政府水行政主管部门(以下称鉴定审定单位)按照分级管理原则对泵站安全鉴定成果进行审定。江苏省水利厅负责审定大型泵站、省直接管理的泵站和省指定泵站的安全鉴定报告书,市水行政主管部门负责审定其他中型泵站的安全鉴定报告书。

泵站安全类别划分为四类,分类指标按照《泵站安全鉴定规程》(SL 316—2015)中条款执行。

一类泵站:符合一类建筑物和一类设备的条件,运用指标能达到设计标准,无影响安全运行的缺陷。

二类泵站:符合二类建筑物和二类设备的条件,运用指标基本达到设计标准,建筑物和设备存在一定损坏或缺陷,经维修养护即可保证安全运行。

三类泵站:符合三类建筑物或三、四类设备的条件,运用指标达不到设计标准,建筑物或设备存在较大的损坏,经对建筑物加固改造或对主要设备进行大修、更换元器件、更新改造后,能保证安全运行。

四类泵站:符合四类建筑物的条件,运用指标无法达到设计标准,建筑物存在严重安全问题,可降低标准运用或报废重建。

江苏省泵站管理单位应按《江苏省泵站安全鉴定管理办法》要求组织开展泵站安全鉴定。安全鉴定主要包括编制计划,现场调查分析、安全检测、安全复核计算、安全评价,成果审定、成果运用等。

泵站安全鉴定具体内容包括现状调查、安全检测、安全复核等。根据安全复核结果,进行研究分析,作出综合评估,确定泵站工程安全类别,编制泵站安全评价报告,并提出加强工程管理、改善运用方式、进行技术改造、加固补强、设备更新或降等使用、报废重建等方面的意见。

经安全鉴定为二类泵站的,管理单位应编制维修方案,报上级主管部门批准,必要时进行大修。经安全鉴定为三类泵站的,管理单位应及时组织编制除险加固计划,报上级主管部门批准。经安全鉴定为四类泵站的,管理单位应报上级主管部门申请降低标准运用或报废、重建。在三、四类泵站未处理前,管理单位应制定病险工程安全应急预案,并采取限制运用措施。

第 7 章 信息管理

7.1 信息化管理

7.1.1 一般规定

（1）管理单位应建立健全信息管理制度，编制工程管理现代化发展规划、信息化建设专项方案，积极推进水利工程管理现代化、信息化、智能化建设。

（2）管理单位应紧密结合泵站运行管理特点，积极应用以云计算、物联网、大数据及人工智能等为代表的信息技术，构建安全、先进、实用的信息化平台。

（3）管理单位宜采用三维可视化、自动控制、智能感知、人工智能等技术建立泵站工程监测监控系统，推行控制运行自动化、智能化。

7.1.2 平台建设

（1）信息化平台应符合网络安全分区分级防护的要求，将工程监测监控系统和业务管理系统布置在不同网络区域。

（2）信息化平台建设应结合水利工程管理精细化、安全生产标准化等要求，重点围绕工程监测监控、业务管理两大核心板块构建综合管理平台。

（3）工程监测监控系统一般包括泵站机电设备自动控制、视频监视、数据采集、状态监测、预警预报、数据分析、信息查询及网络安防等。

（4）业务管理系统应切合工程管理的任务、标准、流程、制度、考核等重点管理环节，体现系统化、全过程、留痕迹、可追溯的思路，实行管理任务清单化、管理要求标准化、工作流程闭环化、成果展示可视化、管理档案数字化。

（5）业务管理系统主要内容包括工程运行管理、检查观测、设备设施管理、养护维修管理、安全管理、档案资料、制度标准、水政管理、任务管理、效能考核等，功能模块间相关数据应标准统一、互联共享。

7.1.3 平台管理

（1）工程监测监控系统应实行封闭管理，与外部系统物理隔离。

（2）信息化平台应由已授权人员进行操作、维护和管理，不得进行与运行管理无关的工作。

（3）管理单位应按照网络安全等级保护的要求，开展等级测评和安全防护工作，明确运维管理和网络安全责任人。

(4) 管理单位应根据运行管理条件和要求的变化,及时升级信息化平台。

(5) 管理单位应定期进行数据备份。

7.1.4 信息管理

(1) 信息管理要求

① 信息采集及时、准确。

② 建立实时与历史数据库,完成系统相关数据记录存储,信息存储应安全并每年进行一次备份,历史数据保存至少3年,及时转存重要数据。

③ 信息处理定期进行。

④ 信息应用于泵站安全、经济运行,提高泵站管理效率。

⑤ 信息存储环境应避开电磁场、电力噪声、腐蚀性气体或易燃物、湿气、灰尘等其他有害环境。

(2) 计算机监控信息处理

① 计算机监控的信息主要包括电量、水位、流量、压力、温度、振动与摆度、开度等监测信息以及设备状态和维护信息等。

② 对采集的数据进行必要的处理计算,存入实时数据库及历史数据库,用于画面显示与刷新、控制与调节、记录检索、统计、操作、管理指导等。完成数据的互锁逻辑运算、越限检查与报警信息的生成;完成各类数据合理性比对与检查,工程单位变换等;对事件进行记录与处理。完成机组开停机必要的逻辑条件处理,用电量、抽水量、功率、效率、运行台时、开停机次数、能源单耗等数据的计算或累加。

③ 每月对运行参数统计分析,掌握设备的运行状况,发现或预测设备隐患。

④ 每月对报警信息进行统计分析,以指导设备的运行、养护、维修及改造。

⑤ 对设备事故过程进行故障录波,便于查找事故原因。

(3) 建筑物安全监测信息处理

① 建筑物安全监测信息主要包括水位、垂直位移、水平位移、扬压力、绕渗、伸缩缝等参数。

② 对监测的物理量随时间和空间变化的趋势进行分析,并评估建筑物的工作性态。

③ 对监测量的特征值和异常值进行分析,并与历年数据进行比较。

④ 对长期(每隔五年)监测资料进行分析,评价建筑物的技术状态,提出主要建筑物安全运行监控指标及运行调度建议。

(4) 视频监视信息管理

① 视频监视的信息主要包括泵站重点部位和主要设备的视频信息。泵站重点部位包括变电站、主副厂房、中控室、进出水池、闸门、拦污栅、高低压配电室、真空破坏阀室、上下游河道等;主要设备包括主机组、变压器、断路器、隔离开关、闸门等。

② 对主要设备的操作、运行状态、参数与进出水建筑物状态及水位等进行辅助监视。

③ 图像数据实时保存,持续录像存储时间不应少于15天。发生事故时可通过视频监视数据进行分析。

(5) 调度信息管理

① 调度信息包括调度日志和调度计划等。

② 对调度日志分析，查找事故原因。

③ 及时总结供(排)水、能源及检修等计划的执行情况。

④ 对调度计划分析优化，指导泵站经济运行。

(6) 水雨情监测管理

① 水雨情监测的信息包括水情、雨情等。

② 及时分析水情、雨情等变化趋势，提供调度决策支持。

(7) 设备和建筑物信息管理处理

① 设备和建筑物管理的信息包括设备和建筑物台账、各种维护检修记录和分析报告等。

② 及时更新设备和建筑物台账，掌握其动态。

③ 分析各种记录数据，优化设备和建筑物技术管理。

④ 分析备品备件消耗规律，优化库存。

7.2 技术档案管理要求

7.2.1 一般规定

(1) 管理单位应设置档案室、成立档案管理机构、建立档案资料管理制度，应由熟悉了解工程管理、掌握档案管理知识并经培训取得上岗资格的专职或兼职人员管理档案，档案设施齐全、清洁、完好，积极开展数字化档案管理工作。

(2) 按照有关规定建立完整的技术档案，及时整理归档各类技术资料。

(3) 泵站工程技术档案的主要内容及保管期限应符合附录E的规定。

7.2.2 资料收集整理与整编

(1) 管理单位应及时收集技术资料，技术资料应包括以下主要内容：

① 有关泵站管理的政策、标准、规定及管理办法、上级批示和有关的协议等；

② 泵站建设和加固改造的规划、设计、施工、验收等技术文件；

③ 控制运用工作原始记录，包括操作记录表格及工程相应效果记录；

④ 工程检查观测、维修养护、安全鉴定资料及科学研究等方面的技术文件、资料及成果等；

⑤ 工程运用工作总结；

⑥ 有条件的单位可将对应的影像资料一并整理存档。

(2) 对于控制运用频繁的泵站，运行资料整理与整编宜每季度进行1次；对于运用较少的泵站，运行资料整理与整编宜每年进行1次。

(3) 资料整编与成果分析应符合下列要求：

① 考证清楚、项目齐全、数据可靠、方法合理、图标完整及说明翔实等。

② 图纸的比例满足精度要求，图面线条清晰、标注齐全完整。

7.2.3 档案管理

(1) 管理单位应制定档案分类方案，每年形成的档案及时整编归档。

（2）技术档案包括以文字、图表等纸质件及音像、电子文档等磁介质、光介质等形式存储的各类资料。

（3）推行档案管理数字化。

（4）各类工程和设备均应建档立卡，文字、图表等资料应规范齐全、分类清楚、存放有序、及时归档。

（5）严格执行保管、借阅制度，做到收借有手续，按时归还。

（6）档案管理人员工作变动时，应按规定办理交接手续。

7.3　工程观测资料

（1）观测资料整理工作，分平时整理和年度资料整理。平时整理每次观测结束后进行，年度资料整理在资料整编时进行。

（2）观测工作结束后，应及时对观测资料进行整理和计算，并对观测成果进行初步分析，如发现观测精度不符合要求，应重测；如发现有异常现象，应立即进行复测并分析原因。

（3）经观测发现工程有异常现象时，应立即报告上级主管部门，并采取必要的措施。

（4）年度资料整编工作每年进行一次，管理单位应在每年的 1 月完成上一年度的资料整编工作，编写观测分析报告并报上级主管部门审查。

（5）年度资料整理的内容包括：

① 编制各项考证表；

② 编制观测成果表和统计表；

③ 绘制各种曲线图；

④ 统计相关水文数据和工程运行数据，主要包括年平均水位、最高最低水位、最大水位差，年平均流量、最大流量，引、排水量，降水量和工程运行情况等。

（6）观测成果的分析工作，主要包括以下内容：

① 观测成果与以往成果比较，看变化规律、趋势是否合理；

② 观测成果与相关项目观测成果比较，看变化规律趋势是否具有一致性和合理性；

③ 观测成果与设计或理论计算比较，看规律是否具有一致性和合理性；

④ 通过过程线，分析随时间变化的规律和趋势；

⑤ 通过相关参数、相关项目过程线，分析相关程度和规律。

（7）审查合格的资料整编成果应装订成册，归入技术档案。观测分析报告主要内容包括：

① 工程概况、观测时工程运行情况、工程异常情况、特殊情况等方面的说明；

② 观测设备情况，包括设施的布置、型号、完好率、观测初始值等；

③ 观测方法；

④ 主要观测成果；

⑤ 成果分析与评价；

⑥ 结论与建议。

（8）观测资料的装订、分类、排列、编号、编目、装盒应符合 GB/T 11822—2008 和 DA/T 22—2015 的规定。

（9）资料保管年限：观测报表为短期保存，其他为长期保存或永久保存。

7.4 运行管理资料

7.4.1 第一种工作票

(1) 基本要求

① 本操作票适用于:高压设备上工作需要全部停电或部分停电者;高压室内的二次接线和照明等回路上的工作,需要将高压设备停电或做安全措施的情况。

② 第一种工作票应在工作前一日交给值班长。

③ 工作票要用蓝黑钢笔或圆珠笔填写,一式两份,中间可以用复写纸或分别填写,但应字迹清楚,内容正确。一份由现场工作负责人收执,另一份由当日值班人员收执。

(2) 填表说明

① 工作内容及工作地点,应该分别填写本次工作所要完成任务的具体内容及工作现场位置,两者都要具体明确。

② 本表单中日期填写应横写,时间统计精确到分钟,书写采用"××××年××月××日××时××分"的形式。

③ 人员签名应根据职责不同进行规范填写。

④ 工作票应正确清楚,原则上不得任意涂改,如有个别错、漏字需要修改时,应字迹清楚。但为防止字迹模糊不清造成意外事故,对涉及设备名称、编号、动词等关键词不得涂改。个别错、漏字修改时,应在错、别字上划两道横线,漏字可在填补处上或下方作"∧""∨"记号,然后在相应位置填补正确的或遗漏的字。

⑤ 工作期间,原工作负责人不得无故离开,因故需离开时,应由工作票签发人变更新的工作负责人,两工作负责人应做好必要的交接。工作负责人的变动只能办理一次。

⑥ 安全措施应该根据所检修设备在系统中的节点位置来确定,主要包括拉合断路器(开关)和隔离开关(刀闸),装设接地线,安装或拆除控制回路或电压互感器回路的熔断器(保险),装设必要的遮栏,悬挂标示牌等。具体的逻辑操作项目应该使用操作票填写执行。

7.4.2 第二种工作票

(1) 基本要求

① 本操作票适用于:带电作业和在带电设备外壳上的工作;控制盘和低压配电盘、配电箱、电源干线上的工作;二次接线回路上的工作,无需将高压设备停电者;转动中的发电机、同期调相机的励磁回路或高压电动机转子电阻回路上的工作;非当值值班人员用绝缘棒和电压互感器定相或用钳形电流表测量高压回路的电流。

② 第二种工作票应在进行工作的当天,且在工作之前交给值班长。

③ 工作票要用蓝黑钢笔或圆珠笔填写,一式两份,中间可以用复写纸或分别填写,但应字迹清楚,内容正确。一份由现场工作负责人收执,另一份由当日值班人员收执。

(2) 填表说明

① 工作任务应该填写本次工作所要完成任务的内容。

② 本表单中日期填写应横写，时间统计精确到分钟，书写采用“××××年××月××日××时××分”的形式。

③ 人员签名应根据职责不同进行规范填写。

④ 工作票应正确清楚，原则上不得任意涂改，如有个别错、漏字需要修改时，应字迹清楚。但为防止字迹模糊不清造成意外事故，对涉及设备名称、编号、动词等关键词不得涂改。个别错、漏字修改时，应在错、别字上划两道横线，漏字可在填补处上或下方作“∧”“∨”记号，然后在相应位置填补正确的或遗漏的字。

⑤ 工作期间，原工作负责人不得无故离开，因故需离开时，应由工作票签发人变更新的工作负责人，两工作负责人应做好必要的交接。工作负责人的变动只能办理一次。第二种工作票的工作负责人变动情况记入“备注”栏内。

⑥ 注意事项指安全措施，主要包括拉合断路器(开关)和隔离开关(刀闸)，装设接地线，安装或拆除控制回路或电压互感器回路的熔断器(保险)，装设必要的遮栏，悬挂标示牌等。

7.4.3　操作票

(1) 电气设备状态规定

① 一次设备状态

运行状态：是指电气设备的断路器和隔离开关都已合闸，电源与用电设备已接通，设备处于带电运行状态。

热备用状态：是指电气设备的断路器已断开，电源中断，设备停运，但断路器两边的隔离开关仍接通。电气设备具备送电条件和启动条件，断路器一经合闸就转变为运行状态。

冷备用状态：是指电气设备的断路器在分闸位置，隔离开关也已经断开。连接该设备的各侧均无安全措施，连接该设备的各侧均有明显断开点或可判断的断开点。

检修状态：是指电气设备的断路器在分闸位置，隔离开关也已经断开，并已悬挂标识牌和设有遮栏，同时已接好地线，安全措施已经做好。

② 二次设备状态

运行状态：是指其工作电源投入，出口连接片连接到指令回路的状态。

热备用状态：是指其工作电源投入，出口连接片断开时的状态。

冷备用状态：是指其工作电源退出，出口连接片断开时的状态。

检修状态：是指该设备与系统彻底隔离，与运行设备没有物理连接时的状态。

(2) 填写说明

① 操作任务

操作任务应该与派工单、工作票任务相对应，内容、操作对象应明确无误。如派工单、工作票的任务是对正在运行中的 35 kV 主变做预防性试验，操作任务栏应该填写：“将 35 kV 主变由‘运行’转为‘检修’状态”。每张操作票只能填写一个操作任务。

② 操作记号

按照操作顺序，每操作完一项在对应的“操作记号”栏内打“√”。如果该项不需要进行操作，在“操作记号”栏内打“×”。

③ 操作项目

操作项目应根据本单位工程运用控制的实际操作流程逐条填写，满足电气“五防”和相关规范要求。

④ 发令人

发令人必须由管理单位熟悉业务的站长担任，当站长不在时由所领导签发。

⑤ 受令人

受令人一般由值班长担任。

⑥ 操作员

操作员一般由业务能力较强、对设备较为熟悉的人员担任。

⑦ 监护人

监护人一般由业务能力较强、对设备较为熟悉的人员担任。

⑧ 备注

“备注”栏内填写在操作过程中发生的一些故障及处理情况，如果没有不填写。

⑨ 操作票由操作人填写。单人值班，操作票由发令人用电话向值班员传达，值班员应根据传达的内容，填写操作票，复诵无误，并在“监护人”签名处填入发令人的姓名。

⑩ 见习期人员不得担任操作员、监护人。

⑪ 操作票编号：单位代码 ＋扩展码(4 位)，扩展码从“0001”开始。

附录 A
泵站技术经济指标

《泵站技术管理规程》(DB/T 30948—2014)规定了泵站八项技术经济指标。

A.1 建筑物完好率

建筑物完好率是反映泵站建筑物技术状态好坏的重要指标,可按下式计算:

$$K_{jz} = \frac{N_{wj}}{N_j} \times 100\%$$

式中:K_{jz}—建筑物完好率,即完好的建筑物数与建筑物总数的比值;

N_{wj}—完好的建筑物数;

N_j—建筑物总数。

A.2 设备完好率

设备完好率是反映水泵机组技术状态的重要指标,可按下式计算:

$$K_{sb} = \frac{N_{ws}}{N_s} \times 100\%$$

式中:K_{sb}—设备完好率,即泵站机组的完好台套数与总台套数的比值;

N_{ws}—机组完好的台套数;

N_s—机组总台套数。

A.3 泵站效率

泵站效率可按下式计算。

(1) 测试单台机组

$$\eta_{bz} = \frac{\rho g Q_b H_{bz}}{1\,000P} \times 100\%$$

式中:η_{bz}—泵站效率(%);

ρ—水的密度(kg/m^3);

g—重力加速度(m/s^2);

Q_b—水泵流量(m^3/s);

H_{bz}—泵站净扬程(m);

P—电动机输入功率(kW)。

(2) 测试整个泵站

$$\eta_{bz}=\frac{\rho g Q_z H_{bz}}{1\ 000\sum P_i}\times 100\%$$

式中:Q_z—泵站流量(m^3/s);

P_i—第 i 台电动机输入功率(kW);

其他符号意义同前。

A.4 能源单耗

能源单耗可按下式计算:

$$e=\frac{\sum E_i}{3.6\rho\sum Q_{zi}H_{bzi}t_i}$$

式中:e—能源单耗,即水泵每提水 1 000 t、提升高度为 1 m 所消耗的能量[kW·h/(kt·m)或 kg/(kt·m)];

E_i—泵站第 i 时段消耗的总能量(kW·h)或燃油量(kg);

Q_{zi}—泵站第 i 时段运行时的总流量(m^3/s);

H_{bzi}—第 i 时段的泵站平均净扬程(m);

t_i—第 i 时段的运行历时(h)。

A.5 供排水成本

供、排水成本的核算有三种方法,各泵站可根据具体情况选定适合的核算方法,分别按下式计算。

(1) 按单位面积核算:

$$U=\frac{f\sum E+\sum C}{\sum A}[\text{元}/(\text{hm}^2\cdot\text{次})\text{或元}/(\text{hm}^2\cdot\text{a})]$$

(2) 按单位水量核算:

$$U=\frac{f\sum E+\sum C}{\sum V}(\text{元}/\text{m}^3)$$

(3) 按 kt·m 核算:

$$U=\frac{1\ 000(f\sum E+\sum C)}{\sum G\cdot H_{bz}}[\text{元}/(\text{kt}\cdot\text{m})]$$

式中：f—电单价[元/(kW·h)]，或燃油单价(元/kg)；

$\sum E$—供、排水作业消耗的总电量(kW·h)或燃油量(kg)；

$\sum C$—除电费或燃油费外的其他总费用(元)；

$\sum A$—供、排水的实际受益面积(hm^2)；

$\sum G$、$\sum V$—供、排水期间的总提水量(t 或 m^3)；

H_{bz}—供、排水作业期间的泵站平均扬程(m)。

A.6　供排水量

供排水量可按下式计算：

$$V = \sum Q_{zi} t_i$$

式中：V—供排水量(m^3)；

Q_{zi}、t_i—泵站第 i 时段的平均流量(m^3/s)和第 i 时段的历时(s)。

A.7　安全运行率

安全运行率可按下式计算：

$$K_a = \frac{t_a}{t_a + t_s} \times 100\%$$

式中：t_a—主机组安全运行台时数(h)；

t_s—因设备和工程事故，主机组停机台时数(h)。

A.8　财务收支平衡率

财务收支平衡率可按下式计算：

$$K_{cw} = \frac{M_j}{M_c}$$

式中：K_{cw}—财务收支平衡率；

M_j—资金总流入量(万元)；

M_c—资金总流出量(万元)。

附录 B

设备等级评定标准

B.1 主水泵等级评定标准可按表 B.1 执行。

表 B.1 主水泵等级评定标准

一类	二类	三类	四类
应满足下列要求： 1. 在设计最高和最低扬程范围内，均能正常运行，且性能指标满足泵站设计要求； 2. 主要零部件完好； 3. 转动部件和固定部件之间间隙符合要求，无卡阻现象； 4. 过流部件表面磨蚀、锈蚀情况较轻； 5. 运行稳定，振动、噪声、摆度和轴承温度等符合要求； 6. 轴承和密封装置运行正常，无渗油现象； 7. 叶片调节装置良好，动作可靠； 8. 结合面无漏水现象； 9. 过流面防腐、外观涂漆、标识等符合要求	符合一类标准的 1～3 条，但有下列情况之一： 1. 过流部件表面有轻微的汽蚀、磨损及锈蚀等现象； 2. 运行基本稳定，振动、噪声、摆度、温升等偏大，但仍在正常范围内； 3. 轴承和密封装置运行基本正常，有轻微渗油现象； 4. 叶片调节装置动作不灵活，角度指示不准确； 5. 结合面有轻微变形、少量漏水； 6. 过流面防腐、外观涂漆、标识等不规范	有下列情况之一： 1. 故障率高，不能保证能随时投入运行； 2. 运行不正常，主要性能指标较差或大幅度下降； 3. 过流部件汽蚀、磨损、锈蚀剥落严重； 4. 转动部件和固定部件之间间隙不满足要求，发生卡阻、碰壳等现象； 5. 运行不稳定，振动、噪声、摆度和轴承温度等不满足要求； 6. 主要零部件变形、损坏； 7. 存在其他影响安全运行的重大缺陷	达到三类标准，且有下列情况之一： 1. 经过大修、技术改造或更换元器件等技术措施仍不能满足泵站运行安全、技术、经济要求或修复不经济； 2. 整体技术状态差； 3. 属淘汰产品

B.2 主电动机等级评定标准可按表 B.2 执行。

表 B.2 主电动机等级评定标准

一类	二类	三类	四类
应满足下列要求： 1. 在泵站设计运行范围内，均能正常运行，且性能指标满足要求； 2. 电气试验结果符合国家现行相关标准的规定；	符合一类标准的 1～4 条，但有下列情况之一： 1. 运行基本稳定，振动、噪声、摆度、温升偏大，但仍在正常范围内；	有下列情况之一： 1. 故障率高，不能保证能随时投入运行； 2. 运行不正常，主要性能指标较差或大幅度下降；	达到三类标准，且有下列情况之一： 1. 经过大修、技术改造或更换元器件等技术措施仍不能满足泵站运行安全、技

续表

一类	二类	三类	四类
3. 主要零部件完好，定转子铁芯、线圈紧固、绑扎等符合要求； 4. 转动部件和固定部件之间间隙符合要求，无卡阻现象； 5. 运行稳定，振动、噪声、摆度、温升等符合要求； 6. 冷却系统运行正常，冷却效果良好； 7. 轴承和密封装置运行正常，无渗油现象，轴承温度符合要求； 8. 外观涂漆、标识等符合要求	2. 冷却系统有轻微堵塞、变形等缺陷，但不影响正常运行； 3. 轴承有轻微磨损，运行温度偏高，密封装置有少量渗油，但不影响正常运行； 4. 外观涂漆、标识等不规范	3. 电气试验结果不符合国家现行相关标准的规定，且经常规处理仍不能满足要求； 4. 转动部件和固定部件之间间隙不满足要求，发生卡阻现象； 5. 运行不稳定，振动、噪声、摆度和温度等不满足要求； 6. 主要零部件变形、损坏，定转子铁芯、线圈松动，绝缘老化严重； 7. 存在其他影响安全运行的重大缺陷	术、经济要求或修复不经济； 2. 整体技术状态差； 3. 属淘汰产品

B.3　主变压器等级评定标准可按表 B.3 执行。

表 B.3　主变压器等级评定标准

一类	二类	三类	四类
应满足下列要求： 1. 在泵站设计运行范围内，均能正常运行，且性能指标满足要求； 2. 电气试验结果符合国家现行相关标准的规定； 3. 主要零部件完好，绝缘件无裂纹、缺损和瓷件瓷釉损坏等缺陷； 4. 保护装置可靠，运行稳定； 5. 油质、油位符合要求，无渗油现象； 6. 冷却装置运行正常，噪声、温升等满足要求； 7. 调压装置各分接点与线圈的连线紧固正确，接触紧密良好； 8. 外观涂漆、标识等符合要求	符合一类标准的 1～4 条，但有下列情况之一： 1. 油质、油位基本符合要求，有轻微渗油现象； 2. 冷却装置运行基本正常，噪声、温升偏大，但仍在正常范围内； 3. 电缆、线圈等接头有轻微变形、锈蚀等缺陷，但不影响正常运行； 4. 外观涂漆、标识等不符合规范	有下列情况之一： 1. 故障率高，不能保证能随时投入运行； 2. 运行不正常，主要性能指标较差或大幅度下降； 3. 电气试验结果不符合国家现行相关标准的规定，且经常规处理仍不能满足要求； 4. 主要零部件损坏，绝缘件性能达不到使用要求，渗漏油严重； 5. 保护装置动作不可靠； 6. 冷却装置运行不正常，噪声和温升等不满足要求； 7. 存在其他影响安全运行的重大缺陷	达到三类标准，且有下列情况之一： 1. 经过大修、技术改造或更换元器件等技术措施仍不能满足泵站运行安全、技术、经济要求或修复不经济； 2. 整体技术状态差； 3. 属淘汰产品

B.4 高压开关设备等级评定标准可按表 B.4 执行。

表 B.4 高压开关设备等级评定标准

一类	二类	三类	四类
应满足下列要求： 1. 各项性能参数在额定允许范围内，开关特性符合厂家要求； 2. 电气试验结果符合国家现行相关标准的规定； 3. 主要零部件完好，绝缘件无裂纹、缺损和瓷件瓷釉损坏等缺陷； 4. 保护装置可靠，运行稳定； 5. 操作机构灵活可靠，无卡阻现象，触点接触良好； 6. 各部接点接触紧密，元器件运行温度符合规定； 7. 盘柜表计、指示灯等完好，柜内接线正确、规范，五防功能齐全； 8. 外观涂漆、标识等符合要求	符合一类标准的 1～5 条，但有下列情况之一： 1. 接点温升偏大，但仍在正常范围内； 2. 盘柜个别表计损坏，二次布线不规范，标识不清晰，但不影响正常运行； 3. 外观涂漆、标识等不规范	有下列情况之一： 1. 故障率高，不能保证能随时投入运行； 2. 电气试验结果不符合国家现行相关标准的规定，且经常规处理仍不能满足要求； 3. 主要零部件损坏或属淘汰产品，绝缘件性能达不到使用要求； 4. 保护装置动作不可靠； 5. 操作机构不灵活，有卡阻现象； 6. 柜体油漆脱落，锈蚀、变形，影响正常使用； 7. 存在其他影响安全运行的重大缺陷	达到三类标准，且有下列情况之一： 1. 经过大修、技术改造或更换元器件等技术措施仍不能满足泵站运行安全、技术、经济要求或修复不经济； 2. 整体技术状态差； 3. 属淘汰产品

B.5 低压电器等级评定标准可按表 B.5 执行。

表 B.5 低压电器等级评定标准

一类	二类	三类	四类
应满足下列要求： 1. 各项性能参数在额定允许范围内，开关特性符合厂家要求； 2. 电气试验结果符合国家现行相关标准的规定； 3. 主要零部件完好，绝缘件无裂纹、缺损等缺陷； 4. 电气保护元器件配置合理，动作可靠； 5. 开关按钮动作可靠，指示灯指示正确； 6. 各部接点接触紧密，元器件运行温度符合规定； 7. 盘柜表计、指示灯等完好，柜内接线正确、规范； 8. 外观涂漆、标识等符合要求	符合一类标准的 1～4 条，但有下列情况之一： 1. 个别开关按钮操作不灵活，指示灯缺损； 2. 接点温升偏大，但仍在正常范围内； 3. 盘柜个别表计损坏，布线不规范，标识不清晰，但不影响正常运行； 4. 外观涂漆、标识等不规范	有下列情况之一： 1. 故障率高，不能保证能随时投入运行； 2. 电气试验结果不符合国家现行相关标准的规定，且经常规处理仍不能满足要求； 3. 主要零部件损坏或属淘汰产品，绝缘件性能达不到使用要求； 4. 电气保护元件配置不合理，动作不可靠； 5. 柜体油漆脱落，锈蚀、变形，影响正常使用	达到三类标准，且有下列情况之一： 1. 经过大修、技术改造或更换元器件等技术措施仍不能满足泵站运行安全、技术、经济要求或修复不经济； 2. 整体技术状态差； 3. 属淘汰产品

B.6　励磁装置等级评定标准可按表 B.6 执行。

表 B.6　励磁装置等级评定标准

一类	二类	三类	四类
应满足下列要求： 1. 各项性能参数在额定允许范围内，电气试验结果符合相关国家现行标准的规定； 2. 主电路元器件完好，风机及控制回路运行正常，保护及信号装置工作可靠； 3. 励磁变压器运行正常； 4. 微机励磁装置通信正常； 5. 盘柜表计、指示灯等完好，柜内接线正确、规范； 6. 外观涂漆、标识等符合要求	符合一类标准的 1、2 条，但有下列情况之一： 1. 励磁变压器运行基本正常，但温升偏高； 2. 微机励磁装置通信可靠性下降，但不影响正常运行； 3. 盘柜个别表计损坏，布线不规范，标识不清晰，但不影响正常运行； 4. 外观涂漆、标识等不规范	有下列情况之一： 1. 故障率高，不能保证能随时投入运行； 2. 电气试验结果不符合国家现行相关标准的规定，且经常规处理仍不能满足要求； 3. 主要零部件损坏或属淘汰产品； 4. 控制和保护回路动作不可靠； 5. 风机不能正常运转； 6. 柜体油漆脱落，锈蚀、变形，影响正常使用	达到三类标准，且有下列情况之一： 1. 经过大修、技术改造或更换元器件等技术措施仍不能满足泵站运行安全、技术、经济要求或修复不经济； 2. 整体技术状态差； 3. 属淘汰产品

B.7　直流装置等级评定标准可按表 B.7 执行。

表 B.7　直流装置等级评定标准

一类	二类	三类	四类
应满足下列要求： 1. 各项性能参数在额定范围内，绝缘性能符合要求； 2. 蓄电池性能良好，工作正常，无胀鼓、漏液等缺陷，能按规定进行充放电且容量满足要求； 3. 控制、保护、信号等回路控制器及开关按钮动作可靠，指示灯指示正确； 4. 盘柜表计完好，柜内接线正确、规范，结点接触紧密； 5. 外观涂漆、标识等符合要求	符合一类标准的 1、2 条，但有下列情况之一： 1. 个别开关按钮操作不灵活，指示灯缺损； 2. 盘柜个别表计损坏，布线不规范，标识不清晰，但不影响正常运行； 3. 外观涂漆、标识等不规范	有下列情况之一： 1. 主要性能指标下降，绝缘性能不符合要求； 2. 蓄电池性能严重下降，出现胀鼓、漏液等缺陷； 3. 柜体油漆脱落，锈蚀、变形，影响正常使用	达到三类标准，且有下列情况之一： 1. 经过大修、技术改造或更换元器件等技术措施仍不能满足泵站运行安全、技术、经济要求或修复不经济； 2. 整体技术状态差； 3. 主要设备及元器件属淘汰产品

B.8 保护和自动装置等级评定标准可按表 B.8 执行。

表 B.8 保护和自动装置等级评定标准

一类	二类	三类	四类
应满足下列要求： 1. 保护及自动装置完好，动作灵敏、可靠； 2. 保护整定值满足要求，电气试验结果符合要求； 3. 自动装置机械性能、电气特性满足要求； 4. 开关按钮动作可靠，指示灯指示正确； 5. 保护和自动装置通信正常； 6. 盘柜表计完好，柜内接线正确、规范，结点接触紧密； 7. 外观涂漆、标识等符合要求	符合一类标准的 1～3 条，但有下列情况之一： 1. 个别开关按钮操作不灵活，指示灯缺损； 2. 通信可靠性下降，但不影响正常运行； 3. 盘柜个别表计损坏，布线不规范，标识不清晰，但不影响正常运行； 4. 外观涂漆、标识等不规范	有下列情况之一： 1. 保护及自动装置有缺陷、动作不可靠； 2. 电气试验结果不符合要求，且经常规处理仍不能满足要求； 3. 自动装置损坏，机械性能、电气特性不满足要求； 4. 保护和自动装置通信不正常，且经常规处理仍不能满足要求； 5. 存在其他影响安全运行的重大缺陷	达到三类标准，且有下列情况之一： 1. 经过大修、技术改造或更换元器件等技术措施仍不能满足泵站运行安全、技术、经济要求或修复不经济； 2. 整体技术状态差； 3. 主要设备及元器件属淘汰产品

B.9 辅助设备等级评定标准可按表 B.9 执行。

表 B.9 泵站辅助设备等级评定标准

一类	二类	三类	四类
应满足下列要求： 1. 油、气、水系统功能及主要性能指标满足泵站运行要求，能随时投入运行； 2. 主要设备及零部件、管道及附件、闸阀等完好； 3. 安全阀、溢流阀、压力控制开关等安全保护装置整定值符合要求，动作灵敏、可靠； 4. 系统无渗漏油、气、水现象，阀门开关灵活，关闭严密； 5. 控制设备及元器件工作正常，安全、可靠； 6. 外观涂漆、标识等符合要求	符合一类标准的 1～3 条，但有下列情况之一： 1. 系统管道、储油（气）罐等存在锈蚀，局部有渗油、气、水现象，但强度满足要求； 2. 系统个别表计损坏、阀门开关不灵活或关闭不严密，但不影响正常运行； 3. 控制设备及元器件可靠性下降，但不影响正常运行； 4. 外观涂漆、标识等不规范	有下列情况之一： 1. 故障率高，不能保证能随时投入运行； 2. 油、气、水系统功能及主要性能指标不满足泵站运行要求； 3. 主要设备及零部件损坏严重，安全阀、溢流阀、压力控制开关等安全保护装置工作不正常，且经常规处理仍不能满足要求； 4. 管道、储油（气）罐等锈蚀严重，强度不满足要求	达到三类标准，且有下列情况之一： 1. 经过大修、技术改造或更换元器件等技术措施仍不能满足泵站运行安全、技术、经济要求或修复不经济； 2. 整体技术状态差； 3. 主要设备属淘汰产品

B.10　真空破坏阀等级评定标准可按表 B.10 执行。

表 B.10　真空破坏阀等级评定标准

一类	二类	三类	四类
应满足下列要求： 1. 功能及主要性能指标满足泵站安全运行要求，能随时投入； 2. 主要零部件完好； 3. 动作灵敏、可靠，具有应急手动打开功能，阀体关闭严密； 4. 外观涂漆、标识等符合要求	符合一类标准的 1～3 条，但有下列情况之一： 1. 有锈蚀、轻微的漏气等现象，但不影响安全运行； 2. 外观涂漆、标识等不规范	有下列情况之一： 1. 功能及主要性能指标不满足泵站安全运行要求，不能随时投入； 2. 主要零部件有严重缺陷； 3. 动作不灵敏、可靠性差，漏气严重	达到三类标准，且有下列情况之一： 1. 经过大修、技术改造或更换元器件等技术措施仍不能满足泵站运行安全、技术、经济要求或修复不经济； 2. 整体技术状态差

B.11　闸门、拍门等级评定标准可按表 B.11 执行。

表 B.11　闸门、拍门等级评定标准

一类	二类	三类	四类
应满足下列要求： 1. 门体及吊耳（门铰）、门槽结构完整，强度及尺寸满足设计要求； 2. 焊缝满足国家现行相关标准要求； 3. 门体和门槽平整、无变形，表面防腐符合要求； 4. 止水装置完好，止水严密； 5. 启闭无卡阻，锁定装置、缓冲装置工作可靠	符合一类标准的 1～2 条，但有下列情况之一： 1. 门体和门槽有轻微变形，但不影响闸门、拍门的正常使用； 2. 门体和门槽有锈蚀，但蚀余厚度满足强度要求； 3. 止水装置有轻微老化，止水不严密； 4. 锁定装置、缓冲装置的可靠性下降，但不影响闸门、拍门的正常使用	有下列情况之一： 1. 门体及吊耳（门铰）、门槽锈蚀、变形、破损严重，强度或尺寸不满足要求； 2. 焊缝不满足国家现行相关标准要求； 3. 不能正常启、闭，卡阻严重； 4. 锁定装置、缓冲装置失效，严重影响闸门、拍门的安全使用； 5. 存在其他影响安全运行的重大缺陷	达到三类标准，且有下列情况之一： 1. 经过加固改造等技术措施仍不能满足泵站运行安全、技术、经济要求或修复不经济； 2. 整体技术状态差

附录 C

建筑物等级评定标准

C.1　主泵房等级评定标准可按表 C.1 执行。

表 C.1　主泵房等级评定标准

一类	二类	三类	四类
应满足下列要求： 1. 结构完整，满足整体稳定要求，在泵站设计范围内，均能安全运行； 2. 基础变形及不均匀沉陷满足要求； 3. 钢筋混凝土结构强度满足要求，砌体完整； 4. 混凝土轻微碳化； 5. 钢筋混凝土结构钢筋保护层厚度满足要求； 6. 钢筋混凝土结构中钢筋无锈蚀或轻微锈蚀，锈蚀率满足要求； 7. 各构件完好，无明显裂缝、缺损、渗漏等缺陷； 8. 门窗完好，通风、散热、保温条件良好； 9. 观测设施齐全，满足要求	符合一类泵房的 1～6 条，且有下列情况之一： 1. 墙体局部剥落，构件存在轻微裂缝、缺损、渗漏等缺陷； 2. 门窗局部破损，通风、散热、保温条件较差； 3. 观测设施缺失或损毁	有下列情况之一： 1. 基础变形、沉陷较为严重，但不影响泵站安全运行； 2. 上部梁柱结构强度不满足安全要求，屋面渗水、门窗破损、墙体开裂严重； 3. 混凝土碳化严重，不满足要求； 4. 混凝土结构存在裂缝、缺损、渗漏等缺陷，但通过加固改造能满足要求	有下列情况之一： 1. 不满足整体稳定要求； 2. 底板、水泵梁、电机梁和泵房排架等主要结构强度不满足要求； 3. 对于分基型泵房，砌体裂缝、倾斜、破损、渗水严重，屋面结构简陋，漏水、破损严重

C.2　进出水池等级评定标准可按表 C.2 执行。

表 C.2　进出水池等级评定标准

一类	二类	三类	四类
应满足下列要求： 1. 几何尺寸符合要求，水流流态较好； 2. 结构完整，满足整体稳定要求； 3. 防渗、反滤设施技术状况良好； 4. 变形及不均匀沉陷满足要求； 5. 混凝土结构强度、碳化深度、钢筋保护层厚度以及钢筋锈蚀率满足要求； 6. 砌体完好； 7. 观测设施齐全，满足要求	符合一类进出水池的 1～3 条，且有下列情况之一： 1. 混凝土结构强度满足要求，有轻微的碳化、破损、露筋等现象； 2. 砌体结构局部有松动，有少量细微裂缝及轻微不均匀沉陷； 3. 观测设施缺失或损毁	有下列情况之一： 1. 部分结构发生不均匀沉陷； 2. 防渗、反滤设施损坏较为严重； 3. 混凝土碳化及钢筋锈蚀严重，局部有破损和裂缝； 4. 砌体有松动、冲刷、坍塌等现象	有下列情况之一： 1. 几何尺寸不符合要求，水流流态差； 2. 结构变形、倾斜、不均匀沉陷严重； 3. 防渗、反滤设施损坏及渗透变形严重，不能满足安全运行要求； 4. 主要结构混凝土强度不满足要求； 5. 砌体有大面积的松动、冲刷、坍塌等现象

C.3　流道(管道)等级评定标准可按表 C.3 执行。

表 C.3　流道(管道)等级评定标准

一类	二类	三类	四类
应满足下列要求： 1. 技术状态完好，满足过流及流态要求； 2. 结构完好，无明显错位、裂缝、缺损、渗漏等缺陷； 3. 混凝土结构强度、碳化深度、钢筋保护层厚度以及钢筋锈蚀率满足要求； 4. 过流面光滑，蚀坑较少，水力损失小； 5. 管坡、管床、镇墩、支墩结构完整，无明显裂缝及不均匀沉陷	符合一类流道(管道)的 1、2 条，且有下列情况之一的： 1. 混凝土结构强度满足要求，有轻微的碳化、破损、露筋等现象； 2. 过流面局部有轻微破损，局部有蚀坑； 3. 管坡、管床、镇墩、支墩有轻微沉陷、裂缝，但不影响安全运行，管道有轻微位移、少量渗水	有下列情况之一的： 1. 局部有裂缝、破损、错位和漏水（漏气）现象； 2. 混凝土碳化、钢筋锈蚀、露筋较严重，但强度满足要求； 3. 管坡、管床、镇墩、支墩变形、沉陷较严重，但通过加固改造能满足要求	有下列情况之一的： 1. 几何尺寸不符合要求，流态差，并严重影响机组正常运行； 2. 结构强度不满足要求； 3. 基础变形、不均匀沉陷较大，错位、裂缝及渗漏水严重，不能满足安全要求； 4. 管坡、管床、镇墩、支墩变形及不均匀沉陷严重，通过加固难以修复； 5. 管道破损、露筋，内表面冲蚀严重

C.4 涵闸等级评定标准可按表 C.4 执行。

表 C.4 涵闸等级评定标准

一类	二类	三类	四类
应满足下列要求： 1. 技术状态完好，过流能力及消能防冲满足要求； 2. 结构完整，满足整体稳定要求，在设计范围内，均能安全运行； 3. 基础变形及不均匀沉陷满足要求； 4. 混凝土结构强度、碳化深度、钢筋保护层厚度以及钢筋锈蚀率满足要求； 5. 主体结构无明显裂缝、破损、渗漏等缺陷； 6. 上下游翼墙及护坡完好； 7. 启闭机室墙体及门窗完好，无漏水和渗水现象； 8. 观测设施满足要求	符合一类涵闸的 1～3 条，且有下列情况之一： 1. 混凝土结构整体强度满足设计要求，局部有碳化、破损、露筋等现象； 2. 构件存在轻微裂缝、缺损、渗漏等缺陷； 3. 上下游翼墙及护坡结构局部有松动、裂缝及沉陷等现象，但不影响过流和安全运行； 4. 启闭机室门窗局部破损，墙体存在局部剥落、裂缝、渗水等缺陷； 5. 观测设施缺失或损毁	有下列情况之一： 1. 基础变形、沉陷较为严重，但不影响安全运行； 2. 混凝土碳化严重，不满足要求； 3. 混凝土结构存在裂缝、缺损、渗漏等缺陷，但通过加固改造能满足要求； 4. 消能防冲或防渗不满足要求； 5. 上下游翼墙及护坡存在较严重的沉陷、错位、裂缝或垮塌等缺陷； 6. 启闭机室屋面渗水、门窗破损、墙体开裂严重	有下列情况之一： 1. 过流能力不满足要求； 2. 整体稳定不满足要求； 3. 主体结构强度不满足要求； 4. 存在其他严重威胁安全运行的缺陷

附录 D

危险源辨识及风险评价标准

D.1 泵站工程运行重大危险源清单见表 D.1

表 D.1 泵站工程运行重大危险源清单

序号	类别	项目	重大危险源	事故诱因	可能导致的后果
1	构(建)筑物类	进、出水建筑物	穿堤涵洞	变形、开裂、止水失效	堤防渗漏、堤防破坏、水淹站区
2	金属结构类	压力钢管	压力钢管、阀组、伸缩节	变形、锈蚀、未定期检验、紧急关阀、水锤防护设施失效	爆管、顶部溢水、塌陷、漏水、水淹厂房及周边设施等、人员伤亡
3	设备设施类	电气设备	配电设备	设备失效	触电、短路、火灾、人员重大伤亡、设备损坏、影响泵站运行
4		特种设备类	起重设备	未经常性维护保养、未自行检查和定期检验	设备严重损坏、人员伤亡
5	作业活动类	作业活动	高处作业	违章指挥、违章操作、违反劳动纪律、未正确使用防护用品	高处坠落、物体打击
6			有限空间作业		淹溺、中毒、坍塌
7			水下观测与检查作业		淹溺
8			带电作业		触电、人员伤亡
9	管理类	运行管理	操作票、工作票、交接班、巡回检查、设备定期试验制度执行	未严格执行	工程及设备严重损(破)坏、人员重大伤亡
10	环境类	自然环境	自然灾害	山洪、泥石流、山体滑坡等	工程及设备严重损(破)坏、人员重大伤亡
11			洪水位超防洪标准	超保证水位运行	水淹泵房等、设备受损、人员伤亡

D.2 一般危险源风险评价方法——风险矩阵法(LS 法)

一、风险矩阵法(LS 法)的数学表达式为:

$$R = L \times S \qquad \text{(公式 1)}$$

式中:R—风险值;

L—事故发生的可能性;

S—事故造成危害的严重程度。

二、L 值的取值过程与标准

L 值应由管理单位三个管理层级(分管负责人、部门负责人、运行管理人员)、多个相关部门(运管、安全或有关部门)人员按照以下过程和标准共同确定。

第一步:由每位评价人员根据实际情况和表 D.2,参照附录 D.3 初步选取事故发生的可能性数值(以下用 L_c 表示);

表 D.2 L_c 值取值标准表

事故发生可能性	一般情况下不会发生	极少情况下才发生	某些情况下发生	较多情况下发生	常常会发生
L_c 值	5	10	30	60	100

第二步:分别计算出三个管理层级中,每一层级内所有人员所取 L_c 值的算术平均数 L_{j1}、L_{j2}、L_{j3}。

其中:$j1$ 代表分管负责人层级;

$j2$ 代表部门负责人层级;

$j3$ 代表运行管理人员层级。

第三步:按照下式计算得出 L 的最终值。

$$L = 0.3 \times L_{j1} + 0.5 \times L_{j2} + 0.2 \times L_{j3} \qquad \text{(公式 2)}$$

三、S 值取值标准

对于坝后式水电站宜综合考虑水库水位 H 和工程规模 M 两个因素,用两者的乘积值 V 所在区间作为 S 取值的依据。V 值应按照表 D.3 计算,S 值应按照表 D.4 取值。

表 D.3 V 值计算表

水库水位 H		工程规模 M				
		小(2)型	小(1)型	中型	大(2)型	大(1)型
		取值 1	取值 2	取值 3	取值 4	取值 5
$H\leqslant$死水位	取值 1	1	2	3	4	5
死水位$<H\leqslant$汛限水位	取值 2	2	4	6	8	10

续表

水库水位 H		工程规模 M				
		小(2)型	小(1)型	中型	大(2)型	大(1)型
		取值 1	取值 2	取值 3	取值 4	取值 5
汛限水位＜H≤水电站设计洪水位	取值 3	3	6	9	12	15
水电站设计洪水位＜H≤校核洪水位	取值 4	4	8	12	16	20
H＞校核洪水位	取值 5	5	10	15	20	25

表 D.4　坝后式水电站 S 值取值标准表

V 值区间	危害程度	水库工程 S 值取值
V≥21	灾难性的	15
16≤V≤20	重大的	10
11≤V≤15	中等的	7
6≤V≤10	轻微的	5
V≤5	极轻微的	3

除坝后式水电站外，在分析水电站、泵站工程运行事故所造成危害的严重程度时，以工程规模或等别作为 S 取值的依据，S 值应按照表 D.5 取值。

表 D.5　泵站工程 S 值取值标准表

工程规模或等别	小(2)型或Ⅴ	小(1)型或Ⅳ	中型或Ⅲ	大(2)型或Ⅱ	大(1)型或Ⅰ
S 值	3	5	7	10	15

四、一般危险源风险等级划分

按照上述内容，选取或计算确定一般危险源的 L、S 值，由公式 1 计算 R 值，再按照表 D. 6确定风险等级。

表 D.6　一般危险源风险等级划分标准表-风险矩阵法(*LS* 法)

R 值区间	风险程度	风险等级	颜色标示
R＞320	极其危险	重大风险	红
160＜R≤320	高度危险	较大风险	橙
70＜R≤160	中度危险	一般风险	黄
R≤70	轻度危险	低风险	蓝

D.3 泵站工程运行一般危险源风险评价赋分表(指南)

表 D.7 泵站工程运行一般危险源风险评价赋分表(指南)

序号	类别	项目	一般危险源	事故诱因	可能导致的后果	风险评价方法	L 值范围	E 值范围	S 值或 C 值范围	R 值或 D 值范围	风险等级范围
1	构(建)筑物类	进出水建筑物	进出水渠	冲刷、变形、渗漏	淤积、坍塌	LS 法	5～10	/	3～15	15～150	低——一般
2			前池、进水池	渗漏、水位骤降	隆起、开裂破坏	LS 法	5～10	/	3～15	15～150	低——一般
3			进水流道	进水流道淤积	堵塞、设备受损	LS 法	5～5	/	3～15	15～75	低——一般
4			出水流道	沉降变形	渗水、漫溢、水淹厂房	LS 法	5～5	/	3～15	15～75	低——一般
5			压力水箱	沉降变形、止水失效	水淹厂房、设备受损	LS 法	5～30	/	3～15	15～450	低—重大
6			进出水翼墙	沉降变形、渗透破坏	滑移、裂缝、变形、倾覆、倒塌	LS 法	5～30	/	3～15	15～450	低—重大
7		泵房	站身稳定及渗流	抗滑不足或防渗失效	滑移、沉降、裂缝	LS 法	5～30	/	3～15	15～450	低—重大
8			厂房结构	使用不当、振动、裂缝、结构徐变、变形	结构破坏、渗漏	LS 法	5～30	/	3～15	15～450	低—重大
9			泵房屋面及外墙防水	防水失效、暴雨、雨水管堵塞	漏水、设备损坏	LS 法	5～30	/	3～15	15～450	低—重大
10		输水建筑物	进排气设施	进排气通道堵塞	影响管道运行安全、爆管、渗漏	LS 法	5～30	/	3～15	15～450	低—重大
11			出水流道真空破坏设施	设施功能失效	无法断流,机组飞逸	LS 法	5～30	/	3～15	15～450	低—重大
12			调压塔	调压塔缺水、溢水、闸阀关闭不严	防水锤失效、爆管、渗漏	LS 法	5～30	/	3～15	15～450	低—重大
13			压力管道	水锤防护设施失效	爆管、水淹厂房	LS 法	5～30	/	3～15	15～450	低—重大
14		变电站	基础及支架	沉降、倾覆	设备损坏	LS 法	5～30	/	3～15	15～450	低—重大
15		管理房	结构、屋面及外墙防水	变形、裂缝、渗漏、防水失效	结构破坏、渗漏、影响使用	LS 法	5～30	/	3～15	15～450	低—重大
16		岸坡	岸坡	不良地质、水流冲刷、浸润线涨高	滑坡、失稳、坍塌	LS 法	5～30	/	3～15	15～450	低—重大

续表

序号	类别	项　目	一般危险源	事故诱因	可能导致的后果	风险评价方法	L 值范围	E 值范围	S 值或 C 值范围	R 值或 D 值范围	风险等级范围
17	金属结构类	闸门	防洪闸门	无法关闭	倒灌、水淹站区	LS 法	5～30	/	3～15	15～450	低—重大
18			快速闸门/拍门	出口拍门故障	机组无法启用或停机后倒转甚至飞逸	LS 法	5～30	/	3～15	15～450	低—重大
19			工作闸门	磨损、锈蚀	止水失效、锈蚀损坏	LS 法	5～30	/	3～15	15～450	低—重大
20			检修闸门	磨损、锈蚀	止水失效、锈蚀损坏	LS 法	5～5	/	3～15	15～75	低——般
21			事故闸门	不能及时关闭、断流失效	机组无法停机、倒转甚至飞逸	LS 法	5～30	/	3～15	15～450	低—重大
22		拦污与清污设备	拦污栅	锈蚀、撞击损坏	设备损坏、影响机组运行	LS 法	5～30	/	3～15	15～450	低—重大
23			清污机	磨损、锈蚀，电机及回路控制设备故障	影响设备运行	LS 法	5～30	/	3～15	15～450	低—重大
24		阀组	蝶阀、闸阀、进排气阀、真空破坏阀、调流阀等	有杂物、密封关闭不严、功能失效	爆管、水淹厂房、设备受损、人身伤害	LS 法	5～30	/	3～15	15～450	低—重大
25		启闭机械	按《水利水电工程（水库、水闸）运行危险源辨识与风险评价导则》执行								
26	设备设施类	机组及附属设备	电动机	电机部件制造缺陷或安装缺陷，冷却系统故障，传感器故障，绝缘受潮、老化、损坏	设备损坏、机组无法运行	LS 法	5～30	/	3～15	15～450	低—重大
27			主水泵	检修安装不正确、冷却系统故障、叶片调节装置故障、机械密封故障等	机组损坏、机组无法正常运行、污染水体	LS 法	5～30	/	3～15	15～450	低—重大
28			减速器	超负荷、过热、异常运转	影响运行、设备损坏	LS 法	5～30	/	3～15	15～450	低—重大
29		电气设备	电动机变频、旁路装置	变频装置或旁路故障	影响设备运行	LS 法	5～30	/	3～15	15～450	低—重大

续表

序号	类别	项　目	一般危险源	事故诱因	可能导致的后果	风险评价方法	L 值范围	E 值范围	S 值或 C 值范围	R 值或 D 值范围	风险等级范围
30	设备设施类	电气设备	变压器	油品质不符合要求、裸露带电导体与周边的安全净距不满足要求、保护及冷却装置故障、套管或支撑绝缘子损坏	设备损坏、爆炸、触电	LS 法	5～30	/	3～15	15～450	低—重大
31			气体绝缘全封闭组合电器(GIS)	在线监测系统故障、气密性损坏	设备爆炸、中毒窒息	LS 法	5～30	/	3～15	15～450	低—重大
32			高、低压开关配电设备	设备故障	影响设备运行	LS 法	5～30	/	3～15	15～450	低—重大
33			高压电容器	渗漏油、外壳膨胀	爆炸、人身伤害	LS 法	5～30	/	3～15	15～450	低—重大
34			母线、电缆及输电线路	接地故障，绝缘老化，线路断路、短路，雷击等	短路故障，全站失电	LS 法	5～30	/	3～15	15～450	低—重大
35			互感器	互感器性能参数不满足要求、回路故障、本体故障、电流互感器二次侧开路、电压互感器二次短接	意外停机	LS 法	5～30	/	3～15	15～450	低—重大
36			直流系统	蓄电池、整流装置、开关、小母线等故障或损坏	影响设备运行	LS 法	5～30	/	3～15	15～450	低—重大
37			励磁系统	励磁系统故障	不能同期或解列	LS 法	5～30	/	3～15	15～450	低—重大
38			备用电源(柴油发电机)	线路故障、蓄电池故障、空气进入系统等	不能及时供电，影响泵站运行	LS 法	5～10	/	3～15	15～150	低——般
39			仪表、测量控制及保护装置	设备故障，保护定值不合理，保护动作不灵敏	影响设备运行	LS 法	5～30	/	3～15	15～450	低—重大
40			接地装置	接地装置锈蚀、连接不良，有损伤、折断	触电	LS 法	5～30	/	3～15	15～450	低—重大
41			综合自动化系统	硬件故障、使用不当	机组无法正常运行	LS 法	5～10	/	3～15	15～150	低——般

续表

序号	类别	项目	一般危险源	事故诱因	可能导致的后果	风险评价方法	L值范围	E值范围	S值或C值范围	R值或D值范围	风险等级范围
42	设备设施类	辅助设备	油系统	油品质不达标、油压异常、过滤器堵塞、油管堵塞、安全阀等阀门故障	机组异常温升，机组停运	LS法	5～30	/	3～15	15～450	低—重大
43			技术供水系统	水泵故障、管路堵塞、阀门故障、控制电源及回路故障、冷却装置故障、过滤器故障等	机组停运	LS法	5～30	/	3～15	15～450	低—重大
44			排水系统	排水泵、排污泵淤堵失效，控制系统故障	站内积水，设备损坏	LS法	5～30	/	3～15	15～450	低—重大
45			真空系统	真空泵故障、闸阀不严密、管道漏气	机组无法运行	LS法	5～30	/	3～15	15～450	低—重大
46			气系统	储气罐压力异常、安全阀故障	机组无法正常开、停机	LS法	5～30	/	3～15	15～450	低—重大
47		特种设备	电梯	未及时维修养护、未定期检测	人身伤害	LEC法	0.5～3	2～6	3～15	3～270	低—较大
48			压力容器	未及时维修养护、未定期检测	容器爆炸，人身伤害	LS法	5～30	/	3～15	15～450	低—重大
49			专用机动车辆	未及时维修养护、未定期检测	人身伤害	LEC法	0.5～3	2～6	3～15	3～270	低—较大
50		管理设施	视频监控系统	功能失效	不能及时发现工程隐患或险情	LS法	5～30	/	3～15	15～450	低—重大
51			拦船索	设施损坏	船舶撞毁构筑物	LS法	5～10	/	3～15	15～150	低——般
52			观测设施	设施损坏	影响工程调度运行	LS法	5～30	/	3～15	15～450	低—重大
53			振动、摆度、温度等电气设备及水泵安全监测系统	功能失效	影响工程调度运行、防汛抢险	LS法	5～30	/	3～15	15～450	低—重大

续表

序号	类别	项　目	一般危险源	事故诱因	可能导致的后果	风险评价方法	L 值范围	E 值范围	S 值或 C 值范围	R 值或 D 值范围	风险等级范围
54	设备设施类	管理设施	变形、渗流、应力应变、温度、地震等安全监测系统	功能失效	不能及时发现工程隐患或险情	LS 法	5～30	/	3～15	15～450	低—重大
55			通信及预警设施	设施损坏	影响工程调度运行	LS 法	5～30	/	3～15	15～450	低—重大
56			闸门远程控制系统	功能失效	影响闸门启闭、工程调度运行	LS 法	5～30	/	3～15	15～450	低—重大
57			网络设施	设施损坏	影响闸门启闭、工程调度运行、安全监测数据传输	LS 法	5～30	/	3～15	15～450	低—重大
58			防汛抢险照明设施	设施损坏	影响夜间防汛抢险	LS 法	5～10	/	3～15	15～150	低—一般
59			消防设施	设施损坏、过期或失效	不能及时预警、不能正常发挥灭火功能	LS 法	5～30	/	3～15	15～450	低—重大
60			防雷保护系统	功能失效	电气系统损坏，影响工程运行安全	LS 法	5～30	/	3～15	15～450	低—重大
61	作业活动类	作业活动	机械作业	违章指挥、违章操作、违反劳动纪律、未正确使用防护用品	机械伤害	LEC 法	0.5～3	2～6	3～7	3～126	低—一般
62			起重、搬运作业		起重伤害、物体打击	LEC 法	0.5～3	2～6	3～7	3～126	低—一般
63			电焊作业		灼烫、触电、火灾	LEC 法	0.5～3	2～6	3～7	3～126	低—一般
64			水上观测与检查作业		淹溺	LEC 法	0.5～3	2～6	3～7	3～126	低—一般
65			动火作业		触电、失火	LEC 法	0.5～3	2～6	3～15	3～270	低—较大
66			断路作业		交通事故、人员伤害	LEC 法	0.5～3	2～6	3～15	3～270	低—较大
67			危化作业		中毒、水体污染	LEC 法	0.5～3	2～6	3～15	3～270	低—较大
68			破土作业		管线破坏、中毒、坍塌	LEC 法	0.5～3	2～6	3～15	3～270	低—较大
69			盲板封堵		淹溺	LEC 法	0.5～3	2～6	3～15	3～270	低—较大
70			高压电气设备巡视、检修作业	防护距离不够，违章操作	触电	LEC 法	0.5～3	2～6	3～15	3～270	低—较大
71		检修	水泵、风机检修作业	违章指挥、违章操作、违反劳动纪律、未正确使用防护用品、无证上岗	触电、机械伤害	LEC 法	0.5～3	2～6	3～15	3～270	低—较大
72			管道、压力容器检修作业		中毒和窒息	LEC 法	0.5～3	2～6	3～15	3～270	低—较大

续表

序号	类别	项　目	一般危险源	事故诱因	可能导致的后果	风险评价方法	L 值范围	E 值范围	S 值或 C 值范围	R 值或 D 值范围	风险等级范围
73	作业活动类	检修	油库、油箱、油管道的运行和检修作业，电机、变压器(机械设备、电气设备)油类作业(含油取样及分析)	油遇到火源	火灾、触电	LEC 法	0.5～3	2～6	3～15	3～270	低—较大
74				油处理不规范	变压器、电机设备(电气设备、机械设备)损坏	LEC 法	0.5～3	2～6	3～15	3～270	低—较大
75				安全措施不完善	火灾、爆炸	LEC 法	0.5～3	2～6	3～15	3～270	低—较大
76				违章作业	火灾、爆炸	LEC 法	0.5～3	2～6	3～15	3～270	低—较大
77			现场设备检查维护作业	作业违反操作规程	触电、机械伤害	LEC 法	0.5～3	2～6	3～15	3～270	低—较大
78		试验检验	管道水压试验	超压爆裂	人身伤害	LEC 法	0.5～6	1～6	3～15	1.5～540	低—重大
79			验电	验电顺序不合规	触电	LEC 法	0.5～6	1～6	3～15	1.5～540	低—重大
80			高电压试验	漏电	触电	LEC 法	0.5～6	1～6	3～15	1.5～540	低—重大
81	管理类	管理体系	机构组成与人员配备	机构不健全	影响工程运行管理	LS 法	5～30	/	3～15	15～450	低—重大
82			安全管理规章制度与操作规程制定	制度不健全	影响工程运行管理	LS 法	5～30	/	3～15	15～450	低—重大
83			防汛抢险物料准备	物料准备不足	影响工程防汛抢险	LS 法	5～10	/	3～15	15～150	低——般
84			维修养护物资准备	物资准备不足	影响工程运行安全	LS 法	5～10	/	3～15	15～150	低——般
85			人员基本支出和工程维修养护经费落实	经费未落实	影响工程运行管理	LS 法	5～30	/	3～15	15～450	低—重大
86			管理、作业人员教育培训	培训不到位	影响工程运行安全、人员作业安全	LS 法	5～30	/	3～15	15～450	低—重大

续表

序号	类别	项　目	一般危险源	事故诱因	可能导致的后果	风险评价方法	L 值范围	E 值范围	S 值或 C 值范围	R 值或 D 值范围	风险等级范围
87	管理类	运行管理	观测与监测	未按规定开展	设备设施严重损(破)坏	LS法	5～30	/	3～15	15～450	低—重大
88			安全检查制度执行	未按规定开展或检查不到位		LS法	5～10	/	3～15	15～150	低——般
89			外部人员的活动	活动未经许可		LS法	5～30	/	3～15	15～450	低—重大
90			管理和保护范围划定	范围不明确	影响工程运行管理	LS法	5～30	/	3～15	15～450	低—重大
91			应急预案编制、报批、演练	未编制、报批或演练	影响工程防汛抢险	LS法	5～10	/	3～15	15～150	低——般
92			维修养护计划制定	未制定	不能及时消除工程隐患	LS法	5～10	/	3～15	15～150	低——般
93			采用新技术、新材料、新设备、新工艺	缺少相关标准和经验	故障、设备损坏、人员伤害	LS法	5～30	/	3～15	15～450	低—重大
94			警示、警告标识设置	缺失	影响工程安全运行、人员安全	LS法	5～30	/	3～15	15～450	低—重大
95	环境类	工作环境	疏散逃生通道	通道堵塞	发生火灾时人员无法及时撤离	LS法	5～30	/	3～15	15～450	低—重大
96			消防通道	消防通道不满足要求	发生火灾时不能及时扑灭	LS法	5～30	/	3～15	15～450	低—重大
97			油浸式变压器贮油池卵石层	贮油池内鹅卵石间缝隙被杂物堵塞，鹅卵石尺寸或厚度不满足要求，喷出的绝缘油不能快速下渗	火灾发生后可能持续燃烧	LS法	5～10	/	3～15	15～150	低——般
98			斜坡、步梯、通道、作业场地	结冰或湿滑	高处坠落、扭伤、摔伤	LEC法	0.5～3	2～6	3～7	3～126	低——般

续表

序号	类别	项　目	一般危险源	事故诱因	可能导致的后果	风险评价方法	L 值范围	E 值范围	S 值或 C 值范围	R 值或 D 值范围	风险等级范围
99	环境类	工作环境	孔洞、临边、临水部位	防护栏杆缺失，井、坑、孔、洞或沟道没有覆以地面齐平盖板或照明不足	高处坠落、淹溺	LEC 法	0.5～3	2～6	3～7	3～126	低——一般
100		自然环境	管理和保护范围内山体（土体）存在潜在滑坡、落石区域	大风、暴雨、洪水等	坍塌、物体打击	LEC 法	0.5～3	0.5～3	3～15	0.75～135	低——一般
101					浪涌破坏	LS 法	5～10	/	3～15	15～150	低——一般
102			结构受侵蚀性介质作用	侵蚀性介质接触	建筑物结构损坏	LS 法	5～30	/	3～15	15～450	低—重大
103			水生生物	吸附在闸门、门槽上	影响闸门启闭	LS 法	5～30	/	3～15	15～450	低—重大
104			水面漂浮物、垃圾	在门槽附近堆积	影响闸门启闭	LS 法	5～30	/	3～15	15～450	低—重大
105			杨柳絮、老鼠、蛇等	未采取措施防止动物、杨柳絮进入	短路、设备损坏	LS 法	5～30	/	3～15	15～450	低—重大
106			有毒有害气体、废弃物	溢出，处理不当	中毒、人员伤亡、污染水体	LS 法	0.5～3	2～6	3～7	3～126	低——一般

附录E

技术档案归档范围和保管期限表

表E.1 技术档案归档范围和保管期限表

序号	应归档材料内容	保管期限
1	规范、规程	
1.1	《水法》等相关法规	永久
1.2	有关技术文件	永久
1.3	有关准则、条例、技术规程等	长期
1.4	泵站设计、安装、管理规范	长期
1.5	各类相关操作规程	长期
1.6	抽水站管理制度	长期
1.7	相关设计手册、定额等	长期
2	扩建、加固、改造	
2.1	设计书	永久
2.2	工程地质勘察资料	永久
2.3	竣工总结、报告	永久
2.4	竣工验收文件	永久
2.5	土建竣工图	永久
2.6	电气竣工图	永久
2.7	电机资料	永久
2.8	水泵资料	永久
2.9	管道(辅机)竣工图	永久
2.10	变压器资料	永久
2.11	自动监测、监控、视频系统技术文件和图纸	长期
2.12	设备验收、试运行等记录	长期
3	工程基本资料	
3.1	工程基本情况资料	长期
3.2	事故报告	长期
3.3	工程大事记	长期
3.4	工程运行统计资料	长期

续表

序号	应 归 档 材 料 内 容	保管期限
4	设备基本资料	
4.1	设备随机资料	
4.2	设备登记卡	永久
4.3	设备评级资料	长期
4.4	压力容器等资料	长期
4.5	消防器材资料	短期
5	设备大修	
5.1	机组大修报告	长期
5.2	变压器大修报告	长期
5.3	其他电气设备大修报告	长期
5.4	辅机设备大修报告	长期
6	设备修试卡	
6.1	主电机、主水泵修试卡/设备缺陷登记	长期
6.2	辅机修试卡/设备缺陷登记	长期
6.3	电器设备修试卡/设备缺陷登记	长期
7	设备试验	
7.1	高压试验	短期
7.2	继电保护	短期
7.3	仪表校验	短期
7.4	可控硅试验	短期
7.5	油化验	短期
8	运行记录	
8.1	工作票	短期
8.2	操作票	短期
8.3	绝缘记录	短期
8.4	运行值班记录	短期
8.5	运行值班记录(机务)	短期
8.6	运行记录统计	长期
9	工程维修	
9.1	大站维修项目计划	长期
9.2	上级部门审批下达的工程维修项目文件	长期

续表

序号	应归档材料内容	保管期限
9.3	大站维修、防汛急办项目实施计划	长期
9.4	工程设计书及概算	长期
9.5	设备购置、安装、施工合同	长期
9.6	开工报告	长期
9.7	施工期资料	长期
9.8	竣工决算	长期
9.9	竣工总结	长期
9.10	竣工图	长期
9.11	竣工验收纪要或竣工验收卡	长期
10	检查观测	
10.1	定期检查报告	长期
10.2	水下检查记录	长期
10.3	特别检查、安全检测报告	长期
10.4	垂直位移观测原始记录	长期
10.5	垂直位移观测报表	长期
10.6	测压管(扬压力)观测原始记录	长期
10.7	测压管(扬压力)观测报表	长期
10.8	伸缩缝观测原始记录	长期
10.9	伸缩缝观测报表	长期
10.10	观测资料汇编	长期
10.11	本单位地形图	长期
11	防洪、抗旱	
11.1	上级部门对防洪、抗旱的指示、通知、通报等	长期
11.2	防洪预案	长期
11.3	防洪、抗旱上报材料	长期
11.4	年度防洪抗旱总结等	长期
12	科技教育	
12.1	本单位革新建议、成果、科研成果资料	长期
12.2	成果申报、鉴定、审批及推广应用材料	长期
12.3	职工教育资料	长期

附录 F

运行管理资料参考模板

1. 第一种工作票

第一种工作票

单位：________________________ 编号：__________________________

一、工作负责人(监护人)：_______________；班组：_______________；工作班人员：___________________
____；现场安全员：__________ 共____人

二、工作内容和工作地点：____
____
____

三、计划工作时间：自__________ 年____月____日____时____分
至__________ 年____月____日____时____分

四、安全措施：

下列由工作票签发人填写：

1. 应拉开关和隔离刀闸；(注明编号)
____
____
____

2. 应装接地线、应合接地刀闸：(注明装设地点、名称及编号)
____
____
____

3. 应设遮栏、应挂标示牌；(注明地点)
____
____
____

工作票签发人签名：__________________________

收到工作票时间：____年__月__日__时__分

值班负责人签名：____________________________

下列由工作许可人(值班员)填写：

已拉开关和隔离刀闸；(注明编号)
____
____
____

已装接地线、已合接地刀闸：(注明装设地点、名称及编号)
____
____
____

已设遮栏、已挂标示牌；(注明地点)
____
____
____

工作地点保留带电部分和补充安全措施：
____
____
____

工作许可人签名：____________________________

值班负责人签名：____________________________

五、许可开始工作时间：________年____月____日____时____分

工作许可人签名：_____________ 工作负责人签名：_____________ 现场安全员签名：_____________

六、工作负责人变动：原工作负责人__________离去，变更___________为工作负责人。

变动时间：________年____月____日____时____分

工作票签发人签名：_______________

七、工作人员变动：

增添人员姓名	时间	工作负责人	离去人员姓名	时间	工作负责人

八、工作票延期：有效期延长到________年____月____日____时____分。

工作负责人签名：______________________　值班负责人签名：______________________

九、工作终结：全部工作已于　　　年　月　日　时　分结束，设备及安全措施已恢复至开工前状态，工作人员全部撤离，材料、工具已清理完毕。

工作负责人签名：____________________　值班负责人签名：________________________

十、工作票终结：

临时遮栏、标示牌已拆除，常设遮栏已恢复，接地线共______组(____)号已拆除，接地刀闸____组(____)号已拉开。

工作票于________年____月____日____时____分终结。

工作许可人签名：____________

十一、备注：____

____

____

十二、每日开工和收工时间

开工时间	工作许可人	工作负责人	收工时间	工作许可人	工作负责人
年　月　日　时　分			年　月　日　时　分		
年　月　日　时　分			年　月　日　时　分		
年　月　日　时　分			年　月　日　时　分		
年　月　日　时　分			年　月　日　时　分		
年　月　日　时　分			年　月　日　时　分		
年　月　日　时　分			年　月　日　时　分		

十三、执行工作票保证书

<table>
<tr><td colspan="2">工作班人员签名：</td></tr>
<tr><td>开工前</td><td>收工后</td></tr>
<tr><td>1. 对工作负责人布置的工作任务已明确
2. 监护人和被监护人互相清楚分配的工作地段、设备，包括带电部分等注意事项已清楚
3. 安全措施齐全，工作人员确在安全措施保护范围内工作
4. 工作前保证认真检查设备的双重编号，确认无电后方可工作；工作期间，保证遵章守纪、服从指挥、注意安全，保质保量完成任务
5. 所有工具包括试验仪表等齐全，检查合格；开工前对有关工作进行检查确认可以开工</td><td>1. 所布置的工作任务已按时保质保量完成
2. 施工期间发现的缺陷已全部处理
3. 对检修的设备项目自检合格，有关资料在当天交工作负责人
4. 检查场地已打扫干净，工具(包括仪表)及多余材料已收回保管好
5. 经工作负责人通知本工作班安全措施已拆除(经三级验收后确定)，检修设备可投运
6. 对已拆线已全部恢复并接线正确</td></tr>
</table>

姓名	时间

注：1. 工作班人员在开工会结束后签名，工作票交工作负责人保存。

2. 工作结束收工会后工作班人员在保证书上签名，并经工作负责人同意方可。

2. 第二种工作票

第二种工作票

单位：________________　编号：__________

一、工作负责人(监护人)：________________ 班组：____

工作班人员：____

____ 共 ___ 人。

二、工作任务：____

____

____

三、计划工作时间：

自 __________年 ______ 月 ______ 日 ______时 ______ 分

至 __________年 ______ 月 ______ 日 ______时 ______ 分

四、工作条件(停电或不停电)：

____

____

五、注意事项(安全措施)：

____

____

____

____

____

工作票签发人(签名)：______________ 签发日期：________年 ____月 ____日 ____时 ____分

六、许可工作时间：__________年 ______月 ______日 ______时 ______分

工作许可人签名：____________________ 工作负责人签名：______________________

七、工作票终结

全部工作于 __________年 ______月 ______日 ______时 ______分结束，工作人员已全部撤离，材料、工具已清理完毕。

工作负责人签名：__________________ 工作许可人签名：____________________

八、备注：

____

____

____

3. 操作票

________泵站

________操作票

编号：

操作任务：				
操作记号(√)	顺序	操作项目		
发令人：			发令时间：	年 月 日 时 分
受令人：		操作员：		监护人：
			操作开始时间： 操作完成时间：	年 月 日 时 分 年 月 日 时 分
备注				

参考文献

REFERENCE

[1] 刘家春. 泵站管理技术[M]. 北京:化学工业出版社,2014.
[2] 张家雪,钱福军. 泵站工程管理[M]. 北京:中国水利水电出版社,2016.
[3] 李端明. 泵站运行工[M]. 郑州:黄河水利出版社,2014.
[4] 李太民,周元斌. 泵站工程运行人员精准培训教材[M]. 南京:河海大学出版社,2017.
[5] 江苏省骆运水利工程管理处. 泵站电气试验技术[M]. 南京:河海大学出版社,2017.
[6] 能源部安全环保司. 电业安全工作规程(发电厂和变电所电气部分):DL 408—1991[S]. 北京:中国电力出版社,1991.
[7] 水利部农村水利司. 泵站安全鉴定规程:SL 316—2015[S]. 北京:中国水利水电出版社,2015.
[8] 水利部监督司. 水利安全生产标准化通用规范:SL/T 789—2019[S]. 北京:中国水利水电出版社,2020.
[9] 水利部. 泵站技术管理规程:GB/T 30948—2014[S]. 北京:中国标准出版社,2008.
[10] 中国电力企业联合会. 电业安全工作规程　第一部分:热力和机械:GB/T 26164. 1—2010[S]. 北京:中国标准出版社,2010.
[11] 中华人民共和国应急管理部. 生产经营单位生产安全事故应急预案编制导则:GB/T 29639—2020[S]. 北京:中国标准出版社,2020.
[12] 中国电力工程顾问集团西北电力设计院. 3～110kV 高压配电装置设计规范:GB 50060—2008[S]. 北京:中国计划出版社,2009.
[13] 中国电力企业联合会. 电力设备典型消防规程:DL 5027—2015[S]. 北京:中国电力出版社,2015.
[14] 中国机械工业联合会. 钢丝绳夹:GB/T 5976—2006[S]. 北京:中国标准出版社,2006.
[15] 中国机械工业联合会. 编织吊索 安全性 第 1 部分一般用途合成纤维扁平吊装带:JB/T 8521. 1—2007[S]. 北京:机械工业出版社,2007.
[16] 中国电力企业联合会. 电气装置安装工程电气设备交接试验标准:GB 50150—2016[S]. 北京:中国计划出版社,2016.
[17] 江苏省水利厅. 泵站运行规程:DB32/T 1360—2009[S]. 南京:江苏省质量技术监督局,2009.
[18] 江苏省水利厅. 水利工程观测规程:DB32/T 1713—2011[S]. 南京:江苏省质量技术监督局,2009.
[19] 江苏省水利厅工程运行管理处. 水闸泵站标志标牌规范:DB32/T 3839—2020[S]. 南

京:河海大学出版社,2020.

[20] 中国电器工业协会. 低压成套开关设备和控制设备 第1部分:总则:GB7251. 1—2013[S]. 北京:中国标准出版社,2014.

[21] 中国机械工业联合会. 起重机 钢丝绳 保养、维护、安装、检验和报废:GB/T 5972—2016[S]. 北京:中国标准出版社,2010.

[22] 中国电力企业联合会. 气体绝缘金属封闭开关设备技术条件:DL/T 617-2010[S]. 北京:中国电力出版社,2010.

[23] 水利部农村水电及电气化发展局. 小型水电站运行维护技术规范:GB/T 50964—2014[S]. 北京:中国计划出版社,2014.

[24] 中国机械工业联合会. 建筑卷扬机:GB/T 1955—2019[S]. 北京:中国标准出版社,2019.

[25] 中国机械工业联合会. 液压式启闭机:GB/T 14627—2011[S]. 北京:中国标准出版社,2011.

[26] 钱宜伟,曾令文,等. 水利安全生产标准化建设实施指南[M]. 北京:中国水利水电出版社,2015.

[27] 中国机械工业联合会. 通用门式起重机:GB/T 14406—2011[S]. 北京:中国标准出版社,2011.

[28] 江苏省水利厅. 大中型泵站主机组检修技术规程:DB32/T 1005—2006[S]. 南京:江苏省质量技术监督局,2006.

[29] 电力行业高压开关设备标准化技术委员会. 电力系统用蓄电池直流电源装置运行与维护技术规程:DL/T 724-2021[S]. 北京:中国电力出版社,2021.

[30] 水利部办公室关于印发水利水电工程(水电站、泵站)运行危险源辨识与风险评价导则(试行)的通知[EB/OL]. (2020-12-17)[2021-07-05]. http://www.mwr.gov.cn/zwgk/gknr/202101/t20210118_1496120.html.